**Fachwörterbuch
HOLZ**

EUROPÄISCHER WIRTSCHAFTSDIENST

European Economic Service · Service Economique Européen

Fachwörterbuch HOLZ

Deutsch - Englisch - Italienisch
Englisch - Deutsch - Italienisch
Italienisch - Deutsch - Englisch

Herausgeber: Dr. Casimir Katz

Erarbeitet von der Fachredaktion des EUWID,
Europäischer Wirtschaftsdienst, Gernsbach

Deutscher Betriebswirte-Verlag GmbH

Die Deutsche Bibliothek – CIP-Einheitsaufnahme

Fachwörterbuch Holz : Deutsch-Englisch-Italienisch ;
Englisch-Deutsch-Italienisch ; Italienisch-Deutsch-Englisch /
EUWID, Europäischer Wirtschaftsdienst. Erarb. von der
Fachredaktion des EUWID, Europäischer Wirtschaftsdienst,
Gernsbach. Hrsg.: Casimir Katz. – Gernsbach : Dt.
Betriebswirte-Verl., 1993
   ISBN 3-88640-059-X
NE: Katz, Casimir [Hrsg.]; Europäischer Wirtschaftsdienst
   ‹Gernsbach› / Fachredaktion

© 1993 by Deutscher Betriebswirte-Verlag GmbH, Gernsbach
Satz: Deutscher Betriebswirte-Verlag GmbH, Gernsbach
Druck: Freiburger Graphische Betriebe, Freiburg
Buchbinderische Verarbeitung: Freiburger Graphische Betriebe
ISBN 3-88640-059-X

Vorwort

Nach der erfolgreichen Herausgabe unserer Wörterbücher Holz in den Sprachen Deutsch-Englisch sowie Deutsch-Englisch-Französisch wurden wir auf die Lücke im Fachwörterbuch-Bereich Italienisch aufmerksam. Aufbauend auf unseren bisherigen Veröffentlichungen konnte die Redaktion des EUWID nach intensiven Recherchen den Grundstock für dieses Wörterbuch legen.

Die Ergebnisse aus dem Studium der englischen und italienischen Fachliteratur, vor allem durch Beobachtung der Fachzeitschriften aus England, USA, Kanada, Italien und Österreich, fanden Eingang in diese neue Auflage unserer Fachwörterbuch-Reihe.

Durch zahlreiche Hinweise aus der Praxis wurde der Wortstamm des vorliegenden Wörterbuches abgerundet. Dieses Fachwörterbuch wird bald für alle im Handel und Gewerbe mit Italien verbundenen Unternehmen ein unverzichtbares Nachschlagewerk werden und sich zum unentbehrlichen Begleiter bei Geschäftsreisen erweisen. Für Kritik und Anregungen sind wir jederzeit dankbar.

Mein Dank gilt allen Mitarbeitern, die an diesem Werk beteiligt waren.

Dr. Casimir Katz
im August 1993

Erster Teil

Deutsch – Englisch – Italienisch

A

ab Fabrik
ex factory; ex mill
franco fabbrica
ab Lager
ex warehouse; ex store
franco magazzino
ab Lager verfügbar
available ex stock
disponibile a magazzino
ab Werk
ex works; ex factory
franco stabilimento
Abachi
Obeche
Abachi
Abart
variety
sottospecie (f); derivati (m)
Abbau
dismantling
smantellamento (m)
abbeizen
to remove stain
pulitura (f)
Abbeizmittel
stain remover
smacchiatore (m)
Abbindemaschine
joining machine; trimming machine
macchina assemblatrice (f)
abbinden (Bauholz)
trimming
assemblare (legname da costruzione)
abbinden (Leim)
to cure; to set; to harden
indurire (colla)
Abbindeplatz
trimming place
cantiere d'assemblaggio (m)
Abbindeprozess

hardening process
processo d'indurimento (m)
Abbindezeit
hardening time
tempo d'indurimento (m)
Abbund
cross-cutting and trenching
assemblaggio (del legname tagliato) (m)
Abdeckbrett
cover board
pannelli di ricoprimento (m)
Abdeckplatten
facing panels
pannelli di ricoprimento (m)
Abfahrt
departure
partenza (f)
Abfallbeseitigung
waste - removal
rimozione scarti di legname (f)
Abfallholz
waste wood
legname di scarto (m)
Abfalltransport
waste transportation
trasporto scarti (m)
Abfallverbrennung
waste combustion
combustione scarti (f)
abgetrocknet
well dried
essiccato (m)
abhobeln
to plane off
piallare
abholzig
conical
rastremato (m)
Abholzigkeit
tapering
rastremabilità (f); conicità (f)
Abholzung

deforestation
disboscamento (m)
Ablader
shipper
scaricatore (m)
Ablängen des Holzes
cross-cutting
taglio longitudinale del legname (m)
Ablängsäge
cross-cut saw
sega allungabile (f)
Abmessungen
dimensions
dimensioni (f)
Abnahme, (amtliche)
official final inspection
collaudo (ufficiale) (m)
Abnahme, (nach Augenschein)
inspection
ispezione (a prima vista) (f)
Abnahme, amtlich
official inspection
collaudo ufficiale (m)
Abrichte
dressing (surfacing) machine
macchina spianatrice (f)
abrichten
to plane; to surface
spianare
Abrichthobelmaschine
surface planer
piallatrice (f)
Abrolltisch
discharge table
tavola di scaricamento (f)
Abruf
call
richiesta (f)
Absatz (von Schuhen)
heel
tacco (di scarpe) (m)
Absaughaube
exhaust hood

calotta d'aspirazione (f)
Absaugrohr
exhaust pipe
tubo d'aspirazione (m)
Absaugung
dust extraction; exhaust
aspirazione (f)
Abschäldicke
peeling thickness
spessore di scortecciamento (m)
Abscheider
separator
separatore (m)
abschleifen
to polish; to sand
levigare
Abschnitt
section
sezione (f)
Abschnitte (kurze)
shorts
spezzoni (m)
absolut trocken
absolutely dry
secco perfettamente (m)
absolute Feuchte (Feuchtigkeit)
absolute moisture contents
contenuto completo di umidità (m)
Absperrfurnier
corestock - veneer; crossband;
crossing
impiallacciatura di chiusura (f)
Abstand
space; distance
distanza (f)
Absterben
die-back
deterioramento (m)
Abteilung
division; section; department
dipartimento (m)
Abtretung
cession; transfer

cessione (f)
Abwasser
waste water
acqua di scarico (f)
Abweichung, zulässige
tolerance
deviazione ammissibile (f)
abwerten
to degrade
deprezzare
Abwertung (einer Währung)
devaluation
deprezzamento (di una moneta) (m)
abziehen (schleifen)
to grind off; to polish; to smooth
affilare
Abzug
deduction; discount
riduzione (f)
Abzug des Rindenanteils
bark allowance
riduzione della corteccia (f)
Abzugshaube
suction hood
calotta d'aspirazione (f)
Acht-Walzen-Gatter
eight-cylinder frame saw
telaio di sega a otto cilindri (f)
Afzelia
afzelia
Afzelia (f)
Agentur
agency
agenzia (f)
Aggregat (Maschinenteil, Maschinenkombination)
unit
unità (parte, combinazione di macchine) (f)
Ahorn
maple
acero (m)
Akazie

acacia
acacia (f)
Akkreditiv
letter of credit
lettera di credito (f)
Akkreditiv, (un)widerrufliches
(ir)revocable letter of credit
lettera di credito (ir)revocabile (f)
Akkreditiv, bestätigtes
confirmed letter of credit
lettera di credito confermata (f)
Aktie
share
azione (f)
Aktiengesellschaft
joint-stock company
società per azioni (f)
Aktienkapital
share capital
capitale azionario (m)
Aktionär
share holder
azionista (m)
Akustik-Decke
acoustic ceiling
soffitto acustico (m)
Akustik-Element
acoustic element
elemento acustico (m)
Akustikplatte
acoustic board
pannello acustico (m)
Akzept (Annahme)
acceptance
accettazione (f)
Akzept (Wechsel)
accepted bill
accettata tratta (f)
Altbau
old building
vecchia costruzione (f)
Altbausanierung
renovation of old buildings

rinnovo di vecchie costruzioni (m)
Altbodenerneuerung
floor renovation
rinnovo di vecchio pavimento (m)
Altersklasse (Bäume)
age class
categoria d'età (alberi) (f)
Alterung, künstliche
accelerated aging
invecchiamento artificiale (m)
Altschwellen-Aufbereitung
treatment of used sleepers
trattamento di travetti usati (m)
Aluminium-Fenster
aluminium window frame
telaio di finestra in alluminio (m)
Amerikanische Kirsche
black cherry
ciliegio americano (m)
Amerikanische Linde
basswood
tiglio americano (m)
Amerikanischer Nußbaum
black walnut; American walnut
noce americano (m)
Amortisation
amortisation
ammortamento (m)
an die Straße gerückt
skidded to roadside
scaricato su strada (m)
Änderung vorbehalten
subject to modification
soggetto a modifica (m)
Anfrage
demand; inquiry
domanda (f); richiesta di offerta (f)
Angebot
offer
offerta (f)
angetrocknet
slightly air-dried
semi-essiccato (m)

Anhänger
trailer
rimorchio (m)
Ankauf
purchase; acquisition
acquisto (m)
Ankerplatz
quay; wharf
banchina (f)
Ankunftsort
destination
destinazione (f)
Anlage (Fabrik)
plant
impianto industriale (m); fabbrica (f)
Anleihe
loan
prestito (m)
Anleimer
glue-on ledge; crossband
sporgenza incollata (f); listello incollato (m)
annähernder Wert
approximate value
valore approssimativo (m)
annullieren
to cancel
annullare
Annullierung
cancellation
annullamento (m)
anpflanzen
to plant
piantare
anreißen (von Holzstämmen)
to mark
marchiare (di tronchi d'albero)
Anrichte
sideboard
credenza (f)
Anschlaghammer
marking hammer
martello marchiatore (m)

Anschnittbrett
log-cut
taglio di ceppo (m)
anspitzen
to point
fare la punta
Anstrich
painting
pittura (f)
Antriebsmotor
driving motor
motore di comando (m)
Antriebswelle
driving shaft
albero motore (m)
Anweisung
order; instruction
istruzione (f)
Anwendung
use; application
applicazione (f)
Anzeige
advertisement
avviso (m)
Anzucht
cultivation
coltivazione (f)
Apfelbaum
apple-tree
melo (m)
Ar
ar (100 square meter, 100 m^2)
ara (100 m^2) (f)
Arbeitgeber
employer
datore di lavoro (m)
Arbeitnehmer
employee
impiegato (m)
Arbeitslosigkeit
unemployment
disoccupazione (f)
Arbeitsmarkt

labour market
mercato del lavoro (m)
Arbeitsplatz
working place
luogo di lavoro (m)
Arbeitsvertrag
contract of employment
contratto di lavoro (m)
Arbitrage
arbitration
arbitrato (m)
Ari-Säge
ari-saw (circular saw)
sega circolare (f)
Armlehne
arm rest
bracciolo (m)
Arve (Zirbelkiefer)
stone pine
pino (m)
Asbest
asbestos
Amianto (m)
Aspe / Espe
aspen-tree
pioppo tremulo (m)
Ast (verholzt)
knot
nodo (m)
Ast (Zweig)
branch
ramo (m)
Ast, eingewachsen
ingrown knot
nodo interno (m)
Ast, fauler
rotten knot
nodo marcio (m)
Ast, flacher
flat knot
nodo piatto (m)
Ast, gesunder
sound knot

nodo sano (m)
Ast, großer
big knot
nodo grosso (m)
Ast, herausgewachsener
outgrown knot
nodo spuntato (cresciuto in fuori)
(m)
Ast, kleiner
small knot
nodo piccolo (m)
Ast, kranker
rotten knot
nodo marcio (m)
Ast, lebender
live branch
ramo vivo (m)
Ast, mittelgroßer
medium-sized knot
nodo di dimensioni medie (m)
Ast, toter
dead knot
nodo morto (m)
Ast, verfault
rotten knot
ramo marcito (m)
Ast, verharzter
resinous knot
nodo resinoso (m); ramo resinoso
(m)
Ast, verwachsener
intergrown knot; tight knot
nodo aderente (m)
Astansammlung
group knots; cluster knots
nodi a grappolo (m)
astfrei
free of knots
libero da nodi (m)
astfrei, beidseitig
free of knots both sides
libero da nodi su entrambi i lati (m)
ästig

knotty
nodoso (m)
Astkranz
knot cluster
corona di nodi (f)
Astloch
knot hole
buco di nodi (m)
Astloch - Dübelmaschine
knot dowel machine
macchina per fare dei perni (f)
Astlochbohrmaschine
knothole drilling machine
macchina perforatrice per nodi (f)
astrein
free of knots
nodi libero da (m)
Ästung
pruning
diramatura
atro (absolut trocken)
absolutely dry
secco assolutamente (m)
auf Abruf
on call
richiesta (a...) (f)
auf Dicke schleifen
to plane to thickness
piallare a spessore
Aufbau, anatomischer
anatomical structure
struttura anatomica (f)
aufforsten
to afforest
rimboscare
Aufforstung
afforestation
rimboschimento (m)
aufpoltern
to pile up
accatastare
aufreißen
to mark out

marchiare
aufstapeln
to pile up; to stack
ammucchiare
Aufstellen (einer Maschine)
erection; installation
installazione (di una macchina) (f)
Auftrag
order
ordine (m)
auftragen
to applicate
applicare
Auftragsabwicklung
order execution; order handling
esecuzione di un ordine (f)
Auftragsbestand
order-book; orders on hand
esistenza ordini (f)
Auftragsbestätigung
confirmation of order
conferma d'ordine (f)
Auftragseingang
incoming orders
ordini in arrivo (m)
auftragsgemäß
as instructed
come da istruzioni
Auftragsmangel
lack of orders
mancanza di ordini (f)
Auftragsverfahren
method of application
metodo di applicazione (m)
auftrennen
to rip; to re-saw
trinciare
Aufwertung (Währung)
revaluation
rivalutazione (f)
Aufzug
lift
ascensore (m)

ausästen
to prune; to trim
tagliare i rami laterali; diramare;
potare
Ausbeute
yield
resa (f)
Ausbildung
training; formation; education
formazione (f)
Ausbildungslehrgang
training course
corso di formazione (m)
ausfräsen
to cut out
fresare
Ausfräsung
cut-out; milled slot
fresatura (f)
Ausfuhrgenehmigung
export license (licence)
licenza di esportazione (f)
Ausfuhrnachweis
export certificate
certificato di esportazione (m)
Ausfuhrverbot
prohibition of export
divieto di esportazione (m)
Ausgabe (Aktien, Zeitung)
issue; emission; edition
uscita (azioni, giornale) (f)
ausgesetzt (Termin)
deferred
differito (m)
ausgesuchter Stamm
selected log
tronco selezionto (m)
ausgesuchtes Furnier
choice veneer; selected veneer
impiallacciatura selezionata (f)
Ausgleichsfeuchte
equilibrium moisture contents; conditioning humidity

umidità equilibrata (f)
aushärten
to set; to cure
indurire
aushobeln
to plane
piallare
Aushub
digging; excavation
scavo (m)
auskehlen, abkanten
to groove; to chamfer; to channel
scanalare
ausklarieren
to clear for sailing
pagare la dogana anticipatamente
Auslieferung
delivery
consegna (f)
Ausnutzung
yield
resa (m); rendimento (f)
ausschneiden (Furnierfehler)
to cut out
ritagliare, sfrangiare (impiallacciatura irregolare)
Ausschreibung
invitation to tenders; submission
aggiudicazione (f)
Ausschreibung, öffentliche
public tender
aggiudicazione pubblica (f)
Ausschuß
reject, waste
scarti (m)
außen
exterior; outdoor
esteriore
Außenanwendung
exterior application
applicazione esterna (f)
Außenbau (geeignetes Holz für)
timber for exterior use

legname per uso esterno (m)
Außenbordlieferung
over-board-delivery
consegna franco banchina (f)
Außendurchmesser
outside diameter
diametro esterno (m)
Außenhandel
foreign trade
commercio estero (m)
Außenseiter
outsider
outsider (m)
Außensperrholz
exterior grade plywood; all weather grade/waterproof plywood
legno compensato per l'esterno (m)
Außentür
outside door; external door
porta esterna (f)
Außenverschalung
shuttering
rivestimento esterno con assi (m)
Außenverwendung
exterior use; outdoor use
uso esterno (m)
Außenwand
external wall
parete esterna (f)
ausstanzen
to punch
trapungere a punti passanti
Ausstattung
decoration
arredamento (m)
Ausstattungsholz
decorative wood
legno decorativo (m)
Ausstellfenster
bottom-hinged vent window
finestra a bilico (f)
Ausstellungsstand
exhibition stand

stand di esposizione (m)
Ausstemm-Maschine
mortiser
mortisatrice (f)
ausstemmen
to mortise
congiungere a mortasa
aussuchen
to choose; to select
selezionare
austauschbar
interchangeable; convertible
intercambiabile
Austauschhölzer
substitute timbers
legname di rimpiazzo (m)
Auswahl
choice; selection
selezione (f)
auswerfen
to eject
gettar fuori
Ausziehtisch
extending table
tavolo allungabile (m)
Auszugswalze
outfeed roll
rullo di trascinamento (m)
Autokran
truck crane
autogru (f)
Axt
axe
accetta (f)
Axtstiel
axe handle
manico dell'accetta (m)
Azobe
ekki
azobe

B

Baggerschwellen
excavator sleepers
longarine dell'escavatore (f)
Bahia Rosenholz
Brazilian Rosewood; Brazilian tulip
wood
palissandro brasiliano (m)
Bahnschwelle
railway sleeper
traversina di strada ferrata (f)
Balken
beam; squared log
trave (f)
Balken, lamelliert
laminated beam
trave laminata (f)
Balkendecke
beam ceiling; raftered ceiling
soffitto di travi (m)
Balkenelement
beam element
elemento della trave (m)
Balkon
balcony
balcone (m)
Balkonbrett
balcony plank
tavola di balcone (f)
Ballenpresse
bale press
pressa per balle (f)
Balsam (Harz)
balsamic resin
resina balsamica (f)
Bambus
bamboo
bamboo (m)
Bandmaß
measuring tape
metro a nastro (m)
Bandmesser

band knife
lama a nastro (f)
Bandsäge
bandsaw
sega a nastro (f)
Bandsägeblatt
band saw blade
lama di sega a nastro (f)
Bandsägeblattführung
band saw guide
guida della lama di sega a nastro (f)
Bandsägelinie
band saw line
catena di sega a nastro (f)
Bandsägenschärfmaschine
band saw blade sharpener
affilatrice per lame di sega a nastro
(f)
Bandsägewerk
band (saw) mill
segheria con seghe a nastro (f)
Bandschleifer
tape grinder; tape sanding machine
smerigliatrice a nastro (f)
Bandtrockner
belt drier
essiccatoio a nastro (m)
bandvermessen
measured by tape
misurato con nastro (m)
Bandwechsel
belt change
sostituzione del nastro (f)
Bank (Sitz-)
bench; bank
panca (f)
Bankgebühren
bank charges
spese bancarie (f)
Bankkonto
bank account
conto bancario (m)
Bankrott

bankruptcy
bancarotta (f); fallimento (m)
Bankrott gehen
to go bankrupt
dichiarare fallimento
Bannwald
protected forest
bosco protetto (m)
Baracke
hut; barrack
baracca (f)
Barhocker
bar stool
sgabello per bar (m)
Barkasse
launch
motolancia (f)
Barren (Sport)
parallel-bar
parallele (attrezzo da ginnastica) (f)
basische Flüssigkeit
caustic solution
soluzione caustica (f)
Bast
inner bark; fibre
filaccia (f)
Bastler
hobbyist
hobbista (m)
Battens
battens
assicelle (per pavimenti) (f)
Bauart
type; model
tipo di costruzione (m)
Baubude
worker's shelter; cottage
baraccamento (m)
Bauelement
building element
elemento da costruzione (m)
Bauelement aus Holz
wooden building element

elemento da costruzione in legno
(m)
Baugenehmigung
construction license; building permit
licenza di costruzione (f)
Baugerüst
scaffolding
impalcatura (f)
Bauholz
construction timber
legname da costruzione (m)
Bauholzkreissäge
construction timber circular saw
sega circolare per legname da costruzione (f9
Baukantholz
truss material
legname per armatura (m)
Baum
tree
albero (m)
Baum (abgestorbener)
dead tree
albero morto, secco (m)
Baum (absterbender)
dying tree
albero morente (m)
Baumarkt
building market
mercato di materiali da costruzione
(m)
Baumart
tree species
specie dell'albero (f)
Baumgrenze
limit of tree growth
limite di crescita dell'albero (m)
Baumharz
resin
resina (f)
Baumkante
wane; wan(e)y edge
bordo degradante(m)

baumkantig
wan(e)y
bordo degradante (con...) (m)
Baumkrone
crown of a tree
chioma di un albero (f)
baumlos
bleak
alberi (senza...) (m)
Baumpfahl
tree pole
palo (m)
Baumschule
tree nursery
vivaio di piante (m)
Baumumpflanzgerät
tree transplanting machine
trapianto di alberi (macchina per il)
(m)
Baumwipfel
tree top
cima di un albero (f)
Bauplan
construction drawing
progetto di costruzione (m)
Bauplatte
construction board
pannello da costruzione (m)
Bauschreinerei-Erzeugnisse
joinery products
prodotti da falegnameria (m)
Bausperrholz
structural plywood
legno compensato da costruzione
(m)
Baustelle
project site
cantiere di costruzione (m)
Baustellenwagen
site trailer
veicolo di cantiere (m)
Bauteile, vorgefertigt
prefabricated building components

elementi prefabbricati d'un edificio
(m)
Bautischler
joiner
falegname (m)
**Bautischler- und
Zimmermannsarbeit**
joiner's and carpenter's work
lavori di falegnameria e carpenteria
(m)
Bauware
building timber; carcassing
legname da costruzione (m)
Bauzeichnung
construction drawing
disegni di costruzione (m)
Beanstandung
claim; complaint
contestazione (f)
bearbeiten
to work; to process
lavorare
Bearbeitung von Holz
wood working; processing of wood
lavorazione del legno (f)
Bedienungspult
operator's desk
tavolo di comando (m)
bedrucken
to print
stampare
bedrucken, direkt
to print directly
stampare direttamente
bedruckt
printed
stampato (m)
Befähigung
qualification
abilitazione (f)
befestigen
to fix
fissare

Befestigungsmittel
fastening and securing products
prodotto di fissaggio (m)
befeuchten
to moisten
umidificare
Beförderung
carriage; transport
trasporto (m)
Beförderungskosten
carriage costs; transport charges
costi di trasporto (m)
Befrachter
shipper
noleggiatore (m)
befrachtet
shipped; chartered
noleggiato (m)
Begrenzung
limitation
delimitazione (f)
Behälter
box; container
contenitore (m)
Behandlung
treatment
trattamento (m)
behauen
to hew
squadrare
behauenes Bauholz
hewn structural timber
legname da costruzione squadrato
(m)
Beil
hatchet
ascia (f)
Beißzange
nippers; pincers
tenaglia con ganasce da presa (f)
Beistelltisch
side table
tavolo piccolo (m)

Beize
stain
mordente (m)
beizen
to stain
applicare un mordente
Beizmittel
caustic
mordente (m); liquido decapante
(m)
bekanntgeben
to announce
annunciare
beladen
to load; to charge
caricare
Beladen eines Containers
stuffing
carico di un contenitore (m)
Beladung
load
carico (m)
Belastbarkeit
stress tolerance
limitazione di carico (f)
Belastung
stress
peso (m); sforzo (m)
Belegschaft
staff; personnel
pe   ale (m); maestranza (f)
b   nen mit Kunstharz
t   sinate
    llare con resina
    eimfehler
    ing fault
    fetto d'incollaggio (m)
Beleimungsanlage
gluing installation
impianto per l'incollaggio (m)
berechnen
to calculate
calcolare

beregnen
to irrigate
irrigare
Bergahorn
hard maple; sycamore
acero di monte (m); sicomoro (m)
Berieselungsanlage
sprinkling plant
impianto d'irrigazione (m)
Berufsausbildung
professional training
formazione professionale (f)
Besäumabfall
trimming waste
cascame di rifinitura (m)
besäumen
to trim; to edge
squadrare; rifilare
Besäumer
edger
tagliatore (m); squadratore (m)
Besäumsäge
trimming saw
sega squadratrice (f)
besäumt
square edged
bordato quadro (m); squadrato (m)
Besäumung
edging
bordatura (f); squadratura (f)
Beschäftigte
employees
persone impiegate (f)
beschichten
to laminate; to coat; to face
laminare
Beschichtung
lamination; surface coating
laminatura (f)
Beschichtung mit Heißpresse
lamination with hot press
laminatura con pressa a caldo (f)
Beschichtungsanlage für

Spanplatten
laminating line for chipboards
impianto di laminatura per pannelli
di truciolato (m)
beschichtungsfähige Qualität
overlay grade
qualità laminabile (f)
Beschickband
loading belt
nastro di carico (m)
Beschickblech
transport caul
lamiera di carico (f)
Beschickung
infeed; loading
caricamento (m); alimentazione (f)
Beschickung, automatische
automatic feeding
alimentazione automatica (f)
Beschläge
fittings; hardware
equipaggiamento (m); ferramenta (f)
Besen
broom
scopa (f)
Besenschrank
broom closet
ripostiglio per scopa (m)
Besenstiel
broomstick
manico di scopa (m)
Besitzer
owner
proprietario (m)
Bespannmaterial für Wände und Decken
covering materials for walls and
ceilings
materiali di copertura per pareti e
soffitti
Bespannstoffe
covering materials
materiali di copertura (m); rivesti-

mento (m)
Besprühen
sprinkling
irrigazione (f)
Besprühungsanlage
sprinkler installation
impianto d'irrigazione (m)
Bestand (Bepflanzung)
stand; crop
scorte (f) (piantagione) (f)
Bestandsalter
stand age
età della piantagione (f)
Bestandsdichte
stand density
densità della piantagione (f)
Bestandspflege
care of stands
cura della piantagione (f)
Bestandsstruktur
stand constitution
struttura della piantagione (f)
bestätigen
to confirm
confermare
Besteckliste
battens in special lengths (for the
Dutch market)
assi in lunghezze speciali (per il
mercato olandese) (f)
Besteckschrank
cutlery cabinet
armadio per le posate (m)
Bestellmuster
buying sample
campione di ordinativo (m)
Bestellnummer
order number
numero d'ordine (m)
Bestellung
order
ordine (m)
besteuern

to impose a tax
tassare
bestimmt für, nach
bound for
diretto a (m)
bestimmte Längen erzeugen
to cut fixed lengths
produrre lunghezze stabilite
Bestimmungshafen
destination port
porto (m) di destinazione
Bestimmungsort
place of destination
luogo (m) di destinazione
Beta-Zellulose
beta cellulose
cellulosa beta (f)
Beton
concrete
calcestruzzo (m)
betonieren
to concrete
gettare il calcestruzzo
Betonschalung
concrete boarding
cassaforma del calcestruzzo (f)
Betonschalungsplatten
shuttering boards for concrete
assi di chiusura per calcestruzzo (f)
Betrieb
business
esercizio (m); attività (f)
Betrieb schließen
to close down
chiudere l'azienda; cessare l'attività
Betriebsausgaben
operating expenses
spese di esercizio (f)
Betriebsberater
management consultant
consulente d'azienda (m,f)
Betriebsdirektor
managing director

direttore d'azienda (m)
Betriebselektriker
plant electrician
elettricista d'impianto (m)
Betriebsergebnis
operating result
risultato (m) dell'azienda
Betriebserlaubnis
concession
concessione (f); autorizzazione (f);
licenza (f)
Betriebskapital
working capital
capitale di esercizio (m)
Betriebskosten
operating costs
costi di esercizio (m)
Betriebsleiter
manager
direttore d'azienda (m)
Betriebsleitung
management
direzione (f)
Betriebsplanung
operation planning
piano di lavoro (azienda) (m)
Betriebssicherheit
operating safety
sicurezza di funzionamento (f)
Bett
bed
letto (m)
Bettgestell
bed frame
telaio del letto (m)
Bettkasten
bedding box
cassa per coperte (f)
Bevollmächtigter
attorney
procuratore (m)
bewässern,(künstlich)
to irrigate

irrigare
Bewerbung
application
domanda d'impiego (f)
bezahlen
pay
pagare
Biegefestigkeit
bending strength
resistenza alla flessione (f)
Biegemaschine
bending machine
curvatrice (f); piegatrice (f)
biegen
to bend
curvare; piegare
Bienenhaus
bee house
arniaio (m)
Bierfaß
beer barrel
barile di birra (m)
Bilanz
balance
bilancio (m)
Bilderrahmen
picture frame
cornice per quadro (f)
Billardkugel
billiardball
palla da bigliardo (f)
Billardstöcke
billiard cues
stecche da bigliardo (f)
Bindemittel
binder
legante (m); agglomerante (m)
Binnenmarkt
local market; domestic market;
home market
mercato interno (m)
Binnenschiff
vessel for inland navigation

battello fluviale (per navigazione
interna) (m)
Birke
birch
betulla (f)
Birkenfurnierplatte
birch plywood
pannello impiallacciato di betulla
(m)
Birkenmaser
birch burl
nodo di betulla (m)
Birkensperrholz
birch plywood
legno compensato di betulla (m)
Birnbaum
pear-tree
pero (m)
Bitumenplatte
bitumen board
asse per bitume (m)
blank
clear; bright
lucido (m); chiaro (m); liscio (m)
Blatt (Furnier, Papier)
sheet
foglio (impiallacciatura, carta) (m)
Blattdurchmesser (Säge)
saw-blade diameter
diametro della lama della sega (m)
Bläue
blue-stain
turchino (m)
Bläuebekämpfung
anti blue-stain treatment
trattamento anti-turchino (m)
Bläuepilz
blue-stain fungus
fungo turchino (m)
Bläueschutz
blue-stain protection
protezione anti-turchino (f)
Blechkühlungsanlage

cooling system for metal cauls
impianto di raffreddamento di lamiere di ferro (m)
Blechrückführung
caul return
guida di ritorno delle lamiere di ferro
(f)
bleichen
to bleach
candeggiare
Bleichmittel
bleaching product
prodotto da candeggio (m)
Bleistift
pencil
matita (f)
Blindholz
facing board
legno appannato (m)
Blochware
logs sawn through and through
tronchi; ceppi tagliati da cima a
fondo (m)
Block
log
ceppo (m)
Blockaufzug
log haul-up; block pulley
verricello per il trasporto di ceppi
(m)
Blockbandsäge
log bandsaw
sega a nastro per ceppi (f)
Blockbandsäge horizontal/vertikal
horizontal/vertical log bandsaw
sega a nastro per ceppi orizzonta-
le/verticale (f)
Blockhaus
log house
casa costruita con tronchi d'albero
(f)
Blockhausschalung
log house boarding

rivestimento di tavole (m)
Blockhütte
loghut
baracca di legno (f)
Blockware
log sawn through and through
legname in blocco (f)
blockweise gestapelt
block piled
ceppi accatastati (m)
blumig (Furnier)
flowery; swirley figured
impiallacciatura attorcigliata (f)
Bodenbelag
floor covering
applicazioni per pavimenti (f)
Bodenbrett
flooring board
asse da pavimento (m)
Bohle
plank; batten
tavolone (m)
Bohnenstangen
bean sticks; bean poles
bastoni per fagioli (m)
Bohrautomat
automatic drilling machine
trapano automatico (m)
bohren
to drill; to bore
trapanare
Bohrer
drill; borer
succhiello (m); trivella (f)
Bohrmaschine
drilling machine
trapano (m)
Bohrschablone
drilling jig
crivello di perforazione (m)
Bohrungsdurchmesser
drill diameter
diametro della perforazione (m);

calibro (m)
Bohrwerkzeug
boring tool
saetta (del trapano e simili) (f)
Bohrwurm
borer
trivella (f)
Bolzen
bolt
bullone (m)
Bongossi
ekki
Bongossi
Boot
boat
battello (m)
Bootsbau
boatbuilding
costruzione navale (f)
Bootsbauer
boatbuilder
costruttore di battelli (m)
Bootsbausperrholz
marine plywood
legno compensato per costruzione
navale (m)
Bootshaus
boathouse
hangar per battelli (m)
Bootskiel
keel
chiglia (f); carena (f)
Bootsladung
boatload
caricamento del battello (m)
Bootssteg
landing stage
passerella (f)
Bootsteile aus Holz
wooden boat parts
parti del battello in legno (f)
Bordfuß (Raummaß = 2,360 cbm)
boardfoot

piede di bordo (m) (misura di capacità = 2,360 metri cubi)
Borke
bark
corteccia (dell'albero) (f)
Borkenkäfer
bark beetle
coleottero della corteccia (m)
Borsten
bristles
setole (f)
Borsten, synthetische
synthetic bristles
setole sintetiche (f)
botanische Einteilung
botanical classification
classificazione botanica (f)
Böttcherware
cooperage wood
legname per bottaio (m)
Bottich
tub; vat
tino (m)
Boucherie-Anlage
Boucherie-installation
impianto per macelleria (m)
Boucherie-Turm
Boucherie-tower
gru a braccio girevole per macelleria (f)
Bowling
bowling
bowling (m)
Boxpaletten
box pallets
tavolozza (f)
Brackwasser
brackish water
acqua salmastra (f)
Brandnarbe
fire scar; catface
marchio a fuoco (m)
Brandstiftung

arson; incendiarism
incendio doloso (m)
Brasilkiefer
Parana pine
pino Parana (brasiliano) (m)
Brauereipalette
brewery pallet
spatola per birreria (f)
Braunfäule
brown rot
putrefazione (f); marciume marrone
(m)
Braunverfärbung
brown stain
tintura marrone (f)
Breitbandschleifmaschine
wide-belt grinding machine
macchina affilatrice a banda larga
(f)
Breite
width
larghezza (f)
Breite, effektive
real width
larghezza effettiva (f)
Breite, nominelle
nominal width
larghezza nominale (f)
Breiteneinstellung
width adjustment
regolazione della larghezza (f)
breitringig
wide ringed
cerchiato largo (m)
Breitseite
wide face
fiancata (f)
Breitware
boards
tavolame (m)
Brennholz
fire wood; fuel wood
legno per fuoco (m)

Brennholzbündelmaschine
fire wood bundling machine
impacchettatrice per legno da bruciare (f)
Brennholzhandel
firewood trade
commercio di legname da bruciare
(m)
Brett
board
assicella (f)
Brettchen für Bleistifte
pencil slats
asticelle per matite (f)
Bretterlage
board layer
strato di assicelle (m)
Bretterschnitt
board cutting
segamento in assicelle (m)
Brettersortieranlage
board sorting installation
selezionatore delle assicelle (m)
Bretterstapel
board stack; pile
catasta di assicelle (f)
Bretterstreichmaschine
board laminating machine
cardatrice delle assicelle (f)
Brettseite
side; face
lato dell'assicella (m)
Brettseite (bessere)
better side; better face
lato dell'assicella (migliore) (m)
Brettseite (schlechtere)
poorer side; poorer face
lato dell'assicella (peggiore) (m)
Brettwurzel
buttress
contrafforte (m); sperone (m)
Brikettierpresse
briquetting press

pressa per mattonelle di carbone (f)
Brinellhärte
Brinell hardness
durezza Brinell (f)
bringen (Holz)
to log; to lumber
abbattere (alberi)
Bringung zum Lagerplatz
yarding
raccogliere in recinto
Bringungskosten
logging cost
costi per il taglio del legname (m)
Bruch
fracture
frattura (f); rottura (f)
bruchfest
unbreakable; crash-proof
prova (a...) di rottura (f)
Bruchfestigkeit
breaking strength
resistenza alla rottura (f)
bruchfrei
free of splits
spaccatura (senza...) (f)
brüchig
brittle
friabile; fragile
Bruchlast
breakage strength
carico di rottura (m)
Brückenbau
bridge construction
costruzione di ponti (f)
Brückenbelag
coating of bridge surface
copertura del ponte (f); pavimento
del ponte (m)
Brückenholz
wood for bridge construction
legname per la costruzione di ponti
(m)
Brückenkran

bridge crane
gru a ponte (f)
brutto
gross
lordo (peso) (m)
Bruttobandmaßvermessung
gross tape measurement
misurazione con nastro metrico (f)
Bruttogewicht
gross weight
peso lordo (m)
Buche
beech
faggio (m)
Buche, gedämpfte
steamed beech
faggio trattato con vapore (m)
Buchenbestand
beech stand
piantagione di faggio (f)
Buchenfurnierplatte
beech veneer board
pannello con impiallacciatura di
faggio (m)
Buchenrundholz
beech logs
tondello di faggio (m)
Buchenschälfurnier
beech rotary cut veneer
impiallacciatura scortecciata del
faggio (f)
Buchenspanplatte
beech chipboard
legno ricostituito di faggio (m)
Buchensperrholz
beech plywood
legno compensato di faggio (m)
Bücherregal
bookshelf
scaffale per libri (m)
Bücherschrank
bookcase
libreria (f)

Buchhalter
accountant; book-keeper
contabile (m)
Buchhaltung
accounting department; book-keeping
contabilità (f)
Buchsbaum
box-tree
bosso (m)
Buffet
sideboard
credenza (f)
Bügelsäge
bow-saw
sega ad arco (f)
Bugsierboot
tug boat; tow boat
rimorchiatore (m)
Bündel
bundle
fascio (f)
**Bündelanlage für Schwarten und
Spreißel**
plant for bundling of slabs and edgings
impianto per l'affastellamento degli
sciaveri e dei pioli (m)
bündig
flush
paro (a...); livello (a...)
Bundsäge
two-handled saw
sega a doppia impugnatura (f)
Bundsparren
tie beam
corrente (m); travicello (m); puntone
(m)
Bunker
silo; bunker
silo (m); tramoggia (f)
Bunker für nasse Späne
wet silo

silo per trucioli umidi (m)
Bürgerliches Gesetzbuch
civil code
codice civile (m)
Bürgschaft
bail; guarantee
cauzione (f); garanzia (f)
Büro
office
ufficio (m)
Bürodrehstuhl
office swivel chair
sedia girevole da ufficio (f)
Büromöbel
office furniture
mobili da ufficio (m)
Büromöbelfabrik
office furniture factory
fabbrica di mobili per ufficio (f)
Büroschrank
office cabinet
armadio da ufficio (m)
Bürste
brush
spazzola (f)
bürsten
to brush
spazzolare
Bürstenerzeuger
brush manufacturer
fabbricante di spazzole (m)
Busch (Gebüsch)
shrub, bush
arbusto (m)
Busch (Urwald)
bush
cespuglio (m); macchia (f)
Butterfaß
butter churn
zangola (f)

C

CAC (computergestütztes Konstruieren)
CAC; computer assisted construction
CAC (costruzione assistita da computer) (f)
CAD (computergestütztes Zeichnen)
CAD; computer assisted design
CAD (progetto assistito da computer) (m)
Cedrela
Central American Cedar
cedro dell'America Centrale (m)
Cembalo
harpsichord
clavicembalo (m)
Charge (Füllung)
load; charge; batch
carico (m)
Chargenwechsel
charge reload; batch reload
cambio di carico (m)
Charterbedingungen
charter terms
condizioni di noleggio (f)
chartern
to charter
noleggiare
Chef
boss
direttore (m)
Chefbuchhalter
chief accountant
capo contabile (m)
Chefsessel
manager chair; executive chair
poltrona da direttore (f)
chemische Behandlung
chemical treatment
trattamento chimico (m)

Christbaum
Christmas tree
albero di Natale (m)
cif (Kosten, Versicherung, Fracht)
cif (cost, insurance, freight)
cif (costo, assicurazione, nolo) (m)
Code
code
codice (m)
computergesteuert
computer controlled
controllato da computer (m)
Container
container
container (m); contenitore (m)
Container auspacken
to destuff the container
scaricare il container
Container einpacken
to stuff the container
caricare il container
Container-Bodenplatte
base plate for container
pannello di fondo per contenitori (m)
Containerboden
container flooring
pavimento del container (m)
Cord (=3,625 rm)
cord
catasta di legna (misura di volume
= m^3 3,625) (f)
Couch
couch
divano (m)
Couchtisch
sofa table
tavolo-divano (m)
CTMP (=chemithermomechanischer Holzstoff)
chemi-thermomechanical pulp
pasta di legno chimico-termomeccanico (f)

D

Dach
roof
tetto (m)
Dachbinder
roof truss
capriata (f)
Dachboden
loft
soffitta (f); solaio (m)
Dachfenster
roof window
abbaino (m)
Dachfirst
roof ridge
linea di displuvio (f)
Dachgaube
dormer
abbaino (m)
Dachgebälk
roof beams
armatura del tetto (f)
Dachgeschoß
attic
attico (m); mansarda (f)
Dachgiebel
gable
comignolo (m)
Dachisolierung
roof isolation
isolazione del tetto (f)
Dachlatte
roof stick
listello di sostegno delle tegole (m)
Dachluke
skylight; roof light
botola del tetto (f)
Dachneigung
slope of roof
pendenza del tetto (f)
Dachpappe
roofing board

cartone catramato (m)
Dachrinne
roof gutter
grondaia (f)
Dachschalung
roof boards
rivestimento del tetto (m)
Dachschindel
roof shingle
assicella di copertura (f); scandola
(f)
Dachschwarte
roof slab
sciavero del tetto (m)
Dachsparren
rafter
travetto inclinato del tetto (m)
Dachstuhl
roof framing
capriata del tetto (f); cavalletto del
tetto (m)
Dachstuhl richten
to set the roof
erigere la capriata
Dachstühle, vorgefertigt
prefabricated roof framings
capriate prefabbricate (f)
Dämmplatte
insulating board
pannello isolante (m)
Dämmstoffe
insulating materials
materiali isolanti (m)
Dämmung
insulation
isolazione (f)
Dampfbiegen
steam bending
curvatura a vapore (f)
dämpfen
to steam
vaporizzare
Dämpferei

steaming plant
impianto di vaporizzazione (m)
Dampferzeuger
steam generator
generatore a vapore (m)
Dämpfgrube
steaming pit
cava di vaporizzazione (f)
Dampfkessel
steam boiler
caldaia a vapore (f)
Dampfturbine
steam turbine
turbina a vapore (f)
Darrgewicht
dry weight
peso a secco (m)
dauerhaft
durable
durevole
Dauerhaftigkeit
durability
durata (f)
Dauerhaftigkeit, natürlich
natural durability
durata naturale (f)
Decke
ceiling
soffitto (m)
Decken, vorgefertigt
prefabricated ceilings
soffitti prefabbricati (m)
Deckenbalken
ceiling beam
trave del soffitto (f)
Deckenelement
ceiling element
elemento del soffitto (m)
Deckenkonstruktion
ceiling construction
costruzione del soffitto (f)
Deckenpaneele
ceiling panels

pannelli del soffitto (m)
Deckenverkleidung
ceiling panelling
rivestimento del soffitto (m)
Deckfurnier
face veneer
impiallacciatura esterna (f)
Decklage
outer layer
strato esterno (m)
Decklagenspan
surface chip
truciolo di superficie (m)
Deckschicht
top layer; surface layer; face layer
strato di superficie (m)
Deckschichtplatte
surface-layer board
pannelli per strati di superficie (m)
Deckschichtspäne
face material; chips for top layer
trucioli per strati di superficie (m)
Decoupiersäge
jig saw
sega a crivello oscillante (f)
Defibrator
defibrator
defibratore (m)
dehnbar
strechable
dilatabile
dekorativ
decorative
decorativo (m)
Dekordämmplatte
decorative insulating board
pannello isolante decorativo (m)
Dekorfilm
decorative film
strato sottile di carta decorativa (m)
Dekorfurnier
decorative veneer
impiallacciatura decorativa (f)

Dekorpapier
decorative paper
carta decorativa (f)
Dekorplatte
decorative board
pannello decorativo (m)
Dekorschicht
decorative coat
strato decorativo (m)
Demontage
dismantling
smantellamento (m); demolizione (f)
Derbstange
large pole
palo grande (m)
Design
design
progetto (m)
Destillation
distillation
distillazione (f)
Devisen
foreign exchange
divisa (f); valuta straniera (f)
Devisenkurs
exchange rate
rata di cambio (f)
dicht
dense
denso (m)
Dichte
density
densità (f)
Dichtung
sealing; gasket
guarnizione (f)
Dicke
thickness
spessore (m)
Dickenquellung
thickness swelling
ingrossamento dello spessore (m)
Dickenschwankungen

thickness variation
variazione dello spessore (f)
Dickenwachstum
thickness growth
aumento dello spessore (m)
dickrindig
thick-barked
con corteccia spessa
Dickenhobelmaschine
thickness planing machine
piallatrice (f)
Diele
flooring board; deal
asse per coprire il pavimento (m);
tavola (f)
Dimensionsstabilität
dimension stability
stabilità della dimensione (f)
Dimensionsware
dimension lumber; timber in special
sizes
legname di misure speciali (m)
DIN-Normen
German Industrial Standards
Norme Industriali Tedesche (f)
Direktbefestigung
direct fastening
fissaggio diretto (m)
Direktlackierung
direct varnishing
verniciatura diretta (f)
Diskont
discount
sconto (m)
Diskontsatz
discount rate
tasso di sconto (m)
Dispersionsfarbe
dispersion paint
pittura di dispersione (f)
Dividende
dividend
dividendo (m)

DKS-Platte (Dekorative Schichtstoffplatte)
laminated plastic panel
pannello decorativo in laminato plastico (m)
Dockgebühren
dock dues; harbour dues
diritti di porto (m)
Dokumente gegen Zahlung
documents against payment
documenti contro pagamento (m)
Doppelabkürzsäge
double cut-off saw
sega a doppio taglio (f)
Doppelbesäumer
double edger
bordatrice parallela (f)
Doppelblattkreissäge
two blade circular saw
sega circolare a due lame (f)
Doppelboden
double bottom
doppio fondo (m)
Doppelendprofiler
double-end shaping machine
profilatrice doppia (f)
Doppelfenster
double-glazed window
doppia finestra (f)
Doppelschnitt
double cut
doppio taglio (m)
Doppelschwelle
double sleeper
traversa doppia (f)
Doppeltrennsäge (automatische)
double automatic saw
sega automatica doppia (f)
Dosierblech
dosing baffle
lamiera di dosaggio (f)
Dosiereinrichtung
dosing device

dispositivo dosatore (m)
Dosierkasten
dosing funnel
tramoggia di dosaggio (f)
Dosierpumpe
proportioning pump
pompa di dosaggio (f)
Douglasie
Douglas Fir; Oregon Pine
abete Douglas (m); pino dell'Oregon (m)
Doussié
Afzelia; Apa; Doussié
Afzelia (f)
Draht
wire
filo di ferro (m)
Drahtseil
wire rope
cavo metallico (m)
Drechselbank
turning-lathe
tornio da legno (m)
drechseln
to turn
tornire
Drechsler
turner
tornitore (m)
Drehautomat
automatic turning machine
tornio automatico (m)
Drehbank
turning-lathe
bancale del tornio (m)
drehen
to turn
tornire
Drehfenster
pivoted window
finestra girevole (rotante su perno) (f)
Drehkran

derrick
gru girevole (f)
Drehmoment
torque
momento di rotazione (m)
Drehscheibe
turntable
piattaforma girevole (f)
Drehstrom
three-phase current
corrente tri-fase (f)
Drehstuhl
swivel chair
poltrona girevole (f)
Drehstuhlbeschläge
fittings for swivel chairs
arnesi per poltrone girevoli (m)
Drehteile
turned parts
parti girevoli (f)
Drehtür
revolving door
porta girevole (f)
Drehwuchs
spiral grain
filo ritorto (m)
Drehzahl
speed of rotation
velocità di rotazione (f)
Dreischichten-Schalungstafel
three-layer shuttering
pannello di copertura a tre strati (m)
Dreischichten-Spanplatte
three-layer particle board
pannello di trucioli a tre strati (m)
Drillbohrer
drill
trapano (m)
Druck
pressure
pressione (f)
Druckfestigkeit
compression resistance

resistenza alla compressione (f)
Druckimprägnierung, Drucktränkung
pressure impregnation
impregnazione in autoclave (f)
Dschungel
bush; jungle
macchia (f); giungla (f)
Dübel
dowel
tassello (f); caviglia (m); cavicchio (m)
Dübel für Betonschwellen
dowel for concrete sleepers
caviglia, perno per travetti in cemento (f)
Dübelbohrmaschine
dowel-boring machine
perforatrice a caviglia (f)
dübeln
to peg
incavigliare
Düngung, künstliche
artificial fertilization
fertilizzazione artificiale (f)
Durchforstung
forest thinning
disboscamento (m)
Durchforstungsholz
thinnings
bosco da diradare (m)
Durchlauffurnierpresse
continuous veneer press
pressa per rimpiallicciare continua (f)
Durchmesser
diameter
diametro (m)
Durchmesser in Brusthöhe
breast height diameter
diametro ad altezza d'appoggio (m)
Durchmesser mit Rinde (m. R.)
diameter over bark

diametro sulla corteccia (m)
Durchmesser, mittlerer
average diameter
diametro intermedio (m)
Durchmesserzuwachs
diameter increment
aumento del diametro (m)
Durchschleifen des Furniers
perforation of veneer
perforazione dell'impiallicciatura (f)
Durchschnitt
average
media (f)
Durchschnittsbreite
average width
larghezza media (f)
Durchschnittslänge
average length
lunghezza media (f)
Durchschnittsstärke
average thickness
spessore medio (m)
Dürre
drought
siccità (f)
Düsentrockner
jet drier
essiccatore a spruzzo (m)

E

Ebenholz
ebony
ebano (m)
Eberesche
rowan; mountain ash
sorbo selvatico (m)
echtes Mahagoni
American mahogany
mogano naturale (americano) (m)
Eckbank
corner bench
panca d'angolo (f)

Eckschrank
corner cabinet
armadio d'angolo (m)
Edelfurnier
face-veneer
impiallacciatura esterna (f)
Edelholz
high-grade timber
legno pregiato (m)
Edelkastanie
sweet chestnut
castagno (m)
egalisieren
to surface; to dress
eguagliare; appianare
Egalisiervorrichtung
scraper
raschiatore (m)
Eibe
yew
tasso (m)
Eiche
oak
quercia (f)
Eichel
acorn
ghianda (f)
Eichengerbstoff
oak tannin
tannino di quercia (m)
Eichenspiegelschnitt
oak radial section
sezione radiale della quercia (f)
Eigenschaft
property; quality
proprietà (f); qualità (f)
Eigenschaft, mechanische
mechanical property
proprietà meccanica (f)
Eigenschaft, physikalische
physical property
proprietà fisica (f)
Eigentum

property
proprietà (f)
Eigentumsvorbehalt
reservation of property
riserva di proprietà (f)
Einbauelement
fitment
elemento (mobile) da incasso (m)
Einbauküche
built-in kitchen
cucina incorporata (f); cucina incassata (f)
Einbaum
canoe
canoa (f); piroga (f)
Einbauschrank
built-in cupboard
credenza incorporata (f); credenza incassata (f)
Einblattformatkreissäge
single-blade circular saw
sega circolare monolama per la messa in formato (f)
Einblatthubkreissäge
single-blade stroke circular saw
sega circolare monolama (f)
Eindringtiefe
depth of penetration
profondità di penetrazione (f)
Einetagen-Spanplattenanlage
single-opening particle board plant
impianto a un piano per la fabbricazione di pannelli di trucioli (m)
Einetagenpresse
single daylight press
pressa idraulica a un piano (f)
Einfachrollenkette
simple roller chain
catena a rulli singoli (f)
Einfachschnitt
single cut
taglio singolo (m)
Einfuhr

import
importazione (f)
Einfuhrbestimmungen
import regulations
disposizioni per l'importazione (f)
Einfuhrholz
imported timber
legname importato (m)
Eingang (Waren)
arrival
arrivo (merci) (m)
Eingangstür
entrance door
porta d'entrata (f)
einheimisch
native; home-grown
nativo (m); locale (m)
Einkauf
purchase
acquisto (m)
einkaufen
to purchase; to buy
acquistare
Einkaufsabteilung
buying department; purchase office
sezione acquisti (f)
Einkaufschef
purchasing manager
capo acquisti (m)
Einkaufspreis
buying price
prezzo d'acquisto (m)
Einlagerungen, mineralische
minerals; mineral deposits; mineral streaks
deposito minerali (m)
Einlauf
end stain
imbocco (m)
Einlegarbeit
marquetry
intarsio (m)
einlösen (Dokumente)

to take up
accettare
einschalen
to form
formare
Einschalung
formwork; concrete formwork
cassaforma (f)
Einschlag
felling; logging
taglio (d'un bosco) (m)
einschlagen
to fell
tagliare; abbattere
Einschlagsmenge
felling quantity; logging volume
quantità del taglio (f)
Einschlagszeit
logging season
stagione del taglio (f)
einschneiden
to saw; to cut; to convert
segare; tagliare
Einschnittergebnis
yield
resa (f)
Einschnittkapazität
cutting capacity
capacità di taglio (f)
Einspannhöhe
clamping height
altezza di fissaggio (f)
Einwegpalette
one-way pallet
tavolozza a una via (f)
Einzelanfertigung
individual production
produzione individuale (f)
Eisdruck
ice pressure
pressione del ghiaccio (f)
Eisenbahnfähre
railway ferry

traghetto ferroviario (m)
Eisenbahnkran
railway crane
gru ferroviaria (f)
Eisenbahnschwelle
railway sleeper
traversina per strada ferrata (f)
Eisenbahnwaggon
railway waggon
vagone ferroviario (m)
Elastizität
elasticity
elasticità (f)
Elastizitätsmodul
elastic module
modulo di elasticità (m)
Elektriker
electrician
elettricista (m)
elektrische Leitung
electric line
linea elettrica (f)
Elektromotor
electric motor
motore elettrico (m)
elektronische Sortierung
electronic sorting
selezione elettronica (f)
elektronische Steuerung
electronic control
controllo elettronico (m)
Elektrostapler
electric fork-lift
accatastatore elettrico (m)
Empfänger
receiver
destinatario (m)
Endabnahme
final inspection
ispezione finale (f)
Endbearbeitung
finishing
finitura (f); rifinitura (f)

Endbesäumung
final trimming
rifinitura finale (f)
Ende, oberes
top
estremità superiore (f)
Enden (Kürzungen)
ends
tralci (m)
Endfertigungsstrasse
finishing line
catena di rifinitura (f)
Endfeuchte
final moisture
umidità finale (f)
Endkontrolle
end check
controllo finale (m)
Endlosspanplattenanlage
continuous particle board installation
pressa continua per pannelli di
trucioli (f)
Endnutzung
final cut
taglio finale (m)
Endriß
end shake
fenditura d'estremità (f)
Endsortierung
final grading
classificazione finale (f)
endtrocken
final moisture
essiccazione finale (f)
Endverbraucher
end user; consumer
utente (m); consumatore (m)
engringig
narrow ringed
inanellato stretto (m)
entasten
to delimb

diramare, tagliare i rami (ad un
albero)
Entastung
lopping
potatura (f)
entbasten
to remove bast
rimuovere la fibra di tiglio
Entfeuchtung
dehumidification
deumidificazione (f)
entflammbar
inflammable
infiammabile
Entflammbarkeit
flammability
infiammabilità (f)
entgraten
to deburr
spinare
entharzen
to deresinate
deresinare
Entharzungsmittel
resin drainer
prodotto per deresinare (m)
entladen
to unload
scaricare
Entladung
unloading
scaricamento (m); scarico (m)
entrinden
to debark
scortecciare
Entrinder
debarker
scortecciatrice (f)
Entrindung
debarking
scortecciamento (m)
Entrindungstrommel
debarking drum

tamburo scortecciatore (m)
entsplintet (= ohne Splint)
desapped, without sap
svigorito (m)
entwalden
to deforest
disboscare
Entwaldung
deforestation
disboscamento (m)
entwässern
to drain
drenare
Entwässerung
drainage
drenaggio (m)
Entwurf
project
progetto (m)
entwurzelt
rooted out; uprooted
sradicato (m); estirpato (m)
Ergebnis
result; returns
risultato (m)
Erhaltung
conservation; maintenance
conservazione (f)
Erle
alder
ontano (m)
Erosion
erosion
erosione (f)
Erosionsschutz
erosion protection
protezione contro l'erosione (f)
Ersatzholzart
species of substitution
specie di sostituzione (f)
Ersatzlieferung
replacement
consegna di sostituzione (f)

Ersatzteil
spare part
parte di ricambio (f)
ersetzen (Austausch)
to replace
rimpiazzare
Ertrag
result
risultato (m)
Erzeugerland
producing country
paese di produzione (m)
Erzeugnisse des Waldes
forest products
prodotti boschivi (m)
Esche
ash
frassino (m)
Espe/Aspe
aspen-tree
tremolo (sorta di pioppo) (m)
Eßecke
dining recess (furniture)
angolo pranzo (mobilio) (m)
Eßzimmer
dining room
sala da pranzo (f)
Eßzimmermöbel
dining room furniture
mobili per sala da pranzo (m)
Etage (Presse)
opening; daylight (press)
piano della pressa (m)
Etagenpresse
hot press; multiple opening press
pressa principale a più strati (f)
Eukalyptus
eucalypt wood; jarrah; karri
eucalipto (m)
Export
export
esportazione (f)
Exporteur

exporter
esportatore (m)
Exporthafen
port of exportation
porto di esportazione (m)
Extruder
extruder
trafila (f)
Exzenterschälfurnier
staylog-peeled veneer
impiallacciatura svolta (srotolata)
eccentrica (f)
Exzentrischschälen
to peel on staylog; half rotary peeling
scortecciare eccentrico (mezza rotazione)

F

f.a.s.
free alongside ship
franco bordo nave
f.a.s.
free alongside ship
franco bordo nave
f.o.b. (frei an Bord)
f.o.b.; fob (free on board)
franco bordo
f.o.b. (frei an Bord)
f.o.b. (free on board)
franco bordo
Fabrik
mill; factory
stabilimento (industriale) (m); fabbrica (f)
fachkundig
competent
competente (m); specializzato (m)
Fachmann
specialist; expert
esperto (m); specializzato (m)
Fachverband

professional association
associazione professionale (f)
Fachwerk
frame-work; studding
traliccio (m)
Façondrehteile
profiled parts
parti profilate (f)
Faden (Holzmaß) = 216 Kubikfuß = ca. 6,1 m³
fathom
braccio (unità di misura) piede cubo = circa 6,1 m³ (m)
Fahnenstange
flag pole
asta (o pennone) della bandiera (f)
fahrbarer Kran
mobile crane
gru mobile (f)
Fähre
ferry
chiatta (f); traghetto (m)
fahrlässige Brandstiftung
careless arson; incendiarism
incendio doloso (m)
Fahrzeugteile aus Holz
wooden vehicle parts
parti di veicolo in legno (f)
fällen
to fell
abbattere, tagliare
Fällen (von Bäumen)
felling
abbattere (alberi) (m)
fallende Längen
falling lengths
lunghi cadenti (m)
fallende Breiten
falling widths
tronconi larghi (m)
Fällgerät
felling machine
macchina abbattitrice (f)

Fällrichtung
dropping direction
direzione di caduta (f)
Fällriß
felling shake
frattura (f); spezzatura (f); fenditura
d'abbattimento
Falschkern
false heartwood
falsa anima del legno (f)
Falttür
folding door
porta pieghevole (f)
Faltwand
folding wainscot
rivestimento a pannelli di legno
pieghevole (m)
falzen
to fold
piegare; scanalare (falegnameria)
Farbänderung
colour change
cambiamento di colore (m)
Farbe
paint; colour
colore (m)
Farbe, natürlich
natural colour
colore naturale (m)
farbecht
colourfast
colore stabile (m)
Farbfehler
colour defect
difetto del colore (m)
Farbhölzer
dyewoods
legni tintori (m)
Farbstoff
colouring product; colouring substance
sostanza colorante (f)
Färbung

colouring
colorazione (f)
FAS
Firsts and Seconds
qualità I & II (f)
Faschine
fascine
fascina (f)
Faschinenpfahl
faggot stake
palo (di sostegno) (m); piuolo (m);
paletto per fascine (m)
Fase
chamfer; bevel
bisello; taglio a sbieco (m)
Fasebrett
chamfered board
tavola bisellata (f)
Faser
fibre
fibra (f)
Faserabweichung
deviation of fibres
deviazione di fibre (f)
Faserdeckschicht
surface with fibres
copertura con fibre (f)
Faserholz
pulpwood
legno di fibre; fibrolegno (m)
faserig
fibrous
fibroso (m)
Faserneigung
slope of the grain
inclinazione della venatura (f)
Faserplatte
fibreboard
pannello di fibre (m)
Faserplatte, beschichtet
laminated (coated) fibreboard
pannello di fibre laminato (m)
Faserplattenpresse

fibreboard press
pressa per pannelli di fibre (f)
Faserplattentrockner
fibreboard drier
essiccatore per pannelli di fibre (m)
Fasersättigungspunkt
fibre saturation point
punto di saturazione delle fibre (m)
Faserverlauf
direction of grain
direzione della venatura (f)
Faß
vat; barrel
barile (m); botte (f)
Faßdaube
stave
doga (di botte) (f)
Faßdaubenholz
stavewood
legname da doghe (m)
faul
decayed; rotten
marcio (m)
faulen
to rot
marcire
Faulkern
rotten heart
anima marcita (f)
Faux-Quartier messern
half-quarter slicing
trinciatura mezzo-quarto (f)
Feder (bei Nut und Feder)
tongue
linguetta (con incastro a maschio e
femmina) (f)
Federmaß
tongue measure
misurazione su linguetta, con cor-
della (f)
Fehler
defect
difetto (legno) (m); anomalia (legno)

(f)
fehlerfrei
clear; free of defects
senza difetti
feinjährig
fine-grained
fibra fine (f)
feinporig
fine porous
poroso fine (m)
feinstreifig
fine-striped
rigato; striato fine (m)
Fenster
window
finestra (f)
Fenster- und Türeinbauelemente
prefabricated window blocks and
door sets
blocchi-finestre e blocchi-porte (m)
Fenster- und Türstürze
window and door lintels
architravi per finestre e porte (m)
Fensterbeschläge
window-fittings
bandelle per finestre (f)
Fensterbrett
window-sill
davanzale (m)
Fensterelement
window element
elemento di finestra (m)
Fensterfassade
window façade
facciata di finestra (f)
Fensterflügel
casement
battente di finestra (m)
Fensterholz
window-wood
legname per finestre (m)
Fensterkantel, lamelliert
laminated window square

quadrato di finestra lamellato (m)
Fensterkanteln
window scantlings
assicelle per finestra (f)
Fensterkreuz
window cross
vetrata (f)
Fensterladen
window shutter
imposta di finestra (di pieno legno)
(f)
Fensterprofil
window profile
modanatura di finestra (f)
Fensterrahmen
window frame
telaio di finestra (m)
Fensterriegel
window fastener
architrave di finestra (m)
Fensterscheibe
window pane
vetro di finestra (m)
Fenstersprosse
window bar
traversa di finestra (f)
Fenstertüren
French doors; window doors
porte-finestre (f)
Ferienhaus
holiday home; cottage
casa di vacanze (f)
Fertigbau
prefabricated construction
costruzione prefabbricata (f)
Fertigfenster
prefabricated window
finestra prefabbricata (f)
Fertighaus
prefabricated house; home
casa prefabbricata (f)
Fertighausbau
construction of prefabricated houses

costruzione di case prefabbricate (f)
Fertigparkett
prefabricated parquetry
parquet prefabbricato (m)
Fertigschalung
prefabricated formwork
cassaforma prefabbricata (f)
Fertigteile
prefabricated parts
parti prefabbricate (f)
Fertigvertäfelung
prefabricated panelling
rivestimento di pannelli prefabbricato (m)
Festharz
solid resin
resina solida (f)
Festigkeit
mechanical strength
resistenza meccanica (f)
Festmeter
cubic meter
metro cubo (m)
Feuchte
moisture; humidity
umidità (f)
Feuchtemeßgerät
moisture measuring instrument
igrometro (m)
Feuchtemessung
moisture measurement
misurazione dell'umidità (f)
Feuchtetoleranzen
moisture tolerances
tolleranze d'umidità (f)
feuchtigkeitsbeständig
moisture-resistant
resistente all'umidità
Feuchtigkeitsgehalt
moisture contents
percentuale di umidità (f)
feuerfest
fire-proof

resistente al fuoco
feuerhemmend
fire-retardant
ignifugo (m)
Feuerlöscher
fire-extinguisher
estintore d'incendio (m)
Feuerschutztür
fire-resistant door
porta antincendio (f)
Feuerung, automatisch
automatic furnace
riscaldamento automatico (m)
Feuerversicherung
fire insurance
assicurazione contro l'incendio (f)
Fichte
spruce
abete rosso (m)
filmbeschichtet
film-coated
plastificato (ricoperto con una lamina) (m)
Filter
filter
filtro (m)
Filz
felt
feltro (m)
Finanzwesen
finance department
servizio delle finanze (m)
Firma
company
ditta (f)
Fixkosten
standing charges
spese fisse (f)
Fixmaße
fixed dimensions
dimensioni fisse (f)
Fixmaßsäge für Platten
saw for boards with fixed dimen-

sions
sega per pannelli con dimensioni
fisse (f)
Flachdämmplatte
flat insulating board
pannello isolante piatto (m)
Fläche
area; surface
superficie (f)
Flächenmaß
face measure, surface measure
misura di superficie (f)
Flächenräumung
area cleaning
pulitura dell'area (f)
Flachpalette
flat palette
paletta piatta (f)
Flachs
flax
lino (m)
Flachscheibenzerspaner
horizontal flat disk shaver
piallatrice a disco piatto (f)
Flachspan
flat chip
truciolo piatto (m)
Flachsplatte
flaxboard
pannello di lino (m)
Flachsspanplatte
flax-shive particle board
pannello di particelle di lino (m)
Flachwagen
flat wagon
vagone-piattaforma (m)
Flachwurzel
shallow root
radice superficiale (f)
Fladerschnitt
flat cut; plain cut
taglio tangenziale (m)
flammen

to flame
marezzare
Flammpunkt
flash point
punto d'infiammabilità (m)
Flaschenkasten
bottle case; bottle box
casellario da bottiglie (m)
Flaschenpalette
bottle pallet
paletta da bottiglie (f)
Flaschenregal
bottle rack
scaffale per bottiglie (m)
Flaschenzug
pulley block; tackle block
paranco (m)
Fliehkraft
centrifugal force
forza centrifuga (f)
Fließbandproduktion
assembly-line production
fabbricazione col nastro trasportatore (f)
Flitch
flitch
lardello (m); lardone (m) d'albero
Floß
raft
zattera (f)
flößen
to float; to raft
trasportare con zattera
Floßholz
floated wood
legname trasportato sulla corrente
di un fiume (m)
Flügelast
spike knot; horn knot
ramo obliquo (m)
Flügelfenster
casement window
finestra a due battenti (f)

Flügeltür
double door; casement door
porta a due battenti (f)
Flugzeugsperrholz
aircraft plywood
legno compensato per costruzioni
aeronautiche (m)
Flußschiff
river vessel; barge
chiatta (f)
Föhre (= Kiefer)
scots pine
pino silvestre (m)
Folie
foil; film
foglio (m); lamina (f)
folienbeschichtet
laminated with films (foils)
plastificato (ricoperto con lamine)
(m)
folienverpackt
film-packaged; shrinkfoiled
imballato in fogli plastici (m)
Förderanlage
conveyor system
impianto per il trasporto (m)
Förderband
conveyor belt
nastro trasportatore (m)
fördern
to convey
trasportare
Formaldehyd
formaldehyde
formaldeide (m)
Format
size
formato (m)
Formatkreissäge
panel sizing circular saw
sega circolare per il dimensiona-
mento del pannello (f)
Formband

forming belt
correggia per il getto in forma (f)
Formbeständigkeit
dimension stability
stabilità dimensionale (f)
Formblech
caul plate
lamiera sagomata (f)
Formdrehteil
moulded part
parte profilata (f)
Formgleise
rails in forming line
binari di sagomatura (m)
Formkette
forming line
catena di sagomatura (f)
Formpolster
shaped upholstery
imbottitura sagomata (f)
Formpreßteil
moulded part
parte sagomata (f)
Formsperrholz
formpressed plywood
legno compensato sagomato (m)
Formstation
forming station
luogo di sagomatura (m)
Formstraße für Faserplatten
forming line for fibreboards
catena di sagomatura per pannelli
di fibra (f)
Formstraße für Spanplatten
forming line for chipboards
catena di sagomatura per pannelli
di trucioli (f)
Formteilpresse für Fasern
mould press for fibres
pressa foggiatrice per trucioli (f)
Formteilpresse für Späne
mould press for chips
pressa foggiatrice per avanzi (f)

Forschung
research
ricerca (f)
Forst-Taxation
forest taxation
tassazione di bosco (f)
Forstarbeiter
forest worker
operaio forestale (m)
Förster
forester
guardia forestale (m); guardaboschi
(m)
Forstfrevel
infringement of forest laws
violazione delle leggi forestali (f)
Forstgesetz
forest law
legge forestale (f)
Forstsamen
forestry seed
sementi per silvicultura (f)
Forstschutz
forest protection
protezione boschiva (f)
Forstspezialschlepper
special forest tractor
trattore speciale per boschi (m)
Forstvermessung
forest measurement
misurazione del bosco (f)
Forstwegebau
forest road construction
costruzione di strade boschive (f)
Forstwegeunterhaltung
forest road maintenance
manutenzione di strade boschive (f)
Fracht
freight
nolo (m); carico (m)
Frachtbrief
way bill; consignment note
lettera di vettura (f)

frachtfrei
carriage paid; freight prepaid
porto pagato (m)
Frachtkosten
freight charges
spese di trasporto (f)
Frachtkostenberechnung
calculation of freight charges
calcolo delle spese di trasporto (m)
Frachtraum
freight space
cala (f)
Framiré
idigbo
framiré
franko
carriage paid
franco (m)
Französisch Nußbaum
French Walnut
noce francese (m)
Fräse
moulder
fresa (f)
fräsen
to mill; to mould
fresare
Fräskopf
head stock
testa portafresa (f)
Fräskopfentrinder
cutter-head debarker
scortecciatrice a testa fresante (f)
Fräsmesser
cutter
lama (di fresa) rimessa o riportata
(f)
Fraßgang
borer tunnel; gallery; worm trace
foro di trivella (m); galleria (f); traccia (buco) di verme (f)
Frässpan
moulding shaving

truciolo di fresatura (m)
frei an Bord
f.o.b. (free on board)
franco bordo
freibleibend
without engagement
senza impegno
Freilagerung
open storage; open air storage
stoccaggio all'aria aperta (m)
Freilaufwagen
carriage
carro libero (m)
Freilufttrocknung
open air drying
essiccamento all'aria aperta (m)
Fries
frieze; baize
rascia (f); frisone (m)
frisch gefällt
freshly felled; fresh cut
taglio fresco (m)
Frischluft
fresh air
aria fresca (f)
Frisierkommode
toilet-table
toletta (f); tavolo da toletta (m)
Fromager
ceibe
formaggiere (albero dell'America
Centrale) (m)
Frontstapler
front-lift truck
accatastatore frontale (m)
Frostbeständigkeit
frost resistance
resistenza contro il gelo (f)
Frostkern
frost heart
cuore (legno) spaccato da gelo (m)
Frostleiste
frost-rib

costa (f); nervatura (danno degli
alberi per il gelo) (f)
Frostriß
frost shake; frost crack
screpolatura da gelo (f); spaccatura
da gelo (f)
Frühbeet
hotbed
letto caldo (giardinaggio) (m)
Frühholz
spring wood
legno precoce (m)
Fuge
joint
linea di giunzione (f); giuntura (f)
fugenlos
jointless
senza giunture
Führungsschiene
guide rail
controrotaia (f)
Fuhrunternehmer
carrier; trucking operator
trasportatore (m)
Fundament
foundation
fondazione (f)
Furnier
veneer
foglio per impiallacciatura (m)
Furnier (gemessert)
sliced veneer
impiallacciatura tagliata (f)
Furnier (geschält)
rotary cut veneer; peeled veneer
impiallacciatura svolta (f)
Furnierabfall
veneer waste
scarto di impiallacciatura (m)
Furnierabrichtmaschine
veneer surfacing machine
levigatrice per impiallacciatura (f)
Furnierausflickautomat

automatic veneer patching machine
rappezzatrice automatica per impiallacciatura (f)
Furnierbandtrockner
mesh-belt veneer drier; conveyor
drier for veneers
essiccatore a tappeto scorrevole
(m)
Furnierbeleimmaschine
veneer gluing machine
incollatrice per impiallacciatura (f)
Furnierblatt
sheet of veneer
foglio di impiallacciatura (m)
Furnierblock
veneer log
ceppo da impiallacciatura (m)
Furniere zusammensetzen
to splice veneers
giunzione dell'impiallacciatura (f)
furnieren
to veneer
impiallacciare
Furnierfehler
veneer defect
difetto d'impiallacciatura (m)
Furniergüte
veneer grade
qualità dell'impiallacciatura (f)
Furnierhölzer
veneer logs
corteccia per impiallacciatura (f)
Furnierindustrie
veneer industry
industria dell'impiallacciatura (f)
Furnierklebemaschine
veneer-gluing machine
incollatrice di fogli di impiallacciatura (f)
Furniermesser
veneer knife; slicer knife
lama per il taglio dell'impiallacciatura (f)

Furniermessermaschine
slicer
tagliatrice (f)
Furnierpaketschere
veneer clipper; trimmer
sbavatore dell'impiallacciatura (m)
Furnierplatte
plywood
pannello di legno compensato (m)
Furnierpresse
veneering press
pressa da impiallacciatura (f)
Furnierrundholz
veneer logs
cortecce da impiallacciatura (f)
Furniersäge
veneer saw
sega da impiallacciatura (f)
Furnierschälmaschine
veneer peeler machine
macchina scortecciatrice (f)
Furnierschere
veneer clipper
ritagliatrice per impiallacciatura (f)
Furnierstanzautomat
veneer patching machine
rappezzatrice di impiallacciatura (f)
furniert
veneered
impiallacciato (m)
Furnierträger
core stock
supporto per impiallacciatura (m)
Furniertrockner
veneer drier
essiccatore di impiallacciatura (m)
Furnierwerk
veneer mill
stabilimento di impiallacciatura (m)
Furnierzusammensetzmaschine
veneer splicing unit
macchina per la giunzione dell'impiallacciatura (f)

Fuß (Maßeinheit)
foot (1' = 30,48 cm)
piede (1' = 30,48 cm) (m)
Fußboden
floor
impiantito (m); pavimento (m)
Fußbodenleiste
skirting board
zoccolo (m)
Fußbodenschleifmaschine
portable floor sander
sabbiatrice per pavimenti (f)
Fußdurchmesser
foot diameter
diametro a piè (m)
Fußkreisdurchmesser
root circle diameter
diametro alla base (m)

G

Gabelstapler
fork lift
accatastatore a forcella (m)
Garderobenschrank
wardrobe
guardaroba (m)
Gardinenleiste
traverse curtain rod
listello per tenda (m)
Gardinenstange
curtain rod
asta per tendaggio (f)
Gartenbank
garden bench
panca da giardino (f)
Gartenlaube
arbor
pergola (f)
Gartentor
garden gate
cancello da giardino (m)
Gartenzaun

garden fence
recinzione da giardino (f)
Gatter
frame saw
sega a lame multiple (f)
Gatter, fahrbares
transportable frame saw
sega a lame multiple trasportabile
(f)
Gatter mit Seitenverstellung
frame saw with lateral adjustment
sega a lame multiple a spostamento
laterale (f)
Gatterführer
frame saw operator
operatore di sega a lame multiple
(m)
Gatterlehre
frame saw gauge
calibro a telaio porta-lame (m)
Gatterlinie
frame saw line
catena a sega a lame multiple (f)
Gattersägeblatt
frame saw blade
lama per sega a lame multiple (f)
Gatterspanner
frame saw tensioner
tenditore di lame di sega a lame
multiple (m)
Gatterspannwagen
frame saw carriage
carrello per sega a lame multiple
(m)
Gatterwagen
log carriage
carrello per sega a lame multiple
(m)
geapfelt
blistered
ricoperto di bolla (legno) (m)
gebeizt
stained

brunito ad ebano (m)
Gebläse
blower
soffiatrice (f)
gebogen
crooked; bent
curvato (m); piegato (m)
Gebot
offer; bid
offerta (f)
gebürstet
brushed
spazzolato (m)
gedämpft
steamed
trattato con vapore (legno) (m)
gedarrt
desiccated
essiccato (m)
gefällt
felled
abbattuto (m)
gefärbt
coloured
colorato (m)
geflammt
flamy; mottled; wavy; figured
marezzato (m)
gefleckt
spotted
picchiettato (m); punteggiato (m)
gehobelt
planed
piallato (m)
Gehrung
bevel; mitre
giuntura ad angolo (f)
Gehrung (auf ... schneiden)
mitre sawing
ugnatura (tagliare a ugnatura) (f)
Gehrungsanschlag
mitre cutting guide
guida a ugnatura (f)

Gehrungswinkel
mitre square
angolo a ugnatura (m)
gekalkt
chalked
imbiancato (m)
gekappt
square-cut; trimmed
svettato (m); mozzato (m)
gekrümmt
crooked; twisted
contorto (m)
Geländer
handrail; railing
parapetto (m); balaustra (f)
Geländerstäbe
railing barrels
sbarre di balaustra (f)
gemasert
patterned; figured
marezzato (m)
gemessert
sliced
tagliato (m)
genagelt
nailed
inchiodato (m)
Genehmigung
permission
autorizzazione (f)
Generaldirektor
general director
direttore generale (m)
Generator
generator
generatore (m)
genuted
grooved
scanalato (m)
geradfaserig
straight grained
fibroso dritto (m)
Geradfaserigkeit

straight grain
fibrosità dritta (f)
Gerbsäure
tannic acid
acido tannico (m)
Gerbstoff
tannin
tannino (m)
geriegelt
wavy
ondeggiato (m)
geriffelt
fluted
scanalato (m)
gerissen
cracked
incrinato
Geruch
smell
odore (m)
Gerüstbeläge
working platforms of a scaffold
ripiani d'impalcatura (m)
Gerüstbohlen
scaffolding planks
tavoloni d'impalcatura (m)
Gerüstdiele
scaffolding board
asse d'impalcatura (m)
Gerüststange
scaffold pole
palo d'impalcatura (m)
Gesamtlänge
total length; length over-all
lunghezza totale (f)
Gesamtproduktion
total production
produzione totale (f)
Gesamtumsatz
total turnover; total sales
giro d'affari totale (m)
Gesamtzugkraft
total traction

forza di trazione totale (f)
geschäftsführender Direktor
managing director
direttore commerciale (m)
Geschäftsführer
executive director
amministratore (m)
Geschenkartikel aus Holz
wooden gift articles
articoli da regalo in legno (m)
Geschirrschrank
china cupboard
credenza per vasellame (f)
geschliffen
polished; sanded
spolverizzato (m)
Geschwindigkeit
speed
velocità (f)
Gesims
cornice; moulding
modanatura (f)
gespritzt
sprayed
vaporizzato (m)
gespundet
tongued
munito di linguetta (m)
Gestellware
material for upholstery frames
materiale per telai d'imbottitura
(tapezzeria) (m)
gestreift
striped
rigato (m)
gesund
sound; bright
sano (m)
getaucht
dipped
immerso (m)
getönt
tinted

colorato (m); tinteggiato (m)
Getriebemotor
geared motor
motore d'ingranaggio (m)
getrocknet
seasoned; dried
secco (m); essiccato (m)
Gewächshaus
greenhouse
serra (f)
Gewehr
gun; rifle
fucile (m)
Gewehrkolben
rifle-butt
calcio del fucile (m)
Gewehrschaft
gun stock; rifle stock
fusto del fucile (m)
Gewehrschaft (aus Nußbaum)
walnut gun stock; walnut rifle stock
fusto del fucile in noce (m)
Gewehrschrank
gun cabinet
armadio dei fucili (m)
Gewerbeaufsicht
trade supervision
ispezione del lavoro (f)
Gewerkschaft
trade union
sindacato (m)
Gewicht, spezifisches
specific weight
peso specifico (m)
Gewinde
thread
filettatura (f)
Gewinn
profit
profitto (m)
Gießerei
foundry
fonderia (f)

Gips
plast
gesso (m)
Gipserlatten
plasterer's laths
panconelli per stuccatore (m)
Gipskartonplatte
plaster board
pannello di gesso (m)
Gitter
grating; lattice
inferriata (f); grata (f)
Gitterrost
grating
grata orizzontale (f)
glänzend
shining
brillante (m)
Glaser
glazier
vetraio (m)
Glaserei
glazier's shop
vetreria (f)
Glasplatte
glass plate
lastra di vetro (f)
glattrindig
smooth barked
corteccia liscia (f)
gleichartig
similar
similare
Gleiswagen (auf Holzplatz)
log carriage
carro su rotaie (deposito di legname) (m)
Gleiter für Möbel
furniture glide
scivolatore per mobili (m)
Gleitschiene
slide rail; slide bar
rotaia di scivolamento (f)

Goldleiste
gilded cornice
listello dorato (m)
Gratäste
trimmed branches
rami sbavati (m)
Gratschliff (der Sägezähne)
cross sharpening (of saw teeth)
affilatura diritta (dei denti della sega) (f)
Grenze
border; frontier
frontiera (f)
Griff
grasp; grip
presa (f)
Griff (Stiel)
handle
manico (m)
grob
coarse
grossolano (m); ruvido (m)
grobfaserig
coarse grained
legno a grana grossa (m)
grobjährig
coarse grained
legno a grana (m); fibra grossa (f)
grobporig
large-pored
legno a pori larghi (m)
grobringig
wide rings
legno ad anelli larghi (m)
Großflächenschalungsplatte
large-area shuttering board
pannello di chiusura di grande superficie (m)
Großflächenschalung
large-area formwork
cassaforma per grandi superfici (f)
Großraumtrockenkammer
large capacity compartment-type

kiln
essiccatoio di grande capacità (m)
Grubenholz
pitwood; pit prop; mine timber
legname per miniera (m)
Grubenholz-Großhandlung
pitwood wholesale business
commercio all'ingrosso di legname
per miniera (m)
Grubenpfeiler
pit post
pilastro (m); sostegno (m); puntello
per miniera (m)
Grubenschwarte
pit slab
sciavero da miniera (m)
Grubenschwellen
pit sleepers
travetti per miniera (m)
Grubenstempel
pit prop
puntello per miniera (m)
Grundiermittel
primer
prodotto per mani di fondo (m)
Grundkapital
capital stock
capitale d'apporto (m)
Grundpreis
basic price
prezzo base (m)
Grundsteuer
land tax
imposta fondiaria (f)
Gruppe
group; party
gruppo (m)
gültiger Tarif
current rate
tariffa corrente (f)
Gültigkeitsdauer
validity
validità (f)

Gummibaum
gum-tree
palma da caucciù (f)
günstige Bedingungen
on easy terms
condizioni favorevoli (f)
Gurt
belt
cinghia (f); cintura (f)
Gutachten
survey report
rapporto (m); perizia (f)
Gutachter
expert; surveyor
perito (m); esperto (m)
**Gute Kaufmannsware (Qualitäts-
begriff für überseeisches Rundholz)**
Fair Average Quality (FAQ)
qualità commerciale media (f)
Güte
quality
qualità (f)
Güteanforderungen
quality requirement
esigenza qualitativa (f)
Gütebestimmungen
quality regulations
norme di qualità (f)
Gütebeurteilung
quality estimation; judgement on
quality
giudizio sulla qualità (m)
Güteklasse
grade; quality class
classificazione della qualità (f)
Güteklasseneinteilung
grading system
metodo di classificazione (m)
Güteschutzzeichen
quality mark
marchio di qualità (m)
Gütezeichen

grade-trademark
marchio di fabbrica di qualità (m)
Guthaben
credit; balance
credito (m)
Gutschrift
crediting; to the credit of an account
accredito (m); accreditamento (m)

H

Haarbürste
hair brush
spazzola per capelli (f)
Haarriß
hair check
incrinatura capillare (f)
Hacker
chipper; hog
trituratore (m); sminuzzatore (di
trucioli) (m)
Hackgut
chips
legno spaccato (m)
Hackmaschinen
chapping machine
sminuzzatrici
Hackrotor
rotary hogger
rotore per spaccare il legno (m)
Hackschnitzel
chips
ritagli (legno) (m); schegge (legno)
(f)
Hafen
port; harbour
porto (m)
Hafenbecken
dock
bacino del porto (m)
Hafengebühren
harbour dues; port charges
diritti portuali (m)

Hafenkapitän
harbour master
capitano (commissario) di porto (m)
Hafenschleuse
dock gate
chiusa del porto (f)
Haftpflichtversicherung
liability insurance
assicurazione di responsabilità civile
(f)
Haftung
liability
responsabilità (f)
Hainbuche
hornbeam
carpino (m)
Haken
hook
gancio (m)
Halb-Sparren
half-square
semiquadro (m)
halbautomatisch
half automatic
semiautomatico (m)
Halbfertigprodukt
semi-manufacture
prodotto semilavorato (m)
halbharte Platte
medium hardboard
pannello semiduro (m)
Halbholz
half log; half timber
trave tagliata a metà (f)
Halbringschäle
cup shake; half ring
mezzo cerchio annuale del legno
(m)
halbtrocken
semi dry
semi secco (m)
Haltbarkeit
durability

durata (f)
Hammermühle
hammer mill
mulino a martelli (m)
Handbohrmaschine
drill-gun; portable boring machine
perforatrice portatile (f)
Handel
commerce
commercio (m)
Handelsgebräuche
trade customs; trade terms
usanze commerciali (f)
Handelsgesellschaft
trading company
società commerciale (f)
Handelshölzer
commercial timbers
legname commerciale (m)
Handelskammer
chamber of commerce
camera di commercio (f)
Handelslager
trade stock; dealer stock
magazzino commerciale (m)
Handelsmarke
trade mark; brand
marchio commerciale (m)
Handelsname
trade name; commercial name
nome commerciale (m)
Handelsrecht
commercial law
diritto commerciale (m)
Handelsspanne
trade margin
margine commerciale (m)
Handelssperre
embargo
embargo (m)
Handelsvertreter
commercial agent; broker
agente commerciale (m)

Handentrindungsmaschine
portable debarker
scortecciatrice portatile (f)
Handfräsmaschine
portable moulding machine
fresatrice portatile (f)
Handhobelmaschine
portable planing machine
piallatrice portatile (f)
Handkettensäge
portable chain saw
sega a catena portatile (f)
Handkreissäge
portable circular saw
sega circolare portatile (f)
Handleimauftraggerät
portable glue spreader
incollatrice portatile (f)
Händler
merchant
negoziante (m)
Handnagelmaschine
portable nailer
chiodatrice portatile (f)
Handsäge
hand saw
sega portatile (f)
Handscheibenschleifmaschine
portable disk sander
carteggiatrice a disco portatile (f)
Handstichsäge
portable pad saw
saracco (m); segaccino a coda di
topo portatile (m)
Handwerk
handicraft
lavoro manuale (m); artigianato (m)
Handwerker
craftsman; workman
artigiano (m)
Handwerkszeug
tools
arnesi (m); attrezzi (m); utensili (m)

Hanf
hemp
canapa (f)
Hängebalken
hanging beam
trave di sospensione (f)
Haraß
bottle crate
cesta da imballaggio (f)
Harnstoff
urea
urea (f)
Harnstoffleim
urea-formaldehyde glue
colla ureica (f)
Härte
hardness
durezza (f)
härten
to harden; to temper
indurire; temprare
Härter
hardener
indurente (m)
Hartfaserplatte
hardboard
pannello di fibre dure (m)
Hartfaserplatte, gekachelt
tiled hardboard
pannello di fibre dure ricoperto di
piastrelle (m)
Hartfaserplatte, lackiert
enamelled hardboard
pannello di fibre dure laccato (m)
Hartfaserplatte mit Elfenbeinober-
fläche
ivory faced hardboard
pannello di fibre dure con superficie
in nero d'avorio (m)
Hartfaserplatte mit Spezialdesign
hardboard with special design
pannello di fibre dure con ornamento speciale (m)

Hartfaserplatte, weiß gestrichen
white-painted hardboard
pannello di fibre dure pitturato in
bianco (m)
Hartfaserplattentür, grundiert
primed hardboard door
porta in pannelli di fibre dure ammannite (con mano di fondo) (f)
Hartholz
hardwood
legno duro (m)
hartmetallbestückt
tipped; tungten carbide tipped (TCT)
munito di metallo duro (m)
Härtungstemperatur
curing temperature
temperatura di indurimento (f)
Harz
resin
resina (f)
harzbeschichtet
resin-laminated
spalmato di resina (m)
harzfrei
free of resin
senza resina (f)
Harzgalle
resin pocket; resin gall
canale di resina (m); borsa di resina (f); vescica di resina (f)
Harzgang
resin streak
striscia resinosa (f); vena resinosa
(f)
Harzgewinnung
resin extraction
estrazione della resina (f)
Harzkanal
pitch streak
canale resinoso (m)
Harzlöser
resin solvent
solvente della resina (m)

Harzträger
resin carrier
trasportatore di resina (m)
Haselfichte
hazel-spruce
nocciuolo (m); picea (m); abete
rosso (m)
Hauptlieferant
main supplier
fornitore principale (m)
Hauptprodukt
main product
prodotto principale (m)
Hauptproduktion
main production
produzione principale (f)
Hauptrollengang
main roller conveyor
trasportatore principale a rulli (m)
Hausbau
housing construction
costruzione di abitazioni (f)
Häuser, vorgefertigt
prefabricated houses
case prefabbricate (f)
Haustür
front-door
porta d'entrata (f)
hautreizend
skin irritating
irritante della pelle (m)
Havarie
damage by sea; average
avaria (f)
Hebel
lever
leva (f)
Heftmaschine
stiching machine; tacker
macchina cucitrice (f); imbullettatrice (f)
Heimwerker
home worker; hobbyist
hobbysta (colui che fa da se) (m)
Heimwerkerbedarf
home workshop accessories
accessori di lavoro degli hobbysti
(m)
Heißleim
hot glue
colla calda (f)
Heißlufttrockner
high flash drier
essiccatore ad aria calda (m)
Heißlufttrocknung
hot air drying
essiccazione ad aria calda (f)
Heißverleimung
hot gluing
incollaggio a caldo (m)
Heizer
fireman
fuochista (m)
Heizkörper
radiator
radiatore (m)
Heizkörperverkleidung
radiator-cover
copriradiatore (m)
Heizwert
heating value; caloric value
valore calorico (m)
Hektar (ha)
hectare
ettaro (m)
hell
bright
chiaro (m)
helles Splintholz
bright sapwood
alburno chiaro (albero) (m)
hellfarbig
light coloured
colore chiaro (m)
Hemlock
hemlock; western hemlock spruce

abete canadese (m)
Herkunft
origin; provenance
origine (f); provenienza (f)
Herkunftsland
country of origin
paese di provenienza (m)
Herrenzimmermöbel
study (smoking room) furniture
mobili per la stanza dei fumatori (m)
Hersteller
producer; manufacturer
produttore (m)
Herzbrett (Kernbrett)
heartwood plank; core board
tavola di cuore (del legno) (f)
Herzbrüchigkeit
brittle heart
cuore fragile (m)
herzfrei
free of heart
fuori centro (m); cuore (senza) (m)
herzrissig
heart shaken
fenditura del cuore (legno) (f); fessura del cuore (legno) (f)
Hiebart
method of felling
metodo d'abbattimento (m)
Hiebplan
felling plan
piano di sfruttamento (m)
hiebreif
mature; ripe for felling
maturo (m); pronto all'abbattimento (m)
Hirnholz
end grain timber; cross-cut wood
legno di punta (m)
Hirnschnitt
cross-cut
taglio trasversale (m)
Hobel

planer
pialla (f)
Hobelbank
planing bench
banco da falegname (m)
Hobelkopf
planing head
testa della pialla (f)
Hobelmaschine
planing machine
piallatrice (f)
Hobelmesser
planer knife
lama della pialla (f)
hobeln
to plane
piallare
Hobelspäne
shavings; chippings
trucioli di piallatura (m)
Hobelware
planed timber
legno piallato (m)
Hobelwerk
planing mill
officina di piallatura (f)
Hobelwerkzeug
planing tools
utensili per la piallatura (m)
Hochbau
structural engineering; building construction
costruzione al di sopra del suolo (f)
Hochdruck
high-pressure
alta pressione
Hochdruckpolyäthylen
LDPE (low-density polyethylene)
polietilene ad alta pressione (m)
Hochfrequenz
high frequency
alta frequenza (f)
Hochfrequenz-Verleimpresse

high frequency gluing press
pressa incollatrice ad alta frequenza
(f)
Hochfrequenzwärme
radio frequency heat
calore ad alta frequenza (m)
Hochglanzoberfläche
high-gloss surface
superficie di elevata lucentezza (f)
Hochwald
mature forest; high forest
bosco d'alberi d'alto fusto (m)
Hocker
stool
sgabello (m)
Höhe
height; altitude
altezza (f)
Höhenverstellung
vertical adjustment
aggiustamento verticale (m)
höhere Gewalt
force majeure; acts of God
forza maggiore (f); atti di Dio (m)
Hohlraummittellagentür
hollow core door
porta ad interno cavo (f)
Holz
timber; wood
legname (m)
Holz, astig
knotty timber
legno nodoso (m)
Holz, befallen
affected timber
legno colpito (da malattia) (m)
Holz, behandeltes
preserved wood; treated timber
legno trattato (m)
Holz, entrindetes
debarked timber
legno scortecciato (m)
Holz, giftiges

toxid wood
legno tossico (m)
Holz mit giftigen Inhaltsstoffen
toxid wood
legno con depositi tossici (m)
Holz mit Verfärbungen
stained timber; discoloured wood
legno scolorato (m)
Holz, naß
wet timber
legno umido (m)
Holz, stehendes
timber on the stem
legno in piedi (m)
Holz, unbearbeitet
rough timber
legno grezzo (m)
Holz, unentrindetes
timber with bark
legno non scortecciato (m)
Holz, verarbeitet
processed wood
legno lavorato (m)
Holz, verfärbt
stained timber
legno scolorito (m)
Holz, verfault
rotten timber
legno marcio (m)
Holz zur Herstellung von Holz-kohle
wood for charcoal production
legname per la produzione di legna
carbonella (m)
Holz-Ausgleichsfeuchte
equilibrium moisture contents
equilibrio di umidità del legno (m)
Holzabfall
wood waste
avanzi del legno (m)
Holzabfuhrweg
logging road
sentiero per lo sgombero del legno

tagliato (f)
Holzagent
timber agent; broker
sensale del legno (m); mediatore
del legno (m)
Holzart
species
specie del legno (f)
Holzbauten
wooden buildings
costruzioni in legno (f)
Holzbearbeitung
woodworking
trasformazione del legno (f)
Holzbearbeitungsindustrie
woodworking industry
industria per la trasformazione del
legno (f)
Holzbearbeitungsmaschinen
woodworking machines
macchinari per la lavorazione del
legno (m)
Holzbedarf
timber requirement
fabbisogno di legname (m)
Holzbeurteilung
judgement of timber
valutazione del legno (f)
Holzbiegemaschine
wood bending machine
macchina piegatrice del legno (m)
Holzbildhauer
wood-carver
scultore su legno (m); intagliatore
(m)
Holzblasinstrument
wooden wind instrument
strumento a fiato di legno (m)
Holzbringung
logging; extraction of timber
taglio del legname (m); estrazione
di assi (f)
Holzbrücke

wooden bridge; timber bridge
ponte in legno (m)
Holzdestillation
wood distillation
distillazione del legno (f)
Holzeimer
wooden bucket
secchio in legno (m)
Holzeinfuhr
timber import
importazione di legname (f)
Holzeinfuhrland
timber importing country
paese d'importazione del legno (m)
Holzeinschlag
logging; felling
taglio del legname (m)
Holzeinschlagsunternehmen
logging company
impresa per lo sfruttamento boschivo (f)
Holzeinschnitt
timber cutting
taglio del legno (m)
Hölzer für Gartenbau
wood products for gardening
legname per costruzioni agricole
(m)
Hölzer, harzhaltige
resinous woods
legno resinoso (m)
Holzernte
timber harvesting
raccolta del legname (f)
Holzerntemaschine
wood harvesting machine
macchina per la raccolta del legname (f)
Holzerzeugung
timber production
produzione del legno (f)
Holzexporteur
timber exporter

esportatore di legname (m)
Holzfahrer
timber truck driver
camionista per il trasporto di legname (m)
Holzfaser-Isolierplatte
insulating fibre board
pannello di fibre isolante (m)
Holzfeuchtemesser (elektrisch)
electric moisture meter
misuratore elettrico dell'umidità del legno (m)
Holzfeuchtemessung
moisturemeasurement
misurazione dell'umidità (f)
Holzforschungsinstitut
wood research institute
istituto di ricerche del legno (m)
holzfreies Papier
paper free of wood; woodfree paper
carta senza legno (f)
Holzfußboden
wooden floor
pavimento in legno (m)
Holzgas-Generator
wood-gas generator
generatore a gas di legno (m)
Holzgehäuse
wooden casing
involucro in legno (m)
Holzgerüst
wooden scaffolding
intelaiatura in legno (f)
Holzgroßhandlung
timber wholesale business
commercio di legname all'ingrosso (m)
holzhaltiges Papier
woodcontaining paper; mechanical paper
carta con legno (f)
Holzhammer
mallet

mazzapicchio (m)
Holzhandelslager
timber yard
magazzino di legname (m)
Holzhändler
timber merchant; timber dealer
commerciante di legname (m)
Holzhausbau
construction of wooden buildings
costruzioni di abitazioni in legno (f)
Holzhof
timber yard
parco legname (m)
Holzimporteur
timber importer
importatore di legname (m)
Holzimprägniermittel
wood impregnating product
prodotto impregnante del legno (m)
Holzingenieur
wood engineer
ingegnere del legno (m)
Holzinhaltsstoff
deposit
deposito di legname (m)
Holzknopf
wooden button
bottone di legno (m)
Holzkohle
charcoal
carbone di legna (m); carbonella (f)
Holzkonstruktion
wood construction
costruzione in legno (f)
Holzkugel
wooden ball
palla di legno (f); boccia (f)
Holzlage
layer of wood
strato di legno (m)
Holzlagerplatz
timber yard; siding
parco legname (m)

Holzleimbau
glued wood construction; laminated timber construction
costruzione in legno lamellato-incollato (f)
Holzlieferungsvertrag
timber contract
contratto per la consegna di legname (m)
Holzliste
tally sheet; specification
elenco di misurazione del legno (m); specificazione (f)
Holzmakler
timber agent; timber broker
sensale (m); mediatore del legno (m)
Holzmarkt
timber market
mercato del legno (m)
Holzmaserimitation
imitation of woodgrain effect
imitazione della venatura del legno (f)
Holzmaserplatte
hardboard with woodgrain effect
pannelli imitazione legno (m)
Holzmehl
saw dust
segatura (f)
Holzmenge
timber quantity
quantità di legname (f)
Holzmessung
measurement of timber
misurazione del legno (f)
Holznormen
timber standards
norme del legno (f)
Holznutzung
exploitation
sfruttamento del legno (m)
Holznutzungsrecht

logging permission; concession
diritto di sfruttamento del legno (m)
Holzoberfläche
wood surface
superficie del legno (f)
Holzpflaster
wooden pavement
lastricatura in legno (f)
Holzplantage
timber plantation
piantagione di alberi (f)
Holzplatz
timber yard
parco legname (m)
Holzrahmen
wooden frame
cornice di legno (f)
Holzrahmen für Bilder und Spiegel
wood frames for pictures and mirrors
cornici di legno per quadri e specchi (f)
Holzrampe
chute; slide (for timber)
scivolo a canale per legname (m)
Holzring
annual ring
anello annuale (età dell'albero) (m)
Holzrollen
wooden rolls
rulli di legno (m)
Holzrücken (Bringen)
skidding
movimentazione del legno (m)
Holzrutsche
chute; slide for timber
scivolo a canale per legname (m)
Holzschliff
mechanical pulp
pasta (legno) (f)
Holzschlitten
wooden skid

slitta di legno (f)
Holzschnitt
wood engraving
incisione su legno (f)
Holzschraube
wood screw
vite da legno (f)
Holzschuhe
clogs
zoccoli (m)
Holzschutz (chemischer)
chemical wood preservation
preservazione (chimica) del legno
(f)
Holzschutzbehandlung
timber treatment
trattamento del legno (m)
holzschützend
timber preserving
prottetivo del legno (m)
Holzschutzfarbe
wood preservation paint
pittura protettiva del legno (f)
Holzschutzflüssigkeit
timber preserving fluid
fluido protettivo del legno (m)
Holzschutzlösung
preservative solution
soluzione protettiva del legno (f)
Holzschutzmaßnahme
timber preservation measure
precauzioni per proteggere il legno
(f)
Holzschutzmittel
timber preservative
prodotto per preservare il legno (m)
Holzschutzmittel, chemische
chemical wood preservatives
prodotti chimici per la protezione del
legno (m)
**Holzschutzsalzgemische (schwer
auslaugbar)**
wood preservative salt mixtures

hard to be washed out
miscuglio di sali chimici per preservare il legno (difficili da eliminare)
(m)
Holzschutzverfahren
wood preservation method
metodo di preservazione del legno
(m)
Holzsilobau
wood-silo construction
costruzione di silo in legno (f)
Holzspielwaren
wooden toys
giocattoli di legno (m)
Holzspule
wooden spool
rocchetto di legno (m)
Holzstoff
mechanical pulp (woodpulp)
pasta (legno) (f)
Holztor
wooden gate
portale di legno (m)
Holzträger
beam
trave (f)
Holztransport
timber transport
trasporto di legname (m)
Holztrocknungsanlage
wood drying plant
essiccatoio per legname (m)
Holzumschlag
reloading; transshipment of timber
trasporto di legname da una nave in
un'altra (m)
holzverarbeitende Industrie
wood processing industry
industria per la trasformazione del
legno (f)
Holzverbrauch
consumption of timber
consumo di legname (m)

Holzverfärbung, chemische
chemical stain
tinta chimica (f)
Holzvergasungsanlage
wood gasification plant
impianto di gasificazione a legna (f)
Holzverkleidung
wainscot
rivestimento a pannelli di legno (f)
Holzvermessung
measurement of timber
misurazione del legno (f)
Holzverschalung
wooden formwork; wood-shuttering
rivestimento di legno (m)
Holzverwertung
utilisation of wood
utilizzazione del legno (f)
Holzwaren
wooden products
articoli in legno (m)
Holzwerkstoffe
wood-based materials
prodotti a base di legno (m)
Holzwirtschaft
timber economy
economia del legno (f)
Holzwissenschaft
wood science; timber technology
scienza del legno (f); tecnologia del
legno (f)
Holzwolle
wood wool
trucioli (m); paglietta di legno (f);
lana di legno (f)
Holzwolle-Schneidemaschine
shredding machine for wood-wool
macchina per produrre paglietta di
legno (f)
Holzwurm
timber worm
tarlo (m)
Holzzerfaserung

defibrating
sfibratura del legno (f)
Holzzersetzung
decay; rot
putrefazione del legno (f)
Holzzerstörung (durch Insekten)
timber destruction by insects
distruzione del legno causata da
insetti (f)
Holzzerstörung (durch Pilze)
decay by fungi
distruzione del legno causata da
funghi (f)
Hopfenstange
hop pole
pertica da luppolo (f)
Hoppus-Maß
Hoppus-measure
misura Hoppus (f)
Horizontalbandsäge
horizontal band saw
sega a nastro orizzontale (f)
Horizontalgatter
horizontal frame saw
sega alternativa orizzontale (f)
HPL-Platte
high pressure laminated board
tavola laminata ad alta pressione (f)
Hub- und Senkwagen
lift and lowering truck
carrello elevatore e abbassatore (m)
Hubhöhe
lifting height
altezza di elevazione (f)
Hubtisch
lifting platform
piattaforma elevatrice (f)
Hühnerstall
hen house
pollaio (m)
Hundehütte
dog-kennel
canile (m)

Hydraulikaggregat
hydraulic aggregate
gruppo idraulico (m)
Hydrolyse
hydrolysis
idrolisi (f)

I

Igarka-Kiefer
Igarka-Redwood
pino Igarka (rosso) (m)
IHK (Industrie- und Handelskammer)
Chamber of Industry and Commerce
Camera Industria e Commercio (f)
im Bau
under construction
in costruzione
im Freien
in the open air; outside
all'aria aperta
Immission
immission
immissione (f)
Importeur
importer
importatore (m)
Importhandel
import trade
commercio d'importazione (m)
Importzoll
import duty
dazio doganale (m)
imprägnieren
to impregnate
impregnare
Imprägnierkessel
impregnating tank
caldaia (f); autoclave d'impregnazione (m)
Imprägniermittel

impregnating product
prodotto d'impregnazione (m)
Indossament
endorsement
girata (di cambiali e simili) (f)
Industrie- und Handelskammer
Chamber of Industry and Commerce
Camera dell' industria e Commercio (f)
Industrieholz
industrial timber
legno industriale (m)
Infrarottrocknung
infra-red drying
essiccazione infra-rossa (f)
Infrastruktur
infrastructure
infrastruttura (f)
Ingenieur
engineer
ingegnere (m)
Inhalt
contents; volume
contenuto (m)
Inhalt ausmessen
to calculate the volume
calcolare il contenuto (volume)
Inkasso
collection; encashment
incasso (m); riscossione (f)
Inkassospesen
collection-charges
spese d'incasso (f)
Inlandsbedarf
internal demand
domanda interna (f)
Inlandsmarkt
home market
mercato locale (m)
Inlandsnachfrage
domestic demand
domanda locale (f)

Inlandsverbrauch
domestic consumption
consumo locale (m)
Innenanwendung
interior use
utilizzazione interna (f)
Innenausbauelement
interior finish element
elemento per decorazione interna
(m)
Innenausstattung
interior decoration
decorazione interna (f)
Innenfurnier
interior veneer
impiallacciatura interna (f)
Innenschicht
inner layer
strato interno (m)
Innentür
inside door
porta interna (f)
Innenverwendung
indoor use
uso interno (m)
Insektenbefall
insects attack
attacco di insetti (m)
Insektenbekämpfungsmittel
insecticide
insetticida (m)
Insektenfraß
insect damages
danni provocati dagli insetti (m)
Insektenloch
insect hole
foro di insetti (m)
Insektenschäden
insect damages
danni provocati da insetti (m)
Inserat
advertisement
annuncio (m)

Instandhaltung
upkeep
manutenzione (f)
Instandsetzung
reparation
riparazione (f)
Instrumentenschrank
instrument cabinet
armadio per gli strumenti (m)
Intarsien
marquetry
intarsio (m)
Inventur
stock taking
inventario (m)
investieren
to invest
investire
Investition
investment
investimento (m)
Iso-Spezialverleimung
iso-special gluing
iso-incollaggio speciale (m)
Isolierfenster
insulating glass window
finestra a vetri isolanti (f)
Isolierglas
insulating glass
vetro isolante (m)
Isolierplatte
insulating board
pannello isolante (m)
Isolierstoff
insulator; insulating material
materiale isolante (m)
Istwert
actual value
valore effettivo (m)

J

Jacaranda
Brazilian rosewood
palissandro brasiliano(m)
Jagd
hunting
caccia (f)
Jagdhütte
hunting lodge
capanna di caccia (f)
Jagdverwaltung
wildlife management
amministrazione di caccia (f)
Jägerzaun
staket fence
recinzione con pali (f); steccato (m)
Jahresabschluß
annual balance
bilancio annuale (m)
Jahresbericht
annual report
rendiconto annuale (m)
Jahreseinschlag
annual felling
produzione boschiva annuale (f)
Jahresring
annual ring
anello annuale (età degli alberi) (m)
Jahresumsatz
annual turnover; annual sales
giro d'affari annuale (m)
Jahreszeit, trockene
dry season
stagione secca (f)
Jahrring, falscher
false annual ring
anello annuale erroneo (m)
Jalousien
jalousies
persiane (f)
Japan-Papier
Japan paper

carta Giappone (f); carta di riso (f)
Jugendholz
juvenile wood
legno giovane (m)
Jugendzimmermöbel
furniture for young people
mobilio per persone giovani (m)
Jungpflanze
young plant
pianta giovane (f)
Jungwald
young forest
bosco giovane (m)

K

Käfer
beetle
coleottero (m)
Kahlschlag
clear cut
disboscamento totale (m)
Kai
quay
banchina (f)
Kakaobaum
chocolate tree
albero del cacao (m)
Kalander
calender
calandra (f)
kalken
to chalk; to whiten
imbiancare a calce
Kalkulation
calculation
calcolo (m)
kalkulieren
to calculate
calcolare
Kaltleim
cold glue
colla a freddo (f)

Kaltpresse
cold press
pressa a freddo (f)
Kaltverleimung
cold gluing
incollaggio a freddo (m)
Kambialzone
cambial zone
zona cambiale (f)
Kambium
cambium
cambio (botanica) (m)
Kamin
chimney
camino (m)
kammergetrocknet
kiln dried (kd)
essiccato a vapore (m)
Kammertrockner
kiln drier
essiccatore a vapore (m)
Kante
edge
angolo (m); bordo (m); spigolo (m)
Kantel
square; scantling
quadrello (m); assicella (per costruzioni) (f)
Kantenäste
edge-knots
nodi degli spigoli (m)
Kantenbeschichtung
edge coating
rivestimento dei bordi (m)
Kantenriß
edge shake
screpolatura d'angolo (f); spaccatura d'angolo (f)
Kantenschleifmaschine
edge polishing machine
lucidatrice degli orli (f)
Kantenschutz
edge protection

protezione degli spigoli (f)
Kantenumleimung
edge gluing
incollaggio sugli spigoli (m)
Kantenverklebung
edge bonding
incollaggio degli spigoli (m)
Kantenverkleidung
edge lining
rivestimento degli orli (m)
Kantenverleimung
edge gluing
incollaggio degli spigoli (m)
Kantholz
squared timber
spigolati squadrati (m); travetti (m)
Kantinentisch
canteen table
tavolo per mensa aziendale (m)
Kapazität
capacity
capacità (f)
Kapital
capital
capitale (m)
Kapital, eingesetztes
employed capital
capitale impiegato (m)
Kapitalanlage
capital investment
investimento di capitali (m)
Kapitän
captain; master
capitano (m)
kappen
to cross-cut
tagliare; mozzare, tagliare a pezzi
Kappsäge
crosscut saw
segone (m); sega da boscaiolo (f)
Kappstation
cross-cutting station
luogo destinato al taglio (m)

Karosserie
body
carrozzeria (f)
Karosseriebauer
bodymaker
costruttore di carrozzerie (m)
Karteikasten
filing case
schedario (m)
Karton
board
cartone (m)
Kaseinleim
casein glue
colla alla caseina (f)
Käsekiste
cheese box; cheese case
cassa da formaggio (f)
Kasse bei Lieferung
cash on delivery
pagamento alla consegna (m)
Kasse bei Vertragsabschluß
cash on contract date
pagamento alla data contrattuale
(m)
Kasse gegen Dokumente
cash against documents
pagamento contro documenti (m)
Kassenbuch
cash book
libro cassa (m)
Kassettendecke
panel ceiling
soffitto a cassettoni (m)
Kastanie (echte)
chestnut
castagno (m)
Kastanie (unechte)
horse-chestnut
ippocastano (m)
Kasten
case; box
cassa (f)

Kastendoppelfenster
double window; winter window
finestra doppia (f)
Katalysator
catalyst
catalizzatore (m)
Kauf
purchase
acquisto (m)
Käufer
buyer
acquirente (m)
Kaufvertrag
buying contract
contratto d'acquisto (m)
Kegel
cone
cono (m)
Kehlleiste
moulding
modellatura (f); modanatura (f)
Kehlmaschine
moulder
modanatrice (f)
Kehlung
moulding
modellatura (f); modanatura (f)
Keil
wedge; dowel; cotter
cuneo (m); bietta (f); zeppa (f)
Keilnut
key way
scanalatura (f); incavo (m)
Keilriemen
V-belt; vee-belt
correggia trapezoidale (f)
Keilriemenscheibe
pulley
puleggia (f); carrucola (f)
keilverzinken
to finger-joint
congiungere punta a punta
Keilverzinkungsanlage

finger-jointing equipment
apparecchiatura per congiuntura
punta a punta (f)
Keilverzinkungsautomat
automatic finger-jointing machine
congiuntura automatica punta a
punta (f)
Keilwalze
splined roll
cilindro a cuneo (m); rullo a cuneo
(m)
Keilzinken
finger-joint
giunto a cuneo (m)
Keilzinkenanlage
finger-jointing line
linea di giuntura punta a punta (f)
Keilzinkenfräse
finger-jointing cutter
fresa di giuntura punta a punta (f)
Keilzinkenpresse
finger-jointing press
pressa di giuntura punta a punta (f)
Keimzelle
germ cell
germoglio iniziale (m)
Keller
basement; cellar
cantina (f)
Kellerfenster
cellar window; basement window
finestra di cantina (f)
Kellertür
cellar door
porta di cantina (f)
Kennzeichen
mark; tally
marchio (m); contrassegno (m)
Kerbe
notch
intaglio (m); intaccatura (f)
Kernbohle
heart plank; core board

pancone del centro (del legno) (m)
Kernfäule
heartrot
marciume del centro (del legno) (m)
Kernholz
heartwood
durame (m)
Kernriß
heart shake
spaccatura centrale (f)
Kernverlagerung
offcentered heart
parte centrale fuori centro (del legno) (f)
Kesseldruckanlage
pressure boiler plant
caldaia a pressione (f)
Kesseldruckverfahren
pressure boiler method
trattamento del legno sotto pressione nell'autoclave (m)
Kette
chain
catena (f)
Kettenförderer
chain conveyor
convogliatore a catena (m)
Kettenförderung
chain conveyance
convogliamento a catena (m)
Kettengeschwindigkeit
chain speed
velocità della catena (f)
Kettenglied
link
maglia di catena (f)
Kettenglied (Säge)
link of a chain saw
maglia di una sega a catena (f)
Kettenhaken
chain hook
gancio per catena (m)
Kettenkupplung

chain coupling
accoppiamento di catene (m)
Kettenritzel
chain pinion
pignone per catena (m)
Kettenrückführung
chain return guide
guida di ritorno della catena (f)
Kettensäge
chain saw
sega a catena tagliente (f)
Kiefer
pine
pino (m)
Kiefernöl
tall oil
olio di pino (m)
Kiefernseiten
pine sidings
assi di sciavero in pino (f)
Kiefernsperrholz
pine plywood
legno compensato di pino (m)
kieselhaltig
siliceous
silicioso; siliceo (m)
Kinderbett
child's bed
lettino per bambini (m)
Kipptor
up-and-over-door
porta ad altalena (f)
Kirchenbank
pew
banco di chiesa (m)
Kirschbaum
cherry
ciliegio (m)
Kirschbaum (wilder)
wild cherry; black cherry
amarasco (m); visciolo (ciliegio
selvatico) (m)
Kiste

case; box
cassa (f)
Kistenfabrik
box mill
stabilimento per la costruzione di
casse (m)
Kistengarnitur
set of box components
set di componenti per casse (m)
Kistenholz
box wood
legname per casse (m)
Kistennagelmaschine
box nailing machine
inchiodatrice per casse (f)
Kistenpalette
pallet for boxes
assicelle per casse (f)
Klammer
clamp
morsetto (m)
klammern
to fasten; to clamp
stringere con morsetti
Klasseneinteilung
grading
classificazione (f)
Klausel
clause
clausola (f)
Klavier
piano
piano (m)
Klavierstuhl
piano bench
sgabello da piano (m)
Klebeband
adhesive tape
nastro adesivo (m)
Klebemaschine
gluing machine
macchina incollatrice (f)
Klebstoff

glue; adhesive
adesivi (m)
Kleiderbügel
clothes hanger
stampella per vestiti (f); grucce per
vestiti (f)
Kleiderschrank
wardrobe
guardaroba (m)
Kleiderständer
clothes rack; hall stand
attaccapanni (m)
Klima
climate
clima (m)
Klimakammer
conditioning kiln
camera di climatizzazione (f)
klimatisieren
to condition
climatizzare
Klotzbrett
unedged board
ceppo (m)
Klotzteich
log pond
stagno di cortecce d'albero (m)
Kluppe
caliper; compass
calibro (m)
Kluppenmaß
caliper measure
misura del calibro (f)
knapp
scant
scarso (m)
Kneifzange
pincers
tenaglia (f); pinza (f)
Knickfestigkeit
buckling strength
resistenza alla deformazione (per il
calore del fuoco) (f)

Knospe
bud
bocciolo (m); gemma (f)
kochen
to boil; to cook
cucinare, bollire
Kocher
boiler
bricco (m); scaldavivande (m)
Kochgrube
soaking tank
vasca di macerazione (f)
Koffer aus Holz
wooden case
cofano (m); cassa in legno (f)
Kollaps (Holzzellen)
cell collapse
collasso (della cellula lignea) (m)
Kombi-Sperrholz
combination plywood
legno compensato combinato (m)
Kombi-Trockner
combination drier
essiccatore combinato (m)
Kommode
chest of drawers; dresser
cassettone (m); canterano (m)
Kompost-Silo
compost silo
silo per concime (m)
Kompressor
compressor
compressore (m)
Kondensationskleber
condensation glue
colla di condensazione (f)
Kondensator
condenser
condensatore (m)
konditionieren
to condition
condizionare
Konferenztisch

conference table
tavolo delle conferenze (m)
konisch
conical
conico (m)
Konjunktur
trend; trade cycle
tendenza economica (f)
Konkurrent
competitor
concorrente (m)
Konkurrenz
competition
concorrenza (f)
Konkurs
bankruptcy
fallimento (m); bancarotta (f)
Konnossement
bill of lading; B/L
polizza di carico (f)
Konsolenleiste
supporting ledge
mensoletta (f)
konsolidiert (Bilanz)
consolidated
consolidato (bilancio) (m)
Konstruktion
construction
costruzione (f)
Konstruktionsfehler
structural fault
difetto strutturale (m)
Konstruktionsmuster
construction pattern
disegno costruttivo (m)
Konstruktionsprinzip
principle of construction
principio costruttivo (m); criterio
costruttivo (m)
Kontaktkleber
contact adhesive
colla di contatto (f)
Kontingent

share; quota
quota parte (f)
Konto
account
conto (m)
Kontokorrent
current account
conto corrente (m)
Kontrakt
contract
contratto (m)
Konzern
combine; group
associazione (f)
Konzession
concession
concessione (f)
Kopierdrehbank
copying turning lathe
tornio da riproduzione (m)
Kopierfräsmaschine
copying shaper
fresatrice a copiare (o a pantografo)
(f)
Kopiermesserscheibe
copying knife disk
disco-coltello a copiare (m)
Kopieroberfräsmaschine
copying milling cutter
macchina-fresatrice a copiare (f)
Korb
basket
cesto (m)
Korbflechterei
basketry
panieri (m)
Korbmöbel
wicker furniture
mobili di vimini (m)
Korbweide
osier
salice da vimini (bianco) (m)
Kork

cork
sughero (m)
Korkeiche
cork oak
quercia sughera (f)
Korken
cork
sughero (m); tappo di sughero (m)
Korkschrot
granulated cork
sughero granulato (m)
Korkwaren
cork goods
articoli di sughero (m)
körnig
granular
granuloso (m)
Korpuselement
body element
elemento strutturale (dei mobili) (m)
Korpuspresse
corpus press
pressa strutturale (per mobili) (f)
Korpusrundung
corpus rounding
struttura rotondeggiante (f)
Korpusware (bei Furnieren)
veneers in furniture quality
impiallacciatura in ebanisteria (f)
Korrelationskoeffizient
correlation coefficient
coefficiente di correlazione (m)
Korrosion
corrosion
corrosione (f)
Korrosionsfäule
white rot
marciume da corrosione (bianco)
(m)
korrosionsfrei
non-corroding
corrosione (senza...) (f)
Korrosionsschutz

corrosion prevention
anticorrosivo (m)
Korrund
corundum
corindone (pietra preziosa) (m)
Kosipo
omu
kosipo (m)
Kosten
costs; charges
costi (m)
Kraft
force; power
forza (f); energia (f)
Kraftbedarf
power requirement
fabbisogno di energia (m)
Kraftbewegte Flurförderung
power-driven floor transport
trasportatori elettrici al suolo (m)
Kraftstoff
fuel
carburante (m)
Kraftstoffpumpe
fuel pump
pompa del carburante (f)
Kraftstofftank
fuel tank
serbatoio carburante (m)
Kraftübertragung
power transmission
trasmissione di energia (f)
Krampe
clamp
rampone (m); graffa (f)
Kran
crane
gru (f)
Kranführer
crane driver
gruista (m)
Kranwagen
crane truck

carro gru (m)
kratzfest
scratch resistant
non soggetto a raschiature (m)
Kratzfestigkeit
scratch resistance
resistenza alla raschiatura (f)
Kratzschäden
scratches
graffiature (f)
Kreide (zum Markieren)
marking chalk
gesso per marcare (m)
Kreisförderanlage
continuous conveyor
trasportatore circolare (m)
Kreismesser
circular knife
disco a coltello (m)
Kreissäge
circular saw
sega circolare (f)
Kreissägeblatt-Schärfmaschine
circular-saw grinder
affilatrice per lame di seghe circolari
(f)
Kreissägemotor
circular-saw motor
motore di sega circolare (m)
Kreissägenblatt
circular saw blade
lama di sega circolare (f)
Kreuzholz
squared timber; scantling
legno squadrato (m); taglio a croce
(m)
Kreuzmaß unter Rinde
cross diameter measuring under
bark
diametro preso a croce sotto la
corteccia (m)
Kreuzriß
cross shake

frattura (f); spezzatura a croce (f)
Kreuzstapel
cross pile; cross stack
pila di tavole disposte a croce (f)
Kriechen
creeping
strisciamento (m)
Krummschäftigkeit
crookedness
sinuosità (di un tronco) (f)
Krümmung
bend; warp
curvatura (f)
Kübel
tub
mastello (m); tinozza (f); secchio
(m)
Kubikfuß
cubic foot
piede cubo (m)
Kubikmeter
cubic meter
metro cubo (m)
Kubikzoll
cubic inch
pollice cubo (m)
Küche
kitchen
cucina (f)
Küchenmöbel
kitchen furniture
mobili da cucina (m)
Küchenmöbelfabrik
kitchen furniture factory
fabbrica di mobili da cucina (f)
Küchenschrank
kitchen cupboard
credenza da cucina (f)
Küchentisch
kitchen table
tavolo da cucina (m)
Küfer
cooper

bottaio (m)
Küferei
coopery
fabbrica di botti (f)
Kugellager
ball bearing
cuscinetto a sfere (m)
Kühlturm
cooling tower
torre di refrigerazione (f)
Kunde
customer
cliente (m)
Kundendienst
after sale service
servizio dopo vendita (m)
Kunstharz
synthetic resin
resina sintetica (f)
Kunstharz-Schichtstoffplatte
resinated laminated board
pannello laminato resinato (m)
Kunstharzlacke
synthetic resin varnishes
vernice sintetica (f)
Kunstharzleim
synthetic resin glue
colla di resina sintetica (f)
Kunstharzpreßholz
synthetic resin compressed wood
legno pressato impregnato con
resina sintetica (m)
Kunstholz
synthetic wood
legno sintetico (artificiale) (m)
künstlich getrocknet
kiln dried
essiccato artificialmente (m)
Kunststoff
plastic
materie plastiche (f)
Kunststoff-Fenster
plastic window frame

finestra in materia plastica (f)
Kunststoffolie
plastic film
foglio di plastica (m)
Kunststoffplatte
plastic board
pannello in materia plastica (m)
Kunststoffüberzug
plastic overlay
strato in plastica (m)
Kunststoffverpackung
plastic packaging
imballaggio in materia plastica (m)
Kurs
rate
rata (f); cambio (m)
kurzschäftig
short stemmed
fusto corto (a...) (m)
Kurztauchen
dipping (method)
immersione rapida (f)
Kürzungen
shorts; ends
raccorciamenti (m)
Kürzungsbretter
shorts; ends
tralcio da frutto tagliato corto (m)
Kürzungslatten
short laths
assicelle (sui tralci) (f)
Kurzware
shorts
legname corto (m)
Küste
coast
costa (f)
Kyanisierung
kyanizing
impregnare il legno di sublimato
corrosivo per preservarlo; Kyan
(metodo...) (m)

L

Lack
varnish; lacquer
lacca (f); vernice (f)
Lackauftrag
lacquer application
applicazione della vernice (f)
Lackeigenschaften
lacquer properties
proprietà della vernice (f)
Lackfilm
lacquer film
pellicola di vernice (f)
Lackgießmaschine
lacquer curtain coater
macchina spruzzatrice della vernice
(f)
Lackgießverfahren
lacquer pouring process
sistema di laccatura a velo (f)
Lackguß-Anlage
lacquer curtain plant
apparecchiatura per la verniciatura
(f)
Lackhärtungs-Anlage
lacquer curing equipment
apparecchiatura per indurire la
lacca (f)
Lackharze
resins for lacquers and varnishes
resine per vernice (f)
lackieren
to enamel; to lacquer; to varnish
verniciare
Lackierfehler
defects in lacquering
difetti di verniciatura (m)
Lackierstraße
lacquering line
catena di verniciatura (f)
Lackplatte
lacquered hardboard

pannello laccato (m)
Lackschleifen
lacquer sanding
smerigliatura della vernice (f)
Lacktrockner
lacquer drier
essiccatore per vernice (m)
Lacküberzug
lacquer coating; coat film
manto di vernice (m)
Lade- und Löschfristen
loading and unloading terms
more di carico e scarico (f)
Ladegeschirr
loading devices
apparecchiature per il carico (f)
Ladekosten
shipping charges
spese di spedizione (f)
Ladekran an LKW
truck-mounted loading crane
gru di carico su autocarro (f)
Ladeneinrichtung
shop equipment
attrezzatura di magazzino (f)
Ladenmöbel
shop furniture
mobilio di magazzino (m)
Ladung
cargo
caricamento (m)
Lager
yard; stock
deposito di stoccaggio (m)
Lagerfähigkeit
shelf life; storage ability
capacità (durata ammissibile) di
stoccaggio (f)
Lagerfäule
storage yard rot
marciume di legname esposto alle
intemperie (m)
Lagerhaus

warehouse
magazzino (m)
Lagerkosten
storage costs
costi di stoccaggio (m)
Lagerplatz
storage yard
deposito (m)
Lagerung
storage
stoccaggio (m)
Lagerung im Freien
open air storage
stoccaggio all'aria aperta (m)
Lagerung unter Dach
storage under shed
stoccaggio al coperto (m)
Lagerungskapazität
storage yard capacity
capacità di stoccaggio (f)
Lagerungsschäden
storage decay
deperimento da stoccaggio (m)
Lamelle
lamella
lamella (f); lamina (f)
Lamellenbauweise
laminated construction
costruzione lamellata (f)
**Lamellenpresse für die Dicken-
verleimung**
continuous feed laminating press
pressa per laminati-incollati (f)
lamellieren
to laminate
laminare
Laminate
laminates
laminati (m)
laminieren
to laminate
laminare (applicare a pressione)
Landlagerung

land storage
stoccaggio al suolo (m)
Landschaftsschutz
preservation of countryside
preservazione dei luoghi naturali (f)
Landungsbrücke
wharf
pontile (m); banchina (f); molo (m)
Langdirektion
long grain
direzione longitudinale (f)
Länge
length
lunghezza (f)
Länge sägen, auf
to cut to lenghts
segare per lungo
Längen, alle -
all lengths
lunghezze (tutte le ...) (f)
längenpaketiert
length packaged
imballato per lungo (m)
Längensortierung
length sorting
scelta per lunghezza (f)
Längenzuschlag
long lengths additional
lunghezze supplementari (f)
langfaserig
long fibre
fibra (a lunga...) (f)
langfristig
long-term
termine (a lungo...) (m)
Langholz
long log
legname lungo (m)
Langholzquerförderer
feed-in cross-conveyor
convogliatore trasversale per il
deposito di trucioli (m)
Langholzwagen

long log truck
autocarro per il trasporto di tronchi lunghi (m)
Längsbesäumsäge
edge trimming saw
sega sbavabordi (f)
Längsriß
longitudinal check
fessura longitudinale (f)
Längsschnitt
longitudinal cut; section
taglio longitudinale (m)
längsseits
alongside
bordo a bordo (m)
Längsvorschub
length feed
avanzamento longitudinale (m)
Lärche
larch
larice (m)
lasieren
to glaze
verniciare con vernice trasparente
lasierfähig
glazeable
adatto a ricevere una mano di vernice trasparente (m)
Lastkahn
barge
chiatta (f); bettolina (f)
Lastkraftwagen (LKW)
truck; lorry
autocarro (m); camion (m)
Latex-Schaumstoff
latex foam material
resina espansa di latice (f)
Latexgallen
latex galls
depositi di latice (m)
Latexkanal
latex duct
condotto del latice (m)

Latte
lath; square
assicella (f); biffa (f); bordonale (m); listello (m)
Lattenverschlag
crate
gabbia da imballaggio (f)
Lattenzaun
paling; picket fence
stecconato (m); palizzata (f)
Laub
leaves
fogliame (m)
Laubfaserholz
hardwood pulpwood
fibrolegno di fronda (m)
Laubgrubenholz
hardwood pitwood
legname fronzuto da miniera (m)
Laubholz
hardwood
legname fronzuto (m)
Laubholzborkenkäfer
Xyloterus signatus Fabr.
Xyloterus signatus Fabr. (coleottero della corteccia di legno fronzuto) (m)
Laubsäge
fretsaw
sega da traforo (f)
Laubsägeblatt
fretsaw blade
lama di sega da traforo (f)
Laubschnittholz
hardwood lumber
legname da tronchi latifoglia (m); segati di latifoglia (m)
Laubstammholz
hardwood log
tronco di albero fogliuto (m)
laufender Meter (lfm)
running meter
metro lineare (m)

Laufkran
travelling crane
gru mobile (a ponte scorrevole) (f)
Laufsteg
gangway
passerella (f)
Lauge
lye
liscivia (f); soluzione alcalina (f)
laut Vertrag
according to contract
secondo contratto
Lebendtränkung
standing timber impregnation
impregnazione di alberi vivi in piedi
(f)
Leerfracht
dead freight
vuoto per pieno (m)
Lehne
back
dossier (m); incartamento (m)
Leichtbauplatte
light-weight building board
pannello leggero da costruzione (m)
Leichter
lighter
chiatta (f); bettolina (f)
Leim
glue; adhesive
colla (f)
Leim, anorganisch
inorganic glue
colla inorganica (f)
Leimansatz
glue solution
preparazione di colla (f)
Leimauftrag
application of glue
applicazione di colla (f9
Leimauftragsmaschine
gluing machine
macchina incollatrice (f)

Leimbinder
glued timber-construction
legno lamellato-incollato (m)
Leimbruch
glue joint break
rottura nel giunto d'incollaggio (f)
Leimdurchschlag
bleed through
trapassare della colla
Leimentferner
glue remover
decapante per colla (m)
Leimfilm
glue film
strato di colla (m)
Leimflotte
glue mix
miscuglio di colla (m)
Leimfuge
glued joint
giunto incollato (m)
Leimmischer
glue blender
miscelatore di colla (m)
Leimpresse
glue press
pressa d'incollaggio (f)
Leimpumpe
glue pump
pompa da colla (f)
Leimrückstände
glue residues
residui di colla (m)
Leimspritzpistole
glue spraying gun
pistola a spruzzo per colla (f)
Leimumwälzpumpe
glue circulation pump
pompa di circolazione della colla (f)
Leinendesign
linen surface
superficie in tela (f)
Leinöl

linseed oil
olio di lino (m)
Leinölgrundanstrich
linseed oil undercoat
mano di fondo all'olio di lino (f)
Leiste
moulding
modanatura (f)
Leistenfabrik
moulding mill; moulding factory
stabilimento di modanatura (m)
Leistenfräsmaschine
moulder
modanatrice (f)
Leistenqualität
moulding quality
qualità della modanatura (f)
Leistenzusammensetzmaschine
core stock assembly machine
macchina assemblatrice di tronchi
(f)
Leistung
power; output
prestazione (f)
Leistungsfaktor
efficiency factor
fattore di efficienza (m)
leistungsstark
powerful; efficient
efficiente (m)
Leiter
ladder
scala (a piuoli) (f)
Leiterrahmen
ladder frame
telaio di scala (m)
Leitersprosse
rung (of a ladder)
piuolo (di una scala) (m)
Leiterwagen
rack wagon
carro con sponda a rastrello (m)
Leitfähigkeit

conductibility
conduttività (f); conducibilità (f)
Leitname
pilot name
nome pilota (m)
Leitungsmast
pole
pilone (per linea aerea) (m)
Liane
liane
liana (f)
Lichtbeständigkeit
light stability
resistenza alla luce (f)
lichtecht
light stable
resistente alla luce
Lichtung
clearing
radura (f)
Lieferant
supplier
fornitore (m)
lieferbar
available for delivery
disponibile per consegna
Lieferbedingungen
terms of delivery
termini di consegna (m)
Lieferfrist
time of delivery
tempo di consegna (m)
Liefermenge
quantity to be delivered
quantitativo da consegnare (m)
liefern
to deliver; to furnish
consegnare; fornire
Lieferschein
delivery note
buono di consegna (m)
Lieferung
delivery

consegna (f)
Lieferung ab Kai
delivery ex quay
consegna ex banchina (f)
Lieferung ab Werk
delivery ex factory; ex stock
consegna ex stabilimento (f)
Liefervertrag
contract of delivery
contratto di consegna (m)
Lieferzeit
time of delivery
tempo di consegna (m)
Liege
divan; couch
divano (m)
Liegekosten
demurrage
spese di sosta (f)
Lignin
lignin
lignina (f)
Linde
lime - tree
tiglio (m)
Lineal
ruler
riga (f)
Listenbauholz
timber cut to special dimensions as
listed
legno prodotto secondo elenco (m)
LKW
truck; lorry
camion (m); autocarro (m)
Lochplatte
perforated hardboard
pannello di fibre dure perforato (m)
Lohn
wage
salario (m)
Lohnimprägnierung
paid impregnation

impregnazione a pagamento (f)
Lohnmesserwerk
custom veneer factory
stabilimento di trinciatura a pagamento (m)
Lohnsägewerk
custom sawmill
segheria a pagamento (f)
Lohnschnitt
paid cutting
segamento a pagamento (m)
Lohntrocknung
custom drying
essiccazione a pagamento (f)
löschen (ausladen)
to unload; to land
scaricare
Löschhafen
unloading port; port of destination
porto di scarico (m)
Löschkosten
landing charges
costi di scarico (m)
Lösungsmittel
solvent
solvente (m)
löten
to braze; to solder
saldare
Luftfeuchte
air humidity
umidità dell'aria (f)
Luftfilter
air filter
filtro dell'aria (m)
luftgetrocknet
air-dried (a.d.)
essiccato all'aria (m)
lufttrocken
air-dry
essiccare all'aria

M

Mahagoni
mahogany
mogano (m)
Makler
agent; broker
sensale (m); mediatore (m)
Mängel
defects
difetti (m)
mängelfrei
free of defects
senza difetti (m)
markiert
marked; hammered
marcato (m); contrassegnato (m)
Markierungshammer
marking hammer
punzone per marcatura (m)
Markt
market
mercato (m)
Marktbedingungen
market conditions
condizioni di mercato (f)
Marktlage
market situation
situazione del mercato (f)
Marktpreis
market price
prezzo di mercato (m)
Marmordesign
marble surface
superficie marmoreggiata (f)
marmoriert
marbled
marmorato (m)
Maserhölzer
veined wood; figured timber
legno venato (o marezzato) (m)
Maserknollen
burls

nodosità (del legno) (f)
Maserknollenfurnier
burl veneer
impiallacciatura della nodosità (f)
Maserung
figured texture
venatura (f); marezzatura (f)
Maß
measure; size
dimensione (f); misura (f)
Maßabweichung
deviation of size
tolleranza dimensionale (f)
Maßeinheit
unit of measurement
unità di misura (f)
Maßhaltigkeit
stability of size
esattezza delle misure nominali (f)
Massivholz
solid wood
massivo (legno) (m)
Maßvergütung
allowance in measurement
misura ammissibile (f)
Maßzugabe
overmeasure; oversize
oltre misura (f)
Mast
pole
palo (m)
Mastenschutz
pole-preservation
preservazione dei pali (f)
Material
material
materiale (m)
Matratze
mattress
materasso (m)
MDF-Platte (mittelharte Faserplatte)
medium-density fibreboard

pannelli di fibre medio-dure (m)
mechanische Holzverarbeitung
mechanical woodworking
lavorazione meccanica del legno (f)
Mehrblattkreissäge
multiple blade circular saw
sega circolare multipla (f)
Mehretagenpresse
multiple daylight press
pressa a più strati (f)
Mehrfachabkürzkreissäge
multiple cut-off circular saw
sega circolare a lame multiple (f)
Mehrfachbandsäge
multiple band-saw
sega a nastro a lame multiple (f)
Mehrfachbohrmaschine
multiple drilling machine
macchina perforatrice multipla (f)
Mehrfachfräsmaschine
multiple milling machine
fresatrice multipla (f)
Mehrfachkappsäge
multiple cut-off saw
trinciatrice a lame multiple (f)
Mehrfracht
additional freight; extra freight
costo di trasporto supplementare
(m)
Mehrkernigkeit
multiple heart wood
legno a più cuori (m)
Mehrkomponentenklebstoff
multiple components glue
colla a componenti multipli (f)
Mehrwertsteuer
added value tax
imposta sul valore aggiunto (f)
Mehrzweckmaschine
multiple purpose machine
macchina a operazioni multiple (f)
Melamin
melamine

melammina (f)
Melaminharzleim
melamine glue
colla melamminica (f)
Menge
quantity; volume
quantità (f)
Meßband
measuring tape
metro a nastro (m)
messen
to measure
misurare
Messer
knife
coltello (m)
Messerblock
slicer log
legno da trinciare (m)
Messerdeckfurniere
sliced face veneers
impiallacciatura di superficie trinciata (f)
Messereinstellung
knife adjustment; setting of the
cutters
sistemazione dei coltelli (f)
messerfähig
sliceable
divisibile in parti
messerfallend
slicer running
cadente dal taglio
Messerfurnier
sliced veneer
impiallacciatura trinciata (f)
Messerfurnierwerk
slicing mill
stabilimento di trinciatura (m)
Messergriff
knife handle
manico di coltello (m)
messern

to slice
tranciare
Messerscheibe
knife-carrier disk
disco porta-lame (m)
Messerschleifmaschine
knife-sharpener; knife-grinder
affilacoltelli (m)
Messerwechsel
exchange of cutters
cambio di coltelli (m)
Messerwelle
knife shaft
albero porta-lame (m)
Meßkluppe
caliper
calibro (m)
Meßlatte
measuring stick
assicella da misurazione (f)
Meter
meter
metro (m) (unità di misura)
Metermaß
ruler; meterstick
metro (m) (per misurare)
MF-Kombiplatte
MF-combination board
pannelli di fibre di legno mineralizzato combinato (m)
Mindermaß
scant
misura inferiore (f)
Minderung
reduction
riduzione (f)
Minderwert
less-value
minor valore (m)
Mindestbreite
minimum width
larghezza minima (f)
Mindestdurchmesser

minimum diameter
diametro minimo (m)
Mindestlänge
minimum length
lunghezza minima (f)
Mineralfasererzeugnisse
mineral fibre products
prodotti in fibre minerali (m)
Mischer
mixer; blender
miscelatore (m)
Mischwald
mixed forest
foresta mista (f)
Mitte
centre
centro (m)
Mittendurchmesser
middle diameter
diametro nel mezzo (m)
Mittenvermessung
scaling by middle diameters
misurazione al diametro intermedio
(f)
Möbel
furniture
mobili (m)
Möbel, eingebaut
built-in furniture
mobili incorporati (m); mobili incassati (m)
Möbelbeschläge
furniture fittings
accessori per mobili (m)
Möbelelement
furniture element
elemento di mobili (m)
Möbelfabrik
furniture factory
fabbrica di mobili (f)
Möbelfolien
furniture films
laminati per mobili (m)

Möbelindustrie
furniture industry
industria del mobile (f)
Möbelteile
furniture parts
parti di mobili (f)
Möbelteile, vorgefertigt
prefabricated furniture components
componenti di mobili prefabbricati (m)
Möbeltischler
cabinet-maker
ebanista (m)
Mobilkran
crane truck
gru automotrice (f)
Model
module
modulo (m)
Modell
model; pattern
modello (m)
Modellbau
pattern making
modellaggio per la fonderia (m)
Modellware
pattern material
materiali per modellaggio (m)
moiriert
mottled
screziato (m)
Monokultur
pure crop
monocultura (f)
Montage
mounting; fitting
montaggio (m); assemblaggio (m)
Montagepresse, pneumatisch
pneumatic assembly press
pressa di montaggio pneumatica (f)
Mooreiche
bog-oak; moor-oak
quercia nera (f)

Mosaikparkett
mosaic parquet
parquet mosaico (m)
Motorsäge
motor saw
sega a motore (f)
Multiplexplatte
multiplex plywood; multiply panel
pannello compensato multiplo (m)
Musikinstrument
musical instrument
strumento musicale (m)
Musikinstrumentenmacher
musical instrument maker
fabbricante di strumenti musicali (m)
Muster
sample
campione (m); esempio (m)
Mustersammlung
sample collection
collezione di campioni (f)
Mutter (Schrauben-)
nut
dado (della vite) (m)

N

Nabe
nave; boss
mozzo (di ruota) (m)
Nabendurchmesser
boss diameter
diametro del mozzo (m)
nach Wahl
at choice
scelta (a...) (f)
Nachbehandlung
after treatment
trattamento supplementare (m)
nachbeizen
to restain
ritingere
nachdunkeln

to turn darker
annerire
nachfordern
to claim additionally
richiedere ulteriormente
Nachfrage
demand
richiesta (f)
Nachfragerückgang
decline of demand
declino della richiesta (m)
nachgeben (im Preis)
to decrease
diminuire (prezzo)
Nachhaltigkeit
sustained yield
produzione sostenuta (f)
Nachlackierung
relacquering
ri-verniciatura (f)
Nachnahme
charges forward
rimborso (m)
Nachnahme, gegen ...
cash on delivery
rimborso (contro...) (m)
nachprüfen
to check
controllare
nachschärfen
to resharpen
ri-affilare
Nachschnittgatter
double cutting frame saw
sega verticale alternativa di ripresa
(f)
Nachsiebung
rescreening
ri-vagliatura (f)
nachstellbar
readjustable
ri-aggiustabile
nachtrocknen

to finish dry
essiccare ulteriormente
Nachtrocknung
additional drying
essiccazione supplementare (f)
Nachttisch
bed-side table
comodino da notte (m)
Nadel (Nadelblatt)
needle
ago (di conifera) (m); foglia aghiforme (f)
Nadelbaum
coniferous tree
conifera (f)
Nadelholz
softwood; coniferous wood
conifera (f) (legno di...)
Nadelholzfurnier
softwood veneer
impiallacciatura in legno resinoso (f)
Nadelholzsperrholz
softwood plywood
compensato in legno resinoso (m)
Nadelholzzellstoff
softwood chemical pulp
pasta di legno resinoso (f)
Nadelrisse
hair checks
fenditure superficiali (del legno) (f)
Nadelschnittholz
softwood lumber
segati di conifera (m)
Nadelwald
softwood forest
bosco di conifere (m)
Nagel
nail
chiodo (m)
Nagelast
nail knot
nodo, noce (m)
Nagelautomat

automatic nailing machine
chiodatrice automatica (f)
nagelfest
nail-holding
fissato con chiodi (m)
nageln
to nail
inchiodare
Nagelverbindung
nail joint
assemblaggio con chiodi (m)
Naßbehandlung
wet-treatment
trattamento umido (m)
Naßentrindung
wet-debarking
scortecciamento umido (m)
naßfest
damp-proof; humidity resistant
resistente all'umidita
Naßfestigkeit
wet resistance
resistenza all'umidità (f)
Naturharze
natural resins
resine naturali (f)
Naturkork
natural cork
sughero naturale (m)
Naturschutz
preservation of nature
protezione della natura (f)
Naturschutzgebiet
natural reserve
riserva naturale (f)
Nebenholzart
secondary species
specie secondaria (legno) (f)
Nebenprodukt
by-product
prodotto secondario (m)
Nebenproduktion
secondary production

produzione secondaria (f)
netto
net
netto (m)
Nettogewinn
net profit
profitto netto (m)
Netzplan
network diagram
piano della rete (m)
Neubau
new building
nuova costruzione (f)
nicht brennbar
non inflammable
non infiammabile
nicht dauerhaft
non durable
non durevole
Niederdruckpolyäthylen (HDPE)
HDPE (high density polyethylene)
polietilene a bassa pressione (m)
Niedertemperaturtrocknung
low temperature drying
essiccazione a bassa temperatura
(f)
Niederwald
coppice forest
bosco ceduo (m)
niedrigstes Angebot
best offer; lowest offer
migliore offerta (f)
Niedrigwasser
low water; low tide
bassa marea (f)
Nitrolack
nitrocellulose lacquer
vernice alla nitrocellulosa (f)
nominell
nominal
nominale
nordeuropäisches Schnittholz
North European lumber; Northern

timber
legname del nord Europa (m)
nordische Fichte
Scandinavian whitewood
abete nordico (m)
nordische Kiefer
Scandinavian redwood; northern
redwood
pino nordico (m); pino del nord (m)
nordisches Schnittholz
northern lumber; Scandinavian
timber
legno nordico (m)
Norm
standard
standard (m); norma (f)
Normalausführung
standard type
tipo normale (m)
Normalausrüstung
standard equipment
equipaggiamento normale (m)
Normalbreite
normal width; standard width
larghezza normale (f)
Normaldruck
standard pressure
pressione normale (f)
Normalfeuchtegehalt
normal moisture content
umidità normale (f)
Normallänge
standard length
lunghezza normale (f)
Normalstärke
standard thickness
spessore normale (m)
normen
to standardize
standardizzare
Notierung
price; quotation
prezzo (m); quotazione (f)

Nudelbrett
pastry-board
asse per la pasta (m)
Nummernhammer
numbering hammer
punzone numeratore (m)
Nuß
nut
noce (f)
Nußbaum
walnut
noce (albero) (m)
Nut
groove
scanalatura (f)
Nut- und Federbrett
tongue and groove board (T&G)
rivestimento in legno (m); perlina
(maschio e femmina) (f)
nuten
to groove
scanalare
Nutenfräsen
grooving
fresatrice per scanalare (f)
Nutenfräsmaschine
groove cutting machine
macchina fresatrice per scanalature
(f)
nutzbar
merchantable
utilizzabile
Nutzeffekt
actual output
produzione effettiva (f)
Nutzfahrzeug
commercial vehicle
veicolo utilitario (m); veicolo commerciale (m)
Nutzfläche
effective area
area effettiva (f); area utilizzabile (f)
Nutzholz

timber
legname utilizzabile (m)
Nutzungsrecht
right of use; concession
diritto d'uso (m); concessione (f)

O

Oberblech
top caul
lamiera superiore (f)
Oberfenster
top window
finestra superiore (f)
Oberfläche
surface
superficie (f)
Oberfläche (Möbel)
finish
superficie (di un mobile) (f)
Oberfläche, seidenmatt
silky mat surface
superficie ripiena di seta (f)
Oberflächenbehandlung
surface treatment
trattamento della superficie (m)
Oberflächenbeschichtung
surface coating
rivestimento della superficie (m)
Oberflächengüte
surface quality
qualità della superficie (f)
Oberflächenriß
surface shake; surface chech
fenditura della superficie (f)
Oberflächenschutz
surface protection
protezione della superficie (f)
Oberflächenstruktur
surface structure
struttura della superficie (f)
Oberflächenvergütung
surface treatment

miglioramento della superficie (m)
Oberfräse
router; routing machine
fresatrice verticale (f)
Oberseite (eines Brettes)
face
lato superiore (di un asse) (m)
Oberwasserkanal
head race
canale adduttore (m)
Objektmöbel
contract furniture
mobili per collettività (m)
Obstbaum
fruit tree
albero da frutto (m)
Obstkiste
fruit box; fruit case
cassetta da frutta (f)
Obstplantage
fruit plantation
frutteto (m)
Ödland
waste land
terreni incolti (m)
offene Poren
open pores
pori aperti (m)
offene Wartezeit (Leime)
open waiting time; open assembly
time
tempo d'esposizione prima dell'assemblaggio (m)
Offerte
offer
offerta (f)
Ökologie
ecology
ecologia (f)
Okoumé
gaboon; okoumé
okoumé
Ölen

oiling
oliatura (f)
ölgehärtet
oil-tempered
temperato in olio (m)
Olivenholz
olive wood
legno d'olivo (m)
optimieren
to optimize
ottimizzare
Option
option
opzione (f)
Orgel
organ
organo (m)
Originalmaß
original measure
misura originale (f)
Originalschnittware
original sawn timber
legname segato originale (m)
OSB
oriented structural board
asse strutturale orientato (m)
Osmoseverfahren
osmose treatment; osmose method
metodo per osmosi (m)
osteuropäisches Schnittholz
East European timber
legname dell'Europa dell'est (m)
Overlaypapier
overlay paper
carta per copertura (f)

P

pachten
to lease
affittare
Packpapier
wrapping paper

carta da imballaggio (f)
Paddel
paddle
pagaia (f)
Paddelboot
canoe
canoa (f)
Paket
parcel
pacco (m); collo (m)
Paket (Transporteinheit)
bundle; package
imballaggio (m); balla (f)
Paketierautomat
bundling press; packaging machine
impacchettatrice automatica (f)
paketieren
to bundle; to package
impacchettare; imballare
Palette
pallet
piattaforma portatile (f); paletta (f)
Paletten-Anfertigungsstraße
manufacturing line for pallets
linea di fabbricazione di piattaforme
(f)
Palettenbrett
pallet board
tavola di piattaforme (f)
Palettenholz
pallet timber
legname (tondello) per piattaforme
(m)
Palettenware
pallet timber grades
tavole per piattaforme (f)
Palisade
palisade; stockade
palizzata (f)
Pallholz
keel block; ship timber
legno per costruzioni navali (m)
Palme

palm tree
palma (f)
Paneele
panels
pannelli (m)
Panzerholz
armourply; plymetal; metal-faced
plywood
legno rivestito di metallo (m)
Papier
paper
carta (f)
Papier, melaminharzgetränkt
paper; melamine impregnated
carta impregnata con melammina (f)
Papierfabrik
paper mill
cartiera (f)
Papierfolie
paper foil
foglio di carta (m)
Papierholz
pulpwood
legno da carta (m)
Papierholzschälmaschine
pulpwood debarker
scortecciatrice per legno da carta (f)
Papierindustrie
paper industry
industria cartaria (f)
Papiermarkt
paper market
mercato della carta (m)
Papiermasse
paper pulp
pasta di legno per carta (f)
Papierverbrauch
paper consumption
consumo di carta (m)
Pappe
board; cardboard
cartone (m)
Pappel

poplar
pioppo (m)
Pappelfaserholz
poplar pulpwood
fibra di pioppo (f)
Pappelfurnierplatte
poplar veneer board
pannello compensato di pioppo (m)
Pappelsperrholz
poplar plywood
compensato di pioppo (m)
Pappenherstellung
cardboard production
fabbricazione di cartone (f)
Parana-Kiefer
parana-pine
pino Parana (m)
Parasiten
parasites
parassiti (m)
Parenchym
parenchyma
parenchima (m)
Pariser Ware
square edged oak timber
tavolato di quercia lustrato (m)
Parkett
parquet(ry)
parquet (m)
Parkett abschleifen
to abrade parquet
abradere il parquet
Parkett versiegeln
to seal parquet
fissare il parquet
Parkettbretter
parquet boards
tavole da parquet (f)
Parkettfriese
flooring strips; flooring blocks
strisce di parquet (f)
Parketthobelmaschine
parquetry planer

piallatrice per pavimentazione in
legno (f)
Parkettstraße
parquet line
catena di fabbricazione di parquet
(f)
Parkettversiegelung
sealing of parquet
fissaggio del parquet (m)
Partie
lot; load
partita (f); lotto (m)
Pauschale
lump sum
somma forfettaria (f)
Pegel
water gauge
livello dell'acqua (m)
Pegelstand
water mark; level
livello dell'acqua (m)
Pendelsäge
pendulum saw
sega a lama oscillante (f)
Pendeltür
double swing door
porta a vento (f)
per LKW, per Bahn, per Schiff
by truck; by lorry; by train; by boat
a mezzo autocarro, ferrovia, nave
Pergola
pergola
pergola (f)
Persenning
tarpaulin
tela incerata (f)
Personal
staff; personnel
personale (m); staff (m)
Personalkosten
staff costs
costi di personale (m)
Pfahl

pile; stake; picket
palo (m); picchetto (m)
Pfahlwurm
marine borer; teredo
teredine (m)
Pfahlwurzel
taproot
fittone (m)
pfänden
to distrain
pignorare
Pfändung
distress
pignoramento (m)
Pfeffermühle
pepper mill
macinino per il pepe (m)
Pfeife
pipe
pipa (f)
Pfeilerholz
timber for pillars
legno per piloni (m)
Pfette
purlin
arcareccio (m); trave (f)
Pflanze
plant
pianta (f)
pflanzen
to plant
piantare
Pflanzmaschine
planting machine
piantatrice (f)
Pflanzung
plantation; cultivation
piantagione (f)
Pflege
maintenance; care
cura (f); manutenzione (f)
Pflock
plug; peck; picket

picchetto (m); paletto (m)
Pfosten
post; picket
palo (m); montante (m); pontame (m)
Phenol
phenol
fenolo (m)
Phenolleim
phenolic glue
colla fenolica (f)
Pilz
fungus
fungo (m)
Pilzbefall
fungus attack; fungal decay
putrefazione da fungo (f)
pilzbeständig
mould resistant
inattaccabile dai funghi
Pilzschutzmittel
fungicide
funghicida (m)
Pinie
stone pine
pino da pinoli (o a ombrello) (m); pino d'Italia (m)
Pinsel
paint brush
pennello (m)
Pinselgriff aus Holz
wooden brush handle
manico di pennello in legno (m)
Pinus radiata
radiata pine
pino radiata (m)
Pitch Pine
pitchpine
pino rosso americano (m)
Pkw = Personenkraftwagen
passenger car
autovettura (f)
Plan

plan; project
piano (m); progetto (m)
Plane
tilt; cover
telone (m)
planen
to plan; to project
progettare
Planierraupe
bulldozer
bulldozer (m)
Plantage
plantation
piantagione (f)
Planung, kurzfristige
short-term planning
progetto a breve termine (m)
Planung, langfristige
long-term planning
progetto a lungo termine (m)
Planung, mittelfristige
medium-term planning
progetto a medio termine (m)
Platane
plane-tree
platano (m)
Platte
board
pannello (m)
Platte, oberflächenvergütete
decorative board
pannello decorativo (m)
Plattenablage
board stacking device
dispositivo di accatastamento dei pannelli (m)
Plattenabnahme
removal of boards
rimozione dei pannelli (f)
Plattenaufteilsäge
panel sizing saw
trinciatrice dei pannelli (f)
Plattenformung

board forming
formazione di pannelli (f)
Plattenwendevorrichtung
board turning unit
dispositivo di rotazione dei pannelli
(m)
Platzholzhandel
detail timber trade
commercio di legname al dettaglio
(m)
Platzmeister
yard supervisor
supervisore del parco legname (m)
Police
policy
polizza (f)
polieren
to polish
lucidare
Poliermaschine
polishing machine
lucidatrice (f)
Poliermittel
polishing product
prodotto per lucidatura (m)
Polierung
polishing
lucidatura (f)
Polster
pad; upholstery
imbottitura (f)
Polsterbett
upholstered bed
letto imbottito (m)
Polsterelement
upholstered piece of furniture
elemento imbottito (m)
Polsterer
upholsterer
tapezziere (m)
Polstergestell
upholstery frame
telaio d'imbottitura (m)

Polstermöbel
upholstered furniture
mobili imbottiti (m)
Polter
pile; stack base
catasta (f)
Polyamid
polyamide
poliamide (m)
Polyester
polyester
poliestere (m)
polymerisieren
to polymerize
polimerizzare
pommeliert
figured
pomellato (m)
Pore
pore
poro (m)
Porenstruktur
pore structure
struttura porosa (f)
porös
porous
poroso (m)
Portalhubwagen
portal-type lift truck
carro-ponte ad elevazione (m)
Portalkran
gantry crane; portal crane
gru con incastellatura a portale (f)
Posament
lace work; trimming
passamaneria (f); guarnitura (f)
Posamentiernagel
trimming nail
chiodo per passamaneria (m)
Prägemaschine
embossing machine
punzonatrice (f)
Prahm

lighter; pram
chiatta (f); pontone (m)
Prämie
premium
premio (m)
Präzisionsrollenkette
precision roller chain
catena a rulli di precisione (f)
Preis
price
prezzo (m)
Preisangabe
quotation
quotazione (f)
Preisanstieg
rise in prices; price increase
aumento di prezzo (m)
Preisermäßigung
price reduction
diminuzione di prezzo (f)
Preisliste
price-list
lista dei prezzi (f)
Preisnachlaß
price reduction; rebate
riduzione dei prezzi (f)
Presse, pneumatisch
pneumatic press
pressa pneumatica (f)
Presse; hydraulisch
hydraulic press
pressa idraulica (f)
pressefallend
as falling out of the press
cadente fuori della pressa
Preßholzformteile
high-density plywood
parti di compensato compresse (f)
Preßlufthefter
pneumatic fastener
legatrice pneumatica (f)
Preßluftnagler
pneumatic nailer

chiodatrice pneumatica (f)
Preßluftzylinder
pneumatic cylinder
cilindro pneumatico (m)
Preßvollholz
densified wood
legno densificato (m)
Preßzeit
pressing time
tempi d'applicazione della pressione
(m)
Preßzylinder
pressure foot
cilindro di pressione (m)
Prismenschnitt
prismatic cut
taglio prismatico (m)
Pritschen-Transporter
platform van
furgone con piattaforma (m)
Pro-Kopf-Verbrauch
per capita consumption
consumo pro capite (m)
Probe (Muster)
sample
campione (m)
Probeauftrag
trial order
ordine di prova (m)
Produkt
product
prodotto (m)
Produktion
production
produzione (f); fabbricazione (f)
Produktionslinie
production line
catena di produzione (f)
Produktionsprogramm
manufacturing program
programma di produzione (f)
Produktionsstätte
production place

luogo di produzione (m)
Produktvermarktung
production management
commercializzazione del prodotto (f)
Produzent
producer
produttore (m)
Profilbrett
panel-board; moulded board
pannello profilato (m)
profilieren
to mould
profilare
Profilleisten
mouldings
profilati (m)
Profilmesser
profile knife
lama profilata (f)
Profilschleifer
profile sander
affilatrice del profilo (f)
Profiltäfer
moulded board
pannello profilato (m)
Profilummantelung
profile jacketing
rivestimento degli spigoli profilati
(m)
Profilzerspaner
chipper-canter
profilatrice-truciolatrice (f)
Proforma-Rechnung
proforma invoice
fattura proforma (f)
Projekt
project
progetto (m)
Prolongation
prolongation
prolungamento (m)
Provenienz
provenance

provenienza (f)
Provision
commission
commissione (f)
Prozentsatz
percentage
percentuale (f)
prozeßgesteuert
process controlled
processo controllato (m)
Prozessor
processor
procedimento (che esegue un...)
(m)
prüfen
to test; to check
controllare
Prüfgerät
testing appliance
apparecchio di controllo (m)
Prüfung
inspection; test
controllo (m)
Prüfverfahren
method of test
metodo di controllo (m)
Prüfzeichen
testmark
marchio di controllo (m)
Prüfzertifikat
certificate of test
certificato di controllo (m)
Puffer
buffer
tampone (m)
Pult
desk
scrivania (f)
Pulverleim
powder glue
colla in polvere (f)
Pumpe, hydraulisch
hydraulic pump

pompa idraulica (f)
Pyramiden (Rohstoff für Furniere)
fork-tops; curls
piramidi (materia prima per impiallacciature) (f)
Pyramidenfurnier
pyramid-texture veneer
impiallacciatura a venatura piramidale (f)

Q

Quadratfuß
square foot
piede quadro (m)
quadratisch
square
quadrato (m); quadro (m)
Quadratkilometer
square kilometer
chilometro quadrato (m)
Quadratmeter
square meter
metro quadro (m)
Quadratzoll
square inch
pollice quadro (m)
Qualität
quality
qualità (f)
Qualität (geringwertige)
poor quality; low grade
qualità inferiore (f)
Qualität (hochwertige)
top quality; first class quality
qualità superiore (f)
Qualitätsanforderungen
quality requirements
esigenze qualitative (f)
Qualitätsbegriffe
quality terms
nozioni di qualità (f)
Qualitätsklassen

quality grades
gradi di qualità (m)
Qualitätskontrolle
quality control
controllo di qualità (m)
Qualitätsprüfung
quality test
controllo (m)
Qualitätsverlust
loss of quality
perdita di qualità (f)
Qualitätszeichen
quality mark
marchio di qualità (m)
Quantität
quantity
quantità (f)
Quarta (IV)
Quarta, Fourth quality
quarta qualità (f)
Quartiermessern
quarter slicing
trinciatura su quarto (f)
Quartierschnitt
quarter sawing; riftsawn
taglio su quarto (m)
quellen
to swell
gonfiare
Quellschutzmittel
sizing agent
agente idrofugo (m)
Quellung
swelling
gonfiamento (m); rigonfiamento (m)
Quellungswärme
swelling heat
calore di rigonfiamento (m)
Quellverformung
deformation due to swelling
deformazione a causa di rigonfiamento (f)
quer zur Faser

across the grain
senso trasversale alle fibre (m)
Querförderer
cross conveyor
trasportatore trasversale (m)
Querriß
cross shake
fessura radiale (f); spaccatura trasversale (f)
Querschnitt
cross section
sezione trasversale (f)
Querzugfestigkeit
cross tension strength
resistenza alla trazione trasversale
(f)
Quinta (V)
Quinta, Fifth quality
quinta qualità (f)
Quittung
receipt
ricevuta (f); quietanza (f)
Quote
quota; share
quota parte (f)

R

Rabatt
rebate; discount
ribasso (m); sconto (m)
Rad
wheel
ruota (f)
Radial Direktion
radial direction
direzione radiale (f)
Radialfurnier
cone-cut veneer; radial veneer
fogli di impiallacciatura radiali (m)
Radialriß
radial shake
fessura radiale (f)

Radialschnitt
radial cut
taglio radiale (m)
Radialschwindung
radial shrinkage
restringimento radiale (m)
Rahmen
frame
cornice (f); telaio (m)
Rahmenpresse
frame cramping machine
morsettatrice per telaio (f)
Rahmenschenkel (Fenster)
window sill
davanzale (m)
Rahmenverbindung
frame jointing
assemblaggio di telai (m)
Rammhaubenfutter
pile helmet lining
palo ferrato e cerchiato (m)
Rammpfahl
ram pile
mazzeranga (per conficcare pali nel
terreno) (f)
Rampe
ramp
rampa (f)
Randfaser
edge fibre
fibra marginale (f)
raschwüchsig
rapid growing
crescita rapida (f)
Raspel
rasp
raspa (f)
raspeln
to rasp
raspare
Raster
normate measure in buildings
retino (per la misurazione nelle

costruzioni) (m)
Rattan
rattan
malacca (f); canna d'India (f)
Rattan-Möbel
rattan-furniture
mobili di malacca (canna d'India)
(m)
Raubbau
indiscriminate felling
sfruttamento abusivo (m)
Räuchereiche
fumed oak
quercia fumigata (f)
Rauhspund
rough planed tongued and grooved
boards
linguetta ruvida (maschio d'incastro)
(f)
Rauhware
rough timber
legname grezzo (m)
Raumausstatter
decorator
decoratore d'interni (m)
Raumgewicht
density
peso specifico (m)
Rauminhalt
cubic contents; volume
volume (m)
Raummeter
cubic meter (stacked timber)
metro cubo (m)
Raumschwundmaß
volumetric shrinkage
restringimento volumetrice (m)
Raumteiler
partitions
tramezzi (m); divisori (m)
Raupenkette
caterpillar track; bulldozer chain
cingolo (di caterpillar, bulldozer) (m)

Raupenschlepper
caterpillar; bulldozer
trattore a cingoli (m)
Reagenzglas
test tube
provetta (f); tubo da saggio (f)
Rebpfahl
vine-stake; vineyard pole
palo per vigneto (m)
Rechenschieber
slide rule
regolo calcolatore (m)
rechnergesteuert
computer controlled
controllato con computer (m)
Rechnung
invoice
fattura (f)
Rechnungsbetrg
invoice amount
ammontare della fattura (m)
Rechnungsjahr
financial year; fiscal year
anno finanziario (m)
Rechnungskopie
duplicate invoice
duplicato di fattura (m)
Rechnungswesen
accountancy
contabilità (f)
rechteckig
square edged
rettangolare
Rechtsanwalt
lawyer
avvocato (m)
Rechtsform
legal structure
forma giuridica (f)
Rechtsstreit
litigation; court case; lawsuit
processo giudiziario (m)
rechtsverbindlich

legally binding
obbligatorio per legge (m)
rechtwinklig
rectangular
rettangolo (m)
rechtwinklig gekappt
rectangular cross-cut
tagliato rettangolare (m)
Reduzierbandsäge
reducer band saw
sega a nastro di riduzione (f)
Reduziertechnik
resawing technique
tecnica di riduzione (f)
Reede
roads
rada (f)
Reeder
shipowner
armatore (m)
Reederei
shipping company
compagnia di navigazione (f)
Regal
shelf
scaffale (m)
Regalboden
shelfbottom
fondo di scaffale (m)
Regalbrett
shelfboard
ripiano di scaffale (m)
Regelbelastung
normal load
carico normale (m)
Regelgerät
control unit
unità di controllo (f); unità di regolazione (f)
regeln
to control
controllare
Regeltechnik

control engineering
tecnica di controllo (f)
Regelung
control
controllo (m)
Regenwald
rain forest
foresta tropicale (f)
Registergericht
court of registry
ufficio del registro (m)
Regreß
recourse
ricorso (m)
Reibung
friction
attrito (m)
Reibungsmühle
attrition mill
macinatore mediante sfregamento
(m)
Reibungsvorschubgetriebe
continuous feed gear
meccanismo d'avanzamento a sfregamento (m)
Reibungswiderstand
frictional resistance
resistenza all'attrito (f)
reichlich
ample
abbondante
Reichweite
reach
raggio d'azione (m)
Reifen
tire
pneumatico (m)
Reinbestand
pure crop
piantagione pura (f)
Reinertrag
net return; net income
prodotto netto (m)

Reinigung
cleaning
pulitura (f)
Reinigungsanlage und Geräte
cleaning systems and equipment
sistemi e apparecchiature di pulitura
(m)
Reiser-Stangen
small-size sticks (in the forest)
pertiche (f)
Reisig
brushwood
sterpi (m)
Reißfestigkeit
tearing strength
resistenza allo strappo (f)
Reißmesser
marking knife
coltello per marcare (m)
Reklamation
claim; objection
reclamo (m)
Rennboot
racing yacht
imbarcazione da corsa (f)
renovieren
to restore
rinnovare
Rentabilität
profitability
produttività (f)
Reparatur
repair
riparazione (f)
Reparaturkosten
cost of repair
costi di riparazione (m)
Resonanzholz
resonant wood
legno risonante (m)
Resorcinleim
resorcin glue
colla a base di resorcina (f)

Restfeuchte
residual moisture
umidità residua (f)
Restrolle
core; centre
torsolo rimanente (m); rullo rimanente (m)
Restrollenschälmaschine
centre peeler
snocciolatrice (f); sgusciatrice (f)
Retorte
retort
storta (f)
reversibel
reversible
reversibile
Rezession
recession
recessione (f)
Richtlicht
adjusting (guiding) light
lampada per la proiezione di tratti
d'ombra (f)
Riegel
latch; bolt
catenaccio (m); chiavistello (m)
Riemen
belt
cinghia (f); correggia (f)
Riemenantrieb
belt drive
trasmissione a cinghia (f)
Riemenscheibe
belt pulley
puleggia (f)
Riffelwalze
fluted roll
cilindro scanalato (f)
Riftbretter
quarter sawn lumber
tavole segate di quarto (f)
Riftschnitt
vertical grain cut

taglio di venatura verticale (m)
Rille
groove; flute; chamfer
solco (m); scanalatura (f)
Rillenkugellager
grooved ball bearing
cuscinetto rigido a sfere (m)
Rinde
bark
corteccia (f)
Rindenabschläge
allowances for bark
defalco della corteccia (m)
Rindenbrand
bark-scorching
bruciacchiatura della corteccia (f)
Rindeneinschluß
bark pocket
sacca della corteccia(f)
Rindengallen
barkgalls
galle della corteccia (f)
Rindenhacker
bark chipper
scheggia di corteccia (f)
Rindenmesser
barking iron; bark gauge
coltello per scortecciare (m)
Rindenverbrennungsanlage
bark boiler
impianto di combustione delle cortecce (m)
ringeln
to girdle
inanellare
Ringpalettenstraße
open-end pallet line
linea automatica a palette (f)
Ringriß
ring shake
fenditura dell'anello (del legno) (f)
Rinne
trough

grondaia (f)
Risiko
risk
rischio (m)
Riß
shake; check
crepa (f)
Robinie
false acacia
robinia (f)
Rodegerät
stump grubbing device
dissodatrice per estirpare ceppi (da
un terreno) (f)
roden
to stump; to stub
dissodare
Rohbau
shell construction; structural construction
costruzione grezza (f)
Rohdichte
density
densità (f)
Rohertrag
gross output
prodotto grezzo (m)
Rohfries
block board; raw stave
frisia (tela) grezza (f)
Rohgewinn
gross profit
profitto lordo (m)
Rohhobler
rough boards in fixed dimensions
tavole grezze in dimensioni fisse (f)
Rohholz
raw wood; green timber
legno grezzo (m)
Rohmaß
gross scale; raw measurement
misurazione lorda (f)
Rohmaterial

raw material
materiale grezzo (m)
Röhrenplatte
tubular board; board with tubular
holes
pannello tubulare (m)
Rohspanplatte
particle board
pannelli grezzi (m)
Rohstoff
raw material
materiale grezzo (legno) (m); materie prime (f)
Rohstoffbedarf
demand of raw material
richiesta di materie prime (f)
Rohstoffmangel
raw material shortage
scarsezza di materie prime (f)
Rohstoffpreise
raw material prices
prezzo delle materie prime (m)
Rolladen
roller shutter; revolving shutter
persiana avvolgibile (f)
Rolladen-Fertigkästen
ready-made roller-shutter boxes
casse di persiane avvolgibili prefabbricate (f)
Rolladenbeschläge
fittings for roller shutters
accessori per persiane avvolgibili
(m)
Rolladengurt
roller-shutter tape
cinghia di persiana avvolgibile (f)
Rolladenleiste
roller-shutter ledge
listello di persiana avvolgibile (m)
Rolle
cylinder; reel
rullo (m); cilindro (m)
Rollendurchmesser

roll diameter
diametro del rullo (m)
Rollengang
roller conveyor
convogliatore a rulli (m)
Rollentisch
rolling table
tavolo a rotelle (m)
Rollentrockner
roller drier
essiccatore a rotelle (m)
Rosenholz
rose wood
legno di rosa (m)
Rosenpfahl
rose stick; rose pole
palo per rosai (m)
Roßkastanie
horse-chestnut
ippocastagno (m)
rote Hölzer
red timbers
legni rossi (m)
Roteiche
red oak
quercia rossa (f)
Rotfärbung
red stain
colorazione rossa (f)
Rotfäule
red rot
marciume rosso (m)
Rotholz (= nord. Kiefer)
redwood
legno rosato (m); pino del nord (m)
Rotkern
red heart
cuore (del legno) rosso (m)
Rotorentrinder
rotary-debarker
scortecciatore rotante (m)
Rotstreif
red stripe

rosato (a strisce rosse...) (m)
Rottanne (= Fichte)
spruce
abete rosso (m)
Rückanhänger
skidding trailer
rimorchio di scivolamento (del legname) (m)
rücken
to haul; to skid
trainare
Rückerstattung
refund
rimborso (m)
Rückeschlepper
skidding tractor
trattore per trascinare (m)
Rückezug
skidding unit
motore per trascinamento (legname) (m)
Rückführschnecke
return screw conveyor
vite perpetua (senza fine) di ritorno
(f)
rückgängig machen
to cancel
annullare
Rückseite
back
dorso (m); parte posteriore (f)
Rückseitenfurnier
back veneer
impiallacciatura dalla parte posteriore (f)
Rückwagen
logging wheels
carro speciale per il trascinamento
del legname (m)
Rückwand
back wall
parete posteriore (f)
Ruder

oar; rudder
remo (m)
Ruderboot
rowing boat
battello a remi (m)
Rührwerk
agitator; stirring device
agitatore (m)
rund
round
rotondo (m); tondo (m)
Rund- und Viereck-Silo
round and square silo
silo tondo e quadrato (m)
Rundäste
round knots
nodi rotondi (m)
Rundfeile
round file
lima tonda (f)
Rundgliederkette
round link chain
catena a maglie tonde (f)
Rundholz
roundwood; log
legno tondo (m); tronco (m)
Rundholz, einheimisches
domestic (homegrown) round logs
legname tondo domestico (cresciuto
in loco) (m)
Rundholzablängung
cross-cutting of logs
taglio trasversale di tronchi (m)
Rundholzeinfuhr
import of round timber
importazione di legname tondo (f)
Rundholzlader
log carrier; log truck
camion per il trasporto di tronchi
(m)
Rundholzplatz
log yard
spazio per legname tondo (m)

Rundholzplatzmeister
log yard supervisor
supervisore di cantiere (di legname)
(m)
Rundholzpolter
log stock
parco tronchi (m)
Rundholzsortieranlage
log grading installation
installazione per la cernita dei tronchi (f)
Rundholzsortierung
log grading
cernita dei tronchi (f)
Rundholztransportanlage
log transport installation
impianto per il trasporto di tronchi (m)
Rundholztransporter
log truck; log carrier
autocarro per il trasporto di tronchi (m)
rundschälen
to peel
scortecciare
Rundschälfurnier
peeled veneer; rotary veneer
impiallacciatura con macchina rotativa (f)
Rundschälmaschine
rotary cutter; peeler
scortecciatrice rotante (f)
Rundsiebmaschine
cylinder paper machine
vagliatrice cilindrica (f)
Rundstab
dowel rod; round rod
bacchetta (f); verga (f); bastoncino (m)
Rundstabfräsmaschine
rounding machine
fresatrice per bastoni (f)
Rundung

curve
arrotondamento (m); rotondità (f)
Rüping-Verfahren
Rüping process
processo Rüping (m)
Rüster (= Ulme)
elm
olmo (m)
rustikal
rustic
rustico (m)
Rüstzeit
setting-up time
periodo dei preparativi (m)
Rutsche
chute
scivolo (m)
rutschig
slippery
sdrucciolevole (m)

S

Sachschaden
damage to property
danneggiamento alla proprietà (m)
Sachverständiger
expert; specialist
esperto (m); specialista (m); perito (m)
Sachverständiger f. Feuerschutz
expert for fire protection
esperto per la protezione contro gli incendi (m)
sacken
to discharge into sacks
insaccare
säen
to sow
seminare
Säge
saw
sega (f)

Sägeabfälle
mill waste
scarti di segheria (m)
Sägeblatt
saw blade
lama di sega (f)
Sägeblatteinspannen
fixing of saw blade
fissare le lame della sega
Sägeblattspannung
saw blade tension
tensione della lama di sega (f)
Sägeblattstellung
position of saw blade
posizione delle lame della sega (f)
Sägeblock
saw log; log for sawing
tronco da segare (m)
sägefallend
mill-run; sawfalling
ciò che cade dalla sega
Sägefällung
saw felling
abbattimento da segamento (m)
Sägefurnier
saw-cut veneer
impiallacciatura segata (f)
Sägegatter
frame saw
sega verticale alternativa (f)
Sägehalle
sawmill building
edificio di segheria (m)
Sägeindustrie
sawing industry
segheria (f)
Sägemaschine
sawing machine
segatrice (f)
Sägemehl/Sägespäne
saw dust
segatura (f)
sägen

to saw
segare
Sägen
sawing
segamento (m)
Sägenschärfer
saw sharpener; saw doctor
affilasega (f)
Sägenschärfmaschine
saw sharpening machine
macchina affilatrice di lame della
sega (f)
Säger
sawmiller
operaio addetto alla sega (m)
Sägerestholz
sawmill waste
scarti di segheria (m)
Sägerundholz
saw log
tronchi da segare (m)
Sägewerk
sawmill
segheria (f)
Sägewerksabfälle
sawmill waste
scarti di segheria (m)
Sägezahn
saw-tooth
dente di sega (m)
Sägezahnung
teeth of the saw
dentatura della sega (f)
Saldo
balance
saldo (m)
Salzimprägnierung
salt impregnation
impregnazione al sale (f)
Salzwasserbauholz
marine timber
legname per costruzione navale (m)
Same

seed
semente (f)
Samenernte
collection of seed
raccolta di sementi (f)
Sammelladung
collective consignment
caricamento collettivo (m)
sandgestrahlt
sand blasted
trattato con getto di sabbia (m)
Sandkasten
sandbox; sandpit
recinto con sabbia (m)
Sandpapier
sand paper
carta vetrata (f)
Sandsteinplatte
sandstone slab
piastra di arenaria (f)
Sandstrahlgerät
sander
sabbiatrice (f)
Sarg
coffin
bara (f); cassa da morto (f)
Sargbretter
coffin boards
assi per bara (f)
Sargtischler
coffin-maker; coffin-joiner
falegname di bare (m)
Satteldach
saddle roof
tetto a due falde (m)
sauber
clean
pulito (m)
Sauerstoff
oxygen
ossigeno (m)
saugen
to exhaust

aspirare
Sauggebläse
suction conveyor
ventilatore d'aspirazione (m)
Sauna
sauna
sauna (f)
Säure
acid
acidità (f); acido (m)
säurefest
acid proof
inattaccabile dagli acidi
Säurefestigkeit
acid resistance
resistenza all'acido (f)
saurer Regen
acid rain
pioggia acida (f)
Schabermesser
scraper knife
raschietto (m)
Schablone
stencil
modello (m); stampino (m)
Schablonendrehmaschine
copying lathe with template control
of tool
tornio a copiare (m)
Schachfigur
chessman
figura degli scacchi (f)
Schachtel
box
scatola (f)
Schaden
damage; defect
danno (m)
Schadenersatz
indemnification
indennizzo (m)
Schaft
stem; trunc

fusto (m); gambo (m)
Schäftung
scarf glueing
incollaggio con giunto ad ammorsa-
tura (m)
Schalbrett
formwork board; shuttering board
tavola di copertura (f); tavola da
rivestimento (f)
schälen
to peel; to rotary-cut
sbucciare
schälen (entrinden)
to debark
scortecciare
schälfähig
suitable for peeling
sbucciabile
Schälfähigkeit
peeling ability
facilità alla sbucciatura (f)
Schälfurnier
rotary cut veneer; peeled veneer
impiallacciatura scortecciata (f)
Schälholz
logs for peeling
legname scortecciato (m)
Schalldämmfenster
sound-absorbing window
finestra insonorizzata (f)
schalldichte Platte
sound-proof board
pannello a isolamento acustico (m)
Schallschutz
sound protection
insonorizzazione (f)
Schallschutzplatte
acoustic board
pannello acustico (m)
Schallschutztür
acoustic door
porta acustica (f)
Schälmaschine

peeler
sbucciatrice (f)
Schälmesser
peeling knife
sbucciatore (m)
Schälrestrolle
peeler core
nocciolo; nucleo (m)
Schälriß
peeling shake
fenditura da pelatura (f)
Schälschäden
peeling defect; peeling damage
danni da pelatura (m)
Schälspäne
peeler shavings
particelle da pelatura (f)
Schaltafel
shuttering panel; formwork panel
pannello di copertura (m); pannello
di rivestimento (m)
Schaltschrank
switch cabinet; switchboard
quadro di controllo (m)
Schalttafel
switch panel
pannello di controllo (m)
Schaltzentrale
central control station
centrale di controllo (f)
Schalung
formwork; shuttering; boarding
rivestimento (di tavole) (m)
Schalung, vorgefertigt
prefabricated formwork
rivestimento (di tavole) prefabbricato (m)
Schalungsbrett
shuttering board; formwork board
tavola da rivestimento (f); tavola di
copertura (f)
Schalungsplatte
concrete formboard

pannello di rivestimento (m)
Schalungstafel
shuttering panel; formwork panel
pannello di rivestimento (m); pannello di copertura (m)
Schalungstafel, befilmt
film coated shuttering board
pannello di copertura plastificato (m)
Schalungstafel, beharzt
resin-coated shuttering board
pannello di copertura resinoso (m)
Schalungsträger
shuttering support
supporto di chiusura (m)
Schälverlust
loss of peeling
perdita di pelatura (f)
Schälwerk
peeling mill; rotary cut mill
impianto di pelatura (m)
Schärfautomat
automatic sharpener
affilatrice automatica (f)
schärfen
to sharpen
affilare
scharfkantig besäumt
square edged
squadrato a spigoli vivi (m)
Schärfmaschine
sharpening machine
macchina affilatrice (f)
Scharnier
hinge
cerniera (f)
Schatten
shade; shadow
ombra (f)
schätzen
to estimate; to value
stimare
Schätzer, vereidigter

sworn valuer
estimatore (m); perito giurato (m)
Schätzpreis
valued price; estimated price
prezzo stimato (m)
Schätzung
valuation
valutazione (f)
Schauerleute
dock workers; dockers
lavoratori portuali (m)
Schaufel
shovel
pala (f); badile (m)
Schaufenster
shop window
vetrina (f)
Schaukelstuhl
rocking chair
sedia a dondolo (f)
Schaumgummi
foam rubber
gommapiuma (f)
Scheibe
disk
disco (m)
Scheibenhacker
disk chipper
tagliere a disco (m)
Scheibenhobelmaschine
disk shaver; rotary planing machine
piallatrice a disco (f)
Scheibenrefiner
disk refiner
raffinatore a disco (m)
Scheitholz
billets
ceppo (m)
Schicht (bei Platten)
layer
strato (m)
Schichtholz
gluelam

legno a strati incollato (compensato)
(m)
Schichtholz (im Wald)
stacked wood
legno accatastato (m)
Schichtholzbalken
laminated beam
trave laminato (m)
Schichtholzplatte
gluelam board
pannello laminato (m)
Schiebebühne
travelling platform
piattaforma rotante (f)
Schiebetisch
sliding table
tavolo scorrevole (m)
Schiebetür
sliding door
porta scorrevole (f)
Schiedsgericht
court of arbitration
commissione d'arbitrato (f)
Schiedsrichter
arbitrator
giudice arbitrale (m)
Schiffbau
shipbuilding
costruzione navale (f)
Schiffbauholz
timber for shipbuilding
legname per costruzione navale (m)
Schiffbausperrholz
shipbuilding plywood; marine plywood
compensato per costruzione navale
(m)
Schiffsanlegestelle
quai; anchorage; landing place
scalo d'imbarco (m); imbarcadero
(m)
Schiffsmakler
shipbroker; shipping agency

sensale marittimo (m); broker (m)
Schiffsraum
hold; tonnage; freight space
stiva (f)
Schiffszimmermann
ship carpenter
carpentiere marittimo (m)
Schimmel (Pilze)
mould
muffa (fungo) (f)
Schimmelbeständigkeit
mould resistance
resistenza alla muffa (f)
Schimmelflecken
mould stains
macchia di muffa (f)
schimmeln
to get mouldy
ammuffire
Schimmelpilz
mould fungus
aspergillo (m)
Schindeldach
shingle roof
tetto coperto di assicelle (m)
Schindelholz
shingle wood
legno per assicelle di copertura (m)
Schindeln
shingles
assicelle di legno per copertura (f)
Schinkenbrett
ham-board
tavoletta per affettare il prosciutto (f)
Schlafzimmer
bedroom
stanza da letto (f)
Schlafzimmermöbel
bedroom furniture
mobili per stanza da letto (m)
Schlafzimmerware (Furniere)
bedroom quality
materiale (impiallacciature) per

camere da letto (m)
Schlagbiegefestigkeit
impact-bending resistance
resistenza alla flessione all'urto (f)
Schlagfestigkeit
resistance of shock
resistenza all'urto (f)
Schlagkopfentrinder
knocker-head debarker
scortecciatrice a testa battente (f)
Schlagkreuzmühle
wing beater mill
macinatore a croci percuotitrici (m)
Schlagraum
slash; brash
tralci (m)
schlagreif
mature
maturo (m)
Schleifautomat
automatic sander
smerigliatrice automatica (f)
Schleifband
abrasive belt; sanding belt
nastro abrasivo (m)
schleifen (Holz, Platten)
to polish; to sand
lisciare (legno)
schleifen (Werkzeuge)
to grind; to sharpen
molare
Schleifgerät
grinder
affilatrice (f)
Schleifholz
pulpwood
legno da sfibrare (m)
Schleifmaschine
sander; grinder
molatrice (f)
Schleifmittel
abrasive
prodotto abrasivo (m)

Schleifpapier
abrasive paper; sanding paper
carta vetrata (f)
Schleifscheibe
abrasive wheel
mola abrasiva (f)
Schleifscheibensatz
set of grinding wheels
set di mole (m)
Schleifstaub
grinding dust; sanding dust
polvere da molatura (f)
Schleifweg (Wald)
unpaved forest road
sentiero boschivo non lastricato (m)
Schleifwerkzeug (für Holz)
sanding tool
arnese per levigare (legno) (m)
Schlepper (Land)
tractor; hauler
trattore (m)
Schlepper (Wasser)
tugboat; towboat
rimorchiatore (m)
Schleusenholz
lock wood
legno per chiuse (m)
schlicht (Faser)
straight grained
filo dritto (m); filamento (m)
schlichten (einen Streit)
to arbitrate; to settle
comporre, conciliare
schlichten (schleifen)
to gruid; to polish; tu cut
levigare; lisciare; smerigliare
Schlitten
sledge
slitta (f)
Schlitzmaschine
slotting machine
macchina fessuratrice (f)
Schlosser

locksmith
fabbro (m)
Schlußbrief
bill of sale; fixing letter; contract
conferma di vendita (f)
schlüsselfertig
key-ready
chiavi in mano (f)
Schmalware
narrows
legname sotto misura (m)
Schmelzkleber
thermoplastic glue
colla fondibile (f)
schmieren
greasing
ingrassare; spalmare di grasso
Schmieröl
lubricating oil
olio da ingrassaggio (m)
Schnäpper
catch
molla (a scatto) (f); serratura a
scatto (porta) (f)
Schneckenaustragvorrichtung
discharge with endless screw
trasportatore a vite perpetua (senza
fine) (m)
Schneebruch
snow break
rottura di rami causati dalla neve (f)
Schneidewerkzeug
cutting tool
attrezzo da taglio (m)
Schneise
forest aisle
pista tagliata attraverso il bosco (f)
Schnellspannwagen
quick-dogging carriage
carro a serraggio rapido (m)
schnellwüchsig
fast growing
crescita rapida (f)

Schnittbreite
cutting width
larghezza del taglio (f)
Schnittfläche
surface of cut
superficie di taglio (f)
Schnittgenauigkeit
cutting precision
precisione di taglio (f)
Schnittgeschwindigkeit
cutting speed
velocità di taglio (f)
Schnitthöhe
cutting height
altezza di taglio (f)
Schnittholz
sawn timber; lumber (Am.)
legname da taglio (m)
Schnittholzabmessungen
lumber specification; timber dimensions
dimensioni del legname da taglio (f)
Schnittholzausbeute
sawn timber recovery; yield
resa del legname tagliato (f)
Schnittholzerzeugung
lumber production
produzione del legname da taglio (f)
Schnittholzgüteklassen
standards of lumber grading
classificazione del legname da
taglio (f)
Schnittholzplatz
lumber yard
parco legname da taglio (m)
Schnittholzplatzmeister
lumber yard foreman
caposquadra parco legname da
taglio (m)
Schnittholzsortieranlage
lumber grading installation
impianto per la scelta del legname
da taglio (m)

Schnittholzsortierung
lumber grading
scelta del legname da taglio (f)
Schnittholztrockner
lumber drier
essiccatoio per legname da taglio
(m)
Schnittholztrocknung
kiln drying of lumber
essiccazione del legname da taglio
(f)
Schnittleistung
cutting capacity
rendimento del taglio (m)
Schnittverlust
cutting loss
perdita al taglio (f)
Schnittwiderstand
cutting resistance
resistenza al taglio (f)
Schnitzel (Holz)
chips
trucioli (m)
schnitzen
to carve; to cut
scolpire nel legno
Schnitzer
wood-carver
intagliatore (m)
Schnitzerei
wood-carving
scultura su legno (f)
Schnitzmaschine
carving machine
macchina intagliatrice (f)
Schnitzmesser
wood-carving knife
coltello da intagliatore (m)
Schnur
cord
corda (f); spago (m)
Schonung
young forest plantation

bosco di riserva (m)
Schößling
sprig
germoglio (m)
Schrägbalken
diagonal beam; diagonal bend
trave diagonale (f)
Schrägschliff (der Zähne)
sharpening to alternating angles
affilatura dei denti di una sega ad
angoli alterni (f)
Schrank
cupboard; cabinet
armadio (m)
Schränkautomat
automatic saw-setting machine
macchina automatica per l'allicciatura della sega (f)
schränken
to set
allicciatura (della sega) (f)
Schrankfach
shelf; compartment
scomparto (m)
Schränkmaschine
saw-setting machine
macchina allicciatrice (della sega)
(f)
Schränkmeßlehre (für Sägen)
saw set gauge
calibro per l'allicciatura dei denti
(della sega) (m)
Schranktür
cupboard door
sportello dell'armadio (m)
Schrankwand
cupboard wall unit
armadio a muro (m)
Schraubautomat
screw-setting machine
avvitatrice automatica (f)
Schraube
screw

vite (f)
Schraubenhaltevermögen
screw holding power
resistenza allo svellimento della vite
(f)
Schraubenschlüssel
screw wrench
chiave a rullino (f)
Schraubenzieher
screw driver
cacciavite (m)
Schraubstock
bench - vice
morsa (f)
Schraubzwinge
screw clamp
morsetto a vite (m)
Schreibmaschinentisch
typist's desk
tavolino per macchina da scrivere
(m)
Schreibsekretär
secretary
scrivania (f)
Schreibtisch
writing desk
scrittoio (m)
Schreiner
carpenter; joiner
falegname (m)
Schreinerarbeit
joinery work
lavoro di falegnameria (m)
Schreinerware
joinery timber
legname da ebanisteria (m)
schrumpfen
to shrink
restringersi; ritirarsi
Schrumpffolie
shrink foil
foglio restringibile (m)
Schrumpfneigung

tendency to shrink
tendenza a restringersi (f)
Schubkasten
drawer
cassetto (m)
Schubkastenpresse
drawer clamp
incastro per cassetto (m)
Schublade
drawer
cassetto (m)
Schuhabsätze
heels
tacchi (m)
Schuhleisten
shoe tree; last
forme per scarpe (f)
Schuhschrank
shoe cabinet
armadio per scarpe (m)
Schulden
debts
debiti (m)
Schulmöbel
school furniture
mobili di scuola (m)
Schultafel
chalkboard; blackboard
lavagna (f)
Schutzwald
protection forest; forest reserve
bosco protetto (m)
Schutzzoll
protective duty
dazio protettivo (m)
Schwabbelautomat
automatic buffing machine
pulitrice automatica (f)
Schwabbelbock
buffing stand
lucidatrici (f)
Schwachholz
small diameter logs

tronchi di piccolo diametro (m)
Schwachholzlinie
line to manipulate small diameter
logs
catena di manipolazione per tronchi
di piccolo diametro (f)
Schwachholzsäge
saw for small-sized timber
sega per legname di piccola dimensione (f)
Schwalbenschwanz
dovetail
incastro a coda di rondine (m)
Schwalbenschwanzfräsmaschine
dovetail cutting machine
fresatrice a coda di rondine (f)
Schwalbenschwanzfügemaschine
dovetailing machine
macchina per fare gli incastri a
coda di rondine (f)
Schwamm
fungus
fungo (m)
Schwammbefall
fungal attack
attacco da fungo
Schwarte (Schwartenbrett)
off-cut; slab
sciavero (m)
Schwarzast
dead knot
ramo morto (m)
Schwarzerle
black alder
ontano nero (m)
Schwarzwald
Black Forest
Foresta nera (f)
**Schweinsauge/Noppe beim Rund-
holz**
pig-eye
occhio porcino (m); chicco d'orzo
(nodo da legno) (m)

Schweißen, autogenes
autogenous welding
saldatura autogena (f)
Schwelle (Bahn)
sleeper; tie
traversina (ferrovia) (f)
Schwellenbearbeitungsmaschine
adzing and boring machine for slee
pers
fresa per tagliare e alesare le traversine (f)
**Schwellenhobel- und
-bohrmaschine**
planing and drilling machine for
sleepers
piallatrice e perforatrice per traversine (f)
Schwellenholz
logs for sleepers
legname per traversine (m)
Schwellenseiten
sleeper sidings
binari di raccordo delle traversine
(m)
Schwellentränke
impregnation plant for sleepers
impianto per l'impregnazione delle
traversine (m)
Schwenksäge
pivoting saw
sega oscillante (f)
schwer entflammbar
fire-resistant
resistente al fuoco
Schwindmaß
tolerance for shrinkage
misura di ritiro (f)
Schwindung
shrinkage
diminuzione (f); contrazione (f)
Schwingboden
sprung floor
pavimento elastico (m)

Schwingtor
flexible door
porta battente (che si chiude da se)
(f)
Schwund
shrinkage
diminuzione (f)
Schwundmaß
degree of shrinkage
misura di ritiro (f)
Schwundmaß (radial)
radial degree of shrinkage
misura di ritiro radiale (f)
Schwundmaß (räumliches)
volumetric degree of shrinkage
misura di ritiro volumetrico (f)
Schwundmaß (tangential)
tangential degree of shrinkage
misura di ritiro tangenziale (f)
Schwungsieb (Vibrationssieb)
vibrating screen
vibrovaglio (setacciatore a vibrazione) (m)
Seekiefer
maritime pine
pino marino (m)
Seekiefersperrholz
maritime pine plywood
compensato in legno di pino marino (m)
Seekiste
sea case; box for shipping transport
cassa per trasporto marittimo (f)
seemäßige Verpackung
seaworthy packaging
imballaggio marittimo (m)
Seeversicherung
maritime insurance
assicurazione marittima (f)
Segelboot
sailing-boat
imbarcazione a vela (f)
Segelschiff

sailing-ship
veliero (m)
Segment
segment
segmento (m)
Segmenttür
segment door
porta a segmento (f)
Seilmast
cable pole
palo portacavi (m)
Seilspanner
cable tightener
tenditore di cavi (m)
Seiltrommel
rope drum; cable drum
tamburo avvolgitore (per cavi) (m)
Seite
face; side
lato (m); costa (f)
Seite (bessere)
better side; better face
lato migliore (m)
Seite (schlechtere)
worse side; worse face
lato peggiore (m)
Seiten, astrein
clear sidings
lati senza nodi (m)
Seitenstapler
lateral fork-lift
carrello elevatore laterale (m)
Seitenware
sidings; side cuts
sciavero (m)
Sekundärwald
secondary forest
bosco secondario (m)
Selbstklebeband
(self) adhesive tape
nastro autoadesivo (m)
Sendung
consignment; parcel; shipment; load

spedizione (f)
Serienfertigung
serial production
fabbricazione in serie (f)
Serienmöbel
series furniture
mobili in serie (m)
Servierbrett
tray; server
vassoio (m)
Servierwagen
serving table; dinner wagon
carrello di servizio (m)
Sessel
armchair; easy chair
poltrona (f)
sibirische Kiefer
Igarka Redwood
pino siberiano (m); pino Igarka (m)
Sichtbetonschalungsplatte
shuttering board panel
pannello di chiusura (m)
sichten (prüfen)
to sort; to sift
esaminare
Sichtschutzelement
camouflage element
elemento di mascheramento (m)
Sichtung
sifting
esame (m)
Sichtwechsel
sight-draft
cambiale (f); tratta a vista (f)
Sideboard
sideboard
credenza (f)
Sieb
screen
setaccio (m)
Siebmaschine
sifter
macchina setacciatrice (f)

Siebung
sifting
setacciatura (f); vagliatura (f)
Siebwuchtrinne
vibro screen
vaglio (m); crivello vibrante (m)
Signiergerät
marker
apparecchio per marcare (m)
Silberpappel
white poplar
gattice (m); pioppo bianco (m)
Silizium
silicon
silicio (m)
Siliziumeinlagerungen (im Kern-holz)
silicon depots
depositi di silicio (nel cuore del legno) (m)
Silo
silo
silo (m)
Siloaustrag
silo discharge
estrazione dal silo (f)
Sinker
sinker
legname che stilla (m)
Sinkverluste
loss from sinking
perdita da affondamento (f)
Sitz der Gesellschaft
registered office
sede sociale (f)
Sitzmöbel
seating furniture
sedie (f); seggiole (f)
Sitzmöbel, gepolstert
upholstered seating furniture
sedie imbottite (f)
Sitzmöbel, ungepolstert
seating furniture without upholstery

sedie non imbottite (f)
Sitzung
conference; meeting; hearing
seduta (f)
Ski
ski
sci (m)
Skifabrik
ski factory
fabbrica di sci (f)
Skiinnenlage
inner ply of ski
strato interno (nucleo) dello sci (m)
Skizze
sketch; scheme
schizzo (m)
Sockel
base; pedestal; socle
zoccolo (m)
Sockelecke
base corner
angolo dello zoccolo (m)
Sockelleiste
skirting board
zoccolo di legno (m)
Sofa
sofa; couch
sofa (m)
Sonderanfertigung
special production
produzione speciale (f)
Sonderbreite
special width
larghezza speciale (f)
Sondermaß
special measure; special dimension
misura speciale (f)
Sonderstärke
special thickness
spessore speciale (m)
Sondertarif
special rate
tariffa speciale (f)

Sonnenriß
sun shake
fenditura causata dal sole (f)
Sonnenschutzanlage
sun blind system
dispositivo di riparo dal sole (m)
Sortieranlage
grading installation
impianto per la cernita (m)
sortieren
to grade; to sort; to classify
scegliere
Sortierförderer
sorting conveyor
trasportatore selezionatore (m)
Sortierplatz
grading yard
parco legname da selezionare (m)
Sortiersieb
chip screen
setaccio selezionatore (m)
sortiert nach Breiten
sorted by widths
selezionato secondo larghezza (m)
sortiert nach Längen
sorted by lengths
selezionato secondo lunghezza (m)
sortiert nach Qualität
sorted for quality
selezionato secondo qualità (m)
Sortierung
grading
scelta (f)
Sortiervorschriften
grading rules
norme di classificazione (f)
Sortierwagen
sorting carriage
carro per la scelta (m)
Spachtel
spatula; filler
spatola (f)
Spachtelmasse

fillers; wood patching product
mastice (m)
Spalierlatte
trellis lath
assicella di spalliera (f)
Spaltbandsäge
band re-saw
sega sdoppiatrice a nastro (f)
Spaltbarkeit
cleavability
fendibilità (f)
spalten
to split; to cleave
fendere in due (un tronco d'albero)
Spaltfestigkeit
splitting resistance
resistenza alla fenditura (f)
Spaltholz
split wood
legna da spaccare (f)
Spaltkeil
cleaving - wedge
cuneo da fenditura (m)
Spaltmaschine
cleaving machine
macchina fenditrice (f)
Spaltsäge
cleaving saw; re-saw
sega fenditrice (f)
Span
particle
scheggia (f); truciolo (m)
Spanbeleimungsanlage
chip gluing installation
impianto di incollatura dei trucioli
(m)
Spandicke
thickness of particle
spessore del truciolo (m)
Späne
chips; chippings; particles
trucioli (m)
Späneablaufschacht

chute for chips
scivolo di scorrimento per trucioli
(m)
Späneabsaugung
saw-dust exhaustor
aspiratore della segatura (m)
Späneabscheider
cyclone; separator
separatore dei trucioli (m)
Späneaufbereitung
preparation of particles
preparazione dei trucioli (f)
Spänebunker
chip silo
silo da trucioli (m)
Spänehandel
particle trade
commercio di trucioli (m)
Spänemischer
chip mixer
mescolatore di trucioli (m)
Spänemühle
grinder
trituratore di trucioli (m)
Späneofen
chip oven
forno per trucioli (m)
Spaner
chipper
disintegratore (m)
Spänesichter
sifter
vagliatore di trucioli (m)
Spänesichtung
particle classification
selezione dei trucioli (f)
Spänesortierer
chip sorter
selezionatore di trucioli (m)
Spänetrockner
chip drier
essiccatoio per trucioli (m)
Spänezerkleinerer

chip mill
sminuzzatore di trucioli (m)
Spanholz
chipwood
truciolato (m)
Spanholzformteile
moulded articles of wood chips
parti modellate in truciolato (f)
Spankorb
chip basket
cesto in legno da cerchi e di cascina (m)
Spanmesser
chipping knife
coltello per tagliare a schegge (m)
Spannelement
clamping device
elemento di fissaggio (m); morsetto
(m)
Spannung
tension; stress
tensione (f)
Spannungsverlust
loss of tension
perdita di tensione (f)
Spannungsverteilung
stress distribution
distribuzione di tensione (f)
Spannweite
span; opening
apertura (f)
Spanplatte
particle board; chipboard
pannello di trucioli (m)
Spanplatte, beschichtet
laminated particle board
pannello di trucioli rivestito (m)
Spanplatte, einschichtig
single-layer particle board
pannello di trucioli a uno strato (m)
Spanplatte, feuchtebeständig
moisture-resistant particle board
pannello di trucioli resistente all'umi-

dità (m)
Spanplatte, feuerhemmend
fire-retardant chipboard
pannello di trucioli resistente al
fuoco (m)
Spanplatte, formaldehydfrei
particle board free of formaldehyde
pannello di trucioli senza formaldeide (m)
Spanplatte, furniert
particle board veneered
pannello di trucioli impiallicciato (m)
Spanplatte, laminiert
laminated chipboard
pannello di trucioli laminato (m)
Spanplatte, mehrschichtig
multi-layer particle board
pannello di trucioli a più strati (m)
**Spanplatte, melaminharzbe-
schichtet**
melamine-faced chipboard
legno truciolato ricoperto di resina
melamminica (m)
Spanplatte, melaminharzverleimt
melamine resin-bonded chipboard
pannello di trucioli incollato con
resina melamminica (m)
Spanplatte, phenolharzverleimt
phenolic resin-bonded particle
board
pannello di trucioli incollato con
resina fenolica (m)
Spanplatte, PVC-beschichtet
PVC-coated chipboard
pannello di trucioli rivestito di PVC
(cloruro di polivinile) (m)
Spanplatte, wasserfest
water resistant particle board
pannello di trucioli resistente all'acqua (m)
Spanplatte, wassergeschützt
water protected particle board
pannello di trucioli idrofughi (m)

Spanplatte, wetterfest
weather-proof particle board
pannello di trucioli resistente alle
intemperie (m)
Spanplatte, zum Bedrucken
particle board for imprinting
pannello di trucioli da stampare (m)
Spanplattenindustrie
particle board industry
industria di pannelli di trucioli (f)
Spanplattenpresse
particle board press
pressa per pannelli di trucioli (f)
Spanplattenpresse, kontinuierlich
continuous-flow press for particle
boards
pressa continua per pannelli di
trucioli (f)
Spanplattenwerk
particle board mill; chipboard factory
stabilimento per pannelli di trucioli
(m)
Spanschachtel
chip box; splint box
scatola impiallicciata (f)
Spanvorpresse
chip prepress
pre-pressa per trucioli (f)
Sparren
square
travetto (tetto) (m); puntone (tetto)
(m)
Spätholz
summerwood
legno tardo (m)
Spazierstock
walking-stick
bastone da passeggio (m)
Spediteur
forwarding agent
spedizioniere (m)
Speisezimmermöbel
furniture for dining room

mobili per sala da pranzo (m)
Sperrholz
plywood
legno compensato (m)
Sperrholz, bedrucktes
printed plywood
compensato stampato (m)
Sperrholz, beschichtet
laminated plywood
legno compensato laminato (m)
Sperrholz, dekorativ
decorative plywood
legno compensato decorativo (m)
Sperrholz, formgepreßt
moulded plywood
legno compensato modellato (m)
Sperrholz, gebogen
curved plywood
legno compensato curvato (m)
Sperrholz, gebürstet
brushed plywood
legno compensato spazzolato (m)
Sperrholz, geflammt
flamed plywood
legno compensato marezzato (m)
Sperrholz, gekalkt
chalked plywood
legno compensato imbiancato a
calce (m)
Sperrholz, sandgestrahlt
sand blasted plywood
legno compensato sabbiato (m)
Sperrholz, schwer entflammbar
fire retardant plywood
legno compensato resistente al
fuoco (m)
Sperrholz, technisch
plywood for technical purposes
legno compensato per scopi tecnici
(m)
Sperrholz, termitenfest
termite-resistant plywood
legno compensato resistente alle

termiti (m)
Sperrholz, verleimt
glued plywood
legno compensato incollato (m)
Sperrholz, wasserfest
water-proof plywood
legno compensato resistente all'acqua (m)
Sperrholzfeder
plywood tongue
linguetta in legno compensato (f)
Sperrholzfixmasse
plywood in fixed dimensions
legno compensato in dimensioni fisse (m)
Sperrholzformteile
moulded plywood components
legno compensato modellato (m)
Sperrholzindustrie
plywood industry
industria del legno compensato (f)
Sperrholzkiste
plywood box
cassetta in legno compensato (f)
Sperrholzleim
plywood glue
colla per legno compensato (f)
Sperrholzmittellagen
inner layers; plywood cores
strati interni del legno compensato (m)
Sperrholzschalungstafel
plywood shuttering board
pannelli di copertura in legno compensato (m)
Sperrholzspezialitäten
plywood specialities
specialità in legno compensato (f)
Sperrholzspezialplatte
special plywood board
pannelli speciali in legno compensato (m)
Sperrholzteile

plywood components
parti in legno compensato (f)
Sperrholztür
plywood door
porta in legno compensato (f)
Sperrholzwerk
plywood mill; plywood factory
stabilimento del legno compensato (m)
Spesen
charges; expenses
spese (f)
Spezialkleber
special glue
colla speciale (f)
Speziallastwagen f. Rundholz
special truck for logs
autocarro speciale per il trasporto di tronchi (m)
Spezialmaß
special measure
misura speciale (f)
Spezialplatte f. Karosserien
special board for car bodies
pannelli speciali per carrozzerie (m)
Spezialschalung
special boarding; special formwork
copertura speciale (f)
Spezialsperrholz f. Schiffbau
special plywood for shipbuilding
legno compensato speciale per costruzione navale (m)
Spezialtisch
special table
tavolo speciale (m)
Spiegel
mirror
specchio (m)
Spiegelschnitt
radial cut; radial section
sezione radiale (f)
Spiegelschrank
wardrobe with mirror

armadio con specchio (m)
Spielraum
margin
margine (m)
Spielzeug
toys
giocattoli (m)
Spind
locker
stipo (m); armadietto a chiave (m)
Spindel
spindle
fuso (m)
Splint
sap
alburno (m)
Splintfäule
sap rot
marciume dell'alburno (m)
Splintflecken
sap stain
macchie dell'alburno (f)
splintfrei
free of sap
alburno (senza...) (m)
Splintholz
sapwood
legno d'alburno (m)
Splintholz, verfärbt
stained sap
alburno scolorito (m)
Splintverfärbung
sap stain
cambiamento di colore dell'alburno
(m)
Splintwurm
sap worm
tarlo dell'alburno (m)
Splitterholz
wood splinters
schegge di legno (f)
Sportgeräte
sports equipment

attrezzature sportive (f)
Sporthalle
gymnasium; sport(s) hall
palazzo dello sport (m); palestra (f)
Spreißel (-holz)
edgings
orlatura (f); bordatura (f)
Spritzanlage
sprayer installation
impianto di polverizzazione (m)
Spritzguß
injection moulding
colatura mediante iniezione (f)
Spritzkabine
spray booth
cabina per verniciatura a spruzzo (f)
Spritzlackierung
lacquer spraying; spray varnishing
verniciatura a spruzzo (f); laccatura
a spruzzo (f)
Spritzpistole
spray gun; spraying pistol
pistola a spruzzo (f)
Spritzstand
spray booth
cabina per verniciatura a spruzzo (f)
Sprödigkeit
brashness
fragilità (del legno) (f)
Sproß (einer Pflanze)
sprout
germoglio (m)
Sprosse
step (of a ladder); cross bar; rung;
stave
piuolo (di una scala) (m); traversa
(f)
Sprossenleiter
step ladder
scala a piuoli (f)
Sprühanlage
spraying installation
impianto di polverizzazione (m)

Sprühkegel
atomizing cone
cono di nebulizzazione (m)
Sprühtisch
spray table
tavolo di nebulizzazione (m)
Sprungrahmen
elastic spring-frame
telaio molleggiato elastico (m)
Spule
spool; bobbin
rocchetto (m); bobina (f)
Spund
bung; peg; tongue
linguetta (f); maschio d'incastro (m)
Spundbohlen
pile planks; grooved and tongued
board
perlina (asse di rivestimento ad
incastro maschio e femmina) (f)
spunden
to tongue and groove
calettare a maschio e femmina
Spundloch
bung-hole
cocchiume (della botte) (m)
Spurlatte
pit board; shaft guide; mine guide
guida (f)
Staatswald
state forest; national forest
bosco demaniale (di proprietà dello
Stato) (m)
Stab
stick; bar
bastone (m); bacchetta (f)
Stabbretter
profiled grooved and tongued
boards
assi profilati maschio e femmina (m)
stäbchenförmig
stick-shaped
bastoncino (a forma di...) (m)

Stäbchenmittellage
strip core; core of blockboard
anima dell'assicella (f); centro
dell'assicella (m)
Stäbchenplatte (Tischlerplatte)
laminated blockboard
pannelli lamellati (m)
Stabparkett
traditional parquet
parquet tradizionale (m)
Stahlband
steel tape
nastro metallico (m)
Stahlblech
sheet steel
lamiera d'acciaio (f)
Stahldrahtmatratze
wire mattress
materasso metallico (a molle) (m)
Staketen
pale fences
steccati (m); steccionate (f)
Stall
stable
stalla (f)
Stamm
log
tronco (m); fusto (m)
Stamm, spannrückiger
buttressed log; fluted log
legno con contrafforti (m)
Stammausheber
log ejector
espulsore di tronchi (m)
Stammausstoßer
log pusher
separatore di tronchi (m)
Stammdrehvorrichtung
log rotating device
macchina rotante per tronchi (f)
Stammende
butt end
estremità del ceppo (f); punta del

ceppo (f)
Stammholz
log
legno del tronco (m)
Stammholzablageplatz
log yard
recinto per deposito dei tronchi (m)
Stammware
unedged lumber
legname smussato (m); merce originaria (f)
Stammwende-Vorrichtung
log turning device
approntamento per il rivoltamento dei tronchi (m)
Stammwender
log turner; cant hook
rivoltatore di tronchi (m)
Standard-Spanplatten
standard particle board; standard chipboard
pannelli in truciolato standard (m)
Standard-Sperrholz
standard plywood
pannelli in compensato standard (m)
Standardprofil
standard profile
profilo standard (m)
Ständer
rack; stand; post
telaio (m)
Stanzmaschine
stamping machine; punching machine
punzonatrice (f)
Stapel
pile; stack
catasta (f); pila (f); mucchio (m)
Stapelgerät
stacker
accatastatore (m)
stapeln

to pile; to stack
accatastare
Stapelplatz
piling yard
deposito di legname accatastato (m)
Stapelsteine
stack foundation stones; stack bottom
basamenti in muratura per cataste di legname (m)
Stapeltrocknung
stack seasoning
essiccamento naturale di legname accatastato (m)
Stapelung
piling
accatastamento (m)
Stärke
thickness
spessore (m)
Statistik
statistics
statistica (f)
Staubabsauganlage
dust exhaust plant
impianto di aspirazione della polvere (m)
Staubabscheider
dust separator
separatore della polvere (m)
Staubexplosion
dust explosion
esplosione di polvere (f)
Staubfilter
dust filter
filtro della polvere (m)
Staubgehalt
dust contents
quantità di polvere (f)
stauchen (Sägeblätter)
to crush
appiattire (lame di sega)

Stauer
stevedore
stivatore (m)
stehendes Holz
standing timber
legname ritto in piedi (m)
Stehleiter
step ladder
scala doppia (f)
Stehvermögen
stability; static bend
stabilità dimensionale (f)
Steige
bottlecrate
cesta da imballagio (f)
stellitebestücktes Sägeblatt
stellite-tipped saw blade
lama di sega stellitata (con punte di stellite) (f)
Stellmacher
cartwright
carrozzaio (m)
Stemm-Maschine
mortiser
macchina per congiungere a mortasa (incastro) (f)
Stemmeisen
chisel
scalpello (m)
Stern-Dreieck-Anlasser
star-delta-starter
avviatore a stella triangolo (m)
Steuergerät
control unit
apparecchio di controllo (m)
steuern
to control
controllare
Steuerung, automatisch
automatic control; autopilot
comando automatico (m)
Steuerung, hydraulisch
hydraulic control

comando idraulico (m)
Steuerung, numerisch
numerical control
controllo numerico (m)
Stiel
handle; stick; shaft
manico (m)
Stifte
pins
perni (m)
Stilmöbel
period furniture
mobili in stile (m)
Stirnfläche
face
facciata (f); frontale (m)
Stockfäule
stump rot; butt rot
malattia del ceppo (f)
Stockwerk
floor; storey
piano (di edificio) (m)
stornieren
to cancel; to withdraw
stornare
Stoßsäge (Fuchsschwanz)
pad saw
sega intelaiata con irrigidimento a torcitura di fune (f); saracco (m)
Stoßverbindung
butt joint; flush joint
giunzione ad attestature (f)
Strandkabine
beach cabin
cabina da spiaggia (f)
Strandkorb
beach chair
poltroncina da spiaggia in vimini (f)
Strangpresse für Spanplatten
extrusion press for chipboards
pressa per espellere pannelli di truciolato (f)
Straßenbau

road construction
costruzione di strade (f)
Strauch
bush
arbusto (m); cespuglio (m)
Streckengeschäft
direct-to-purchaser sale
vendita diretta (all'acquirente) (f)
streichfähig
paintable
pitturabile
Streichholz
match
fiammifero (m)
Streichholzschachtel
matchbox
scatola di fiammiferi (f)
Streichmaschine
coating machine
intonacatrice (f)
Streifen (Furnier)
stripe
rigatura (f); striatura (f)
Streifenfurnier
striped veneer
impiallacciatura rigata (f)
streifenlos
without stripes
rigature (senza...) (f)
Streik
strike
sciopero (m)
Streit
dispute; quarrel
disputa (f); controversia (f)
Streugang
spreading trip
passata a spaglio (f)
Streukopf
spreading head
testa spargitrice (f)
Streumaschine
spreading machine; spreader

macchina spargitrice (f)
Streuwalze
spreader roll
cilindro spargitore (m)
Stromversorgung
power supply
distribuzione di corrente (f)
Stubben
stump wood
ceppo d'albero abbattuto (m)
Stückpreis
price per piece
prezzo a pezzo (m)
Stufenscheibe
cone pulley
cono di puleggia (m)
Stuhl
chair
sedia (f)
Stuhlbein
chair leg
gamba di sedia (f)
Stuhllehne
chair back
schienale (spalliera) della sedia (f)
Stuhlsitz
seat of a chair
fondo di sedia (m)
Stuhlsitzpresse
chair-bottom press
pressa per fondi di sedie (f)
Stülpbrett
weatherboard
asse a sovrapposizione (m)
Stülpschalung
weatherboarding
rivestimento a sovrapposizione (m)
Submission
invitation for tenders
invito all'offerta (m); richiesta di
offerta (f)
Subvention
subvention

sovvenzione (f)
subventionieren
to subsidize
sovvenzionare
Supercargo
super cargo
supercargo (m)
Surcharge
surcharge
sovraccarico (m)
Süßwasser
fresh water
acqua dolce (f)

T

Tablett
server; tray
vassoio (m)
Tafel
panel; plate
pannello (m)
Täfer
panel
rivestimento (in legno) (m)
Täferbrett
panel plank
asse di rivestimento (in legno) (m)
Täferplatte
panel board
pannello di rivestimento (in legno)
(m)
Täferplatte, beschichtet
laminated panel board
pannello di rivestimento lamellato
(m)
Täferplatte, furniert
veneered panelboard
pannello di rivestimento impiallacciato (m)
Tagesausstoß
daily output
produzione giornaliera (f)

Tageskapazität
daily capacity
capacità giornaliera (f)
Tageskurs
current rate
rata del giorno (f); cambio del giorno (m)
Tagesleistung
daily production
produzione giornaliera (f)
Tagespreis
current price
prezzo del giorno (m)
Taktpresse
cycle press
pressa intermittente (f)
Tallymann
tallyman
controllore del carico (m)
Tangential Direktion
tangential direction
direzione tangenziale (f)
Tangentialschnitt
tangential cut
taglio tangenziale (m)
Tanne
fir; silver fir
abete bianco (o comune) (m)
Tarif
tariff; rate
tariffa (f)
Tarifvertrag
collective wage agreement
accordo collettivo sulle retribuzioni
(m)
Taschenrechner
pocket calculator (electronic)
calcolatrice (tascabile) (f)
Tauchanlage (Holzschutz)
dipping installation
impianto di bagnatura ad immersione (per la protezione del legno) (m)
tauchen

to dip; dipping
immersione
Tauchtränkung
dipping method
metodo di trattamento per immersione (m)
Taupunkt
dew point
punto di rugiada (m)
Taxat
valuation
tassazione (f)
Taxator
valuer; appraiser
stimatore (m)
Technik
technique
tecnica (f)
technische Eigenschaften
technical properties
qualità tecniche (f)
Technische Holztrocknung
kiln drying
essiccazione artificiale (f)
Technischer Direktor
mill manager; plant manager; technical director
direttore tecnico (m)
Technologie
technique; technology
tecnologia (f)
Teerölimprägnierung
tar oil impregnation
impregnazione all'olio di catrame (f)
Teile, vorgefertigt
prefabricated parts
parti prefabbricate (f)
Teilfurnierholz
log partly veneer quality
trinciatura parziale di corteccia
d'alberi (f)
Teillieferung
part delivery

consegna parziale (f)
Teilverschiffung
part shipment
spedizione parziale (f)
Telegraphenstange
telegraph pole
palo telegrafico (m)
Tellerputzmaschine
barker
macchina scortecciatrice (f)
Tellerschleifmaschine
disc sander
smerigliatrice a dischi (f)
temperaturbeständig
temperature resistant
temperatura stabile (f)
Temperaturfühler
temperature-sensing element
sonda di misurazione della temperatura (f)
Temperaturregler
thermostat
termostato (m)
Temperatursteuerung
temperature control
controllo della temperatura (m)
Tennishalle
indoor tennis court
campo da tennis coperto (m)
Tennisschläger
racket
racchetta da tennis (f)
Termineinkauf
forward purchase
acquisto a termine (m)
Termingeschäft
time bargain
affare a termine (m)
Terminlieferung
forward delivery
consegna a termine (f)
Termiten
termites

termiti (m)
Termitenbefall
termite attack
attacco di termiti (m)
termitenbeständig
termite proof
resistente alle termiti
Termitenschutzmittel
insecticide against termites
insetticida contro le termiti (m)
Thermostat
thermostat
termostato (m)
Tiefbau
underground construction
costruzione sotterranea (f)
Tiefe
depth
profondità (f)
Tisch
table
tavolo (m)
Tischbein
table leg
gamba del tavolo (f)
Tischfräse
vertical spindle moulder
fresatrice a banco (f)
Tischgestell
table frame
piedistallo del tavolo (m)
Tischkreissäge
circular saw bench
sega circolare a banco (f)
Tischler
joiner; carpenter
falegname (m)
Tischlerbandsäge
narrow band saw
sega a nastro stretto (per minuteria)
(f)
Tischlerei
joinery

falegnameria (f); ebanisteria (f)
Tischlerplatte
blockboard
pannello da falegname (m); pannelli
lamelatti (m)
Tischlerware
joinery grade
articoli da falegnameria (m)
Tischplatte
table plate
piano del tavolo (m)
Tischschublade
table drawer
cassetto del tavolo (m)
Tischsockel
table base
base del tavolo (f)
Tischtennisschläger
table tennis racket
racchetta da ping-pong (f)
Tischzarge
table frame
piedistallo di sostegno del tavolo
(m)
TMP (=thermomechanischer Holzstoff, -schliff)
thermomechanical pulp (TMP)
pasta (di elegno) termomeccanica
risultante da levigatura (TMP) (f)
Tochtergesellschaft
subsidiary
filiale (f)
Tonnage
tonnage
tonnellaggio (m)
Tonnengewölbe
barrel vault
volta a botte (f)
Tor
gate
portale (m); cancello (m)
Torsion
torsion

torsione (f)
Torsionsfestigkeit
torsion strength
resistenza alla torsione (f)
Totalverlust
total loss
perdita totale (f)
Totenuhr (Insekt)
Anobium punctatum de Geer
orologio della morte (insetto), anobium punctatum de Geer (m)
Totfracht
dead freight
vuoto per pieno (m)
Totgewicht
deadweight
peso morto (m)
toxisch
toxic
tossico (m)
Tracheen
tracheae
trachea (f)
Tracheide
tracheid
tracheide (f)
Träger
bearer
supporto (m)
Trägheitsmoment
moment of inertia
momento d'inerzia (m)
Tragseil
carrying cable
cavo portante (m)
Trailer
trailer
rimorchio (m)
Traktor
tractor
trattore (m)
Tränken
impregnation

impregnazione (f)
Tränkzylinder
impregnation boiler
autoclave per l'impregnazione (m)
Transformator
transformer
trasformatore (m)
Transport
transport; carriage
trasporto (m)
Transportband
conveying belt
nastro trasportatore (m)
Transportgebühren
carriage charges
spese di trasporto (f)
transportieren
to transport
trasportare
Transportkosten
transport costs
costi di trasporto (f)
Transportrollen
transportation rolls
rulli di trasporto (m)
Transportversicherung
transport insurance; shipping insurance
assicurazione trasporto (f)
Tratte
draft
tratta (f)
Traversen
cross-arms
traverse (f); bracci trasversali (m)
Treibriemen
driving belt
cinghia di trasmissione (f)
Trennbandsäge
band re-saw
sega a nastro per segare per lungo (f)
trennen

to separate; to cut off
separare
Trennkreissäge
circular re-saw
sega circolare sdoppiatrice (f)
Trennsäge
cross-cut saw
sega a taglio trasversale (f)
Trennschnitt
cross-cut
taglio trasversale (m)
Treppe
stair
scala (f)
Treppenabsatz
landing
rampa di scale (f)
Treppenbau
stair construction; stair manufacture
costruzione di scale (f)
Treppenelement
stair element
elemento di scale (m)
Treppengeländer
stair railing
ringhiera delle scale (f)
Treppenhaus
staircase
tromba delle scale (f)
Treppenstufe
step; stair
gradino (m); scalino (m)
Tresen
bar; counter
bancone (m); banco (di vendita) (m)
Trift
floating
trasporto di legname a mezzo corrente del fiume o zattera (m)
Trittbrett
foot board
pedana (f); predellino (m)
Trittleiter

step-ladder
sgabello (m)
trocken
dry; seasoned
secco (essiccato) (m)
Trockenäste
dead branches; dry knots
rami secchi (m)
Trockenfäule
dry rot
marciume secco (m)
Trockenholzinsekten
dry-wood insects
insetti di legname secco (m)
Trockenkammer
kiln-drying chamber
camera di essiccazione (f)
Trockenkern
dry heart
cuore (del legno) secco (m); nucleo
(del legno) secco (m)
Trockenriß
seasoning shake
spaccatura di legno secco (m);
fenditura di legno secco (m)
Trockenschuppen
drying shed
magazzino per l'essiccazione del
legno (m)
Trockenverfahren
drying method
metodo di essiccazione (m)
Trockenzone
dry zone
zona secca (f)
Trockner
drier
essiccatoio (m)
Trocknerausgang
drier outlet
uscita dall'essiccatoio (f)
Trocknereingang
drier entrance

entrata dell'essiccatoio (f)
Trocknersteuerung
drier control system
sistema di controllo dell'essiccatoio
(f)
Trocknerthermometer
dry bulb
termometro a secco (m)
Trocknung
drying
essiccazione (f)
Trocknung, kontinuierlich
continuous drying
essiccazione continua (f)
Trocknung, natürlich
air drying
essiccazione naturale (all'aria) (f)
Trocknungsdauer
drying time
durata di essiccazione (f)
Trocknungsdiagramm
drying diagram
diagramma di essiccazione (f)
Trocknungsfehler
drying defects
difetti di essiccazione (m)
Trocknungsgeschwindigkeit
drying velocity
velocità di essiccazione (f)
Trocknungskapazität
drying capacity
capacità di essiccazione (f)
Trocknungskosten
drying costs
costi di essiccazione (m)
Trocknungsschutzdach
drying shelter
capannone di essiccazione (m)
Trog
trough; tub
tino (m); tinozza (f); mastello (m)
Trogmischer
trough mixer

vasca da miscelazione (f)
Trommel
drum
tamburo (m)
Trommelentrinder
drum debarker
scortecciatrice a tamburo (f)
Trommelhacker
drum chipper
trinciatore a tamburo (m)
Trommelmischer
drum mixer
miscelatore a tamburo (m)
Tropenhölzer
tropical timbers
legname tropicale (m)
Tropenholzfurnier
tropical hardwood veneer
impiallacciatura in legno tropicale (f
Tropenwald
tropical forest
foresta tropicale (f)
Tunnelbau
construction of tunnels
costruzione di tunnel (f)
Tüpfel
pit
punto (m); macchiolina (f)
Tüpfelgefäße
pit vessels
vasi, recipienti macchiati, punteggia
ti (m)
Tüpfelmembran
pit membrane
membrana d'una punteggiatura (f)
Tüpfelöffnung
pit aperture
apertura d'una punteggiatura (f)
Tür
door
porta (f)
Tür, feuerfest
fire-resistant door

porta resistente al fuoco (f)
Tür, geschnitzt
carved door
porta intarsiata (f)
Tür, lackiert
lacquered door
porta laccata (f)
Tür mit Rundbogen
door with round arch
porta ad arco romano (f)
Tür, schalldicht
sound-proof door
porta a isolamento acustico (f)
Tür, schußfest
bullet-resistant door
porta antiproiettili (f)
Türangel
door hinge
cardine della porta (f)
Turbine
turbine
turbina (f)
Turbinenkanal
turbine channel
canale della turbina (m)
Turbinentrockner
turbo-drier
essiccatoio a turbina (m)
Türblatt
door blade
battente della porta (m)
Türblatt, lasierfähig
stainable door blade
battente di porta verniciabile con
vernice trasparente (m)
Türblatt, streichfähig
paintable door blade
battente di porta pitturabile (m)
Türelement
door element
elemento di porta (m)
Türenfabrik
door mill

fabbrica di porte (f)
Türenpresse, mehrstufige
multi-stage door press
pressa a porte multiple (f)
Türfertigelement
prefabricated door element
elemento di porta prefabbricato (m)
Türfüllung
door-panel
pannello della porta (m)
Türgriff
door-handle
maniglia della porta (f)
Turngeräte
gymnastic equipment
attrezzi da ginnastica (m)
Türprofil
door-profile
profilo di porta (m)
Türrahmen
door frame
telaio della porta (m)
Türschloß
door lock
serratura della porta (f)
Türschwelle
door sill; threshold
soglia della porta (f)
Türumrahmung
door frame
intelaiatura della porta (f)
Type
type
tipo (m)

U

Überbordverladung
stowage for overside delivery
stivaggio per consegna lungo bordo
nave (m)
überdacht
covered; under roof

sottotetto (m); coperto (m)
überdämpfen
to oversteam
trattare con eccesso di vapore (legno)
Überdruck
excess pressure; overpressure
sovrapressione (f)
übereinkommen
to agree
accordarsi
Übereinkunft
agreement
accordo (m)
Überflutung
flooding; inundation
inondazione (f)
Übergabe
delivery
consegna (f)
Überhang (Sägen)
overhanging
inclinazione (f); pendenza (f); sporgenza (f)
Überholung (Maschinen)
reconditioning; overhaul
ricondizionamento (f); revisione (m)
Überkapazität
overcapacity
sovracapacità (f)
überladen
to overload
sovraccaricare
Überlassung
cession
cessione (f)
Überlastung
overloading
sovraccarico (m)
Überlieferung
overshipment; overdelivery
sovraconsegna (f)
Übermaß

overcut; oversize; overmeasure
sovramisura (f); sovradimensione (
Übernahme
acceptance; taking over
accettazione (f); presa in consegna
(f)
Übernutzung
excessive felling
sfruttamento eccessivo (m)
überschreiten
to exceed
oltrepassare; eccedere
Überschwemmung
flood; inundation
inondazione (f)
Überseehandel
overseas trade
commercio oltremare (m)
überseeische Hölzer
tropical timbers
legname d'oltremare (tropicale) (m)
Übersendung
consignment
invio (m); consegna (f)
übertragbar
transferable
trasferibile
übertrocknet
overdried
sovraessiccato (m)
Ulme
elm
olmo (m)
Umdrehung
turn
giro (m); rotazione (f)
Umfang
girth; circumference
circonferenza (f)
umladen
to reload; to transship
trasbordare
Umleimer

overlapping edge band
nastro ad orli sovrapposti (f)
Umrechnungfaktor
conversion factor
fattore di conversione (m)
Umrechnungskurs
conversion rate
rata di conversione (m)
Umrechnungstabelle
conversion table
tabella di conversione (f)
Umsatz
turnover (US); sales (US)
giro d'affari (m)
Umsatzbeteiligung
turnover participation
partecipazione al giro d'affari (f)
Umsatzsteuer
turnover tax
imposta sul giro d'affari (f)
Umschlag
transshipment
movimento merci (m)
Umweltschutz
environmental protection
protezione dell'ambiente naturale (f)
unbesäumt
unedged
non squadrato
unbeschichtet
uncoated
ricoperto (non...) (m)
unbrennbar
incombustible
ininfiammabile
Undurchlässigkeit
impermeability
impermeabilità (f)
unempfindlich
insensitive
insensibile
ungedämpft
unsteamed

trattato con vapore (non...) (m)
ungeschliffen
unsanded
levigato (non...) (m)
ungiftig
non poisonous
tossico (non...) (m)
ungültig
invalid
valido (non...) (m)
unlöslich
insoluble
solubile (non...) (m)
unrentabel
unprofitable
redditizio (non...) (m)
unsortiert
unsorted (u/s); ungraded
assortito (non...) (m)
Unterfräsmaschine
table moulding machine
fresatrice a banco (f)
Untergestell
base frame
telaio di base (m)
Unterhalt(ung)
upkeep; maintenance
mantenimento (m); manutenzione
(f)
Unterholz
brushwood
sottobosco (m)
Unterlagshölzer
skids
biette (f); zeppe (f)
Unterlieferant
sub-supplier
subfornitore (m)
Untermaß
undermeasure; short measure
misura per difetto (f)
untermaßig
scant; undermeasured

sottodimensionato (m)
Unternehmen
company; enterprise
impresa (f); azienda (f)
Unternehmensberater
management consultant
consulente aziendale (m,f)
Unternehmer
employer; contractor
imprenditore (m)
untersuchen
to examine; to inquire
esaminare
Ursprungsland
country of origin
paese d'origine (m)
Ursprungszeugnis
certificate of origin
certificato d'origine (m)
Urwald
virgin forest
foresta vergine (f)

V

Vakuum
vacuum
sottovuoto (m)
Vakuumtrocknung
vacuum drying
essiccazione sottovuoto (f)
Vegetationsperiode
growing season
stagione di coltivazione (f)
verarbeiten
to machine; to process; to manufacture
lavorare; trasformare
Verarbeitung (des Holzes)
processing (of wood)
lavorazione (del legno) (f)
Verband
association; union

associazione (f)
verbessern
to improve
migliorare
verbiegen
to bend; to warp
piegare
Verbindung
joint; link
giunzione (f)
Verbindungsfestigkeit
joint strength
resistenza alla giunzione (f)
Verbindungsschraube
connecting screw
vite di congiunzione (f)
verblauen
to get blue; to become blue
diventare bleu
Verblauung
blueing
azzurratura profonda (f)
Verbraucher
consumer
consumatore (m)
Verbrauchsgebiet
area of consumption
regione di consumo (f)
Verbreitung
spread; dispersal
diffusione (f)
Verbundbalken
tie
trave composta (f)
Verbundfaserplatte
fibre combination board
pannello di fibre composte (m)
Verbundfenster
double glazed window
finestra a doppio vetro (f)
Verbundplatte
sandwich panel; combination board
pannello composto (m)

verdeckter Fehler
hidden defect
difetto nascosto (m)
Verdichtung
compression; concentration
compressione (f)
Verdichtungsgrad
compression ratio
tasso di compressione (m)
Verdunstung
evaporation
evaporazione (f)
Veredelung
improvement
miglioramento (m)
Verfahren
method; process
metodo (m)
verfärbt
discoloured
scolorito (m)
verfaulen
to rot; to decay
marcire
verformen
to deform
deformare
Verformung
deformation
deformazione (f)
Verformung, plastische
plastic deformation
deformazione plastica (f)
Verfügbarkeit
availability
disponibilità (f)
Verfügung stellen, zur
to put to disposal, to reject
mettere a disposizione
Vergrauen
greying; weathering (of the timber)
grigiatura (del legno) (f)
vergüten (entschädigen)

to compensate
rimborsare
vergüten (verbessern)
to improve
migliorare
verhandeln
to negotiate
negoziare
Verhandlung
negotiation
negoziazione (f)
Verjüngung (natürliche)
natural regeneration
rigenerazione naturale (f)
Verkäufer
seller
venditore (m)
Verkaufsabteilung
sales department
reparto vendite (m)
Verkaufsbedingungen
sales conditions
condizioni di vendita (f)
Verkaufschef
sales manager
direttore delle vendite (m)
Verkaufspreis
sales price
prezzo di vendita (m)
Verkernung
lignification
lignificazione (f)
Verkleidung (Holz)
panelling; wainscoting
rivestimento (legno) (m)
Verkleidung, dekorativ
decorative panelling
rivestimento decorativo (m)
Verkleidungsplatte
panel board
pannello di rivestimento (m)
Verknappung
shortage

penuria (f)
Verkohlung
carbonization
carbonizzazione (f)
verladebereit
ready for loading
pronto per il carico (m)
Verladehafen
loading port
porto d'imbarco (m)
verladen
to load; to ship
caricare
Verladung
shipment
caricamento (m)
verleimen
to glue
incollare
Verleimpresse
glue press
pressa per incollare (f)
verlorene Palette
one-way pallet
paletta a perdere (f)
Verlustgeschäft
losing business
affare in perdita (f)
Vermarktung
marketing; sale
commercializzazione (f)
Vermessung
measuring
misurazione (f)
Vermessung (durch vereidigten Messer)
sworn - in measurement
misurazione giurata (f)
Vermessung, amtliche
official measurement
misurazione ufficiale (f)
Vermessung, blockliegend
boule measuring

misurazione di ceppi giacenti (f)
Vermittler
agent; broker
intermediario (m)
Verpackung
packing; packaging
imballaggio (m)
Verpackungsbetrieb
packaging industry; packing plant
industria d'imballaggi (f)
Verpackungsfaß
packaging barrel
fusto d'imballaggio (m)
Verpackungsfolie
packaging film
lamina da imballaggio (f)
Verpackungsmaterial
packing material
materiale da imballaggio (m)
Verpackungssperrholz
packaging plywood
compensato da imballaggio (m)
Verpressung
pressing
pressatura (f)
verrechnen
to balance; to clear
mettere in conto
Verrechnungsscheck
crossed cheque; clearing cheque
cheque barrato (m)
Versand
dispatch; delivery
spedizione (f)
Versandabmessungen
dispatch specification; shipping specification
dimensioni del carico (f)
Versandabteilung
dispatch service; delivery department
reparto spedizioni (m)
Versandkiste

shipping box
cassa da spedizione (f)
Versandpapiere
shipping documents
documenti di spedizione (m)
Verschiffung
shipment
trasporto per via d'acqua (m)
Verschiffungsdokumente
shipping documents
documenti di spedizione (m)
Verschiffungshafen
shipping port
porto d'imbarco (m)
verschiffungstrocken
shipping dry
essiccato all'aria per l'imbarco (legname) (m)
Verschlag
box; crate
cassa (f)
Verschleiß
wear and tear
usura (f)
verschleißfest
free from wear and tear
resistente all'usura
Verschleißkosten
wear and tear costs
costi d'usura (m)
versichern
to insure; to underwrite
assicurare
Versicherung
insurance
assicurazione (f)
Versicherungspolice
insurance policy
polizza d'assicurazione (f)
versiegeln
to seal
sigillare
Versiegelung

sealing
sigillatura (f)
versorgen
to supply; to provide
provvedere
Versorgung
supply; provision
approvvigionamento (m)
Verstaatlichung
nationalization
nazionalizzazione (f)
Versteigerung
auction; public sale
vendita all'incanto (f)
versteinern
to petrify
pietrificare
Verstellung, seitliche
lateral adjustment
spostamento laterale (m)
vertäfeln
to board
rivestire di legno; pannellare
Vertäfelung
panelling; wainscoting
pannellatura (f)
Vertrag
contract; agreement
contratto (m)
Vertrag abschließen
to close a contract; to contract
concludere un contratto
Vertrag kündigen
to terminate a contract; to give notice
rescindere un contratto
Vertrag, langfristig
long term contract
contratto a lungo termine (m)
Vertragsparteien
contracting parties
parti contraenti (f)
Vertreter

agent; representative
agente (m); rappresentante (m)
Vertrieb
marketing; sale
distribuzione (f); vendita (f)
Verwalter
administrator
amministratore (m)
Verwaltung
administration; management
amministrazione (f)
Verwaltungskosten
administration charges; management costs
spese d'amministrazione (f)
verwendbar
usable; applicable
utilizzabile
Verwendung
application; use
utilizzazione (f)
verwerfen
to warp; to bow
respingere; buttar via
verwertbar
merchantable; exploitable
utilizzabile
Verwertung
employment; use
utilizzazione (f)
Verzicht
release; renouncement
rinuncia (f)
verziehen
to warp
piegarsi; storcere
Verzierung
decoration
decorazione (f)
Vibrationsrinne
vibration conveyor
convogliatore a vibrazione (m)
Vibrationssieb

vibration screen
vaglio (m); setaccio a vibrazione (m)
Vielblattkreissäge
multiple blade circular saw
lama circolare a più lame (f)
Vielschichtsperrholz
multi-ply
legno compensato a più strati (m)
Vierseitenbesäumsäge
four edge trimming saw
sega squadratrice (f)
Vierseitenhobelmaschine
four-sided planer
piallatrice a quattro facce (f)
vierseitige Bearbeitung
four-side working
lavorazione su quattro lati (f)
vierteln
to quarter
segare in quarti
Viertelstamm
quarter log cut
taglio di tronco in quattro parti (m)
Viertelumfang
quartergirth
un quarto di circonferenza (m)
Vogelaugenahorn
bird's eye maple
acero punteggiato (m)
vollautomatisch
fully automatic
automatico interamente (m)
Vollgatter
frame saw
telaio a più seghe (o lame) (m)
Vollholz
solid timber
legno massello (m)
Vollholzbalken
solid timber beam
trave in massello (m)
Vollholzschalung

solid-wood shuttering
copertura in massello (f)
Vollholzschalungstafel
solid-wood shuttering board
pannello di copertura in massello
(m)
Vollimprägnierung
full-cell pressure treatment
procedimento d'impregnazione
completa (m)
Vollkunststoff-Fenster
all-plastic window frame
telaio di finestra in materia plastica
(f)
Vollpilzschutz
fungus protection of high efficiency
funghicida di alta efficacia (f)
Volumen
volume
volume (f); cubatura (f)
Volumenschwindung
volume shrinkage
restringimento di volume (m)
Volumenzuwachs
volume increment
incremento di volume (m)
vor Steuern
before tax
prima dell'imposta
Voranschlag
budget; estimate
previsione (f); estimativo (m); budget (m)
Vorarbeiten
preliminary operations
lavori preliminari (m)
Vorarbeiter
foreman
capo-officina (m)
vorausbezahlt
prepaid
prepagato (m)
Vorbesäumsäge

pretrimming saw
sega pre-orlatrice (f)
Vorderseite
face; front
parte anteriore (f)
Vorfeuerung
prefiring
preriscaldamento (m)
vorgefertigt
prefabricated
prefabbricato (m)
Vorkauf
pre-emption
prelazione (f)
Vorkaufsrecht
prior-purchase obligation
diritto di prelazione (m)
Vorkehrung
precaution
provvedimento (m)
vormerken, einen Auftrag
to book an order
prendere nota di un ordine; registrare un ordine
Vorpresse
prepress
pressa preliminare (f)
Vorrat
provision; supply; stock
provviste (f)
vorrätig
available; in stock
disponibile
Vorratskantholz
squared timber in commercial standard dimensions
legno squadrato in dimensioni standard (m)
Vorschnitt
pre-cut; headrig
pre-taglio (m)
Vorschnittgatter
roughing frame

seghetto alternativo di testa (m)
Vorschub
feed
avanzamento (m); alimentazione (f)
Vorschub, kontinuierlich
continuous feed-in
avanzamento continuo (m)
Vorschubapparat
feed installation
impianto di avanzamento (m)
Vorschubgeschwindigkeit
feed rate; feeding-speed
velocità di avanzamento (f)
Vorschubgetriebe
feed gear
ingranaggio di avanzamento (m);
Vorschubkette
feed chain
catena di avanzamento (f)
**Vorsitzender des Verwaltungs-
rates**
chairman of the board of directors
presidente del consiglio d'amministrazione (m)
Vorstand
board of directors; executive board
consiglio d'amministrazione (m)
Vorteil
advantage
vantaggio (m)
vortrocknen
to pre-dry
pre-essiccare
Vortrockner
pre-drier
pre-essiccatore (m)

W

Wachs
wax
cera (f)
wachsen

to grow
crescere
Wachstum
growth
crescita (f)
Wachstumsperiode
period of growth
periodo di crescita (m)
Waggon
railway carriage
vagone (ferroviario) (m)
Waggonbau
railway carriage construction
costruzione di vagoni (f)
Waggondiele
wagon plank; wagon deal
assale del vagone (m); pianale del
vagone (m)
Waggonfabrik
carriage factory
fabbrica di vagoni (f)
Wahl
option; choice
scelta (f)
wahlweise
optional
opzionale
Währung
currency; exchange
valuta (f)
Währungsklausel
currency clause
clausole valutarie (f)
Wald
forest; wood
bosco (m)
Wald, bewirtschaftet
forest in use
bosco in esercizio (m)
Waldarbeiter
forest worker
operaio forestale (m)
Waldbau

silviculture
silvicultore (m)
Waldbesitz
forest estate
proprietà boschiva (f)
Waldbestandsdichte
forest crop
consistenza del patrimonio forestale (f)
Waldbewirtschaftung
forest management
amministrazione forestale (f)
Waldbrand (Urwald)
bushfire
incendio boschivo (m)
Walderhaltung
forest conservation
conservazione boschiva (f)
Waldfacharbeiter
specialized forest worker
operaio forestale specializzato (m)
Waldfrevel
forest crime; forest offence
offesa (atto vandalico) al bosco (f)
Waldhüter
forest ranger
guardia forestale (f)
Waldkonzession
forest concession
concessione forestale (f)
Waldnutzung
forest utilisation
utilizzazione forestale (f)
Waldsterben
forest die-back
deperimento del bosco (m)
Waldtyp
forest type
tipo di bosco (m)
Waldvernichtung
forest demolition
distruzione del bosco (f); devastazione del bosco (f)

Waldwegebau
forest road construction
costruzione di strade nel bosco (f)
Waldzerstörung
forest demolition
distruzione del bosco (f); devastazione del bosco (f)
Walmdach
hip roof; hipped roof
tetto a padiglione (m)
Walnuß
walnut
noce (f)
Walze
roller; cylinder
cilindro (m)
Walzenantrieb
roller drive
comando di cilindri (m)
Walzenvorschub
roller feed
avanzamento a rulli (m); alimentazione a rulli (f)
Wandelement
wall element
elemento murale (m)
Wandkonstruktionen
wall constructions
costruzioni di muri (f)
Wandpaneel
wall panel
pannelli per pareti (m)
Wandverkleidung
wall panelling
pannellatura (in legno) di pareti (f)
Ware, vermittelt
goods sold through agent or broker
merce venduta tramite intermediario (f)
Waren
goods; merchandise
merci (f)
Warenzeichen

trade mark
marchio di fabbrica (m)
Warenzeichen, eingetragen
registered trade mark
marchio di fabbrica depositato (m)
Wartung
maintenance
manutenzione (f)
wartungsfrei
maintenance free
esente da manutenzione (f)
Wartungskosten
maintenance costs
costi di manutenzione (m)
Wäscheklammer
clothes-peg
molletta per la biancheria (f)
Wäschepfahl
linen-pole
palo della corda per il bucato (m)
Wasseraufnahme
water absorption
assorbimento dell'acqua (m)
Wasserbau
hydraulic engineering
ingegneria idraulica (f)
Wasserbauholz
wood for hydraulic structures
legname per costruzione navale (m)
Wasserbeständigkeit
water resistance
resistenza all'acqua (f)
Wasserdruckentrinder
hydraulic debarker
scortecciatrice idraulica (f)
wasserfest
water resistant
resistente all'acqua
Wassergehalt
water contents
contenuto d'acqua (m)
wassergeschützt
water-proof

impermeabile (m)
wasserlagern
to store in water
immagazzinaggio in acqua (m)
Wasserlagerung
water storage
immagazzinamento in acqua (f)
wässern
to water
mettere a bagno
Wasserrad
water wheel
ruota idraulica (f)
Wasserski
water ski
sci nautico (m)
Wasserturbine
water turbine
turbina idraulica (f)
Wässerung
watering
irrigazione (f)
Wasserwaage
waterlevel; watergauge
livella a bolla d'aria (f); bilancia
idrostatica (f)
Weberschiffchen
shuttle
spola (f); navetta (f)
Wechsel
draft
tratta (f)
Wechsel verlängern
to extend a bill
prolungare una tratta
Wechseldrehwuchs
irregular twist; alternating spiral
grain
filo ritorto (m)
Wegebau
road construction
costruzione di strade (f)
Weichenschwellen

crossing sleeper
traversina per scambio (f); longarina
(f)
Weichfaserplatte
softboard
pannelli di fibre soffici (m)
Weichhölzer
soft woods
legname tenero (m)
Weide
willow; osier
salice (m)
Weidepfahl
pasture pole
palo da pascolo (m)
Weihnachtsbaum
Christmas tree
albero di Natale (m)
Weinbergpfahl
vineyard pole
palo (da vigneto) (m); broncone (m)
Weinfaß
wine barrel
botte da vino (f)
Weißbuche
hornbeam
carpino (m)
Weißeiche
white oak
quercia bianca (f)
weißer Kern
white heart
cuore bianco (del legno) (m)
Weißerle
grey elder
ontano bianco (albero) (m)
weißes Lauan
white Lauan
lauan bianco (albero) (m)
weißes Meranti
white Meranti
meranti bianco (albero) (m)
Weißesche

white ash
frassino bianco (albero) (m)
Weißfäule
white rot
marciume bianco (m)
Weißholz (nord. Fichte)
white wood
legno d'abete bianco (m)
weißlackiert
white varnished
laccato bianco (m)
Weißpappel
white poplar
pioppo bianco (m); gattice (m)
Weißschälen
white peeling
scortecciatura a bianco (f)
Weltholzmarkt
world wood market
mercato mondiale del legno (m)
Wendehaken
cant hook
gancio girevole (m)
Wendeltreppe
winding stairs; spiral stair case
scala a chiocciola (f)
Werfen
warping
deformazione (f)
Werkbank
work bench
banco da lavoro (m)
Werksdirektor
plant manager; mill manager
direttore d'impianto (m)
Werkstatt
work-shop
officina (f)
Werkstattholz
work-shop wood
legname d'officina (m)
Werkstattmöbel
work-shop furniture

arredamento da officina (m)
Werkzeug
tool
attrezzo (m)
Werkzeuge aus Holz
wooden tools
attrezzi in legno (m)
Werkzeugfassung aus Holz
wooden tool holder
porta attrezzi in legno (m)
Werkzeuggriff aus Holz
wooden tool handle
manico per attrezzi in legno (m)
Werkzeugschrank
tool cabinet
armadietto per attrezzi (m)
Wertästung
high-class timber limbing
diramatura (f)
Wettbewerb
competition
competizione (f); concorrenza (f)
wetterfest
weather - resistant
resistente alle intemperie
Whiskyfaß
whisky barrel
botte da whisky (f)
Wichte
absolute density
densità (f)
widerrufen
to cancel; to annul
cancellare; annullare
widerspänig
cross-grain
controfilo (m)
Wiederaufforstung
reafforestation
rimboschimento (m)
Wiegeanlage
weighing unit
installazione di pesa (f)

Wildhüter
gamekeeper
guardiacaccia (m)
Wildschaden
damage by game
danni causati dalla selvaggina (m)
Wildwasser
mountain torrent
torrente di montagna (m)
Wimmerwuchs
wavy grain
crescenza ondulata (m); venatura
(legno) ondulata (m)
Windbruch
brittle heart
alberi abbattuti dal vento (m)
Winddruck
wind pressure
pressione del vento (f)
windschief
lopsided
sghembo (m); storto (m)
Windsichtanlage
air separation device
impianto di vagliatura (m); impianto
di separazione ad aria (m)
Windwurf
windblow; windthrow
raffica di vento (f)
Winkelkante
angle - edge
angolo (m); orlo (m)
Winterfällung
winter felling
abbattimento di alberi in inverno (m)
Wirkungsgrad
efficiency
efficienza (f)
Wirtschaftsflaute
economic recession
recessione economica (f)
Wirtschaftslage
economic situation

situazione economica (f)
Wirtschaftswald
productive forest
bosco produttivo (m)
Wochenendhaus
weekend house
casa per weekend (f)
Wohnmöbel
livingroom furniture
mobili da soggiorno (m)
Wohnstudio
modern livingroom
salotto da soggiorno (m)
Wohnwagen
trailer; caravan; camper
caravan (m); camper (m)
Wohnwagenbau
caravan construction
costruzione di caravan (f)
Wohnzimmer
living room
salotto (m)
Wohnzimmermöbel
livingroom furniture
mobili da salotto (m)
wollig
woolly
lanoso (m)
Wuchsgebiet
growing area
area di coltivazione (f)
Wurmloch
worm hole; borer hole
buco di verme (m)
Wurzel
root
radice (f)
Wurzelanlauf
buttress
zampa della radice (f)
Wurzelfäule
root rot
marciume della radice (m)

Wurzelholz
root wood
legno di radice (m)
Wurzelmaserfurniere
root texture veneers
impiallacciatura di legno di radice
venato (f)
Wüste
desert
deserto (m)

X

Xylem
xylem
Xilema (m)

Z

zäh
tough
tenace, duro (m)
Zähigkeit
toughness
durezza (f)
zahlbar
payable
pagabile
zahlbar auf Verlangen
payable on request
pagabile a richiesta
zahlbar bei Erhalt
payable on receipt
pagabile a ricevimento
zahlbar bei Fälligkeit
payable when due
pagabile a scadenza
Zahlung
payment
pagamento (m)
Zahlung bei Auftragserteilung
payment with order
pagamento all'ordine (m)

Zahlungsbedingungen
payment conditions
condizioni di pagamento (f)
Zahlungsfähigkeit
solvency
solvibilità (f)
Zahnabstand
tooth distance
distanza dei denti (f)
Zahnbreite
tooth width
larghezza dei denti (f)
Zähnezahl
number of teeth
numero di denti (m)
Zahnflankenwinkel
angle of tooth flanks
angolo del profilo del dente (m)
Zahnfußradius
dedendum radius
raggio del piede del dente (m)
Zahnhobel
tooth plane
pialla dentata (f)
Zahnkopfhöhe
addendum
sporgenza della testa del dente (f)
Zahnkopfradius
addendum radius
raggio della sommità del dente (m)
Zahnleiste
toothed border
orlo dentato (m)
Zahnlücke
tooth space
vuoto fra i denti (m)
Zahnrad
gear; cog wheel
ruota dentata (f)
Zahnradantrieb
gear drive
comando a ingranaggi (m)
Zahnrücken

back of tooth
dorso del dente (m)
Zahnscheibenmühle
tooth mill
macinatore a disco dentato (m)
Zahnspitze
tooth point
punta del dente (f)
Zahnspitzenlinie
line of the points
linea delle punte del dente (f)
Zahnstocher
tooth-pick
stuzzicadente (m)
Zahnteilung
tooth pitch
passo di dentatura (m)
Zapfen
dowel; tenon; peg; cone
tenone (m); maschio d'incastro (m)
Zapfenfräsmaschine
tenoner
fresatrice a coda (f)
Zapfenloch
tenon hole; mortise
scanalatura (f); incastratura femmina (f)
Zapfenplansäge
dowel and tenon plane saw
sega portatile per agguagliare i
tenoni (f)
Zapfenschlitzmaschine
slotting machine
intaccatrice per tenoni (f)
Zapfenschneidmaschine
tenoning machine; mortiser
mortasatrice (f)
Zarge
frame
intelaiatura (f)
Zaun
fence
recinzione (f)

Zaunlatte
picket; stake; pale
stecca di una recinzione (f)
Zaunpfahl
fence - post
palo di recinzione (m)
Zaunstange
fencing pole
stecconata (f)
Zeder (echte)
cedar
cedro (m)
Zedernschindel
cedarshingle
assicella di cedro (f)
Zeichenbrett
drawing board
tavola da disegno (f)
Zeichentisch
drawing table
tavolo da disegno (m)
Zeitcharter
time charter
noleggio a tempo (m)
Zellarten
types of cells
tipi di cellule (m)
Zellbildung
formation of cell
formazione di cellule (f)
Zelle
cell
cellula (f)
Zellgerüst
cell structure
struttura della cellula (f)
Zellinhaltsstoffe
cellular constituents
materie di contenuto della cellula (f)
Zellkollaps
cell collapse
collasso della cellula (m)
Zellmembran

cell membrane
membrana cellulare (f)
Zellulose
pulp
cellulosa (f)
Zelluloseholz
pulpwood
legno a pasta chimica (m)
Zelluloseschnitzel
cellulose chips
ritagli di cellulosa (m)
Zellwand
cell wall
membrana cellulare (f)
zementgebundene Holzwollplatte
cement bound wood-wool-board
pannelli di fibre di legno (lana di
legno) legate con cemento (m)
zementgebundene Spanplatte
cement bound particle board
pannelli in truciolato al cemento (m)
Zentriereinrichtung
centering equipment
dispositivo di centraggio (m)
**Zentriervorrichtung für Schälma-
schine**
centering unit for peeler
dispositivo di centraggio per scortecciatrice (m)
Zerfall, beginnender
incipient decay
disgregazione incipiente (f)
Zerfaserungsmaschine
defibrator
defibratrice (f)
Zerhacker
chopper
frammentatrice (f)
zerspanen
to chip; to chop
tagliare; trinciare
Zerspaner
chipper

frastagliatore (m)
Zerspanung
disintegration
trasformazione in trucioli (f)
Zertifikat
certificate
certificato (m)
Zession
cession
cessione (f)
Zeugnis
testimonial
testimonianza (f)
Ziegellatten
brick sticks; roof battens
assicelle di sostegno delle tegole
del tetto (f)
Ziehklinge
scraping knife; scraper
raschietto (m)
Zierplatte
decorative board
pannello decorativo (m)
Zimmererarbeiten
carpenter's work
lavoro di carpenteria (m)
Zimmermann
carpenter
carpentiere (m)
Zimmertür
inside door; room door
porta interna (d'una stanza) (f)
Zinkenfräsautomat
dovetailing machine
fresatura automatica per incastro a
coda di rondine (f)
Zins
interest
interesse (bancario) (m)
Zinsaufwendungen
interest charges
spese d'interesse (f)
Zirbel Kiefer

swiss stone pine
cirmolo (m)
Zoll
duty; customs
dogana (f)
Zoll (Maß = 2,54 cm)
inch
pollice (m)
Zollabfertigung
customs clearance
sdoganamento (m)
Zollerklärung
customs declaration
dichiarazione doganale (f)
zollfrei
duty free
esente da dogana
Zollgebühr
customs duties
oneri doganali (m)
Zollstock
yard-stick; foot rule; inch-rule
metro (pieghevole) (m)
Zopfdurchmesser
top diameter
diametro alla cima (dell'albero) (m)
Zopfende
top end
punta (f); estremità (f)
Zopfvermessung
top diameter measuring
misurazione del diametro alla cima
(f)
zugänglicher Wald
accessible forest
bosco accessibile (m)
Zugfestigkeit
tensile strength
resistenza alla tensione (f)
Zugholz
tension wood
legno di tensione (m)
Zugkraft

tensile force; tractive power
forza di trazione (f)
Zugseil
hauling cable
fune di trazione (f)
zulässig
permissible
ammissibile
zulässige Belastung
admissible stress
carico ammissibile (m)
Zündhölzer
matches
fiammiferi (m)
zurichten
to dress; to surface
preparare
zusammenleimen
to glue
incollare
zusammensetzen
to compose
mettere insieme; comporre
Zuschnitt
cut to size
taglio a misura (m)
Zuwachs
increment
incremento (m)
Zuwachs, jährlicher

annual growth
crescita annuale (f)
Zuwachszone
growth layer
zona di crescita (f)
Zwinge
clamp; ferrule
morsetto (m)
Zwischenhandel
intermediary trade
commercio intermediario (m)
Zwischenhändler
middle-man
intermediario (m)
Zwischenlagerung
intermediate storage
stoccaggio intermedio (m)
Zwischenlänge
intermediate length
lunghezza intermedia (f)
Zyklon
cyclone
ciclone (m)
Zylinder
cylinder
cilindro (m)
Zylinderschleifmaschine
drum sander
rettificatrice per cilindri (f)

Zweiter Teil

Englisch – Deutsch – Italienisch

A

abrade parquet
Parkett abschleifen
abradere il parquet
abrasive
Schleifmittel
prodotto abrasivo (m)
abrasive belt
Schleifband
nastro abrasivo (m)
abrasive paper
Schleifpapier
carta vetrata (f)
abrasive wheel
Schleifscheibe
mola abrasiva (f)
absolute density
Wichte
densità (f)
absolute moisture contents
absolute Feuchte (Feuchtigkeit)
contenuto completo di umidità (m)
absolutely dry
atro (absolut trocken)
secco assolutamente (m); secco
perfettamente (m)
acacia
Akazie
acacia (f)
accelerated aging
künstliche Alterung
invecchiamento artificiale (m)
acceptance
Akzept (Annahme); Übernahme
accettazione (f); presa in consegna
(f)
accepted bill
Akzept (Wechsel)
tratta accettata (f)
accessible forest
zugänglicher Wald
bosco accessibile (m)

according to contract
laut Vertrag
secondo contratto
account
Konto
conto (m)
accountancy
Rechnungswesen
contabilità (f)
accountant
Buchhalter
contabile (m)
accounting department
Buchhaltung
contabilità (f)
acid
Säure
acidità (f); acido (m)
acid proof
säurefest
inattaccabile dagli acidi
acid rain
saurer Regen
pioggia acida (f)
acid resistance
Säurefestigkeit
resistenza all'acido (f)
acorn
Eichel
ghianda (f)
acoustic board
Akustikplatte; Schallschutzplatte
pannello acustico (m)
acoustic ceiling
Akustik-Decke
soffitto acustico (m)
acoustic door
Schallschutztür
porta acustica (f)
acoustic element
Akustik-Element
elemento acustico (m)
acquisition

Ankauf
acquisto (m)
across the grain
quer zur Faser
senso trasversale alle fibre (m)
acts of God
höhere Gewalt
forza maggiore (f); atti di Dio (m)
actual output
Nutzeffekt
produzione effettiva (f)
actual value
Istwert
valore effettivo (m)
added value tax
Mehrwertsteuer
imposta sul valore aggiunto (f)
addendum
Zahnkopfhöhe
sporgenza della testa del dente (f)
addendum radius
Zahnkopfradius
raggio della sommità del dente (m)
additional drying
Nachtrocknung
essiccazione supplementare (f)
additional freight
Mehrfracht
costo di trasporto supplementare
(m)
adhesive
Klebstoff; Leim
colla (f); adesivi (m)
adhesive tape
Klebeband
nastro adesivo (m)
adjusting (guiding) light
Richtlicht
lampada per la proiezione di tratti
d'ombra (f)
administration
Verwaltung
amministrazione (f)

administration charges
Verwaltungskosten
spese d'amministrazione (f)
administrator
Verwalter
amministratore (m)
admissible stress
zulässige Belastung
carico ammissibile (m)
advantage
Vorteil
vantaggio (m)
advertisement
Anzeige; Inserat
avviso (m); annuncio (m)
adzing and boring machine for
sleepers
Schwellenbearbeitungsmaschine
fresa per tagliare e alesare le traversine (f)
affected timber
befallenes Holz
legno colpito (da malattia) (m)
afforest
aufforsten
rimboscare
afforestation
Aufforstung
rimboschimento (m)
after sale service
Kundendienst
servizio dopo vendita (m)
after treatment
Nachbehandlung
trattamento supplementare (m)
afzelia
Afzelia; Doussié
Afzelia (f)
age class
Altersklasse (Bäume)
categoria d'età (alberi) (f)
agency
Agentur

agenzia (f)
agent
Makler; Vermittler; Vertreter
sensale (m); mediatore (m); intermediario (m); agente (m); rappresentante (m)
agitator
Rührwerk
agitatore (m)
agree
übereinkommen
accordarsi
agreement
Übereinkunft; Vertrag
accordo (m); contratto (m)
air drying
natürliche Trocknung
essiccazione naturale (all'aria) (f)
air filter
Luftfilter
filtro dell'aria (m)
air humidity
Luftfeuchte
umidità dell'aria (f)
air separation device
Windsichtanlage
impianto di vagliatura (m); impianto
di separazione ad aria (m)
air-dried (a.d.)
luftgetrocknet
essiccato all'aria (m)
air-dry
lufttrocken
essiccare all'aria
aircraft plywood
Flugzeugsperrholz
legno compensato per costruzioni
aeronautiche (m)
alder
Erle
ontano (m)
all lengths (a.l.)
alle Längen

lunghezze (tutte le) (f)
**all weather grade/waterproof
plywood**
Außensperrholz
legno compensato per l'esterno (m)
all-plastic window frame
Vollkunststoff-Fenster
telaio di finestra in materia plastica
(f)
allowance in measurement
Maßvergütung
misura ammissibile (f)
allowances for bark
Rindenabschläge
defalco della corteccia (m)
alongside
längsseits
bordo a bordo (m)
alternating spiral grain
Wechseldrehwuchs
filo ritorto (m)
altitude
Höhe
altezza (f)
aluminium window frame
Aluminium-Fenster
telaio di finestra in alluminio (m)
American mahogany
echtes Mahagoni
mogano naturale (americano) (m)
American walnut
Amerikanischer Nußbaum
noce americano (m)
amortisation
Amortisation
ammortamento (m)
ample
reichlich
abbondante
anatomical structure
anatomischer Aufbau
struttura anatomica (f)
anchorage

Schiffsanlegestelle
scalo d'imbarco (m); imbarcadero
(m)
angle of tooth flanks
Zahnflankenwinkel
angolo del profilo del dente (m)
angle-edge
Winkelkante
angolo (m); orlo (m)
announce
bekanntgeben
annunciare
annual balance
Jahresabschluß
bilancio annuale (m)
annual felling
Jahreseinschlag
produzione boschiva annuale (f)
annual growth
jährlicher Zuwachs
crescita annuale (f)
annual report
Jahresbericht
rendiconto annuale (m)
annual ring
Jahresring; Holzring
anello annuale (età degli alberi) (m)
annual sales
Jahresumsatz
giro d'affari annuale (m)
annual turnover
Jahresumsatz
giro d'affari annuale (m)
annul
widerrufen
cancellare; annullare
Anobium punctatum de Geer
Totenuhr (Insekt)
orologio della morte (insetto); anobium punctatum de Geer (m)
anti blue-stain treatment
Bläuebekämpfung
trattamento anti-turchino (m)

Apa
Doussié
Afzelia (f)
apple tree
Apfelbaum
melo (m)
applicable
verwendbar
utilizzabile
applicate
auftragen
applicare
application
Bewerbung; Anwendung; Verwendung
domanda d'impiego (f); applicazion
(f); utilizzazione (f)
application of glue
Leimauftrag
applicazione di colla (f)
appraiser
Taxator
stimatore (m)
approximate value
annähernder Wert
valore approssimativo (m)
ar (100 square meter, 100 m²)
Ar
ara (100 m²) (f)
arbitrate
schlichten (einen Streit)
comporre; conciliare
arbitration
Arbitrage
arbitrato (m)
arbitrator
Schiedsrichter
giudice arbitrale (m)
arbor
Gartenlaube
pergola (f)
area
Fläche

superficie (f)
area cleaning
Flächenräumung
pulitura dell'area (f)
area of consumption
Verbrauchsgebiet
regione di consumo (f)
ari-saw (circular saw)
Ari-Säge
sega circolare (f)
arm rest
Armlehne
bracciolo (m)
armchair
Sessel
poltrona (f)
armourply
Panzerholz
legno rivestito di metallo (m)
arrival
Eingang (Waren)
arrivo (merci) (m)
arson
Brandstiftung
incendio doloso (m)
artificial fertilization
künstliche Düngung
fertilizzazione artificiale (f)
as falling out of the press
pressefallend
cadente fuori della pressa
as instructed
auftragsgemäß
come da istruzioni
asbestos
Asbest
Amianto (m)
ash
Esche
frassino (m)
aspentree
Aspe/Espe
pioppo tremulo (m); tremolo (m)

assembly-line production
Fließbandproduktion
fabbricazione col nastro trasportatore (f)
association
Verband
associazione (f)
at choice
nach Wahl
scelta (a...) (f)
atomizing cone
Sprühkegel
cono di nebulizzazione (m)
attic
Dachgeschoß
attico (m); mansarda (f)
attorney
Bevollmächtigter
procuratore (m)
attrition mill
Reibungsmühle
macinatore mediante sfregamento
(m)
auction
Versteigerung
vendita all'incanto (f)
autogenous welding
autogenes Schweißen
saldatura autogena (f)
automatic buffing machine
Schwabbelautomat
pulitrice automatica (f)
automatic control
automatische Steuerung
comando automatico (m)
automatic drilling machine
Bohrautomat
trapano automatico (m)
automatic feeding
automatische Beschickung
alimentazione automatica (f)
automatic finger-jointing machine
Keilverzinkungsautomat

congiuntura automatica punta a
punta (f)
automatic furnace
automatische Feuerung
riscaldamento automatico (m)
automatic nailing machine
Nagelautomat
chiodatrice automatica (f)
automatic sander
Schleifautomat
smerigliatrice automatica (f)
automatic saw-setting machine
Schränkautomat
macchina automatica per l'allicciatura della sega (f)
automatic sharpener
Schärfautomat
affilatrice automatica (f)
automatic turning machine
Drehautomat
tornio automatico (m)
**automatic veneer patching machi-
ne**
Furnierausflickautomat
rappezzatrice automatica per impiallacciatura (f)
autopilot
automatische Steuerung
comando automatico (m)
availability
Verfügbarkeit
disponibilità (f)
available
vorrätig
disponibile
available ex stock
ab Lager verfügbar
disponibile a magazzino
available for delivery
lieferbar
disponibile per consegna
average
Durchschnitt; Havarie

media (f); avaria (f)
average diameter
mittlerer Durchmesser
diametro intermedio (m)
average length
Durchschnittslänge
lunghezza media (f)
average thickness
Durchschnittsstärke
spessore medio (m)
average width
Durchschnittsbreite
larghezza media (f)
axe
Axt
accetta (f)
axe handle
Axtstiel
manico dell'accetta (m)

B

B/L
Konnossement
polizza di carico (f)
back
Lehne; Rückseite
dossier (m); incartamento (m); dorso (m); parte posteriore (f)
back of tooth
Zahnrücken
dorso del dente (m)
back veneer
Rückseitenfurnier
impiallacciatura dalla parte posterio
re (f)
back wall
Rückwand
parete posteriore (f)
bail
Bürgschaft
cauzione (f); garanzia (f)
baize

Fries
rascia (f); frisone (m)
balance
Bilanz; Guthaben; Saldo
bilancio (m); credito (m); saldo (m)
balance
verrechnen
mettere in conto
balcony
Balkon
balcone (m)
balcony plank
Balkonbrett
tavola di balcone (f)
bale press
Ballenpresse
pressa per balle (f)
ball bearing
Kugellager
cuscinetto a sfere (m)
balsamic resin
Balsam (Harz)
resina balsamica (f)
bamboo
Bambus
bamboo (m)
band (saw) mill
Bandsägewerk
segheria con seghe a nastro (f)
band knife
Bandmesser
lama a nastro (f)
band re-saw
Spaltbandsäge; Trennbandsäge
sega sdoppiatrice a nastro (f); sega
a nastro per segare per lungo (f)
band saw blade
Bandsägeblatt
lama di sega a nastro (f)
band saw blade sharpener
Bandsägenschärfmaschine
affilatrice per lame di sega a nastro
(f)

band saw guide
Bandsägeblattführung
guida della lama di sega a nastro (f)
band saw line
Bandsägelinie
catena di sega a nastro (f)
bandsaw
Bandsäge
sega a nastro (f)
bank
Bank (Sitz-)
panca (f)
bank account
Bankkonto
conto bancario (m)
bank charges
Bankgebühren
spese bancarie (f)
bankruptcy
Bankrott; Konkurs
bancarotta (f); fallimento (m)
bar
Tresen; Stab
bancone (m); banco (di vendita)
(m); bastone (m); bacchetta (f)
bar stool
Barhocker
sgabello per bar (m)
barge
Lastkahn; Flußschiff
chiatta (f); bettolina (f)
bark
Borke; Rinde
corteccia (dell'albero) (f)
bark allowance
Abzug des Rindenanteils
riduzione della corteccia (f)
bark beetle
Borkenkäfer
coleottero della corteccia (m)
bark boiler
Rindenverbrennungsanlage
impianto di combustione delle cor-

tecce (m)
bark chipper
Rindenhacker
scheggia di corteccia (f)
bark gauge
Rindenmesser
coltello per scortecciare (m)
bark pocket
Rindeneinschluß
sacca della corteccia(f)
bark-scorching
Rindenbrand
bruciacchiatura della corteccia (f)
barker
Tellerputzmaschine
macchina scortecciatrice (f)
barkgalls
Rindengallen
galle della corteccia (f)
barking iron
Rindenmesser
coltello per scortecciare (m)
barrack
Baracke
baracca (f)
barrel
Faß
barile (m); botte (f)
barrel vault
Tonnengewölbe
volta a botte (f)
base
Sockel
zoccolo (m)
base corner
Sockelecke
angolo dello zoccolo (m)
base frame
Untergestell
telaio di base (m)
base plate for container
Container-Bodenplatte
pannello di fondo per contenitori (m)

basement
Keller
cantina (f)
basement window
Kellerfenster
finestra di cantina (f)
basic price
Grundpreis
prezzo base (m)
basket
Korb
cesto (m)
basketry
Korbflechterei
panieri (m)
basswood
Amerikanische Linde
tiglio americano (m)
batch
Charge (Füllung)
carico (m)
batch reload
Chargenwechsel
cambio di carico (m)
batten
Bohle
tavolone (m)
battens
Battens
assicelle (per pavimenti) (f)
battens in special lengths (for th
Dutch market)
Besteckliste
assi in lunghezze speciali (per il
mercato olandese) (f)
beach cabin
Strandkabine
cabina da spiaggia (f)
beach chair
Strandkorb
poltroncina da spiaggia in vimini (f)
beam
Balken; Holzträger

trave (f)
beam ceiling
Balkendecke
soffitto di travi (m)
beam element
Balkenelement
elemento della trave (m)
bean poles
Bohnenstangen
bastoni per fagioli (m)
bean sticks
Bohnenstangen
bastoni per fagioli (m)
bearer
Träger
supporto (m)
become blue
verblauen
diventare bleu
bed
Bett
letto (m)
bed frame
Bettgestell
telaio del letto (m)
bed-side table
Nachttisch
comodino da notte (m)
bedding box
Bettkasten
cassa per coperte (f)
bedroom
Schlafzimmer
stanza da letto (f)
bedroom furniture
Schlafzimmermöbel
mobili per stanza da letto (m)
bedroom quality
Schlafzimmerware (Furniere)
materiale (impiallacciature) per
camere da letto (m)
bee house
Bienenhaus

arniaio (m)
beech
Buche
faggio (m)
beech chipboard
Buchenspanplatte
legno ricostituito di faggio (m)
beech logs
Buchenrundholz
tondello di faggio (m)
beech plywood
Buchensperrholz
legno compensato di faggio (m)
beech rotary cut veneer
Buchenschälfurnier
impiallacciatura scortecciata del
faggio (f)
beech stand
Buchenbestand
piantagione di faggio (f)
beech veneer board
Buchenfurnierplatte
pannello con impiallacciatura di
faggio (m)
beer barrel
Bierfaß
barile di birra (m)
beetle
Käfer
coleottero (m)
before tax
vor Steuern
prima dell'imposta
belt
Gurt; Riemen
cinghia (f); cintura (f); correggia (f)
belt change
Bandwechsel
sostituzione del nastro (f)
belt drier
Bandtrockner
essiccatoio a nastro (m)
belt drive

Riemenantrieb
trasmissione a cinghia (f)
belt pulley
Riemenscheibe
puleggia (f)
bench
Bank (Sitz-)
panca (f)
bench-vice
Schraubstock
morsa (f)
bend
Krümmung
curvatura (f)
bend
biegen
curvare; piegare
bending machine
Biegemaschine
curvatrice (f); piegatrice (f)
bending strength
Biegefestigkeit
resistenza alla flessione (f)
bent
gebogen
curvato (m); piegato (m)
best offer
niedrigstes Angebot
migliore offerta (f)
beta cellulose
Beta-Zellulose
cellulosa beta (f)
better face
bessere Seite; bessere Brettseite
lato migliore (m); lato dell'assicella
migliore (m)
better side
bessere Brettseite; bessere Seite
lato dell'assicella (migliore) (m); lato
migliore (m)
bevel
Fase; Gehrung
bisello; taglio a sbieco (m); giuntura

ad angolo (f)
bid
Gebot
offerta (f)
big knot
großer Ast
nodo grosso (m)
bill of lading
Konnossement
polizza di carico (f)
bill of sale
Schlußbrief
conferma di vendita (f)
billets
Scheitholz
ceppo (m)
billiard ball
Billardkugel
palla da bigliardo (f)
billiard cues
Billardstöcke
stecche da bigliardo (f)
binder
Bindemittel
legante (m); agglomerante (m)
birch
Birke
betulla (f)
birch burl
Birkenmaser
nodo di betulla (m)
birch plywood
Birkenfurnierplatte; Birkensperrholz
pannello impiallacciato di betulla
(m); legno compensato di betulla
(m)
bird's eye maple
Vogelaugenahorn
acero punteggiato (m)
bitumen board
Bitumenplatte
asse per bitume (m)
black alder

Schwarzerle
ontano nero (m)
black cherry
Amerikanische Kirsche; Kirschbaum
(wilder)
ciliegio americano (m); amarasco
(m); visciolo (ciliegio selvatico) (m)
black walnut
Amerikanischer Nußbaum
noce americano (m)
Black Forest
Schwarzwald
Foresta nera (f)
blackboard
Schultafel
lavagna (f)
bleach
bleichen
candeggiare
bleaching product
Bleichmittel
prodotto da candeggio (m)
bleak
baumlos
alberi (senza...) (m)
bleed through
Leimdurchschlag
trapassare della colla
blender
Mischer
miscelatore (m)
blistered
geapfelt
ricoperto di bolla (legno) (m)
block board
Rohfries
frisia (tela) grezza (f)
block piled
blockweise gestapelt
ceppi accatastati (m)
block pulley
Blockaufzug
verricello per il trasporto di ceppi

(m)
blockboard
Tischlerplatte; Stäbchenplatte
pannello da falegname (m); pannelli
lamellati (m)
blower
Gebläse
soffiatrice (f)
blue-stain
Bläue
turchino (m)
blue-stain fungus
Bläuepilz
fungo turchino (m)
blue-stain protection
Bläueschutz
protezione anti-turchino (f)
blueing
Verblauung
azzurratura profonda (f)
board
Brett; Karton; Pappe; Platte
assicella (f); cartone (m); pannello
(m)
board
vertäfeln
rivestire di legno; pannellare
board cutting
Bretterschnitt
segamento in assicelle (m)
board forming
Plattenformung
formazione di pannelli (f)
board laminating machine
Bretterstreichmaschine
cardatrice delle assicelle (f)
board layer
Bretterlage
strato di assicelle (m)
board of directors
Vorstand
consiglio d'amministrazione (m)
board sorting installation

Brettersortieranlage
selezionatore delle assicelle (m)
board stack
Bretterstapel
catasta di assicelle (f)
board stacking device
Plattenablage
dispositivo di accatastamento dei
pannelli (m)
board turning unit
Plattenwendevorrichtung
dispositivo di rotazione dei pannelli
(m)
board with tubular holes
Röhrenplatte
pannello tubulare (m)
boardfoot
Bordfuß (Raummaß = 2,360 cbm)
piede di bordo (m) (misura di capacità = 2,360 metri cubi)
boarding
Schalung
rivestimento (di tavole) (m)
boards
Breitware
tavolame (m)
boat
Boot
battello (m)
boatbuilder
Bootsbauer
costruttore di battelli (m)
boatbuilding
Bootsbau
costruzione navale (f)
boathouse
Bootshaus
hangar per battelli (m)
boatload
Bootsladung
caricamento del battello (m)
bobbin
Spule

rocchetto (m); bobina (f)
body
Karosserie
carrozzeria (f)
body element
Korpuselement
elemento strutturale (dei mobili) (m
bodymaker
Karosseriebauer
costruttore di carrozzerie (m)
bog-oak
Mooreiche
quercia nera (f)
boil
kochen
cucinare, bollire
boiler
Kocher
bricco (m); scaldavivande (m)
bolt
Bolzen; Riegel
bullone (m); catenaccio (m); chiavistello (m)
book an order
vormerken, einen Auftrag
prendere nota di un ordine; registrare un ordine
book-keeper
Buchhalter
contabile (m)
book-keeping
Buchhaltung
contabilità (f)
bookcase
Bücherschrank
libreria (f)
bookshelf
Bücherregal
scaffale per libri (m)
border
Grenze
frontiera (f)
bore

bohren
trapanare
borer
Bohrwurm; Bohrer
trivella (f); succhiello (m)
borer hole
Wurmloch
buco di verme (m)
borer tunnel
Fraßgang
foro di trivella (m); galleria (f); traccia (buco) di verme (f)
boring tool
Bohrwerkzeug
saetta (del trapano e simili) (f)
boss
Chef; Nabe
direttore (m); mozzo (di ruota) (m)
boss diameter
Nabendurchmesser
diametro del mozzo (m)
botanical classification
botanische Einteilung
classificazione botanica (f)
bottle box
Flaschenkasten
casellario da bottiglie (m)
bottle case
Flaschenkasten
casellario da bottiglie (m)
bottle crate
Haraß; Steige
cesta da imballaggio (f)
bottle pallet
Flaschenpalette
paletta da bottiglie (f)
bottle rack
Flaschenregal
scaffale per bottiglie (m)
bottom-hinged vent window
Ausstellfenster
finestra a bilico (f)
Boucherie-installation

Boucherie-Anlage
impianto per macelleria (m)
Boucherie-tower
Boucherie-Turm
gru a braccio girevole per macelleria (f)
boule measuring
blockliegende Vermessung
misurazione di ceppi giacenti (f)
bound for
bestimmt für, nach
diretto a (m)
bow
verwerfen
respingere; buttar via
bow-saw
Bügelsäge
sega ad arco (f)
bowling
Bowling
bowling (m)
box
Behälter; Kasten; Kiste; Schachtel; Verschlag
contenitore (m); cassa (f); scatola (f)
box for shipping transport
Seekiste
cassa per trasporto marittimo (f)
box mill
Kistenfabrik
stabilimento per la costruzione di casse (m)
box nailing machine
Kistennagelmaschine
inchiodatrice per casse (f)
box pallets
Boxpaletten
tavolozza (f)
box wood
Kistenholz
legname per casse (m)
box-tree

Buchsbaum
bosso (m)
brackish water
Brackwasser
acqua salmastra (f)
branch
Ast (Zweig)
ramo (m)
brand
Handelsmarke
marchio commerciale (m)
brash
Schlagraum
tralci (m)
brashness
Sprödigkeit
fragilità (del legno) (f)
braze
löten
saldare
Brazilian Rosewood
Jacaranda; Bahia Rosenholz
palissandro brasiliano (m)
Brazilian tulip wood
Bahia Rosenholz
palissandro brasiliano (m)
breakage strength
Bruchlast
carico di rottura (m)
breaking strength
Bruchfestigkeit
resistenza alla rottura (f)
breast height diameter
Durchmesser in Brusthöhe
diametro ad altezza d'appoggio (m)
brewery pallet
Brauereipalette
spatola per birreria (f)
brick sticks
Ziegellatten
assicelle di sostegno delle tegole
del tetto (f)
bridge construction

Brückenbau
costruzione di ponti (f)
bridge crane
Brückenkran
gru a ponte (f)
bright
blank; hell; gesund
lucido (m); chiaro (m); liscio (m);
sano (m)
bright sapwood
helles Splintholz
alburno chiaro (albero) (m)
Brinell hardness
Brinellhärte
durezza Brinell (f)
briquetting press
Brikettierpresse
pressa per mattonelle di carbone (f)
bristles
Borsten
setole (f)
brittle
brüchig
friabile; fragile
brittle heart
Herzbrüchigkeit; Windbruch
cuore fragile (m); alberi abbattuti da
vento (m)
broker
Handelsvertreter; Holzagent; Makler; Vermittler
agente commerciale (m); sensale
del legno (m); mediatore del legno
(m); intermediario (m)
broom
Besen
scopa (f)
broom closet
Besenschrank
ripostiglio per scopa (m)
broomstick
Besenstiel
manico di scopa (m)

172

brown rot
Braunfäule
putrefazione (f); marciume marrone (m)
brown stain
Braunverfärbung
tintura marrone (f)
brush
Bürste
spazzola (f)
brush
bürsten
spazzolare
brush manufacturer
Bürstenerzeuger
fabbricante di spazzole (m)
brushed
gebürstet
spazzolato (m)
brushed plywood
Sperrholz, gebürstet
legno compensato spazzolato (m)
brushwood
Reisig; Unterholz
sterpi (m); sottobosco (m)
buckling strength
Knickfestigkeit
resistenza alla deformazione (per il calore del fuoco) (f)
bud
Knospe
bocciolo (m); gemma (f)
budget
Voranschlag
previsione (f); estimativo (m); budget (m)
buffer
Puffer
tampone (m)
buffing stand
Schwabbelbock
lucidatrici (f)
building construction

Hochbau
costruzione al di sopra del suolo (f)
building element
Bauelement
elemento da costruzione (m)
building market
Baumarkt
mercato di materiali da costruzione (m)
building permit
Baugenehmigung
licenza di costruzione (f)
building timber
Bauware
legname da costruzione (m)
built-in cupboard
Einbauschrank
credenza incorporata (f); credenza incassata (f)
built-in furniture
eingebaute Möbel
mobili incorporati (m); mobili incassati (m)
built-in kitchen
Einbauküche
cucina incorporata (f); cucina incassata (f)
bulldozer
Planierraupe; Raupenschlepper
bulldozer (m); trattore a cingoli (m)
bulldozer chain
Raupenkette
cingolo (di caterpillar, bulldozer) (m)
bullet-resistant door
schußfeste Tür
porta antiproiettili (f)
bundle
Bündel; Paket (Transporteinheit)
fascio (f); imballaggio (m); balla (f)
bundle
paketieren
impacchettare; imballare
bundling press

Paketierautomat
impacchettatrice automatica (f)
bung
Spund
linguetta (f); maschio d'incastro (m)
bung-hole
Spundloch
cocchiume (della botte) (m)
bunker
Bunker
silo (m); tramoggia (f)
burl veneer
Maserknollenfurnier
impiallacciatura della nodosità (f)
burls
Maserknollen
nodosità (del legno) (f)
bush
Strauch; Busch (Urwald); Dschungel
cespuglio (m); macchia (f); arbusto
(m); giungla (f)
bushfire
Waldbrand (Urwald)
incendio boschivo (m)
business
Betrieb
esercizio (m); attività (f)
butt end
Stammende
estremità del ceppo (f); punta del
ceppo (f)
butt joint
Stoßverbindung
giunzione ad attestature (f)
butt rot
Stockfäule
malattia del ceppo (f)
butter churn
Butterfaß
zangola (f)
buttress
Brettwurzel; Wurzelanlauf
contrafforte (m); sperone (m); zam-

pa della radice (f)
buttressed log
spannrückiger Stamm
legno con contrafforti (m)
buy
einkaufen
acquistare
buyer
Käufer
acquirente (m)
buying contract
Kaufvertrag
contratto d'acquisto (m)
buying department
Einkaufsabteilung
sezione acquisti (f)
buying price
Einkaufspreis
prezzo d'acquisto (m)
buying sample
Bestellmuster
campione di ordinativo (m)
by truck; by lorry; by train;
by boat
per LKW; per Bahn; per Schiff
a mezzo autocarro; ferrovia; nave
by-product
Nebenprodukt
prodotto secondario (m)

C

cabinet
Schrank
armadio (m)
cabinet-maker
Möbeltischler
ebanista (m)
cable drum
Seiltrommel
tamburo avvolgitore (per cavi) (m)
cable pole
Seilmast

palo portacavi (m)
cable tightener
Seilspanner
tenditore di cavi (m)
CAC; computer assisted construction
CAC (computergestütztes Konstruieren)
CAC (costruzione assistita da computer) (f)
CAD; computer assisted design
CAD (computergestütztes Zeichnen)
CAD (progetto assistito da computer) (m)
calculate
berechnen; kalkulieren
calcolare
calculate the volume
Inhalt ausmessen
calcolare il contenuto (volume)
calculation
Kalkulation
calcolo (m)
calculation of freight charges
Frachtkostenberechnung
calcolo delle spese di trasporto (m)
calender
Kalander
calandra (f)
caliper
Kluppe; Meßkluppe
calibro (m)
caliper measure
Kluppenmaß
misura del calibro (f)
call
Abruf
richiesta (f)
caloric value
Heizwert
valore calorico (m)
cambial zone
Kambialzone

zona cambiale (f)
cambium
Kambium
cambio (botanica) (m)
camouflage element
Sichtschutzelement
elemento di mascheramento (m)
camper
Wohnwagen
caravan (m); camper (m)
cancel
annullieren; rückgängig machen; stornieren; widerrufen
annullare; stornare; cancellare;
cancellation
Annullierung
annullamento (m)
canoe
Einbaum; Paddelboot
canoa (f); piroga (f)
cant hook
Stammwender; Wendehaken
rivoltatore di tronchi (m); gancio girevole (m)
canteen table
Kantinentisch
tavolo per mensa aziendale (m)
capacity
Kapazität
capacità (f)
capital
Kapital
capitale (m)
capital investment
Kapitalanlage
investimento di capitali (m)
capital stock
Grundkapital
capitale d'apporto (m)
captain
Kapitän
capitano (m)
caravan

Wohnwagen
caravan (m); camper (m)
caravan construction
Wohnwagenbau
costruzione di caravan (f)
carbonization
Verkohlung
carbonizzazione (f)
carcassing
Bauware
legname da costruzione (m)
cardboard
Pappe
cartone (m)
cardboard production
Pappenherstellung
fabbricazione di cartone (f)
care
Pflege
cura (f); manutenzione (f)
care of stands
Bestandspflege
cura della piantagione (f)
careless arson
fahrlässige Brandstiftung
incendio doloso (m)
cargo
Ladung
caricamento (m)
carpenter
Schreiner; Tischler; Zimmermann
falegname (m); carpentiere (m)
carpenter's work
Zimmererarbeiten
lavoro di carpenteria (m)
carriage
Beförderung; Freilaufwagen; Transport
trasporto (m); carro libero (m)
carriage charges
Transportgebühren
spese di trasporto (f)
carriage costs

Beförderungskosten
costi di trasporto (m)
carriage factory
Waggonfabrik
fabbrica di vagoni (f)
carriage paid
frachtfrei; franko
porto pagato (m); franco (m)
carrier
Fuhrunternehmer
trasportatore (m)
carrying cable
Tragseil
cavo portante (m)
cartwright
Stellmacher
carrozzaio (m)
carve
schnitzen
scolpire nel legno
carved door
geschnitzte Tür
porta intarsiata (f)
carving machine
Schnitzmaschine
macchina intagliatrice (f)
case
Kiste; Kasten
cassa (f)
casein glue
Kaseinleim
colla alla caseina (f)
casement
Fensterflügel
battente di finestra (m)
casement door
Flügeltür
porta a due battenti (f)
casement window
Flügelfenster
finestra a due battenti (f)
cash against documents
Kasse gegen Dokumente

pagamento contro documenti (m)
cash book
Kassenbuch
libro cassa (m)
cash on contract date
Kasse bei Vertragsabschluß
pagamento alla data contrattuale
(m)
cash on delivery
Kasse bei Lieferung; gegen Nachnahme
pagamento alla consegna (m); rimborso contro... (m)
catalyst
Katalysator
catalizzatore (m)
catch
Schnäpper
molla (a scatto) (f); serratura a
scatto (porta) (f)
caterpillar
Raupenschlepper
trattore a cingoli (m)
caterpillar track
Raupenkette
cingolo (di caterpillar, bulldozer) (m)
catface
Brandnarbe
marchio a fuoco (m)
caul plate
Formblech
lamiera sagomata (f)
caul return
Blechrückführung
guida di ritorno delle lamiere di ferro
(f)
caustic
Beizmittel
mordente (m); liquido decapante
(m)
caustic solution
basische Flüssigkeit
soluzione caustica (f)

cedar
Zeder (echte)
cedro (m)
cedar shingle
Zedern-Schindel
assicella di cedro (f)
ceibe
Fromager
formaggiere (albero dell'America
Centrale) (m)
ceiling
Decke
soffitto (m)
ceiling beam
Deckenbalken
trave del soffitto (f)
ceiling construction
Deckenkonstruktion
costruzione del soffitto (f)
ceiling element
Deckenelement
elemento del soffitto (m)
ceiling panelling
Deckenverkleidung
rivestimento del soffitto (m)
ceiling panels
Deckenpaneele
pannelli del soffitto (m)
cell
Zelle
cellula (f)
cell collapse
Kollaps (Holzzellen); Zellkollaps
collasso (della cellula lignea) (m);
collasso della cellula (m)
cell membrane
Zellmembran
membrana cellulare (f)
cell structure
Zellgerüst
struttura della cellula (f)
cell wall
Zellwand

membrana cellulare (f)
cellar
Keller
cantina (f)
cellar door
Kellertür
porta di cantina (f)
cellar window
Kellerfenster
finestra di cantina (f)
cellular constituents
Zellinhaltsstoffe
materie di contenuto della cellula (f)
cellulose chips
Zelluloseschnitzel
ritagli di cellulosa (m)
cement bound particle board
zementgebundene Spanplatte
pannelli in truciolato al cemento (m)
cement bound wood-wool-board
zementgebundene Holzwollplatte
pannelli di fibre di legno (lana di
legno) legate con cemento (m)
centering equipment
Zentriereinrichtung
dispositivo di centraggio (m)
centering unit for peeler
Zentriervorrichtung für Schälmaschine
dispositivo di centraggio per scortecciatrice (m)
central control station
Schaltzentrale
centrale di controllo (f)
Central American Cedar
Cedrela
cedro dell'America Centrale (m)
centre
Mitte; Restrolle
centro (m); torsolo rimanente (m);
rullo rimanente (m)
centre peeler
Restrollenschälmaschine

snocciolatrice (f); sgusciatrice (f)
centrifugal force
Fliehkraft
forza centrifuga (f)
certificate
Zertifikat
certificato (m)
certificate of origin
Ursprungszeugnis
certificato d'origine (m)
certificate of test
Prüfzertifikat
certificato di controllo (m)
cession
Abtretung; Überlassung; Zession
cessione (f)
chain
Kette
catena (f)
chain conveyance
Kettenförderung
convogliamento a catena (m)
chain conveyor
Kettenförderer
convogliatore a catena (m)
chain coupling
Kettenkupplung
accoppiamento di catene (m)
chain hook
Kettenhaken
gancio per catena (m)
chain pinion
Kettenritzel
pignone per catena (m)
chain return guide
Kettenrückführung
guida di ritorno della catena (f)
chain saw
Kettensäge
sega a catena tagliente (f)
chain speed
Kettengeschwindigkeit
velocità della catena (f)

chair
Stuhl
sedia (f)
chair back
Stuhllehne
schienale (spalliera) della sedia (f)
chair leg
Stuhlbein
gamba di sedia (f)
chair-bottom press
Stuhlsitzpresse
pressa per fondi di sedie (f)
chairman of the board of directors
Vorsitzender des Verwaltungsrates
presidente del consiglio d'amministrazione (m)
chalk
kalken
imbiancare a calce
chalkboard
Schultafel
lavagna (f)
chalked
gekalkt
imbiancato (m)
chalked plywood
Sperrholz, gekalkt
legno compensato imbiancato a calce (m)
chamber of commerce
Handelskammer
camera di commercio (f)
Chamber of Industry and Commerce
Industrie- und Handelskammer; IHK
Camera dell' industria e Commercio (f)
chamfer
Fase; Rille
bisello; taglio a sbieco (m); solco (m); scanalatura (f)
chamfer

auskehlen, abkanten
scanalare
chamfered board
Fasebrett
tavola bisellata (f)
channel
auskehlen, abkanten
scanalare
chapping machine
Hackmaschinen
sminuzzatrici (f)
charcoal
Holzkohle
carbone di legna (m); carbonella (f)
charge
Charge (Füllung)
carico (m)
charge
beladen
caricare
charge reload
Chargenwechsel
cambio di carico (m)
charges
Kosten; Spesen
costi (m); spese (f)
charges forward
Nachnahme
rimborso (m)
charter
chartern
noleggiare
charter terms
Charterbedingungen
condizioni di noleggio (f)
chartered
befrachtet
noleggiato (m)
check
Riß
crepa (f)
check
prüfen; nachprüfen

controllare
cheese box
Käsekiste
cassa da formaggio (f)
cheese case
Käsekiste
cassa da formaggio (f)
chemi-thermomechanical pulp
CTMP (=chemithermomechanischer
Holzstoff)
pasta di legno chimico-termomeccanico (f)
chemical stain
chemische Holzverfärbung
tinta chimica (f)
chemical treatment
chemische Behandlung
trattamento chimico (m)
chemical wood preservation
Holzschutz (chemischer)
preservazione (chimica) del legno
(f)
chemical wood preservatives
chemische Holzschutzmittel
prodotti chimici per la protezione del
legno (m)
cherry
Kirschbaum
ciliegio (m)
chessman
Schachfigur
figura degli scacchi (f)
chest of drawers
Kommode
cassettone (m); canterano (m)
chestnut
Kastanie (echte)
castagno (m)
chief accountant
Chefbuchhalter
capo contabile (m)
child's bed
Kinderbett

lettino per bambini (m)
chimney
Kamin
camino (m)
china cupboard
Geschirrschrank
credenza per vasellame (f)
chip
zerspanen
tagliare; trinciare
chip basket
Spankorb
cesto in legno da cerchi e di cascina (m)
chip box
Spanschachtel
scatola impiallicciata (f)
chip drier
Spänetrockner
essiccatoio per trucioli (m)
chip gluing installation
Spanbeleimungsanlage
impianto di incollatura dei trucioli
(m)
chip mill
Spänezerkleinerer
sminuzzatore di trucioli (m)
chip mixer
Spänemischer
mescolatore di trucioli (m)
chip oven
Späneofen
forno per trucioli (m)
chip prepress
Spanvorpresse
pre-pressa per trucioli (f)
chip screen
Sortiersieb
setaccio selezionatore (m)
chip silo
Spänebunker
silo da trucioli (m)
chip sorter

Spänesortierer
selezionatore di trucioli (m)
chipboard
Spanplatte
pannello di trucioli (m)
chipboard factory
Spanplattenwerk
stabilimento per pannelli di trucioli
(m)
chipper
Hacker; Spaner; Zerspaner
trituratore (m); sminuzzatore (di
trucioli) (m); disintegratore (m);
frastagliatore (m)
chipper-canter
Profilzerspaner
profilatrice-truciolatrice (f)
chipping knife
Spanmesser
coltello per tagliare a schegge (m)
chippings
Hobelspäne; Späne
trucioli di piallatura (m); trucioli (m)
chips
Hackgut; Hackschnitzel; Schnitzel
(Holz); Späne
legno spaccato (m); ritagli (legno)
(m); schegge (legno) (f); trucioli (m)
chips for top layer
Deckschichtspäne
trucioli per strati di superficie (m)
chipwood
Spanholz
truciolato (m)
chisel
Stemmeisen
scalpello (m)
chocolate tree
Kakaobaum
albero del cacao (m)
choice
Auswahl; Wahl
selezione (f); scelta (f)

choice veneer
ausgesuchtes Furnier
impiallacciatura selezionata (f)
choose
aussuchen
selezionare
chop
zerspanen
tagliare; trinciare
chopper
Zerhacker
frammentatrice (f)
Christmas tree
Christbaum; Weihnachtsbaum
albero di Natale (m)
chute
Holzrutsche; Holzrampe; Rutsche
scivolo a canale per legname (m);
scivolo (m)
chute for chips
Späneablaufschacht
scivolo di scorrimento per trucioli
(m)
cif (cost, insurance, freight)
cif (Kosten, Versicherung, Fracht)
cif (costo, assicurazione, nolo) (m)
circular knife
Kreismesser
disco a coltello (m)
circular re-saw
Trennkreissäge
sega circolare sdoppiatrice (f)
circular saw
Kreissäge
sega circolare (f)
circular saw bench
Tischkreissäge
sega circolare a banco (f)
circular saw blade
Kreissägenblatt
lama di sega circolare (f)
circular saw grinder
Kreissägeblatt-Schärfmaschine

affilatrice per lame di seghe circolari
(f)
circular saw motor
Kreissägemotor
motore di sega circolare (m)
circumference
Umfang
circonferenza (f)
civil code
Bürgerliches Gesetzbuch
codice civile (m)
claim
Beanstandung; Reklamation
contestazione (f); reclamo (m)
claim additionally
nachfordern
richiedere ulteriormente
clamp
Klammer; Krampe; Zwinge
morsetto (m); rampone (m); graffa
(f)
clamp
klammern
stringere con morsetti
clamping device
Spannelement
elemento di fissaggio (m); morsetto
(m)
clamping height
Einspannhöhe
altezza di fissaggio (f)
classify
sortieren
scegliere
clause
Klausel
clausola (f)
clean
sauber
pulito (m)
cleaning
Reinigung
pulitura (f)

cleaning systems and equipment
Reinigungsanlage und geräte
sistemi e apparecchiature di pulitura
(m)
clear
blank; fehlerfrei
lucido (m); chiaro (m); liscio (m);
senza difetti
clear
verrechnen
mettere in conto
clear cut
Kahlschlag
disboscamento totale (m)
clear for sailing
ausklarieren
pagare la dogana anticipatamente
clear sidings
astreine Seiten
lati senza nodi (m)
clearing
Lichtung
radura (f)
clearing cheque
Verrechnungsscheck
cheque barrato (m)
cleavability
Spaltbarkeit
fendibilità (f)
cleave
spalten
fendere in due (un tronco d'albero)
cleaving machine
Spaltmaschine
macchina fenditrice (f)
cleaving saw
Spaltsäge
sega fenditrice (f)
cleaving wedge
Spaltkeil
cuneo da fenditura (m)
climate
Klima

clima (m)
clogs
Holzschuhe
zoccoli (m)
close a contract
Vertrag abschließen
concludere un contratto
close down
Betrieb schließen
chiudere l'azienda; cessare l'attività
clothes hanger
Kleiderbügel
stampella per vestiti (f); grucce per
vestiti (f)
clothes peg
Wäscheklammer
molletta per la biancheria (f)
clothes rack
Kleiderständer
attaccapanni (m)
cluster knots
Astansammlung
nodi a grappolo (m)
coarse
grob
grossolano (m); ruvido (m)
coarse grained
grobfaserig; grobjährig
legno a grana; fibra grossa (f)
coast
Küste
costa (f)
coat
beschichten
laminare
coat film
Lacküberzug
manto di vernice (m)
coating machine
Streichmaschine
intonacatrice (f)
coating of bridge surface
Brückenbelag

copertura del ponte (f); pavimento
del ponte (m)
code
Code
codice (m)
coffin
Sarg
bara (f); cassa da morto (f)
coffin boards
Sargbretter
assi per bara (f)
coffin-joiner
Sargtischler
falegname di bare (m)
coffin-maker
Sargtischler
falegname di bare (m)
cog wheel
Zahnrad
ruota dentata (f)
cold glue
Kaltleim
colla a freddo (f)
cold gluing
Kaltverleimung
incollaggio a freddo (m)
cold press
Kaltpresse
pressa a freddo (f)
collection
Inkasso
incasso (m); riscossione (f)
collection of seed
Samenernte
raccolta di sementi (f)
collection-charges
Inkassospesen
spese d'incasso (f)
collective consignment
Sammelladung
caricamento collettivo (m)
collective wage agreement
Tarifvertrag

accordo collettivo sulle retribuzioni
(m)
colour
Farbe
colore (m)
colour change
Farbänderung
cambiamento di colore (m)
colour defect
Farbfehler
difetto del colore (m)
coloured
gefärbt
colorato (m)
colourfast
farbecht
colore stabile (m)
colouring
Färbung
colorazione (f)
colouring product
Farbstoff
sostanza colorante (f)
colouring substance
Farbstoff
sostanza colorante (f)
combination board
Verbundplatte
pannello composto (m)
combination drier
Kombi-Trockner
essiccatore combinato (m)
combination plywood
Kombi-Sperrholz
legno compensato combinato (m)
combine
Konzern
associazione (f)
commerce
Handel
commercio (m)
commercial agent
Handelsvertreter

agente commerciale (m)
commercial law
Handelsrecht
diritto commerciale (m)
commercial name
Handelsname
nome commerciale (m)
commercial timbers
Handelshölzer
legname commerciale (m)
commercial vehicle
Nutzfahrzeug
veicolo utilitario (m); veicolo commerciale (m)
commission
Provision
commissione (f)
company
Firma; Unternehmen
ditta (f); impresa (f); azienda (f)
compartment
Schrankfach
scomparto (m)
compass
Kluppe
calibro (m)
compensate
vergüten (entschädigen)
rimborsare
competent
fachkundig
competente (m); specializzato (m)
competition
Konkurrenz; Wettbewerb
concorrenza (f); competizione (f)
competitor
Konkurrent
concorrente (m)
complaint
Beanstandung
contestazione (f)
compose
zusammensetzen

mettere insieme; comporre
compost silo
Kompost-Silo
silo per concime (m)
compression
Verdichtung
compressione (f)
compression ratio
Verdichtungsgrad
tasso di compressione (m)
compression resistance
Druckfestigkeit
resistenza alla compressione (f)
compressor
Kompressor
compressore (m)
computer controlled
computergesteuert; rechnergesteuert
controllato da computer (m)
concentration
Verdichtung
compressione (f)
concession
Betriebserlaubnis; Holznutzungsrecht; Konzession; Nutzungsrecht
concessione (f); autorizzazione (f);
licenza (f); diritto di sfruttamento del
legno (m); diritto d'uso (m)
concrete
Beton
calcestruzzo (m)
concrete
betonieren
gettare il calcestruzzo
concrete boarding
Betonschalung
cassaforma del calcestruzzo (f)
concrete formboard
Schalungsplatte
pannello di rivestimento (m)
concrete formwork
Einschalung

cassaforma (f)
condensation glue
Kondensationskleber
colla di condensazione (f)
condenser
Kondensator
condensatore (m)
condition
konditionieren; klimatisieren
condizionare; climatizzare
conditioning humidity
Ausgleichsfeuchte
umidità equilibrata (f)
conditioning kiln
Klimakammer
camera di climatizzazione (f)
conductibility
Leitfähigkeit
conduttività (f); conducibilità (f)
cone
Kegel; Zapfen
cono (m); tenone (m); maschio
d'incastro (m)
cone pulley
Stufenscheibe
cono di puleggia (m)
cone-cut veneer
Radialfurnier
fogli di impiallacciatura radiali (m)
conference
Sitzung
seduta (f)
conference table
Konferenztisch
tavolo delle conferenze (m)
confirm
bestätigen
confermare
confirmation of order
Auftragsbestätigung
conferma d'ordine (f)
confirmed letter of credit
bestätigtes Akkreditiv

lettera di credito confermata (f)
conical
abholzig; konisch
rastremato (m); conico (m)
coniferous tree
Nadelbaum
conifera (f)
coniferous wood
Nadelholz
conifera (legnodi) (f)
connecting screw
Verbindungsschraube
vite di congiunzione (f)
conservation
Erhaltung
conservazione (f)
consignment
Sendung; Übersendung
spedizione (f); invio (m); consegna
(f)
consignment note
Frachtbrief
lettera di vettura (f)
consolidated
konsolidiert (Bilanz)
consolidato (bilancio) (m)
construction
Konstruktion
costruzione (f)
construction board
Bauplatte
pannello da costruzione (m)
construction drawing
Bauzeichnung; Bauplan
disegni di costruzione (m); progetto
di costruzione (m)
construction license
Baugenehmigung
licenza di costruzione (f)
**construction of prefabricated
houses**
Fertighausbau
costruzione di case prefabbricate (f)

construction of tunnels
Tunnelbau
costruzione di tunnel (f)
construction of wooden buildings
Holzhausbau
costruzione di abitazioni in legno (f)
construction pattern
Konstruktionsmuster
disegno costruttivo (m)
construction timber
Bauholz
legname da costruzione (m)
construction timber circular saw
Bauholzkreissäge
sega circolare per legname da costruzione (f)
consumer
Endverbraucher; Verbraucher
utente (m); consumatore (m)
consumption of timber
Holzverbrauch
consumo di legname (m)
contact adhesive
Kontaktkleber
colla di contatto (f)
container
Behälter; Container
contenitore (m); container (m)
container flooring
Containerboden
pavimento del container (m)
contents
Inhalt
contenuto (m)
continuous conveyor
Kreisförderanlage
trasportatore circolare (m)
continuous drying
kontinuierliche Trocknung
essiccazione continua (f)
continuous feed gear
Reibungsvorschubgetriebe
meccanismo d'avanzamento a sfre-

gamento (m)
continuous feed laminating press
Lamellenpresse für die Dickenverleimung
pressa per laminati-incollati (f)
continuous feed-in
kontinuierlicher Vorschub
avanzamento continuo (m)
**continuous particle board instal-
lation**
Endlosspanplattenanlage
pressa continua per pannelli di
trucioli (f)
continuous veneer press
Durchlauffurnierpresse
pressa per rimpiallicciare continua
(f)
**continuous-flow press for particle
boards**
kontinuierliche Spanplattenpresse
pressa continua per pannelli di
trucioli (f)
contract
Kontrakt; Schlußbrief; Vertrag
contratto (m); conferma di vendita
(f)
contract
Vertrag abschließen
concludere un contratto
contract furniture
Objektmöbel
mobili per collettività (m)
contract of delivery
Liefervertrag
contratto di consegna (m)
contract of employment
Arbeitsvertrag
contratto di lavoro (m)
contracting parties
Vertragsparteien
parti contraenti (f)
contractor
Unternehmer

imprenditore (m)
control
Regelung
controllo (m)
control
regeln; steuern
controllare
control engineering
Regeltechnik
tecnica di controllo (f)
control unit
Steuergerät; Regelgerät
apparecchio di controllo (m); unità
di controllo (f); unità di regolazione
(f)
conversion factor
Umrechnungfaktor
fattore di conversione (m)
conversion rate
Umrechnungskurs
rata di conversione (m)
conversion table
Umrechnungstabelle
tabella di conversione (f)
convert
einschneiden
segare, tagliare
convertible
austauschbar
intercambiabile
convey
fördern
trasportare
conveying belt
Transportband
nastro trasportatore (m)
conveyor belt
Förderband
nastro trasportatore (m)
conveyor drier for veneers
Furnierbandtrockner
essiccatore a tappeto scorrevole
(m)

conveyor system
Förderanlage
impianto per il trasporto (m)
cook
kochen
cucinare, bollire
cooling system for metal cauls
Blechkühlungsanlage
impianto di raffreddamento di lamiere di ferro (m)
cooling tower
Kühlturm
torre di refrigerazione (f)
cooper
Küfer
bottaio (m)
cooperage wood
Böttcherware
legname per bottaio (m)
coopery
Küferei
fabbrica di botti (f)
coppice forest
Niederwald
bosco ceduo (m)
copying knife disk
Kopiermesserscheibe
disco-coltello a copiare (m)
copying lathe with template control of tool
Schablonendrehmaschine
tornio a copiare (m)
copying milling cutter
Kopieroberfräsmaschine
macchina-fresatrice a copiare (f)
copying shaper
Kopierfräsmaschine
fresatrice a copiare (o a pantografo)
(f)
copying turning lathe
Kopierdrehbank
tornio da riproduzione (m)
cord

Schnur; Cord (=3,625 rm)
corda (f); spago (m); catasta di
legna (misura di volume = m³
3,625) (f)
core
Restrolle
torsolo rimanente (m); rullo rimanente (m)
core board
Kernbohle; Herzbrett (Kernbrett)
pancone del centro (del legno) (m);
tavola di cuore (del legno) (f)
core of blockboard
Stäbchenmittellage
anima dell'assicella (f); centro
dell'assicella (m)
core stock
Furnierträger
supporto per impiallacciatura (m)
core stock assembly machine
Leistenzusammensetzmaschine
macchina assemblatrice di tronchi
(f)
corestock-veneer
Absperrfurnier
impiallacciatura di chiusura (f)
cork
Korken; Kork
sughero (m); tappo di sughero (m)
cork goods
Korkwaren
articoli di sughero (m)
cork oak
Korkeiche
quercia sughera (f)
corner bench
Eckbank
panca d'angolo (f)
corner cabinet
Eckschrank
armadio d'angolo (m)
cornice
Gesims

modanatura (f)
corpus press
Korpuspresse
pressa strutturale (per mobili) (f)
corpus rounding
Korpusrundung
struttura rotondeggiante (f)
correlation coefficient
Korrelationskoeffizient
coefficiente di correlazione (m)
corrosion
Korrosion
corrosione (f)
corrosion prevention
Korrosionsschutz
anticorrosivo (m)
corundum
Korrund
corindone (pietra preziosa) (m)
cost of repair
Reparaturkosten
costi di riparazione (m)
costs
Kosten
costi (m)
cottage
Ferienhaus; Baubude
casa di vacanze (f); baraccamento
(m)
cotter
Keil
cuneo (m); bietta (f); zeppa (f)
couch
Couch; Liege; Sofa
divano (m); sofa (m)
counter
Tresen
bancone (m); banco (di vendita) (m)
country of origin
Herkunftsland; Ursprungsland
paese di provenienza (m); paese
d'origine (m)
court case

Rechtsstreit
processo giudiziario (m)
court of arbitration
Schiedsgericht
commissione d'arbitrato (f)
court of registry
Registergericht
ufficio del registro (m)
cover
Plane
telone (m)
cover board
Abdeckbrett
pannelli di ricoprimento (m)
covered
überdacht
sottotetto (m); coperto (m)
covering materials
Bespannstoffe
materiali di copertura (m); rivestimento (m)
**covering materials for walls and
ceilings**
Bespannmaterial für Wände und
Decken
materiali di copertura per pareti e
soffitti
cracked
gerissen
incrinato
craftsman
Handwerker
artigiano (m)
crane
Kran
gru (f)
crane driver
Kranführer
gruista (m)
crane truck
Kranwagen; Mobilkran
carro gru (m); gru automotrice (f)
crash-proof

bruchfest
prova (a...) di rottura (f)
crate
Lattenverschlag; Verschlag
gabbia da imballaggio (f); cassa (f)
credit
Guthaben
credito (m)
crediting
Gutschrift
accredito (m); accreditamento (m)
creeping
Kriechen
strisciamento (m)
crooked
gekrümmt; gebogen
contorto (m); curvato (m); piegato
(m)
crookedness
Krummschäftigkeit
sinuosità (di un tronco) (f)
crop
Bestand (Bepflanzung)
raccolto (m); scorte (f)
cross bar
Sprosse
piuolo (di una scala) (m); traversa
(f)
cross conveyor
Querförderer
trasportatore trasversale (m)
**cross diameter measuring under
bark**
Kreuzmaß unter Rinde
diametro preso a croce sotto la
corteccia (m)
cross pile
Kreuzstapel
pila di tavole disposte a croce (f)
cross section
Querschnitt
sezione trasversale (f)
cross shake

Kreuzriß; Querriß
frattura (f); spezzatura a croce (f);
fessura radiale (f); spaccatura trasversale (f)
cross sharpening (of saw teeth)
Gratschliff (der Sägezähne)
affilatura diritta (dei denti della sega) (f)
cross stack
Kreuzstapel
pila di tavole disposte a croce (f)
cross tension strength
Querzugfestigkeit
resistenza alla trazione trasversale
(f)
cross-arms
Traversen
traverse (f); bracci trasversali (m)
cross-cut
Hirnschnitt; Trennschnitt
taglio trasversale (m)
cross-cut
kappen
tagliare; mozzare, tagliare a pezzi
cross-cut saw
Ablängsäge; Trennsäge; Kappsäge
sega allungabile (f); sega a taglio
trasversale (f); segone (m); sega da
boscaiolo (f)
cross-cut wood
Hirnholz
legno di punta (m)
cross-cutting
Ablängen des Holzes
taglio longitudinale del legname (m)
cross-cutting and trenching
Abbund
assemblaggio (del legname tagliato
(m)
cross-cutting of logs
Rundholzablängung
taglio trasversale di tronchi (m)
cross-cutting station

Kappstation
luogo destinato al taglio (m)
cross-grain
widerspänig
controfilo (m)
crossband
Anleimer; Absperrfurnier
sporgenza incollata (f); listello incollato (m); impiallacciatura di chiusura (f)
crossed cheque
Verrechnungsscheck
cheque barrato (m)
crossing
Absperrfurnier
impiallacciatura di chiusura (f)
crossing sleeper
Weichenschwellen
traversina per scambio (f); longarina (f)
crown of a tree
Baumkrone
chioma di un albero (f)
crush
stauchen (Sägeblätter)
appiattire (lame di sega)
cubic contents
Rauminhalt
volume (m)
cubic foot
Kubikfuß
piede cubo (m)
cubic inch
Kubikzoll
pollice cubo (m)
cubic meter
Festmeter; Kubikmeter; Raummeter
metro cubo (m)
cultivation
Anzucht; Pflanzung
coltivazione (f); piantagione (f)
cup shake
Halbringschäle

mezzo cerchio annuale del legno (m)
cupboard
Schrank
armadio (m)
cupboard door
Schranktür
sportello dell'armadio (m)
cupboard wall unit
Schrankwand
armadio a muro (m)
cure
aushärten; abbinden (Leim)
indurire
curing temperature
Härtungstemperatur
temperatura di indurimento (f)
curls
Pyramiden (Rohstoff für Furniere)
piramidi (materia prima per impiallacciature) (f)
currency
Währung
valuta (f)
currency clause
Währungsklausel
clausole valutarie (f)
current account
Kontokorrent
conto corrente (m)
current price
Tagespreis
prezzo del giorno (m)
current rate
gültiger Tarif; Tageskurs
tariffa corrente (f); rata del giorno (f); cambio del giorno (m)
curtain rod
Gardinenstange
asta per tendaggio (f)
curve
Rundung
arrotondamento (m); rotondità (f)

curved plywood
Sperrholz, gebogen
legno compensato curvato (m)
custom drying
Lohntrocknung
essiccazione a pagamento (f)
custom sawmill
Lohnsägewerk
segheria a pagamento (f)
custom veneer factory
Lohnmesserwerk
stabilimento di trinciatura a pagamento (m)
customer
Kunde
cliente (m)
customs
Zoll
dogana (f)
customs clearance
Zollabfertigung
sdoganamento (m)
customs declaration
Zollerklärung
dichiarazione doganale (f)
customs duties
Zollgebühr
oneri doganali (m)
cut
einschneiden; schnitzen; schlichten
(schleifen)
segare; tagliare; scolpire nel legno;
levigare; lisciare; smerigliare
cut fixed lengths
bestimmte Längen erzeugen
produrre lunghezze stabilite
cut off
trennen
separare
cut out
ausschneiden (Furnierfehler); ausfräsen
ritagliare, sfrangiare (impiallaccia-

tura irregolare); fresare
cut to lenghts
Länge sägen, auf
segare per lungo
cut to size
Zuschnitt
taglio a misura (m)
cut-out
Ausfräsung
fresatura (f)
cutlery cabinet
Besteckschrank
armadio per le posate (m)
cutter
Fräsmesser
lama (di fresa) rimessa o riportata
(f)
cutter-head debarker
Fräskopfentrinder
scortecciatrice a testa fresante (f)
cutting capacity
Einschnittkapazität; Schnittleistung
capacità di taglio (f); rendimento del
taglio (m)
cutting height
Schnitthöhe
altezza di taglio (f)
cutting loss
Schnittverlust
perdita al taglio (f)
cutting precision
Schnittgenauigkeit
precisione di taglio (f)
cutting resistance
Schnittwiderstand
resistenza al taglio (f)
cutting speed
Schnittgeschwindigkeit
velocità di taglio (f)
cutting tool
Schneidewerkzeug
attrezzo da taglio (m)
cutting width

Schnittbreite
larghezza del taglio (f)
cycle press
Taktpresse
pressa intermittente (f)
cyclone
Späneabscheider; Zyklon
separatore dei trucioli (m); ciclone
(m)
cylinder
Rolle; ylinder; Walze
rullo (m); cilindro (m)
cylinder paper machine
Rundsiebmaschine
vagliatrice cilindrica (f)

D

daily capacity
Tageskapazität
capacità giornaliera (f)
daily output
Tagesausstoß
produzione giornaliera (f)
daily production
Tagesleistung
produzione giornaliera (f)
damage
Schaden
danno (m)
damage by game
Wildschaden
danni causati dalla selvaggina (m)
damage by sea
Havarie
avaria (f)
damage to property
Sachschaden
danneggiamento alla proprietà (m)
damp-proof
naßfest
resistente all'umidita
daylight (press)

Etage (Presse)
piano della pressa (m)
dead branches
Trockenäste
rami secchi (m)
dead freight
Leerfracht; Totfracht
vuoto per pieno (m)
dead knot
toter Ast; Schwarzast
nodo morto (m); ramo morto (m)
dead tree
Baum (abgestorbener)
albero morto, secco (m)
deadweight
Totgewicht
peso morto (m)
deal
Diele
asse per coprire il pavimento (m);
tavola (f)
dealer stock
Handelslager
magazzino commerciale (m)
debark
entrinden; schälen
scortecciare
debarked timber
entrindetes Holz
legno scortecciato (m)
debarker
Entrinder
scortecciatrice (f)
debarking
Entrindung
scortecciamento (m)
debarking drum
Entrindungstrommel
tamburo scortecciatore (m)
debts
Schulden
debiti (m)
deburr

entgraten
spinare
decay
Holzzersetzung
putrefazione del legno (f)
decay
verfaulen
marcire
decay by fungi
Holzzerstörung (durch Pilze)
distruzione del legno causata da
funghi (f)
decayed
faul
marcio (m)
decline of demand
Nachfragerückgang
declino della richiesta (m)
decoration
Ausstattung; Verzierung
arredamento (m); decorazione (f)
decorative
dekorativ
decorativo (m)
decorative board
Dekorplatte; oberflächenvergütete
Platte; Zierplatte
pannello decorativo (m)
decorative coat
Dekorschicht
strato decorativo (m)
decorative film
Dekorfilm
strato sottile di carta decorativa (m)
decorative insulating board
Dekordämmplatte
pannello isolante decorativo (m)
decorative panelling
dekorative Verkleidung
rivestimento decorativo (m)
decorative paper
Dekorpapier
carta decorativa (f)

decorative plywood
Sperrholz, dekorativ
legno compensato decorativo (m)
decorative veneer
Dekorfurnier
impiallacciatura decorativa (f)
decorative wood
Ausstattungsholz
legno decorativo (m)
decorator
Raumausstatter
decoratore d'interni (m)
decrease
nachgeben (im Preis)
diminuire (prezzo)
dedendum radius
Zahnfußradius
raggio del piede del dente (m)
deduction
Abzug
riduzione (f)
defect
Fehler; Schaden
difetto (legno) (m); anomalia (legno
(f); danno (m)
defects
Mängel
difetti (m)
defects in lacquering
Lackierfehler
difetti di verniciatura (m)
deferred
ausgesetzt (Termin)
differito (m)
defibrating
Holzzerfaserung
sfibratura del legno (f)
defibrator
Defibrator; Zerfaserungsmaschine
defibratore (m); defibratrice (f)
deforest
entwalden
disboscare

deforestation
Abholzung; Entwaldung
disboscamento (m)
deform
verformen
deformare
deformation
Verformung
deformazione (f)
deformation due to swelling
Quellverformung
deformazione a causa di rigonfiamento (f)
degrade
abwerten
deprezzare
degree of shrinkage
Schwundmaß
misura di ritiro (f)
dehumidification
Entfeuchtung
deumidificazione (f)
delimb
entasten
diramare, tagliare i rami (ad un
albero)
deliver
liefern
consegnare; fornire
delivery
Auslieferung; Lieferung; Übergabe;
Versand
consegna (f); spedizione (f)
delivery department
Versandabteilung
reparto spedizioni (m)
delivery ex factory
Lieferung ab Werk
consegna ex stabilimento (f)
delivery ex quay
Lieferung ab Kai
consegna ex banchina (f)
delivery note

Lieferschein
buono di consegna (m)
demand
Anfrage; Nachfrage
domanda (f); richiesta (f)
demand of raw material
Rohstoffbedarf
richiesta di materie prime (f)
demurrage
Liegekosten
spese di sosta (f)
dense
dicht
denso (m)
densified wood
Preßvollholz
legno densificato (m)
density
Dichte; Raumgewicht; Rohdichte
densità (f); peso specifico (m)
department
Abteilung
dipartimento (m)
departure
Abfahrt
partenza (f)
deposit
Holzinhaltsstoff
deposito di legname (m)
depth
Tiefe
profondità (f)
depth of penetration
Eindringtiefe
profondità di penetrazione (f)
deresinate
entharzen
deresinare
derrick
Drehkran
gru girevole (f)
desapped
entsplintet (= ohne Splint)

svigorito (m)
desert
Wüste
deserto (m)
desiccated
gedarrt
essiccato (m)
design
Design
progetto (m)
desk
Pult
scrivania (f)
destination
Ankunftsort
destinazione (f)
destination port
Bestimmungshafen
porto (m) di destinazione
destuff the container
Container auspacken
scaricare il container
detail timber trade
Platzholzhandel
commercio di legname al dettaglio
(m)
devaluation
Abwertung (einer Währung)
deprezzamento (di una moneta) (m)
deviation of fibres
Faserabweichung
deviazione di fibre (f)
deviation of size
Maßabweichung
tolleranza dimensionale (f)
dew point
Taupunkt
punto di rugiada (m)
diagonal beam
Schrägbalken
trave diagonale (f)
diagonal bend
Schrägbalken

trave diagonale (f)
diameter
Durchmesser
diametro (m)
diameter increment
Durchmesserzuwachs
aumento del diametro (m)
diameter over bark
Durchmesser mit Rinde (m. R.)
diametro sulla corteccia (m)
die-back
Absterben
deterioramento (m)
digging
Aushub
scavo (m)
dimension lumber
Dimensionsware
legname di misure speciali (m)
dimension stability
Dimensionsstabilität; Formbeständigkeit
stabilità della dimensione (f)
dimensions
Abmessungen
dimensioni (f)
dining recess (furniture)
Eßecke
angolo pranzo (mobilio) (m)
dining room
Eßzimmer
sala da pranzo (f)
dining room furniture
Eßzimmermöbel
mobili per sala da pranzo (m)
dinner wagon
Servierwagen
carrello di servizio (m)
dip
tauchen
immersione
dipped
getaucht

immerso (m)
dipping
tauchen
immersione
dipping (method)
Kurztauchen
immersione rapida (f)
dipping installation
Tauchanlage (Holzschutz)
impianto di bagnatura ad immersione (per la protezione del legno) (m)
dipping method
Tauchtränkung
metodo di trattamento per immersione (m)
direct fastening
Direktbefestigung
fissaggio diretto (m)
direct varnishing
Direktlackierung
verniciatura diretta (f)
direct-to-purchaser sale
Streckengeschäft
vendita diretta (all'acquirente) (f)
direction of grain
Faserverlauf
direzione della venatura (f)
disc sander
Tellerschleifmaschine
smerigliatrice a dischi (f)
discharge into sacks
sacken
insaccare
discharge table
Abrolltisch
tavola di scaricamento (f)
discharge with endless screw
Schneckenaustragvorrichtung
trasportatore a vite perpetua (senza
fine) (m)
discoloured
verfärbt
scolorito (m)

discoloured wood
Holz mit Verfärbungen
legno scolorato (m)
discount
Abzug; Diskont; Rabatt
riduzione (f); ribasso (m); sconto
(m)
discount rate
Diskontsatz
tasso di sconto (m)
disintegration
Zerspanung
trasformazione in trucioli (f)
disk
Scheibe
disco (m)
disk chipper
Scheibenhacker
tagliere a disco (m)
disk refiner
Scheibenrefiner
raffinatore a disco (m)
disk shaver
Scheibenhobelmaschine
piallatrice a disco (f)
dismantling
Abbau; Demontage
smantellamento (m); demolizione (f)
dispatch
Versand
spedizione (f)
dispatch service
Versandabteilung
reparto spedizioni (m)
dispatch specification
Versandabmessungen
dimensioni del carico (f)
dispersal
Verbreitung
diffusione (f)
dispersion paint
Dispersionsfarbe
pittura di dispersione (f)

dispute
Streit
disputa (f); controversia (f)
distance
Abstand
distanza (f)
distillation
Destillation
distillazione (f)
distrain
pfänden
pignorare
distress
Pfändung
pignoramento (m)
divan
Liege
divano (m)
dividend
Dividende
dividendo (m)
division
Abteilung
dipartimento (m)
dock
Hafenbecken
bacino del porto (m)
dock dues
Dockgebühren
diritti di porto (m)
dock gate
Hafenschleuse
chiusa del porto (f)
dock workers
Schauerleute
lavoratori portuali (m)
dockers
Schauerleute
lavoratori portuali (m)
documents against payment
Dokumente gegen Zahlung
documenti contro pagamento (m)
dog-kennel

Hundehütte
canile (m)
domestic (homegrown) round
logs
Rundholz, einheimisches
legname tondo domestico (cresciutc
in loco) (m)
domestic consumption
Inlandsverbrauch
consumo locale (m)
domestic demand
Inlandsnachfrage
domanda locale (f)
domestic market
Binnenmarkt
mercato interno (m)
door
Tür
porta (f)
door blade
Türblatt
battente della porta (m)
door element
Türelement
elemento di porta (m)
door frame
Türrahmen; Türumrahmung
telaio della porta (m); intelaiatura
della porta (f)
door hinge
Türangel
cardine della porta (f)
door lock
Türschloß
serratura della porta (f)
door mill
Türenfabrik
fabbrica di porte (f)
door sill
Türschwelle
soglia della porta (f)
door with round arch
Tür mit Rundbogen

porta ad arco romano (f)
door-handle
Türgriff
maniglia della porta (f)
door-panel
Türfüllung
pannello della porta (m)
door-profile
Türprofil
profilo di porta (m)
dormer
Dachgaube
abbaino (m)
dosing baffle
Dosierblech
lamiera di dosaggio (f)
dosing device
Dosiereinrichtung
dispositivo desatore (m)
dosing funnel
Dosierkasten
tramoggia di dosaggio (f)
double automatic saw
Doppeltrennsäge (automatische)
sega automatica doppia (f)
double bottom
Doppelboden
doppio fondo (m)
double cut
Doppelschnitt
doppio taglio (m)
double cut-off saw
Doppelabkürzsäge
sega a doppio taglio (f)
double cutting frame saw
Nachschnittgatter
sega verticale alternativa di ripresa
(f)
double door
Flügeltür
porta a due battenti (f)
double edger
Doppelbesäumer

bordatrice parallela (f)
double glazed window
Verbundfenster
finestra a doppio vetro (f)
double sleeper
Doppelschwelle
traversa doppia (f)
double swing door
Pendeltür
porta a vento (f)
double window
Kastendoppelfenster
finestra doppia (f)
double-end shaping machine
Doppelendprofiler
profilatrice doppia (f)
double-glazed window
Doppelfenster
doppia finestra (f)
Douglas Fir
Douglasie
abete Douglas (m); pino dell'Oregon
(m)
Doussié
Doussié
Afzelia (f)
dovetail
Schwalbenschwanz
incastro a coda di rondine (m)
dovetail cutting machine
Schwalbenschwanzfräsmaschine
fresatrice a coda di rondine (f)
dovetailing machine
Zinkenfräsautomat; Schwalbenschwanzfügemaschine
fresatura automatica per incastro a
coda di rondine (f); macchina per
fare gli incastri a coda di rondine (f)
dowel
Dübel; Keil; Zapfen
tassello (f); caviglia (m); cavicchio
(m); cuneo (m); bietta (f); zeppa (f);
tenone (m); maschio d'incastro (m)

dowel and tenon plane saw
Zapfenplansäge
sega portatile per agguagliare i
tenoni (f)
dowel for concrete sleepers
Dübel für Betonschwellen
caviglia, perno per travetti in cemento (f)
dowel rod
Rundstab
bacchetta (f); verga (f); bastoncino
(m)
dowel-boring machine
Dübelbohrmaschine
perforatrice a caviglia (f)
draft
Tratte; Wechsel
tratta (f)
drain
entwässern
drenare
drainage
Entwässerung
drenaggio (m)
drawer
Schubkasten; Schublade
cassetto (m)
drawer clamp
Schubkastenpresse
incastro per cassetto (m)
drawing board
Zeichenbrett
tavola da disegno (f)
drawing table
Zeichentisch
tavolo da disegno (m)
dress
egalisieren; zurichten
eguagliare; appianare; preparare
dresser
Kommode
cassettone (m); canterano (m)
dressing (surfacing) machine

Abrichte
macchina spianatrice (f)
dried
getrocknet
secco (m); essiccato (m)
drier
Trockner
essiccatoio (m)
drier control system
Trocknersteuerung
sistema di controllo dell'essiccatoio
(f)
drier entrance
Trocknereingang
entrata dell'essiccatoio (f)
drier outlet
Trocknerausgang
uscita dall'essiccatoio (f)
drill
Bohrer; Drillbohrer
succhiello (m); trivella (f); trapano
(m)
drill
bohren
trapanare
drill diameter
Bohrungsdurchmesser
diametro della perforazione (m);
calibro (m)
drill-gun
Handbohrmaschine
perforatrice portatile (f)
drilling jig
Bohrschablone
crivello di perforazione (m)
drilling machine
Bohrmaschine
trapano (m)
driving belt
Treibriemen
cinghia di trasmissione (f)
driving motor
Antriebsmotor

motore di comando (m)
driving shaft
Antriebswelle
albero motore (m)
dropping direction
Fällrichtung
direzione di caduta (f)
drought
Dürre
siccità (f)
drum
Trommel
tamburo (m)
drum chipper
Trommelhacker
trinciatore a tamburo (m)
drum debarker
Trommelentrinder
scortecciatrice a tamburo (f)
drum mixer
Trommelmischer
miscelatore a tamburo (m)
drum sander
Zylinderschleifmaschine
rettificatrice per cilindri (f)
dry
trocken
secco (essiccato) (m)
dry bulb
Trocknerthermometer
termometro a secco (m)
dry heart
Trockenkern
cuore (del legno) secco (m); nucleo
(del legno) secco (m)
dry knots
Trockenäste
rami secchi (m)
dry rot
Trockenfäule
marciume secco (m)
dry season
trockene Jahreszeit

stagione secca (f)
dry weight
Darrgewicht
peso a secco (m)
dry zone
Trockenzone
zona secca (f)
dry-wood insects
Trockenholzinsekten
insetti di legname secco (m)
drying
Trocknung
essiccazione (f)
drying capacity
Trocknungskapazität
capacità di essiccazione (f)
drying costs
Trocknungskosten
costi di essiccazione (m)
drying defects
Trocknungsfehler
difetti di essiccazione (m)
drying diagram
Trocknungsdiagramm
diagramma di essiccazione (f)
drying method
Trockenverfahren
metodo di essiccazione (m)
drying shed
Trockenschuppen
magazzino per l'essiccazione del
legno (m)
drying shelter
Trocknungsschutzdach
capannone di essiccazione (m)
drying time
Trocknungsdauer
durata di essiccazione (f)
drying velocity
Trocknungsgeschwindigkeit
velocità di essiccazione (f)
duplicate invoice
Rechnungskopie

duplicato di fattura (m)
durability
Dauerhaftigkeit; Haltbarkeit
durata (f)
durable
dauerhaft
durevole
dust contents
Staubgehalt
quantità di polvere (f)
dust exhaust plant
Staubabsauganlage
impianto di aspirazione della polvere (m)
dust explosion
Staubexplosion
esplosione di polvere (f)
dust extraction
Absaugung
aspirazione (f)
dust filter
Staubfilter
filtro della polvere (m)
dust separator
Staubabscheider
separatore della polvere (m)
duty
Zoll
dogana (f)
duty free
zollfrei
esente da dogana
dyewoods
Farbhölzer
legni tintori (m)
dying tree
Baum (absterbender)
albero morente (m)

E

East European timber
osteuropäisches Schnittholz
legname dell'Europa dell'est (m)
easy chair
Sessel
poltrona (f)
ebony
Ebenholz
ebano (m)
ecology
Ökologie
ecologia (f)
economic recession
Wirtschaftsflaute
recessione economica (f)
economic situation
Wirtschaftslage
situazione economica (f)
edge
Kante
angolo (m); bordo (m); spigolo (m)
edge
besäumen
squadrare; rifilare
edge bonding
Kantenverklebung
incollaggio degli spigoli (m)
edge coating
Kantenbeschichtung
rivestimento dei bordi (m)
edge fibre
Randfaser
fibra marginale (f)
edge gluing
Kantenverleimung; Kantenumleimung
incollaggio degli spigoli (m); incollaggio sugli spigoli (m)
edge lining
Kantenverkleidung
rivestimento degli orli (m)

edge polishing machine
Kantenschleifmaschine
lucidatrice degli orli (f)
edge protection
Kantenschutz
protezione degli spigoli (f)
edge shake
Kantenriß
screpolatura d'angolo (f); spaccatura d'angolo (f)
edge trimming saw
Längsbesäumsäge
sega sbavabordi (f)
edge-knots
Kantenäste
nodi degli spigoli (m)
edger
Besäumer
tagliatore (m); squadratore (m)
edging
Besäumung
bordatura (f); squadratura (f)
edgings
Spreißel (-holz)
orlatura (f); bordatura (f)
edition
Ausgabe (Aktien, Zeitung)
uscita (azioni, giornale) (f)
education
Ausbildung
formazione (f)
effective area
Nutzfläche
area effettiva (f); area utilizzabile (f)
efficiency
Wirkungsgrad
efficienza (f)
efficiency factor
Leistungsfaktor
fattore di efficienza (m)
efficient
leistungsstark
efficiente (m)

eight-cylinder frame saw
Acht-Walzen-Gatter
telaio di sega a otto cilindri (f)
eject
auswerfen
gettar fuori
ekki
Azobe; Bongossi
azobe; Bongossi
elastic module
Elastizitätsmodul
modulo di elasticità (m)
elastic spring-frame
Sprungrahmen
telaio molleggiato elastico (m)
elasticity
Elastizität
elasticità (f)
electric fork-lift
Elektrostapler
accatastatore elettrico (m)
electric line
elektrische Leitung
linea elettrica (f)
electric moisture meter
Holzfeuchtemesser (elektrisch)
misuratore elettrico dell'umidità del
legno (m)
electric motor
Elektromotor
motore elettrico (m)
electrician
Elektriker
elettricista (m)
electronic control
elektronische Steuerung
controllo elettronico (m)
electronic sorting
elektronische Sortierung
selezione elettronica (f)
elm
Rüster; Ulme
olmo (m)

embargo
Handelssperre
embargo (m)
embossing machine
Prägemaschine
punzonatrice (f)
emission
Ausgabe (Aktien, Zeitung)
uscita (azioni, giornale) (f)
employed capital
Kapital, eingesetztes
capitale impiegato (m)
employee
Arbeitnehmer
impiegato (m)
employees
Beschäftigte
persone impiegate (f)
employer
Arbeitgeber; Unternehmer
datore di lavoro (m); imprenditore
(m)
employment
Verwertung
utilizzazione (f)
enamel
lackieren
verniciare
enamelled hardboard
Hartfaserplatte, lackiert
pannello di fibre dure laccato (m)
encashment
Inkasso
incasso (m); riscossione (f)
end check
Endkontrolle
controllo finale (m)
end grain timber
Hirnholz
legno di punta (m)
end shake
Endriß
fenditura d'estremità (f)

end stain
Einlauf
imbocco (m)
end user
Endverbraucher
utente (m); consumatore (m)
endorsement
Indossament
girata (di cambiali e simili) (f)
ends
Enden; Kürzungen; Kürzungsbretter
tralci (m); raccorciamenti (m); tralcio
da frutto tagliato corto (m)
engineer
Ingenieur
ingegnere (m)
enterprise
Unternehmen
impresa (f); azienda (f)
entrance door
Eingangstür
porta d'entrata (f)
environmental protection
Umweltschutz
protezione dell'ambiente naturale (f)
equilibrium moisture contents
Holz-Ausgleichsfeuchte; Ausgleichsfeuchte
equilibrio di umidità del legno (m);
umidità equilibrata (f)
erection
Aufstellen (einer Maschine)
installazione (di una macchina) (f)
erosion
Erosion
erosione (f)
erosion protection
Erosionsschutz
protezione contro l'erosione (f)
estimate
Voranschlag
previsione (f); estimativo (m); budget (m)

estimate
schätzen
stimare
estimated price
Schätzpreis
prezzo stimato (m)
eucalypt wood
Eukalyptus
eucalipto (m)
evaporation
Verdunstung
evaporazione (f)
ex factory
ab Werk; ab Fabrik
franco stabilimento; franco fabbrica
ex mill
ab Fabrik
franco fabbrica
ex stock
Lieferung ab Werk
consegna ex stabilimento (f)
ex store
ab Lager
franco magazzino
ex warehouse
ab Lager
franco magazzino
ex works
ab Werk
franco stabilimento
examine
untersuchen
esaminare
excavation
Aushub
scavo (m)
excavator sleepers
Baggerschwellen
longarine dell'escavatore (f)
exceed
überschreiten
oltrepassare; eccedere
excess pressure

Überdruck
sovrapressione (f)
excessive felling
Übernutzung
sfruttamento eccessivo (m)
exchange
Währung
valuta (f)
exchange of cutters
Messerwechsel
cambio di coltelli (m)
exchange rate
Devisenkurs
rata di cambio (f)
executive board
Vorstand
consiglio d'amministrazione (m)
executive chair
Chefsessel
poltrona da direttore (f)
executive director
Geschäftsführer
amministratore (m)
exhaust
Absaugung
aspirazione (f)
exhaust
saugen
aspirare
exhaust hood
Absaughaube
calotta d'aspirazione (f)
exhaust pipe
Absaugrohr
tubo d'aspirazione (m)
exhibition stand
Ausstellungsstand
stand di esposizione (m)
expenses
Spesen
spese (f)
expert
Fachmann; Gutachter; Sachver-

ständiger
esperto (m); specializzato (m); specialista (m); perito (m)
expert for fire protection
Sachverständiger f. Feuerschutz
esperto per la protezione contro gli incendi (m)
exploitable
verwertbar
utilizzabile
exploitation
Holznutzung
sfruttamento del legno (m)
export
Export
esportazione (f)
export certificate
Ausfuhrnachweis
certificato di esportazione (m)
export license (licence)
Ausfuhrgenehmigung
licenza di esportazione (f)
exporter
Exporteur
esportatore (m)
extend a bill
Wechsel verlängern
prolungare una tratta
extending table
Ausziehtisch
tavolo allungabile (m)
exterior
außen
esteriore
exterior application
Außenanwendung
applicazione esterna (f)
exterior grade plywood
Außensperrholz
legno compensato per l'esterno (m)
exterior use
Außenverwendung
uso esterno (m)

external door
Außentür
porta esterna (f)
external wall
Außenwand
parete esterna (f)
extra freight
Mehrfracht
costo di trasporto supplementare (m)
extraction of timber
Holzbringung
taglio del legname (m); estrazione di assi (f)
extruder
Extruder
trafila (f)
extrusion press for chipboards
Strangpresse für Spanplatten
pressa per espellere pannelli di truciolato (f)

F

f.o.b.; fob (free on board)
f.o.b. (frei an Bord)
franco bordo
face
Seite; Stirnfläche; Brettseite; Oberseite (eines Brettes); Vorderseite
lato dell'assicella (m); lato superiore (di un asse) (m); lato (m); costa (f); facciata (f); frontale (m); parte anteriore (f)
face
beschichten
laminare
face layer
Deckschicht
strato di superficie (m)
face material
Deckschichtspäne
trucioli per strati di superficie (m)

face measure
Flächenmaß
misura di superficie (f)
face veneer
Deckfurnier
impiallacciatura esterna (f)
face-veneer
Edelfurnier
impiallacciatura esterna (f)
facing board
Blindholz
legno appannato (m)
facing panels
Abdeckplatten
pannelli di ricoprimento (m)
factory
Fabrik
stabilimento (industriale) (m); fabbrica (f)
faggot stake
Faschinenpfahl
palo (di sostegno) (m); piuolo (m); paletto per fascine (m)
Fair Average Quality (FAQ)
Gute Kaufmannsware (Qualitätsbegriff für überseeisches Rundholz)
qualità commerciale media (f)
falling lengths
fallende Längen
lunghi cadenti (m)
falling widths
fallende Breiten
tronconi larghi (m)
false acacia
Robinie
robinia (f)
false annual ring
falscher Jahrring
anello annuale erroneo (m)
false heartwood
Falschkern
falsa anima del legno (f)
fascine

Faschine
fascina (f)
fast growing
schnellwüchsig
crescita rapida (f)
fasten
klammern
stringere con morsetti
fastening and securing products
Befestigungsmittel
prodotto di fissaggio (m)
fathom
Faden (Holzmaß) = 216 Kubikfuß = ca. 6,1 m^3
braccio (unità di misura) piede cubo = circa 6,1 m^3 (m)
feed
Vorschub
avanzamento (m); alimentazione (f)
feed chain
Vorschubkette
catena di avanzamento (f)
feed gear
Vorschubgetriebe
ingranaggio di avanzamento (m);
feed installation
Vorschubapparat
impianto di avanzamento (m)
feed rate
Vorschubgeschwindigkeit
velocità di avanzamento (f)
feed-in cross-conveyor
Langholzquerförderer
convogliatore trasversale per il deposito di trucioli (m)
feeding-speed
Vorschubgeschwindigkeit
velocità di avanzamento (f)
fell
fällen; einschlagen
abbattere; tagliare
felled
gefällt

abbattuto (m)
felling
Fällen (von Bäumen); Einschlag;
Holzeinschlag
abbattere (alberi) (m); taglio (d'un
bosco) (m)
felling machine
Fällgerät
macchina abbattitrice (f)
felling plan
Hiebplan
piano di sfruttamento (m)
felling quantity
Einschlagsmenge
quantità del taglio (f)
felling shake
Fällriß
frattura (f); spezzatura (f); fenditura
d'abbattimento
felt
Filz
feltro (m)
fence
Zaun
recinzione (f)
fence-post
Zaunpfahl
palo di recinzione (m)
fencing pole
Zaunstange
stecconata (f)
ferrule
Zwinge
morsetto (m)
ferry
Fähre
chiatta (f); traghetto (m)
fibre
Bast; Faser
filaccia (f); fibra (f)
fibre combination board
Verbundfaserplatte
pannello di fibre composte (m)

fibre saturation point
Fasersättigungspunkt
punto di saturazione delle fibre (m)
fibreboard
Faserplatte
pannello di fibre (m)
fibreboard drier
Faserplattentrockner
essiccatore per pannelli di fibre (m)
fibreboard press
Faserplattenpresse
pressa per pannelli di fibre (f)
fibrous
faserig
fibroso (m)
Fifth quality
Quinta (V)
quinta qualità (f)
figured
gemasert; geflammt; pommeliert
marezzato (m); pomellato (m)
figured texture
Maserung
venatura (f); marezzatura (f)
figured timber
Maserhölzer
legno venato (o marezzato) (m)
filing case
Karteikasten
schedario (m)
filler
Spachtel
spatola (f)
fillers
Spachtelmasse
mastice (m)
film
Folie
foglio (m); lamina (f)
film coated shuttering board
befilmte Schalungstafel
pannello di copertura plastificato
(m)

film-coated
filmbeschichtet
plastificato (ricoperto con una lamina) (m)
film-packaged
folienverpackt
imballato in fogli plastici (m)
filter
Filter
filtro (m)
final cut
Endnutzung
taglio finale (m)
final grading
Endsortierung
classificazione finale (f)
final inspection
Endabnahme
ispezione finale (f)
final moisture
Endfeuchte
umidità finale (f)
final moisture
endtrocken
essiccazione finale (f)
final trimming
Endbesäumung
rifinitura finale (f)
finance department
Finanzwesen
servizio delle finanze (m)
financial year
Rechnungsjahr
anno finanziario (m)
fine porous
feinporig
poroso fine (m)
fine-grained
feinjährig
fibra fine (f)
fine-striped
feinstreifig
rigato; striato fine (m)

finger-joint
Keilzinken
giunto a cuneo (m)
finger-joint
keilverzinken
congiungere punta a punta
finger-jointing cutter
Keilzinkenfräse
fresa di giuntura punta a punta (f)
finger-jointing equipment
Keilverzinkungsanlage
apparecchiatura per congiuntura punta a punta (f)
finger-jointing line
Keilzinkenanlage
linea di giuntura punta a punta (f)
finger-jointing press
Keilzinkenpresse
pressa di giuntura punta a punta (f)
finish
Oberfläche (Möbel)
superficie (di un mobile) (f)
finish dry
nachtrocknen
essiccare ulteriormente
finishing
Endbearbeitung
finitura (f); rifinitura (f)
finishing line
Endfertigungsstrasse
catena di rifinitura (f)
fir
Tanne
abete bianco (o comune) (m)
fire insurance
Feuerversicherung
assicurazione contro l'incendio (f)
fire retardant plywood
Sperrholz, schwer entflammbar
legno compensato resistente al fuoco (m)
fire scar
Brandnarbe

marchio a fuoco (m)
fire wood
Brennholz
legno per fuoco (m)
fire wood bundling machine
Brennholzbündelmaschine
impacchettatrice per legno da bruciare (f)
fire-extinguisher
Feuerlöscher
estintore d'incendio (m)
fire-proof
feuerfest
resistente al fuoco
fire-resistant
schwer entflammbar
resistente al fuoco
fire-resistant door
Feuerschutztür; feuerfeste Tür
porta antincendio (f); porta resistente al fuoco (f)
fire-retardant
feuerhemmend
ignifugo (m)
fire-retardant chipboard
feuerhemmende Spanplatte
pannello di trucioli resistente al fuoco (m)
fireman
Heizer
fuochista (m)
firewood trade
Brennholzhandel
commercio di legname da bruciare (m)
first class quality
Qualität (hochwertige)
qualità superiore (f)
Firsts and Seconds
FAS
qualità I & II (f)
fiscal year
Rechnungsjahr

anno finanziario (m)
fitment
Einbauelement
elemento (mobile) da incasso (m)
fitting
Montage
montaggio (m); assemblaggio (m)
fittings
Beschläge
equipaggiamento (m)
fittings for roller shutters
Rolladenbeschläge
accessori per persiane avvolgibili (m)
fittings for swivel chairs
Drehstuhlbeschläge
arnesi per poltrone girevoli (m)
fix
befestigen
fissare
fixed dimensions
Fixmaße
dimensioni fisse (f)
fixing letter
Schlußbrief
conferma di vendita (f)
fixing of saw blade
Sägeblatteinspannen
fissare le lame della sega
flag pole
Fahnenstange
asta (o pennone) della bandiera (f)
flame
flammen
marezzare
flamed plywood
Sperrholz, geflammt
legno compensato marezzato (m)
flammability
Entflammbarkeit
infiammabilità (f)
flamy
geflammt

marezzato (m)
flash point
Flammpunkt
punto d'infiammabilità (m)
flat chip
Flachspan
truciolo piatto (m)
flat cut
Fladerschnitt
taglio tangenziale (m)
flat insulating board
Flachdämmplatte
pannello isolante piatto (m)
flat knot
Ast, flacher
nodo piatto (m)
flat palette
Flachpalette
paletta piatta (f)
flat wagon
Flachwagen
vagone-piattaforma (m)
flax
Flachs
lino (m)
flax-shive particle board
Flachsspanplatte
pannello di particelle di lino (m)
flaxboard
Flachsplatte
pannello di lino (m)
flexible door
Schwingtor
porta battente (che si chiude da se)
(f)
flitch
Flitch
lardello (m); lardone (m) d'albero
float
flößen
trasportare con zattera
floated wood
Floßholz

legname trasportato sulla corrente
di un fiume (m)
floating
Trift
trasporto di legname a mezzo corrente del fiume o zattera (m)
flood
Überschwemmung
inondazione (f)
flooding
Überflutung
inondazione (f)
floor
Fußboden; Stockwerk
impiantito (m); pavimento (m)
piano (di edificio) (m)
floor covering
Bodenbelag
applicazioni per pavimenti (f)
floor renovation
Altbodenerneuerung
rinnovo di vecchio pavimento (m)
flooring blocks
Parkettfriese
strisce di parquet (f)
flooring board
Bodenbrett; Diele
asse da pavimento (m); asse per
coprire il pavimento (m); tavola (f)
flooring strips
Parkettfriese
strisce di parquet (f)
flowery
blumig (Furnier)
impiallacciatura attorcigliata (f)
flush
bündig
paro (a...); livello (a...)
flush joint
Stoßverbindung
giunzione ad attestature (f)
flute
Rille

solco (m); scanalatura (f)
fluted
geriffelt
scanalato (m)
fluted log
spannrückiger Stamm
legno con contrafforti (m)
fluted roll
Riffelwalze
cilindro scanalato (f)
foam rubber
Schaumgummi
gommapiuma (f)
fob (free on board)
frei an Bord
franco bordo
foil
Folie
foglio (m); lamina (f)
fold
falzen
piegare; scanalare (falegnameria)
folding door
Falttür
porta pieghevole (f)
folding wainscot
Faltwand
rivestimento a pannelli di legno
pieghevole (m)
foot (1' = 30,48 cm)
Fuß (Maßeinheit)
piede (1' = 30,48 cm) (m)
foot board
Trittbrett
pedana (f); predellino (m)
foot diameter
Fußdurchmesser
diametro a piè (m)
foot rule
Zollstock
metro (pieghevole) (m)
force
Kraft

forza (f); energia (f)
force majeure
höhere Gewalt
forza maggiore (f); atti di Dio (m)
foreign exchange
Devisen
divisa (f); valuta straniera (f)
foreign trade
Außenhandel
commercio estero (m)
foreman
Vorarbeiter
capo-officina (m)
forest
Wald
bosco (m)
forest aisle
Schneise
pista tagliata attraverso il bosco (f)
forest concession
Waldkonzession
concessione forestale (f)
forest conservation
Walderhaltung
conservazione boschiva (f)
forest crime
Waldfrevel
offesa (atto vandalico) al bosco (f)
forest crop
Waldbestandsdichte
consistenza del patrimonio forestale
(f)
forest demolition
Waldvernichtung
distruzione del bosco (f); devastazione del bosco (f)
forest die-back
Waldsterben
deperimento del bosco (m)
forest estate
Waldbesitz
proprietà boschiva (f)
forest in use

Wald, bewirtschaftet
bosco in esercizio (m)
forest law
Forstgesetz
legge forestale (f)
forest management
Waldbewirtschaftung
amministrazione forestale (f)
forest measurement
Forstvermessung
misurazione del bosco (f)
forest offence
Waldfrevel
offesa (atto vandalico) al bosco (f)
forest products
Erzeugnisse des Waldes
prodotti boschivi (m)
forest protection
Forstschutz
protezione boschiva (f)
forest ranger
Waldhüter
guardia forestale (f)
forest reserve
Schutzwald
bosco protetto (m)
forest road construction
Forstwegebau; Waldwegebau
costruzione di strade boschive (f);
costruzione di strade nel bosco (f)
forest road maintenance
Forstwegeunterhaltung
manutenzione di strade boschive (f)
forest taxation
Forst-Taxation
tassazione di bosco (f)
forest thinning
Durchforstung
disboscamento (m)
forest type
Waldtyp
tipo di bosco (m)
forest utilisation

Waldnutzung
utilizzazione forestale (f)
forest worker
Forstarbeiter; Waldarbeiter
operaio forestale (m)
forester
Förster
guardia forestale (m); guardaboschi
(m)
forestry seed
Forstsamen
sementi per silvicultura (f)
fork lift
Gabelstapler
accatastatore a forcella (m)
fork-tops
Pyramiden (Rohstoff für Furniere)
piramidi (materia prima per impiallacciature) (f)
form
einschalen
formare
formaldehyde
Formaldehyd
formaldeide (m)
formation
Ausbildung
formazione (f)
formation of cell
Zellbildung
formazione di cellule (f)
forming belt
Formband
correggia per il getto in forma (f)
forming line
Formkette
catena di sagomatura (f)
forming line for chipboards
Formstraße für Spanplatten
catena di sagomatura per pannelli
di trucioli (f)
forming line for fibreboards
Formstraße für Faserplatten

catena di sagomatura per pannelli di fibra (f)

forming station
Formstation
luogo di sagomatura (m)

formpressed plywood
Formsperrholz
legno compensato sagomato (m)

formwork
Einschalung
cassaforma (f)

formwork board
Schalbrett
tavola di copertura (f)

formwork panel
Schalungstafel
pannello di rivestimento (m)

forward delivery
Terminlieferung
consegna a termine (f)

forward purchase
Termineinkauf
acquisto a termine (m)

forwarding agent
Spediteur
spedizioniere (m)

foundation
Fundament
fondazione (f)

foundry
Gießerei
fonderia (f)

four edge trimming saw
Vierseitenbesäumsäge
sega squadratrice (f)

four-side working
vierseitige Bearbeitung
lavorazione su quattro lati (f)

four-sided planer
Vierseitenhobelmaschine
piallatrice a quattro facce (f)

Fourth quality
Quarta (IV)

quarta qualità (f)

fracture
Bruch
frattura (f); rottura (f)

frame
Rahmen; Zarge
cornice (f); telaio (m); intelaiatura (f

frame cramping machine
Rahmenpresse
morsettatrice per telaio (f)

frame jointing
Rahmenverbindung
assemblaggio di telai (m)

frame saw
Gatter; Sägegatter; Vollgatter
sega a lame multiple (f); sega verticale alternativa (f); telaio a più seghe (o lame) (m)

frame saw blade
Gattersägeblatt
lama per sega a lame multiple (f)

frame saw carriage
Gatterspannwagen
carrello per sega a lame multiple (m)

frame saw gauge
Gatterlehre
calibro a telaio porta-lame (m)

frame saw line
Gatterlinie
catena a sega a lame multiple (f)

frame saw operator
Gatterführer
operatore di sega a lame multiple (m)

frame saw tensioner
Gatterspanner
tenditore di lame di sega a lame multiple (m)

frame saw with lateral adjustmen
Gatter mit Seitenverstellung
sega a lame multiple a spostament(laterale (f)

frame-work
Fachwerk
traliccio (m)
free alongside ship
f.a.s.
franco bordo nave
free from wear and tear
verschleißfest
resistente all'usura
free of defects
fehlerfrei; mängelfrei
senza difetti
free of heart
herzfrei
fuori centro (m); cuore (senza) (m)
free of knots
astrein; astfrei
libero da nodi (m)
free of knots both sides
astfrei, beidseitig
libero da nodi ... su entrambi i lati
(m)
free of resin
harzfrei
senza resina (f)
free of sap
splintfrei
alburno (senza...) (m)
free of splits
bruchfrei
spaccatura (senza...) (f)
free on board (f.o.b.)
frei an Bord
franco bordo
freight
Fracht
nolo (m); carico (m)
freight charges
Frachtkosten
spese di trasporto (f)
freight prepaid
frachtfrei
porto pagato (m)

freight space
Frachtraum; Schiffsraum
cala (f); stiva (f)
French doors
Fenstertüren
porte-finestre (f)
French Walnut
Französisch Nußbaum
noce francese (m)
fresh air
Frischluft
aria fresca (f)
fresh cut
frisch gefällt
taglio fresco (m)
fresh water
Süßwasser
acqua dolce (f)
freshly felled
frisch gefällt
taglio fresco (m)
fretsaw
Laubsäge
sega da traforo (f)
fretsaw blade
Laubsägeblatt
lama di sega da traforo (f)
friction
Reibung
attrito (m)
frictional resistance
Reibungswiderstand
resistenza all'attrito (f)
frieze
Fries
rascia (f); frisone (m)
front
Vorderseite
parte anteriore (f)
front-door
Haustür
porta d'entrata (f)
front-lift truck

Frontstapler
accatastatore frontale (m)
frontier
Grenze
frontiera (f)
frost crack
Frostriß
spaccatura da gelo (f)
frost heart
Frostkern
cuore (legno) spaccato da gelo (m)
frost resistance
Frostbeständigkeit
resistenza contro il gelo (f)
frost shake
Frostriß
screpolatura da gelo (f)
frost-rib
Frostleiste
costa (f); nervatura (danno degli
alberi per il gelo) (f)
fruit box
Obstkiste
cassetta da frutta (f)
fruit case
Obstkiste
cassetta da frutta (f)
fruit plantation
Obstplantage
frutteto (m)
fruit tree
Obstbaum
albero da frutto (m)
fuel
Kraftstoff
carburante (m)
fuel pump
Kraftstoffpumpe
pompa del carburante (F)
fuel tank
Kraftstofftank
serbatoio carburante (m)
fuel wood

Brennholz
legno per fuoco (m)
full-cell pressure treatment
Vollimprägnierung
procedimento d'impregnazione
completa (m)
fully automatic
vollautomatisch
automatico interamente (m)
fumed oak
Räuchereiche
quercia fumigata (f)
fungal attack
Schwammbefall
attacco da fungo
fungal decay
Pilzbefall
putrefazione da fungo (f)
fungicide
Pilzschutzmittel
funghicida (m)
fungus
Pilz; Schwamm
fungo (m)
fungus attack
Pilzbefall
putrefazione da fungo (f)
**fungus protection of high effi-
ciency**
Vollpilzschutz
funghicida di alta efficacia (f)
furnish
liefern
consegnare; fornire
furniture
Möbel
mobili (m)
furniture element
Möbelelement
elemento di mobili (m)
furniture factory
Möbelfabrik
fabbrica di mobili (f)

furniture films
Möbelfolien
laminati per mobili (m)
furniture fittings
Möbelbeschläge
accessori per mobili (m)
furniture for dining room
Speisezimmermöbel
mobili per sala da pranzo (m)
furniture for young people
Jugendzimmermöbel
mobilio per persone giovani (m)
furniture glide
Gleiter für Möbel
scivolatore per mobili (m)
furniture industry
Möbelindustrie
industria del mobile (f)
furniture parts
Möbelteile
parti di mobili (f)

G

gable
Dachgiebel
comignolo (m)
gaboon
Okoumé
okoumé
gallery
Fraßgang
foro di trivella (m); galleria (f)
gamekeeper
Wildhüter
guardiacaccia (m)
gangway
Laufsteg
passerella (f)
gantry crane
Portalkran
gru con incastellatura a portale (f)
garden bench

Gartenbank
panca da giardino (f)
garden fence
Gartenzaun
recinzione da giardino (f)
garden gate
Gartentor
cancello da giardino (m)
gasket
Dichtung
guarnizione (f)
gate
Tor
portale (m); cancello (m)
gear
Zahnrad
ruota dentata (f)
gear drive
Zahnradantrieb
comando a ingranaggi (m)
geared motor
Getriebemotor
motore d'ingranaggio (m)
general director
Generaldirektor
direttore generale (m)
generator
Generator
generatore (m)
germ cell
Keimzelle
germoglio iniziale (m)
German Industrial Standards
DIN-Normen
Norme Industriali Tedesche (f)
get blue
verblauen
diventare bleu
get mouldy
schimmeln
ammuffire
gilded cornice
Goldleiste

listello dorato (m)
girdle
ringeln
inanellare
girth
Umfang
circonferenza (f)
give notice
Vertrag kündigen
rescindere un contratto
glass plate
Glasplatte
lastra di vetro (f)
glaze
lasieren
verniciare con vernice trasparente
glazeable
lasierfähig
adatto a ricevere una mano di vernice trasparente (m)
glazier
Glaser
vetraio (m)
glazier's shop
Glaserei
vetreria (f)
glue
Klebstoff; Leim
colla (f)
glue
verleimen; zusammenleimen
incollare
glue blender
Leimmischer
miscelatore di colla (m)
glue circulation pump
Leimumwälzpumpe
pompa di circolazione della colla (f)
glue film
Leimfilm
strato di colla (m)
glue joint break
Leimbruch

rottura nel giunto d'incollaggio (f)
glue mix
Leimflotte
miscuglio di colla (m)
glue press
Leimpresse; Verleimpresse
pressa d'incollaggio (f); pressa per incollare (f)
glue pump
Leimpumpe
pompa da colla (f)
glue remover
Leimentferner
decapante per colla (m)
glue residues
Leimrückstände
residui di colla (m)
glue solution
Leimansatz
preparazione di colla (f)
glue spraying gun
Leimspritzpistole
pistola a spruzzo per colla (f)
glue-on ledge
Anleimer
sporgenza incollata (f); listello incollato (m)
glued joint
Leimfuge
giunto incollato (m)
glued plywood
Sperrholz, verleimt
legno compensato incollato (m)
glued timber-construction
Leimbinder
legno lamellato-incollato (m)
glued wood construction
Holzleimbau
costruzione in legno lamellato-incollato (f)
gluelam
Schichtholz
legno a strati incollato (compensato)

(m)
gluelam board
Schichtholzplatte
pannello laminato (m)
gluing fault
Beleimfehler
difetto d'incollaggio (m)
gluing installation
Beleimungsanlage
impianto per l'incollaggio (m)
gluing machine
Klebemaschine; Leimauftragsmaschine
macchina incollatrice (f)
go bankrupt
Bankrott gehen
dichiarare fallimento
goods
Waren
merci (f)
**goods sold through agent or
broker**
vermittelte Ware
merce venduta tramite intermediario
(f)
grade
Güteklasse
classificazione della qualità (f)
grade
sortieren
scegliere
grade-trademark
Gütezeichen
marchio di fabbrica di qualità (m)
grading
Klasseneinteilung; Sortierung
classificazione (f); scelta (f)
grading installation
Sortieranlage
impianto per la cernita (m)
grading rules
Sortiervorschriften
norme di classificazione (f)

grading system
Güteklasseneinteilung
metodo di classificazione (m)
grading yard
Sortierplatz
parco legname da selezionare (m)
granular
körnig
granuloso (m)
granulated cork
Korkschrot
sughero granulato (m)
grasp
Griff
presa (f)
grating
Gitter; Gitterrost
inferriata (f); grata (f); grata orizzontale (f)
greasing
schmieren
ingrassare; spalmare di grasso
green timber
Rohholz
legno grezzo (m)
greenhouse
Gewächshaus
serra (f)
grey elder
Weißerle
ontano bianco (albero) (m)
greying
Vergrauen
grigiatura (del legno) (f)
grind
schleifen (Werkzeuge)
molare
grind off
abziehen (schleifen)
affilare
grinder
Schleifmaschine; Schleifgerät; Spänemühle

molatrice (f); affilatrice (f); trituratore
di trucioli (m)
grinding dust
Schleifstaub
polvere da molatura (f)
grip
Griff
presa (f)
groove
Nut; Rille
solco (m); scanalatura (f)
groove
auskehlen; abkanten; nuten
scanalare
groove cutting machine
Nutenfräsmaschine
macchina fresatrice per scanalature
(f)
grooved
genuted
scanalato (m)
grooved and tongued board
Spundbohlen
perlina (asse di rivestimento ad
incastro maschio e femmina) (f)
grooved ball bearing
Rillenkugellager
cuscinetto rigido a sfere (m)
grooving
Nutenfräsen
fresatrice per scanalare (f)
gross
brutto
lordo (peso) (m)
gross output
Rohertrag
prodotto grezzo (m)
gross profit
Rohgewinn
profitto lordo (m)
gross scale
Rohmaß
misurazione lorda (f)

gross tape measurement
Bruttobandmaßvermessung
misurazione con nastro metrico (f)
gross weight
Bruttogewicht
peso lordo (m)
group
Gruppe; Konzern
gruppo (m); associazione (f)
group knots
Astansammlung
nodi a grappolo (m)
grow
wachsen
crescere
growing area
Wuchsgebiet
area di coltivazione (f)
growing season
Vegetationsperiode
stagione di coltivazione (f)
growth
Wachstum
crescita (f)
growth layer
Zuwachszone
zona di crescita (f)
gruid
schlichten (schleifen)
levigare; lisciare; smerigliare
guarantee
Bürgschaft
cauzione (f); garanzia (f)
guide rail
Führungsschiene
controrotaia (f)
gum-tree
Gummibaum
palma da caucciù (f)
gun
Gewehr
fucile (m)
gun cabinet

Gewehrschrank
armadio dei fucili (m)
gun stock
Gewehrschaft
fusto del fucile (m)
gymnasium
Sporthalle
palazzo dello sport (m); palestra (f)
gymnastic equipment
Turngeräte
attrezzi da ginnastica (m)

H

hair brush
Haarbürste
spazzola per capelli (f)
hair check
Haarriß; Nadelriß
incrinatura capillare (f); fenditure
superficiali (del legno) (f)
half automatic
halbautomatisch
semiautomatico (m)
half log
Halbholz
trave tagliata a metà (f)
half ring
Halbringschäle
mezzo cerchio annuale del legno
(m)
half rotary peeling
Exzentrischschälen
scortecciare eccentrico (mezza
rotazione)
half timber
Halbholz
trave tagliata a metà (f)
half-quarter slicing
Faux-Quartier messern
trinciatura mezzo-quarto (f)
half-square
Halb-Sparren

semiquadro (m)
hall stand
Kleiderständer
attaccapanni (m)
ham-board
Schinkenbrett
tavoletta per affettare il prosciutto (f)
hammer mill
Hammermühle
mulino a martelli (m)
hammered
markiert
marcato (m); contrassegnato (m)
hand saw
Handsäge
sega portatile (f)
handicraft
Handwerk
lavoro manuale (m); artigianato (m)
handle
Griff; Stiel
manico (m)
handrail
Geländer
parapetto (m); balaustra (f)
hanging beam
Hängebalken
trave di sospensione (f)
harbour
Hafen
porto (m)
harbour dues
Dockgebühren; Hafengebühren
diritti di porto (m); diritti portuali (m)
harbour master
Hafenkapitän
capitano (commissario) di porto (m)
hard maple
Bergahorn
acero di monte (m); sicomoro (m)
hardboard
Hartfaserplatte
pannello di fibre dure (m)

hardboard with special design
Hartfaserplatte mit Spezialdesign
pannello di fibre dure con ornamento speciale (m)
hardboard with woodgrain effect
Holzmaserplatte
pannelli imitazione legno (m)
harden
abbinden (Leim); härten
indurire, temprare
hardener
Härter
indurente (m)
hardening process
Abbindeprozess
processo d'indurimento (m)
hardening time
Abbindezeit
tempo d'indurimento (m)
hardness
Härte
durezza (f)
hardware
Beschläge
equipaggiamento (m); ferramenta (f)
hardwood
Hartholz; Laubholz
legno duro (m); legname fronzuto (m)
hardwood log
Laubstammholz
tronco di albero fogliuto (m)
hardwood lumber
Laubschnittholz
legname da tronchi latifoglia (m); segati di latifoglia (m)
hardwood pitwood
Laubgrubenholz
legname fronzuto da miniera (m)
hardwood pulpwood
Laubfaserholz
fibrolegno di fronda (m)
harpsichord

Cembalo
clavicembalo (m)
hatchet
Beil
ascia (f)
haul
rücken
trainare
hauler
Schlepper (Land)
trattore (m)
hauling cable
Zugseil
fune di trazione (f)
hazel-spruce
Haselfichte
nocciuolo (m); picea (m); abete rosso (m)
HDPE (high density polyethylene)
Niederdruckpolyäthylen (HDPE)
polietilene a bassa pressione (m)
head race
Oberwasserkanal
canale adduttore (m)
head stock
Fräskopf
testa portafresa (f)
headrig
Vorschnitt
pre-taglio (m)
hearing
Sitzung
seduta (f)
heart plank
Kernbohle
pancone del centro (del legno) (m)
heart shake
Kernriß
spaccatura centrale (f)
heart shaken
herzrissig
fenditura del cuore (legno) (f); fessura del cuore (legno) (f)

heartrot
Kernfäule
marciume del centro (del legno) (m)
heartwood
Kernholz
durame (m)
heartwood plank
Herzbrett (Kernbrett)
tavola di cuore (del legno) (f)
heating value
Heizwert
valore calorico (m)
hectare
Hektar (ha)
ettaro (m)
heel
Absatz (von Schuhen)
tacco (di scarpe) (m)
height
Höhe
altezza (f)
hemlock
Hemlock
abete canadese (m)
hemp
Hanf
canapa (f)
hen house
Hühnerstall
pollaio (m)
hew
behauen
squadrare
hewn structural timber
behauenes Bauholz
legname da costruzione squadrato
(m)
hidden defect
verdeckter Fehler
difetto nascosto (m)
high flash drier
Heißlufttrockner
essiccatore ad aria calda (m)

high forest
Hochwald
bosco d'alberi d'alto fusto (m)
high frequency
Hochfrequenz
alta frequenza (f)
high frequency gluing press
Hochfrequenz-Verleimpresse
pressa incollatrice ad alta frequenza
(f)
high pressure laminated board
HPL-Platte
tavola laminata ad alta pressione
high-class timber limbing
Wertästung
diramatura (f)
high-density plywood
Preßholzformteile
parti di compensato compresse (f)
high-gloss surface
Hochglanzoberfläche
superficie di elevata lucentezza (f)
high-grade timber
Edelholz
legno pregiato (m)
high-pressure
Hochdruck
alta pressione
hinge
Scharnier
cerniera (f)
hip roof
Walmdach
tetto a padiglione (m)
hobbyist
Bastler; Heimwerker
hobbista (m)
hog
Hacker
trituratore (m); sminuzzatore (di
trucioli) (m)
hold
Schiffsraum

stiva (f)
holiday home
Ferienhaus
casa di vacanze (f)
hollow core door
Hohlraummittellagentür
porta ad interno cavo (f)
home market
Binnenmarkt; Inlandsmarkt
mercato interno (m); mercato locale
(m)
home worker
Heimwerker
hobbista (m)
home workshop accessories
Heimwerkerbedarf
accessori di lavoro degli hobbysti
(m)
home-grown
einheimisch
nativo (m); locale (m)
hook
Haken
gancio (m)
hop pole
Hopfenstange
pertica da luppolo (f)
Hoppus-measure
Hoppus-Maß
misura Hoppus (f)
horizontal band saw
Horizontalbandsäge
sega a nastro orizzontale (f)
horizontal flat disk shaver
Flachscheibenzerspaner
piallatrice a disco piatto (f)
horizontal frame saw
Horizontalgatter
sega alternativa orizzontale (f)
horizontal/vertical log bandsaw
Blockbandsäge horizontal/vertikal
sega a nastro per ceppi orizzonta-
le/verticale (f)

horn knot
Flügelast
ramo obliquo (m)
hornbeam
Hainbuche; Weißbuche
carpino (m)
horse - chestnut
Kastanie (unechte); Roßkastanie
ippocastano (m)
hot air drying
Heißlufttrocknung
essiccazione ad aria calda (f)
hot glue
Heißleim
colla calda (f)
hot gluing
Heißverleimung
incollaggio a caldo (m)
hot press
Etagenpresse
pressa principale a più strati (f)
hotbed
Frühbeet
letto caldo (giardinaggio) (m)
housing construction
Hausbau
costruzione di abitazioni (f)
humidity
Feuchte
umidità (f)
humidity resistant
naßfest
resistente all'umidita
hunting
Jagd
caccia (f)
hunting lodge
Jagdhütte
capanna di caccia (f)
hut
Baracke
baracca (f)
hydraulic aggregate

Hydraulikaggregat
gruppo idraulico (m)
hydraulic control
hydraulische Steuerung
comando idraulico (m)
hydraulic debarker
Wasserdruckentrinder
scortecciatrice idraulica (f)
hydraulic engineering
Wasserbau
ingegneria idraulica (f)
hydraulic press
hydraulische Presse
pressa idraulica (f)
hydraulic pump
hydraulische Pumpe
pompa idraulica (f)
hydrolysis
Hydrolyse
idrolisi (f)

I

ice pressure
Eisdruck
pressione del ghiaccio (f)
idigbo
Framiré
framiré
Igarka Redwood
sibirische Kiefer; Igarka-Kiefer
pino siberiano (m); pino Igarka (m)
imitation of woodgrain effect
Holzmaserimitation
imitazione della venatura del legno
(f)
immission
Immission
immissione (f)
impact-bending resistance
Schlagbiegefestigkeit
resistenza alla flessione all'urto (f)
impermeability

Undurchlässigkeit
impermeabilità (f)
import
Einfuhr
importazione (f)
import duty
Importzoll
dazio doganale (m)
import of round timber
Rundholzeinfuhr
importazione di legname tondo (f)
import regulations
Einfuhrbestimmungen
disposizioni per l'importazione (f)
import trade
Importhandel
commercio d'importazione (m)
imported timber
Einfuhrholz
legname importato (m)
importer
Importeur
importatore (m)
impose a tax
besteuern
tassare
impregnate
imprägnieren
impregnare
impregnating product
Imprägniermittel
prodotto d'impregnazione (m)
impregnating tank
Imprägnierkessel
caldaia (f); autoclave d'impregnazione (m)
impregnation
Tränken
impregnazione (f)
impregnation boiler
Tränkzylinder
autoclave per l'impregnazione (m)
impregnation plant for sleepers

Schwellentränke
impianto per l'impregnazione delle traversine (m)
improve
vergüten; verbessern
migliorare
improvement
Veredelung
miglioramento (m)
in stock
vorrätig
disponibile a magazzino
in the open air
im Freien
all'aria aperta
incendiarism
Brandstiftung; fahrlässige Brandstiftung
incendio doloso (m)
inch
Zoll (Maß = 2,54 cm)
pollice (m)
inch-rule
Zollstock
metro (pieghevole) (m)
incipient decay
beginnender Zerfall
disgregazione incipiente (f)
incombustible
unbrennbar
ininfiammabile
incoming orders
Auftragseingang
ordini in arrivo (m)
increment
Zuwachs
incremento (m)
indemnification
Schadenersatz
indennizzo (m)
indiscriminate felling
Raubbau
sfruttamento abusivo (m)

individual production
Einzelanfertigung
produzione individuale (f)
indoor tennis court
Tennishalle
campo da tennis coperto (m)
indoor use
Innenverwendung
uso interno (m)
industrial timber
Industrieholz
legno industriale (m)
infeed
Beschickung
caricamento (m); alimentazione (f)
inflammable
entflammbar
infiammabile
infra-red drying
Infrarottrocknung
essiccazione infra-rossa (f)
infrastructure
Infrastruktur
infrastruttura (f)
infringement of forest laws
Forstfrevel
violazione delle leggi forestali (f)
ingrown knot
eingewachsener Ast
nodo interno (m)
injection moulding
Spritzguß
colatura mediante iniezione (f)
inner bark
Bast
filaccia (f)
inner layer
Innenschicht
strato interno (m)
inner layers
Sperrholzmittellagen
strati interni del legno compensato (m)

inner ply of ski
Skiinnenlage
strato interno (nucleo) dello sci (m)
inorganic glue
anorganischer Leim
colla inorganica (f)
inquire
untersuchen
esaminare
inquiry
Anfrage
domanda (f); richiesta di offerta (f)
insect damages
Insektenschäden; Insektenfraß
danni provocati da insetti (m)
insect hole
Insektenloch
foro di insetti (m)
insecticide
Insektenbekämpfungsmittel
insetticida (m)
insecticide against termites
Termitenschutzmittel
insetticida contro le termiti (m)
insects attack
Insektenbefall
attacco di insetti (m)
insensitive
unempfindlich
insensibile
inside door
Innentür; Zimmertür
porta interna (f)
insoluble
unlöslich
solubile (non...) (m)
inspection
Abnahme (nach Augenschein);
Prüfung
ispezione (a prima vista) (f); controllo (m)
installation
Aufstellen (einer Maschine)

installazione (di una macchina) (f)
instruction
Anweisung
istruzione (f)
instrument cabinet
Instrumentenschrank
armadio per gli strumenti (m)
insulating board
Dämmplatte; Isolierplatte
pannello isolante (m)
insulating fibre board
Holzfaser-Isolierplatte
pannello di fibre isolante (m)
insulating glass
Isolierglas
vetro isolante (m)
insulating glass window
Isolierfenster
finestra a vetri isolanti (f)
insulating material
Isolierstoff; Dämmstoffe
materiale isolante (m)
insulation
Dämmung
isolazione (f)
insulator
Isolierstoff
materiale isolante (m)
insurance
Versicherung
assicurazione (f)
insurance policy
Versicherungspolice
polizza d'assicurazione (f)
insure
versichern
assicurare
interchangeable
austauschbar
intercambiabile
interest
Zins
interesse (bancario) (m)

interest charges
Zinsaufwendungen
spese d'interesse (f)
intergrown knot
verwachsener Ast
nodo aderente (m)
interior decoration
Innenausstattung
decorazione interna (f)
interior finish element
Innenausbauelement
elemento per decorazione interna
(m)
interior use
Innenanwendung
utilizzazione interna (f)
interior veneer
Innenfurnier
impiallacciatura interna (f)
intermediary trade
Zwischenhandel
commercio intermediario (m)
intermediate length
Zwischenlänge
lunghezza intermedia (f)
intermediate storage
Zwischenlagerung
stoccaggio intermedio (m)
internal demand
Inlandsbedarf
domanda interna (f)
inundation
Überschwemmung; Überflutung
inondazione (f)
invalid
ungültig
valido (non...) (m)
invest
investieren
investire
investment
Investition
investimento (m)

invitation for tenders
Submission
invito all'offerta (m); richiesta di
offerta (f)
invitation to tenders
Ausschreibung
aggiudicazione (f)
invoice
Rechnung
fattura (f)
invoice amount
Rechnungsbetrg
ammontare della fattura (m)
ir-revocable letter of credit
Akkreditiv, (un)widerrufliches
lettera di credito (ir)revocabile (f)
irregular twist
Wechseldrehwuchs
filo ritorto (m)
irrigate
bewässern (künstlich); beregnen
irrigare
iso-special gluing
Iso-Spezialverleimung
iso-incollaggio speciale (m)
issue
Ausgabe (Aktien, Zeitung)
uscita (azioni, giornale) (f)
ivory faced hardboard
Hartfaserplatte mit Elfenbeinober-
fläche
pannello di fibre dure con superficie
in nero d'avorio (m)

J

jalousies
Jalousien
persiane (f)
Japan paper
Japan-Papier
carta Giappone (f); carta di riso (f)
jarrah

Eukalyptus
eucalipto (m)
jet drier
Düsentrockner
essiccatore a spruzzo (m)
jig saw
Decoupiersäge
sega a crivello oscillante (f)
joiner
Bautischler; Schreiner; Tischler
falegname (m)
joiner's and carpenter's work
Bautischler- und Zimmermannsarbeit
lavori di falegnameria e carpenteria
(m)
joinery
Tischlerei
falegnameria (f); ebanisteria (f)
joinery grade
Tischlerware
articoli da falegnameria (m)
joinery products
Bauschreinerei-Erzeugnisse
prodotti da falegnameria (m)
joinery timber
Schreinerware
legname da ebanisteria (m)
joinery work
Schreinerarbeit
lavoro di falegnameria (m)
joining machine
Abbindemaschine
macchina assemblatrice (f)
joint
Fuge; Verbindung
linea di giunzione (f); giuntura (f);
giunzione (f)
joint strength
Verbindungsfestigkeit
resistenza alla giunzione (f)
joint-stock company
Aktiengesellschaft

società per azioni (f)
jointless
fugenlos
senza giunture
judgement of timber
Holzbeurteilung
valutazione del legno (f)
judgement on quality
Gütebeurteilung
giudizio sulla qualità (m)
jungle
Dschungel; Urwald; Busch
giungla (f); macchia (f)
juvenile wood
Jugendholz
legno giovane (m)

K

karri
Eukalyptus
eucalipto (m)
keel
Bootskiel
chiglia (f); carena (f)
keel block
Pallholz
legno per costruzioni navali (m)
key way
Keilnut
scanalatura (f); incavo (m)
key-ready
schlüsselfertig
chiavi in mano (f)
kiln dried (kd)
künstlich getrocknet; kammergetrocknet
essiccato artificialmente (m);
essiccato a vapore (m)
kiln drier
Kammertrockner
essiccatore a vapore (m)
kiln drying

Technische Holztrocknung
essiccazione artificiale (f)
kiln drying of lumber
Schnittholztrocknung
essiccazione del legname da taglio
(f)
kiln-drying chamber
Trockenkammer
camera di essiccazione (f)
kitchen
Küche
cucina (f)
kitchen cupboard
Küchenschrank
credenza da cucina (f)
kitchen furniture
Küchenmöbel
mobili da cucina (m)
kitchen furniture factory
Küchenmöbelfabrik
fabbrica di mobili da cucina (f)
kitchen table
Küchentisch
tavolo da cucina (m)
knife
Messer
coltello (m)
knife adjustment
Messereinstellung
sistemazione dei coltelli (f)
knife handle
Messergriff
manico di coltello (m)
knife shaft
Messerwelle
albero porta-lame (m)
knife-carrier disk
Messerscheibe
disco porta-lame (m)
knife-grinder
Messerschleifmaschine
affilacoltelli (m)
knife-sharpener

Messerschleifmaschine
affilacoltelli (m)
knocker-head debarker
Schlagkopfentrinder
scortecciatrice a testa battente (f)
knot
Ast (verholzt)
nodo (m)
knot cluster
Astkranz
corona di nodi (f)
knot dowel machine
Astloch - Dübelmaschine
macchina per fare dei perni (f)
knot hole
Astloch
buco di nodi (m)
knothole drilling machine
Astlochbohrmaschine
macchina perforatrice per nodi (f)
knotty
ästig
nodoso (m)
knotty timber
astiges Holz
legno nodoso (m)
kyanizing
Kyanisierung
impregnare il legno di sublimato
corrosivo per preservarlo; Kyan
(metodo...) (m)

L

labour market
Arbeitsmarkt
mercato del lavoro (m)
lace work
Posament
passamaneria (f); guarnitura (f)
lack of orders
Auftragsmangel
mancanza di ordini (f)

lacquer
Lack
lacca (f); vernice (f)
lacquer
lackieren
verniciare
lacquer application
Lackauftrag
applicazione della vernice (f)
lacquer coating
Lacküberzug
manto di vernice (m)
lacquer curing equipment
Lackhärtungs-Anlage
apparecchiatura per indurire la
lacca (f)
lacquer curtain coater
Lackgießmaschine
macchina spruzzatrice della vernice
(f)
lacquer curtain plant
Lackguß-Anlage
apparecchiatura per la verniciatura
(f)
lacquer drier
Lacktrockner
essiccatore per vernice (m)
lacquer film
Lackfilm
pellicola di vernice (f)
lacquer pouring process
Lackgießverfahren
sistema di laccatura a velo (f)
lacquer properties
Lackeigenschaften
proprietà della vernice (f)
lacquer sanding
Lackschleifen
smerigliatura della vernice (f)
lacquer spraying
Spritzlackierung
verniciatura a spruzzo (f); laccatura
a spruzzo (f)

lacquered door
lackierte Tür
porta laccata (f)
lacquered hardboard
Lackplatte
pannello laccato (m)
lacquering line
Lackierstraße
catena di verniciatura (f)
ladder
Leiter
scala (a piuoli) (f)
ladder frame
Leiterrahmen
telaio di scala (m)
lamella
Lamelle
lamella (f); lamina (f)
laminate
beschichten; lamellieren
laminare
laminated (coated) fibreboard
Faserplatte, beschichtet
pannello di fibre laminato (m)
laminated beam
Schichtholzbalken; lamellierter Balken
trave laminata (f)
laminated blockboard
Stäbchenplatte (Tischlerplatte)
pannelli lamellati (m)
laminated chipboard
laminierte Spanplatte
pannello di trucioli laminato (m)
laminated construction
Lamellenbauweise
costruzione lamellata (f)
laminated fibreboard
beschichtete Faserplatte
pannello di fibra laminato (m)
laminated panel board
beschichtete Täferplatte
pannello di rivestimento lamellato

laminated particle board
beschichtete Spanplatte
pannello di trucioli rivestito (m)
laminated plastic panel
DKS-Platte (Dekorative Schichtstoffplatte)
pannello decorativo in laminato
plastico (m)
laminated plywood
beschichtete Sperrholz
legno compensato laminato (m)
laminated timber construction
Holzleimbau
costruzione in legno lamellato-incollato (f)
laminated window square
lamellierte Fensterkantel
quadrato di finestra lamellato (m)
laminated with films (foils)
folienbeschichtet
plastificato (ricoperto con lamine)
(m)
laminates
Laminate
laminati (m)
laminating line for chipboards
Beschichtungsanlage für Spanplatten
impianto di laminatura per pannelli
di truciolato (m)
lamination
Beschichtung
laminatura (f)
lamination with hot press
Beschichtung mit Heißpresse
laminatura con pressa a caldo (f)
land
löschen (ausladen)
scaricare
land storage
Landlagerung
stoccaggio al suolo (m)

land tax
Grundsteuer
imposta fondiaria (f)
landing
Treppenabsatz
rampa di scale (f)
landing charges
Löschkosten
costi di scarico (m)
landing place
Schiffsanlegestelle
scalo d'imbarco (m); imbarcadero
(m)
landing stage
Bootssteg
passerella (f)
larch
Lärche
larice (m)
**large capacity compartment-type
kiln**
Großraumtrockenkammer
essiccatoio di grande capacità (m)
large pole
Derbstange
palo grande (m)
large-area formwork
Großflächenschalung
cassaforma per grandi superfici (f)
large-area shuttering board
Großflächenschalungsplatte
pannello di chiusura di grande superficie (m)
large-pored
grobporig
legno a pori larghi (m)
last
Schuhleisten
forme per scarpe (f)
latch
Riegel
catenaccio (m); chiavistello (m)
lateral adjustment

seitliche Verstellung
spostamento laterale (m)
lateral fork-lift
Seitenstapler
carrello elevatore laterale (m)
latex duct
Latexkanal
condotto dei latice (m)
latex foam material
Latex-Schaumstoff
resina espansa di latice (f)
latex galls
Latexgallen
depositi di latice (m)
lath
Latte
assicella (f); biffa (f); bordonale (m);
listello (m)
lattice
Gitter
inferriata (f); grata (f)
launch
Barkasse
motolancia (f)
lawsuit
Rechtsstreit
processo giudiziario (m)
lawyer
Rechtsanwalt
avvocato (m)
layer
Schicht (bei Platten)
strato (m)
layer of wood
Holzlage
strato di legno (m)
LDPE (low-density polyethylene)
Hochdruckpolyäthylen
polietilene ad alta pressione (m)
lease
pachten
affittare
leaves

Laub
fogliame (m)
legal structure
Rechtsform
forma giuridica (f)
legally binding
rechtsverbindlich
obbligatorio per legge (m)
length
Länge
lunghezza (f)
length feed
Längsvorschub
avanzamento longitudinale (m)
length over-all
Gesamtlänge
lunghezza totale (f)
length packaged
längenpaketiert
imballato per lungo (m)
length sorting
Längensortierung
scelta per lunghezza (f)
less-value
Minderwert
minor valore (m)
letter of credit
Akkreditiv
lettera di credito (f)
level
Pegelstand
livello (dell'acqua) (m)
lever
Hebel
leva (f)
liability
Haftung
responsabilità (f)
liability insurance
Haftpflichtversicherung
assicurazione di responsabilità civile
(f)
liane

Liane
liana (f)
lift
Aufzug
ascensore (m)
lift and lowering truck
Hub- und Senkwagen
carrello elevatore e abbassatore (m)
lifting height
Hubhöhe
altezza di elevazione (F)
lifting platform
Hubtisch
piattaforma elevatrice (f)
light coloured
hellfarbig
colore chiaro (m)
light stability
Lichtbeständigkeit
resistenza alla luce (f)
light stable
lichtecht
resistente alla luce
light-weight building board
Leichtbauplatte
pannello leggero da costruzione (m)
lighter
Leichter; Prahm
chiatta (f); bettolina (f); pontone (m)
lignification
Verkernung
lignificazione (f)
lignin
Lignin
lignina (f)
lime-tree
Linde
tiglio (m)
limit of tree growth
Baumgrenze
limite di crescita dell'albero (m)
limitation
Begrenzung

delimitazione (f)
line of the points
Zahnspitzenlinie
linea delle punte del dente (f)
line to manipulate small diameter logs
Schwachholzlinie
catena di manipolazione per tronchi di piccolo diametro (f)
linen surface
Leinendesign
superficie in tela (f)
linen-pole
Wäschepfahl
palo della corda per il bucato (m)
link
Kettenglied; Verbindung
maglia di catena (f); giunzione (f)
link of a chain saw
Kettenglied (Säge)
maglia di una sega a catena (f)
linseed oil
Leinöl
olio di lino (m)
linseed oil undercoat
Leinölgrundanstrich
mano di fondo all'olio di lino (f)
litigation
Rechtsstreit
processo giudiziario (m)
live branch
lebender Ast
ramo vivo (m)
living room
Wohnzimmer
salotto (m)
livingroom furniture
Wohnmöbel; Wohnzimmermöbel
mobili da soggiorno (m); mobili da salotto (m)
load
Beladung; Charge (Füllung); Partie; Sendung

carico (m); partita (f); lotto (m);
spedizione (f)
load
beladen; verladen
caricare
loading
Beschickung
caricamento (m); alimentazione (f)
loading and unloading terms
Lade- und Löschfristen
more di carico e scarico (f)
loading belt
Beschickband
nastro di carico (m)
loading devices
Ladegeschirr
apparecchiature per il carico (f)
loading port
Verladehafen
porto d'imbarco (m)
loan
Anleihe
prestito (m)
local market
Binnenmarkt
mercato interno (m)
lock wood
Schleusenholz
legno per chiuse (m)
locker
Spind
stipo (m); armadietto a chiave (m)
locksmith
Schlosser
fabbro (m)
loft
Dachboden
soffitta (f); solaio (m)
log
Block; Rundholz; Stamm;
Stammholz
ceppo (m); legno tondo (m); tronco
(m); fusto (m)

log
bringen (Holz)
abbattere (alberi)
log bandsaw
Blockbandsäge
sega a nastro per ceppi (f)
log carriage
Gatterwagen; Gleiswagen (auf Holzplatz)
carrello per sega a lame multiple
(m); carro su rotaie (deposito di
legname) (m)
log carrier
Rundholzlader; Rundholztransporter
camion per il trasporto di tronchi
(m); autocarro per il trasporto di
tronchi (m)
log ejector
Stammausheber
espulsore di tronchi (m)
log for sawing
Sägeblock
tronco da segare (m)
log grading
Rundholzsortierung
cernita dei tronchi (f)
log grading installation
Rundholzsortieranlage
installazione per la cernita dei tronchi (f)
log haul-up
Blockaufzug
verricello per il trasporto di ceppi
(m)
log house
Blockhaus
casa costruita con tronchi d'albero
(f)
log house boarding
Blockhausschalung
rivestimento di tavole (m)
log partly veneer quality
Teilfurnierholz

trinciatura parziale di corteccia
d'alberi (f)
log pond
Klotzteich
stagno di cortecce d'albero (m)
log pusher
Stammausstoßer
separatore di tronchi (m)
log rotating device
Stammdrehvorrichtung
macchina rotante per tronchi (f)
log sawn through and through
Blockware
legname in blocco (f)
log stock
Rundholzpolter
parco tronchi (m)
log transport installation
Rundholztransportanlage
impianto per il trasporto di tronchi
(m)
log truck
Rundholzlader; Rundholztransporter
camion per il trasporto di tronchi
(m); autocarro per il trasporto di
tronchi (m)
log turner
Stammwender
rivoltatore di tronchi (m)
log turning device
Stammwende-Vorrichtung
approntamento per il rivoltamento
dei tronchi (m)
log yard
Rundholzplatz; Stammholzablageplatz
spazio per legname tondo (m);
recinto per deposito dei tronchi (m)
log yard supervisor
Rundholzplatzmeister
supervisore di cantiere (di legname)
(m)
log-cut

Anschnittbrett
taglio di ceppo (m)
logging
Einschlag; Holzeinschlag; Holzbrin
gung
taglio (d'un bosco) (m); taglio del
legname (m); estrazione di assi (f)
logging company
Holzeinschlagsunternehmen
impresa per lo sfruttamento
boschivo (f)
logging cost
Bringungskosten
costi per il taglio del legname (m)
logging permission
Holznutzungsrecht
diritto di sfruttamento del legno (m
logging road
Holzabfuhrweg
sentiero per lo sgombero del legno
tagliato (f)
logging season
Einschlagszeit
stagione del taglio (f)
logging volume
Einschlagsmenge
quantità del taglio (f)
logging wheels
Rückwagen
carro speciale per il trascinamento
del legname (m)
loghut
Blockhütte
baracca di legno (f)
logs for peeling
Schälholz
legname scortecciato (m)
logs for sleepers
Schwellenholz
legname per traversine (m)
logs sawn through and through
Blochware/Blockware
tronchi; ceppi tagliati da cima a

fondo (m)
long fibre
langfaserig
fibra (a lunga...) (f)
long grain
Langdirektion
direzione longitudinale (f)
long lengths additional
Längenzuschlag
lunghezze supplementari (f)
long log
Langholz
legname lungo (m)
long log truck
Langholzwagen
autocarro per il trasporto di tronchi
lunghi (m)
long-term contract
langfristiger Vertrag
contratto a lungo termine (m)
long-term
langfristig
termine (a lungo...) (m)
long-term planning
langfristige Planung
progetto a lungo termine (m)
longitudinal check
Längsriß
fessura longitudinale (f)
longitudinal cut
Längsschnitt
taglio longitudinale (m)
lopping
Entastung
potatura (f)
lopsided
windschief
sghembo (m); storto (m)
lorry
LKW
camion (m); autocarro (m)
losing business
Verlustgeschäft

affare in perdita (f)
loss from sinking
Sinkverluste
perdita da affondamento (f)
loss of peeling
Schälverlust
perdita di pelatura (f)
loss of quality
Qualitätsverlust
perdita di qualità (f)
loss of tension
Spannungsverlust
perdita di tensione (f)
lot
Partie
partita (f); lotto (m)
low grade
Qualität (geringwertige)
qualità inferiore (f)
low temperature drying
Niedertemperaturtrocknung
essiccazione a bassa temperatura
(f)
low tide
Niedrigwasser
bassa marea (f)
low water
Niedrigwasser
bassa marea (f)
lowest offer
niedrigstes Angebot
migliore offerta (f)
lubricating oil
Schmieröl
olio da ingrassaggio (m)
lumber
Schnittholz
legname da taglio (m)
lumber
bringen (Holz)
abbattere (alberi)
lumber drier
Schnittholztrockner

essiccatoio per legname da taglio
(m)
lumber grading
Schnittholzsortierung
scelta del legname da taglio (f)
lumber grading installation
Schnittholzsortieranlage
impianto per la scelta del legname
da taglio (m)
lumber production
Schnittholzerzeugung
produzione del legname da taglio (f)
lumber specification
Schnittholzabmessungen
dimensioni del legname da taglio (f)
lumber yard
Schnittholzplatz
parco legname da taglio (m)
lumber yard foreman
Schnittholzplatzmeister
caposquadra parco legname da
taglio (m)
lump sum
Pauschale
somma forfettaria (f)
lye
Lauge
liscivia (f); soluzione alcalina (f)

M

machine
verarbeiten
lavorare, trasformare
mahogany
Mahagoni
mogano (m)
main product
Hauptprodukt
prodotto principale (m)
main production
Hauptproduktion
produzione principale (f)

main roller conveyor
Hauptrollengang
trasportatore principale a rulli (m)
main supplier
Hauptlieferant
fornitore principale (m)
maintenance
Erhaltung; Pflege; Unterhalt(ung);
Wartung
conservazione (f); cura (f); manutenzione (f); mantenimento (m);
maintenance costs
Wartungskosten
costi di manutenzione (m)
maintenance free
wartungsfrei
esente da manutenzione (f)
mallet
Holzhammer
mazzapicchio (m)
management
Betriebsleitung; Verwaltung
direzione (f); amministrazione (f)
management consultant
Betriebsberater; Unternehmensberater
consulente d'azienda (m,f); consulente aziendale (m,f)
management costs
Verwaltungskosten
spese d'amministrazione (f)
manager
Betriebsleiter
direttore d'azienda (m)
manager chair
Chefsessel
poltrona da direttore (f)
managing director
Betriebsdirektor; geschäftsführende
Direktor
direttore d'azienda (m); direttore
commerciale (m)
manufacture

238

verarbeiten
lavorare, trasformare
manufacturer
Hersteller
produttore (m)
manufacturing line for pallets
Paletten-Anfertigungsstraße
linea di fabbricazione di piattaforme
(f)
manufacturing program
Produktionsprogramm
programma di produzione (f)
maple
Ahorn
acero (m)
marble surface
Marmordesign
superficie marmoreggiata (f)
marbled
marmoriert
marmorato (m)
margin
Spielraum
margine (m)
marine borer
Pfahlwurm
teredine (m)
marine plywood
Bootsbausperrholz; Schiffsbausperr-
holz
legno compensato per costruzione
navale (m); compensato per costruzione navale (m)
marine timber
Salzwasserbauholz
legname per costruzione navale (m)
maritime insurance
Seeversicherung
assicurazione marittima (f)
maritime pine
Seekiefer
pino marino (m)
maritime pine plywood

Seekiefersperrholz
compensato in legno di pino marino
(m)
mark
Kennzeichen
marchio (m); contrassegno (m)
mark
anreißen (von Holzstämmen)
marchiare (di tronchi d'albero)
mark out
aufreißen
marchiare
marked
markiert
marcato (m); contrassegnato (m)
marker
Signiergerät
apparecchio per marcare (m)
market
Markt
mercato (m)
market conditions
Marktbedingungen
condizioni di mercato (f)
market price
Marktpreis
prezzo di mercato (m)
market situation
Marktlage
situazione del mercato (f)
marketing
Vertrieb; Vermarktung
distribuzione (f); vendita (f); commercializzazione (f)
marking chalk
Kreide (zum Markieren)
gesso per marcare (m)
marking hammer
Anschlaghammer; Markierungshammer
martello marchiatore (m); punzone
per marcatura (m)
marking knife

Reißmesser
coltello per marcare (m)
marquetry
Einlegarbeit; Intarsien
intarsio (m)
master
Kapitän
capitano (m)
match
Streichholz; Zündholz
fiammifero (m)
matchbox
Streichholzschachtel
scatola di fiammiferi (f)
material
Material
materiale (m)
material for upholstery frames
Gestellware
materiale per telai d'imbottitura
(tapezzeria) (m)
mattress
Matratze
materasso (m)
mature
hiebreif; schlagreif
maturo; pronto all'abbattimento (m)
mature forest
Hochwald
bosco d'alberi d'alto fusto (m)
measure
Maß
dimensione (f); misura (f)
measure
messen
misurare
measured by tape
bandvermessen
misurato con nastro (m)
measurement of timber
Holzmessung; Holzvermessung
misurazione del legno (f)
measuring

Vermessung
misurazione (f)
measuring stick
Meßlatte
assicella da misurazione (f)
measuring tape
Bandmaß; Meßband
metro a nastro (m)
mechanical paper
holzhaltiges Papier
carta con legno (f)
mechanical property
Eigenschaft, mechanische
proprietà meccanica (f)
mechanical pulp
Holzschliff; Holzstoff
pasta (legno) (f)
mechanical strength
Festigkeit
resistenza meccanica (f)
mechanical woodworking
mechanische Holzverarbeitung
lavorazione meccanica del legno (f)
medium hardboard
halbharte Platte
pannello semiduro (m)
medium-density fibreboard
MDF-Platte (mittelharte Faserplatte
pannelli di fibre medio-dure (m)
medium-sized knot
mittelgroßer Ast
nodo di dimensioni medie (m)
medium-term planning
mittelfristige Planung
progetto a medio termine (m)
meeting
Sitzung
seduta (f)
melamine
Melamin
melammina (f)
melamine glue
Melaminharzleim

colla melamminica (f)
melamine impregnated
melaminharzgetränktes Papier
carta impregnata con melammina (f)
**melamine resin-bonded chip-
board**
melaminharzverleimte Spanplatte
pannello di trucioli incollato con
resina melamminica (m)
melamine-faced chipboard
melaminharzbeschichtete Spanplatte
legno truciolato ricoperto di resina
melamminica (m)
merchandise
Waren
merci (f)
merchant
Händler
negoziante (m)
merchantable
nutzbar; verwertbar
utilizzabile
mesh-belt veneer drier
Furnierbandtrockner
essiccatore a tappeto scorrevole
(m)
metal-faced plywood
Panzerholz
legno rivestito di metallo
meter
Meter
metro (m)
meterstick
Metermaß
metro (m)
method
Verfahren
metodo (m)
method of application
Auftragsverfahren
metodo di applicazione (m)
method of felling

Hiebart
metodo d'abbattimento (m)
method of test
Prüfverfahren
metodo di controllo (m)
MF-combination board
MF-Kombiplatte
pannelli di fibre di legno mineralizzato combinato (m)
middle diameter
Mittendurchmesser
diametro nel mezzo (m)
middle-man
Zwischenhändler
intermediario (m)
mill
Fabrik
stabilimento (industriale) (m); fabbrica (f)
mill
fräsen
fresare
mill manager
Technischer Direktor; Werksdirektor
direttore tecnico (m); direttore d'impianto (m)
mill waste
Sägeabfälle
scarti di segheria (m)
mill-run
sägefallend
ciò che cade dalla sega
milled slot
Ausfräsung
fresatura (f)
mine guide
Spurlatte
guida (f)
mine timber
Grubenholz
legname per miniera (m)
mineral deposits
mineralische Einlagerungen

deposito minerali (m)
mineral fibre products
Mineralfasererzeugnisse
prodotti in fibre minerali (m)
mineral streaks
mineralische Einlagerungen
deposito minerali (m)
minerals
mineralische Einlagerungen
deposito minerali (m)
minimum diameter
Mindestdurchmesser
diametro minimo (m)
minimum length
Mindestlänge
lunghezza minima (f)
minimum width
Mindestbreite
larghezza minima (f)
mirror
Spiegel
specchio (m)
mitre
Gehrung
giuntura ad angolo (f)
mitre cutting guide
Gehrungsanschlag
guida a ugnatura (f)
mitre sawing
Gehrung (auf ... schneiden)
ugnatura (tagliare a ugnatura) (f)
mitre square
Gehrungswinkel
angolo a ugnatura (m)
mixed forest
Mischwald
foresta mista (f)
mixer
Mischer
miscelatore (m)
mobile crane
fahrbarer Kran
gru mobile (f)

model
Bauart; Modell
tipo di costruzione (m); modello (m)
modern livingroom
Wohnstudio
salotto da soggiorno (m)
module
Model
modulo (m)
moisten
befeuchten
umidificare
moisture
Feuchte
umidità (f)
moisture contents
Feuchtigkeitsgehalt
percentuale di umidità (f)
moisture measurement
Feuchtemessung
misurazione dell'umidità (f)
moisture measuring instrument
Feuchtemeßgerät
igrometro (m)
moisture tolerances
Feuchtetoleranzen
tolleranze d'umidità (f)
moisture-resistant
feuchtigkeitsbeständig
resistente all'umidità
moisture-resistant particle board
Spanplatte, feuchtebeständig
pannello di trucioli resistente all'umi
dità (m)
moment of inertia
Trägheitsmoment
momento d'inerzia (m)
moor-oak
Mooreiche
quercia nera (f)
mortise
Zapfenloch
scanalatura (f); incastratura

femmina (f)
mortise
ausstemmen
congiungere a mortasa
mortiser
Ausstemm-Maschine; Stemm-
Maschine; Zapfenschneidmaschine
mortisatrice (f); macchina per congiungere a mortasa (incastro) (f)
mosaic parquet
Mosaikparkett
parquet mosaico (m)
motor saw
Motorsäge
sega a motore (f)
mottled
geflammt; moiriert
marezzato (m); screziato (m)
mould
Schimmel (Pilze)
muffa (fungo) (f)
mould
fräsen; profilieren
fresare; profilare
mould fungus
Schimmelpilz
aspergillo (m)
mould press for chips
Formteilpresse für Späne
pressa foggiatrice per avanzi (f)
mould press for fibres
Formteilpresse für Fasern
pressa foggiatrice per trucioli (f)
mould resistance
Schimmelbeständigkeit
resistenza alla muffa (f)
mould resistant
pilzbeständig
inattaccabile dai funghi
mould stains
Schimmelflecken
macchia di muffa (f)
moulded articles of wood chips

Spanholzformteile
parti modellate in truciolato (f)
moulded board
Profiltäfer; Profilbrett
pannello profilato (m)
moulded part
Formdrehteil; Formpreßteil
parte profilata (f); parte sagomata (f)
moulded plywood
Sperrholz, formgepreßt
legno compensato modellato (m)
moulded plywood components
Sperrholzformteile
legno compensato modellato (m)
moulder
Fräse; Kehlmaschine; Leistenfräsmaschine
fresa (f); modanatrice (f)
moulding
Gesims; Kehlung; Leiste; Kehlleiste
modellatura (f); modanatura (f)
moulding factory
Leistenfabrik
stabilimento di modanatura (m)
moulding mill
Leistenfabrik
stabilimento di modanatura (m)
moulding quality
Leistenqualität
qualità della modanatura (f)
moulding shaving
Frässpan
truciolo di fresatura (m)
mouldings
Profilleisten
profilati (m)
mountain ash
Eberesche
sorbo selvatico (m)
mountain torrent
Wildwasser
torrente di montagna (m)
mounting

Montage
montaggio (m); assemblaggio (m)
multi-layer particle board
Spanplatte, mehrschichtig
pannello di trucioli a più strati (m)
multi-ply
Vielschichtsperrholz
legno compensato a più strati (m)
multi-stage door press
mehrstufige Türenpresse
pressa a porte multiple (f)
multiple band-saw
Mehrfachbandsäge
sega a nastro a lame multiple (f)
multiple blade circular saw
Mehrblattkreissäge; Vielblattkreissäge
sega circolare multipla (f); lama
circolare a più lame (f)
multiple components glue
Mehrkomponentenklebstoff
colla a componenti multipli (f)
multiple cut-off circular saw
Mehrfachabkürzkreissäge
sega circolare a lame multiple (f)
multiple cut-off saw
Mehrfachkappsäge
trinciatrice a lame multiple (f)
multiple daylight press
Mehretagenpresse
pressa a più strati (f)
multiple drilling machine
Mehrfachbohrmaschine
macchina perforatrice multipla (f)
multiple heart wood
Mehrkernigkeit
legno a più cuori (m)
multiple milling machine
Mehrfachfräsmaschine
fresatrice multipla (f)
multiple opening press
Etagenpresse
pressa principale a più strati (f)

multiple purpose machine
Mehrzweckmaschine
macchina a operazioni multiple (f)
multiplex plywood
Multiplexplatte
pannello compensato multiplo (m)
multiply panel
Multiplexplatte
pannello compensato multiplo (m)
musical instrument
Musikinstrument
strumento musicale (m)
musical instrument maker
Musikinstrumentenmacher
fabbricante di strumenti musicali (m)

N

nail
Nagel
chiodo (m)
nail
nageln
inchiodare
nail joint
Nagelverbindung
assemblaggio con chiodi (m)
nail knot
Nagelast
nodo, noce (m)
nail-holding
nagelfest
fissato con chiodi (m)
nailed
genagelt
inchiodato (m)
narrow band saw
Tischlerbandsäge
sega a nastro stretto (per minuteria)
(f)
narrow ringed
engringig
inanellato stretto (m)

narrows
Schmalware
legname sotto misura (m)
national forest
Staatswald
bosco demaniale (di proprietà dello
Stato) (m)
nationalization
Verstaatlichung
nazionalizzazione (f)
native
einheimisch
nativo (m); locale (m)
natural colour
natürliche Farbe
colore naturale (m)
natural cork
Naturkork
sughero naturale (m)
natural durability
natürliche Dauerhaftigkeit
durata naturale (f)
natural regeneration
natürliche Verjüngung
rigenerazione naturale (f)
natural reserve
Naturschutzgebiet
riserva naturale (f)
natural resins
Naturharze
resine naturali (f)
nave
Nabe
mozzo (di ruota) (m)
needle
Nadel (Nadelblatt)
ago (di conifera) (m); foglia aghiforme (f)
negotiate
verhandeln
negoziare
negotiation
Verhandlung

negoziazione (f)
net
netto
netto (m)
net income
Reinertrag
prodotto netto (m)
net profit
Nettogewinn
profitto netto (m)
net return
Reinertrag
prodotto netto (m)
network diagram
Netzplan
piano della rete (m)
new building
Neubau
nuova costruzione (f)
nippers
Beißzange
tenaglia con ganasce da presa (f)
nitrocellulose lacquer
Nitrolack
vernice alla nitrocellulosa (f)
nominal
nominell
nominale
nominal width
Breite, nominelle
larghezza nominale (f)
non corroding
korrosionsfrei
corrosione (senza...) (f)
non durable
nicht dauerhaft
non durevole
non inflammable
nicht brennbar
non infiammabile
non poisonous
ungiftig
tossico (non...) (m)

normal load
Regelbelastung
carico normale (m)
normal moisture content
Normalfeuchtegehalt
umidità normale (f)
normal width
Normalbreite
larghezza normale (f)
normate measure in buildings
Raster
retino (per la misurazione nelle costruzioni) (m)
North European lumber
nordeuropäisches Schnittholz
legname del nord Europa (m)
northern lumber
nordisches Schnittholz
legno nordico (m)
northern redwood
nordische Kiefer
pino nordico (m)
Northern timber
nordeuropäisches Schnittholz
legname del nord Europa (m)
notch
Kerbe
intaglio (m); intaccatura (f)
number of teeth
Zähnezahl
numero di denti (m)
numbering hammer
Nummernhammer
punzone numeratore (m)
numerical control
numerische Steuerung
controllo numerico (m)
nut
Nuß; Mutter (Schrauben-)
noce (f); dado (della vite) (m)

O

oak
Eiche
quercia (f)
oak radial section
Eichenspiegelschnitt
sezione radiale della quercia (f)
oak tannin
Eichengerbstoff
tannino di quercia (m)
oar
Ruder
remo (m)
Obeche
Abachi
Abachi
objection
Reklamation
reclamo (m)
off-cut
Schwarte (Schwartenbrett)
sciavero (m)
offcentered heart
Kernverlagerung
parte centrale fuori centro (del legno) (f)
offer
Angebot; Gebot; Offerte
offerta (f)
office
Büro
ufficio (m)
office cabinet
Büroschrank
armadio da ufficio (m)
office furniture
Büromöbel
mobili da ufficio (m)
office furniture factory
Büromöbelfabrik
fabbrica di mobili per ufficio (f)
office swivel chair

Bürodrehstuhl
sedia girevole da ufficio (f)
official final inspection
Abnahme (amtliche)
collaudo (ufficiale) (m)
official measurement
amtliche Vermessung
misurazione ufficiale (f)
oil-tempered
ölgehärtet
temperato in olio (m)
oiling
Ölen
oliatura (f)
okoumé
Okoumé
okoumé
old building
Altbau
costruzione (vecchia) (f)
olive wood
Olivenholz
legno d'olivo (m)
omu
Kosipo
kosipo (m)
on call
auf Abruf
richiesta (a...) (f)
on easy terms
günstige Bedingungen
condizioni favorevoli (f)
one-way pallet
Einwegpalette; verlorene Palette
tavolozza a una via (f); paletta a
perdere (f)
open air drying
Freilufttrocknung
essiccamento all'aria aperta (m)
open air storage
Freilagerung; Lagerung im Freien
stoccaggio all'aria aperta (m)
open assembly time

offene Wartezeit (Leime)
tempo d'esposizione prima dell'assemblaggio (m)
open pores
offene Poren
pori aperti (m)
open storage
Freilagerung
stoccaggio all'aria aperta (m)
open waiting time
offene Wartezeit (Leime)
tempo d'esposizione prima dell'assemblaggio (m)
open-end pallet line
Ringpalettenstraße
linea automatica a palette (f)
opening
Etage (Presse); Spannweite
piano della pressa (m); apertura (f)
operating costs
Betriebskosten
costi di esercizio (m)
operating expenses
Betriebsausgaben
spese di esercizio (f)
operating result
Betriebsergebnis
risultato (m) dell'azienda
operating safety
Betriebssicherheit
sicurezza di funzionamento (f)
operation planning
Betriebsplanung
piano di lavoro (azienda) (m)
operator's desk
Bedienungspult
tavolo di comando (m)
optimize
optimieren
ottimizzare
option
Option; Wahl
opzione (f); scelta (f)

optional
wahlweise
opzionale
order
Auftrag; Bestellung; Anweisung
ordine (m); istruzione (f)
order execution
Auftragsabwicklung
esecuzione di un ordine (f)
order handling
Auftragsabwicklung
esecuzione di un ordine (f)
order number
Bestellnummer
numero d'ordine (m)
order-book
Auftragsbestand
esistenza ordini (f)
orders on hand
Auftragsbestand
esistenza ordini (f)
Oregon Pine
Douglasie
abete Douglas (m); pino dell'Oregon
(m)
organ
Orgel
organo (m)
oriented structural board
OSB
asse strutturale orientato (m)
origin
Herkunft
origine (f); provenienza (f)
original measure
Originalmaß
misura originale (f)
original sawn timber
Originalschnittware
legname segato originale (m)
osier
Korbweide; Weide
salice da vimini (bianco) (m); salice

(m)
osmose method
Osmoseverfahren
metodo per osmosi (m)
osmose treatment
Osmoseverfahren
metodo per osmosi (m)
outdoor
außen
esteriore
outdoor use
Außenverwendung
uso esterno (m)
outer layer
Decklage
strato esterno (m)
outfeed roll
Auszugswalze
rullo di trascinamento (m)
outgrown knot
herausgewachsener Ast
nodo cresciuto in fuori (m)
output
Leistung
prestazione (f)
outside
im Freien
all'aria aperta
outside diameter
Außendurchmesser
diametro esterno (m)
outside door
Außentür
porta esterna (f)
outsider
Außenseiter
outsider (m)
over-board-delivery
Außenbordlieferung
consegna franco banchina (f)
over-cut
Übermaß
sovramisura (f); sovradimensione (f)

overcapacity
Überkapazität
sovracapacità (f)
overdelivery
Überlieferung
sovraconsegna (f)
overdried
übertrocknet
sovraessiccato (m)
overhanging
Überhang (Sägen)
inclinazione (f); pendenza (f); sporgenza (f)
overhaul
Überholung (Maschinen)
ricondizionamento (f); revisione (m)
overlapping edge band
Umleimer
nastro ad orli sovrapposti (f)
overlay grade
beschichtungsfähige Qualität
qualità laminabile (f)
overlay paper
Overlaypapier
carta per copertura (f)
overload
überladen
sovraccaricare
overloading
Überlastung
sovraccarico (m)
overmeasure
Übermaß; Maßzugabe
sovramisura (f); sovradimensione
(f); oltre misura (f)
overpressure
Überdruck
sovrapressione (f)
overseas trade
Überseehandel
commercio oltremare (m)
overshipment
Überlieferung

sovraconsegna (f)
oversize
Übermaß; Maßzugabe
sovramisura (f); sovradimensione
(f); oltre misura (f)
oversteam
überdämpfen
trattare con eccesso di
vapore (legno)
owner
Besitzer
proprietario (m)
oxygen
Sauerstoff
ossigeno (m)

P

package
Paket (Transporteinheit)
imballaggio (m); balla (f)
package
paketieren
impacchettare; imballare
packaging
Verpackung
imballaggio (m)
packaging barrel
Verpackungsfaß
fusto d'imballaggio (m)
packaging film
Verpackungsfolie
lamina da imballaggio (f)
packaging industry
Verpackungsbetrieb
industria d'imballaggi (f)
packaging machine
Paketierautomat
impacchettatrice automatica (f)
packaging plywood
Verpackungssperrholz
compensato da imballaggio (m)
packing

Verpackung
imballaggio (m)
packing material
Verpackungsmaterial
materiale da imballaggio (m)
packing plant
Verpackungsbetrieb
industria d'imballaggi (f)
pad
Polster
imbottitura (f)
pad saw
Stoßsäge (Fuchsschwanz)
sega intelaiata con irrigidimento a
torcitura di fune (f); saracco (m)
paddle
Paddel
pagaia (f)
paid cutting
Lohnschnitt
segamento a pagamento (m)
paid impregnation
Lohnimprägnierung
impregnazione a pagamento (f)
paint
Farbe
colore (m)
paint brush
Pinsel
pennello (m)
paintable
streichfähig
pitturabile
paintable door blade
streichfähiges Türblatt
battente di porta pitturabile (m)
painting
Anstrich
pittura (f)
pale
Zaunlatte
stecca di una recinzione (f)
pale fences

Staketen
steccati (m); steccionate (f)
paling
Lattenzaun
stecconato (m); palizzata (f)
palisade
Palisade
palizzata (f)
pallet
Palette
piattaforma portatile (f)
pallet board
Palettenbrett
tavola di piattaforme (f)
pallet for boxes
Kistenpalette
assicelle per casse (f)
pallet timber
Palettenholz
legname (tondello) per piattaforme
(m)
pallet timber grades
Palettenware
tavole per piattaforme (f)
palm tree
Palme
palma (f)
panel
Tafel; Täfer
pannello (m); rivestimento (in legno)
(m)
panel board
Täferplatte; Verkleidungsplatte;
Profilbrett
pannello di rivestimento (in legno)
(m); panello profilato (m)
panel ceiling
Kassettendecke
soffitto a cassettoni (m)
panel plank
Täferbrett
asse di rivestimento (in legno) (m)
panel sizing circular saw

Formatkreissäge
sega circolare per il dimensiona-
mento del pannello (f)
panel sizing saw
Plattenaufteilsäge
trinciatrice dei pannelli (f)
panelling
Verkleidung (Holz); Vertäfelung
rivestimento (legno) (m); pannellatura (f)
panels
Paneele
pannelli (m)
paper
Papier
carta (f)
paper consumption
Papierverbrauch
consumo di carta (m)
paper foil
Papierfolie
foglio di carta (m)
paper free of wood
holzfreies Papier
carta senza legno (f)
paper industry
Papierindustrie
industria cartaria (f)
paper market
Papiermarkt
mercato della carta (m)
paper mill
Papierfabrik
cartiera (f)
paper pulp
Papiermasse
pasta di legno per carta (f)
parallel-bar
Barren (Sport)
parallele (attrezzo da ginnastica) (f)
Parana pine
Brasilkiefer; Parana-Kiefer
pino Parana (brasiliano) (m)

parasites
Parasiten
parassiti (m)
parcel
Paket; Sendung
pacco (m); collo (m); spedizione (f)
parenchyma
Parenchym
parenchima (m)
parquet boards
Parkettbretter
tavole da parquet (f)
parquet line
Parkettstraße
catena di fabbricazione di parquet
(f)
parquet(ry)
Parkett
parquet (m)
parquetry planer
Parketthobelmaschine
piallatrice per pavimentazione in
legno (f)
part delivery
Teillieferung
consegna parziale (f)
part shipment
Teilverschiffung
spedizione parziale (f)
particle
Span
scheggia (f); truciolo (m)
particle board
Rohspanplatte; Spanplatte
pannelli grezzi (m); pannello di
trucioli (m)
particle board for imprinting
Spanplatte, zum Bedrucken
pannello di trucioli da stampare (m)
particle board free of formal-
dehyde
formaldehydfreie Spanplatte
pannello di trucioli senza formaldei-

de (m)
particle board industry
Spanplattenindustrie
industria di pannelli di trucioli (f)
particle board mill
Spanplattenwerk
stabilimento per pannelli di trucioli
(m)
particle board press
Spanplattenpresse
pressa per pannelli di trucioli (f)
particle board veneered
furnierte Spanplatte
pannello di trucioli impiallicciato (m)
particle classification
Spänesichtung
selezione dei trucioli (f)
particle sorter
Spansortierer
selezionatore di trucioli (m)
particle trade
Spänehandel
commercio di trucioli (m)
particles
Späne
trucioli (m)
partitions
Raumteiler
tramezzi (m); divisori (m)
party
Gruppe
gruppo (m)
passenger car
Pkw = Personenkraftwagen
autovettura (f)
pastry-board
Nudelbrett
asse per la pasta (m)
pasture pole
Weidepfahl
palo da pascolo (m)
pattern
Modell

modello (m)
pattern making
Modellbau
modellaggio per la fonderia (m)
pattern material
Modellware
materiali per modellaggio (m)
patterned
gemasert
marezzato (m)
pay
bezahlen
pagare
payable
zahlbar
pagabile
payable on receipt
zahlbar bei Erhalt
pagabile a ricevimento
payable on request
zahlbar auf Verlangen
pagabile a richiesta
payable when due
zahlbar bei Fälligkeit
pagabile a scadenza
payment
Zahlung
pagamento (m)
payment conditions
Zahlungsbedingungen
condizioni di pagamento (f)
payment with order
Zahlung bei Auftragserteilung
pagamento all'ordine (m)
pear-tree
Birnbaum
pero (m)
peck
Pflock
picchetto (m); paletto (m)
pedestal
Sockel
zoccolo (m)

peel
schälen; rundschälen
sbucciare; scortecciare
peel on staylog
Exzentrischschälen
scortecciare eccentrico (mezza
rotazione)
peeled veneer
Furnier (geschält); Rundschälfurnier; Schälfurnier
impiallacciatura svolta (f); impiallacciatura con macchina rotativa (f);
impiallacciatura scortecciata (f)
peeler
Rundschälmaschine; Schäl-
maschine
scortecciatrice rotante (f); sbucciatrice (f)
peeler core
Schälrestrolle
nocciolo; nucleo (m)
peeler shavings
Schälspäne
particelle da pelatura (f)
peeling ability
Schälfähigkeit
facilità alla sbucciatura (f)
peeling damage
Schälschäden
danni da pelatura (m)
peeling defect
Schälschäden
danni da pelatura (m)
peeling knife
Schälmesser
sbucciatore (m)
peeling mill
Schälwerk
impianto di pelatura (m)
peeling shake
Schälriß
fenditura da pelatura (f)
peeling thickness

Abschäldicke
spessore di scortecciamento (m)
peg
Spund; Zapfen
linguetta (f); tenone (m); maschio
d'incastro (m)
peg
dübeln
incavigliare
pencil
Bleistift
matita (f)
pencil slats
Brettchen für Bleistifte
asticelle per matite (f)
pendulum saw
Pendelsäge
sega a lama oscillante (f)
pepper mill
Pfeffermühle
macinino per il pepe (m)
per capita consumption
Pro-Kopf-Verbrauch
consumo pro capite (m)
percentage
Prozentsatz
percentuale (f)
perforated hardboard
Lochplatte
pannello di fibre dure perforato (m)
perforation of veneer
Durchschleifen des Furniers
perforazione dell'impiallicciatura (f)
pergola
Pergola
pergola (f)
period furniture
Stilmöbel
mobili in stile (m)
period of growth
Wachstumsperiode
periodo di crescita (m)
permissible

zulässig
ammissibile
permission
Genehmigung
autorizzazione (f)
personnel
Personal; Belegschaft
personale (m); staff (m);
maestranza (f)
petrify
versteinern
pietrificare
pew
Kirchenbank
banco di chiesa (m)
phenol
Phenol
fenolo (m)
phenolic glue
Phenolleim
colla fenolica (f)
phenolic resin-bonded particle board
Spanplatte, phenolharzverleimt
pannello di trucioli incollato con
resina fenolica (m)
physical property
Eigenschaft, physikalische
proprietà fisica (f)
piano
Klavier
piano (m)
piano bench
Klavierstuhl
sgabello da piano (m)
picket
Zaunlatte; Pflock; Pfahl; Pfosten
palo (m); picchetto (m); paletto (m);
stecca di una recinzione (f); montante (m); pontame (m)
picket fence
Lattenzaun
stecconato (m); palizzata (f)

picture frame
Bilderrahmen
cornice per quadro (f)
pig-eye
Schweinsauge (Noppe beim Rundholz)
occhio porcino (m); chicco d'orzo
(nodo da legno) (m)
pile
Bretterstapel; Pfahl; Polter; Stapel
catasta di assicelle (f); palo (m);
picchetto (m); pila (f); mucchio (m)
pile
stapeln
accatastare
pile helmet lining
Rammhaubenfutter
palo ferrato e cerchiato (m)
pile planks
Spundbohlen
perlina (asse di rivestimento ad
incastro maschio e femmina) (f)
pile up
aufpoltern; aufstapeln
accatastare; ammucchiare
piling
Stapelung
accatastamento (m)
piling yard
Stapelplatz
deposito di legname accatastato
(m)
pilot name
Leitname
nome pilota (m)
pincers
Beißzange; Kneifzange
tenaglia con ganasce da presa (f);
tenaglia (f); pinza (f)
pine
Kiefer
pino (m)
pine plywood

254

Kiefernsperrholz
legno compensato di pino (m)
pine sidings
Kiefernseiten
assi di sciavero in pino (f)
pins
Stifte
perni (m)
pipe
Pfeife
pipa (f)
pit
Tüpfel
punto (m); macchiolina (f)
pit aperture
Tüpfelöffnung
apertura d'una punteggiatura (f)
pit board
Spurlatte
guida (f)
pit membrane
Tüpfelmembran
membrana d'una punteggiatura (f)
pit post
Grubenpfeiler
pilastro (m); sostegno (m); puntello
per miniera (m)
pit prop
Grubenholz; Grubenstempel
legname per miniera (m); puntello
per miniera (m)
pit slab
Grubenschwarte
sciavero da miniera (m)
pit sleepers
Grubenschwellen
travetti per miniera (m)
pit vessels
Tüpfelgefäße
vasi, recipienti macchiati, punteggiati (m)
pitch streak
Harzkanal

canale resinoso (m)
pitchpine
Pitch Pine
pino rosso americano (m)
pitwood
Grubenholz
legname per miniera (m)
pitwood wholesale business
Grubenholz-Großhandlung
commercio all'ingrosso di legname
per miniera (m)
pivoted window
Drehfenster
finestra girevole (retante su perno)
(f)
pivoting saw
Schwenksäge
sega oscillante (f)
place of destination
Bestimmungsort
luogo (m) di destinazione
plain cut
Fladerschnitt
taglio tangenziale (m)
plan
Plan
piano (m); progetto (m)
plan
planen
progettare
plane
aushobeln; abrichten; hobeln
piallare; spianare
plane off
abhobeln
piallare
plane to thickness
auf Dicke schleifen
piallare a spessore
plane-tree
Platane
platano (m)
planed

gehobelt
piallato (m)
planed timber
Hobelware
legno piallato (m)
planer
Hobel
pialla (f)
planer knife
Hobelmesser
lama della pialla (f)
planing and drilling machine for sleepers
Schwellenhobel- und -bohrmaschine
piallatrice e perforatrice per traversive (f)
planing bench
Hobelbank
banco da falegname (m)
planing head
Hobelkopf
testa della pialla (f)
planing machine
Hobelmaschine
piallatrice (f)
planing mill
Hobelwerk
officina di piallatura (f)
planing tools
Hobelwerkzeug
utensili per la piallatura (m)
plank
Bohle
tavolone (m)
plant
Anlage (Fabrik); Pflanze
impianto industriale (m); fabbrica (f);
pianta (f)
plant
anpflanzen; pflanzen
piantare
plant electrician
Betriebselektriker

elettricista d'impianto (m)
plant for bundling of slabs and edgings
Bündelanlage für Schwarten und Spreißel
impianto per l'affastellamento degli sciaveri e dei pioli (m)
plant manager
Technischer Direktor; Werksdirektor
direttore tecnico (m); direttore d'impianto (m)
plantation
Plantage; Pflanzung
piantagione (f)
planting machine
Pflanzmaschine
piantatrice (f)
plast
Gips
gesso (m)
plaster board
Gipskartonplatte
pannello di gesso (m)
plasterer's laths
Gipserlatten
panconelli per stuccatore (m)
plastic
Kunststoff
materie plastiche (f)
plastic board
Kunststoffplatte
pannello in materia plastica (m)
plastic deformation
plastische Verformung
deformazione plastica (f)
plastic film
Kunststofffolie
foglio di plastica (m)
plastic overlay
Kunststoffüberzug
strato in plastica (m)
plastic packaging
Kunststoffverpackung

imballaggio in materia plastica (m)
plastic window frame
Kunststoff-Fenster
finestra in materia plastica (f)
plate
Tafel
pannello (m)
platform van
Pritschen-Transporter
furgone con piattaforma (m)
plug
Pflock
picchetto (m); paletto (m)
plymetal
Panzerholz
legno rivestito di metallo
plywood
Furnierplatte; Sperrholz
pannello di legno compensato (m);
legno compensato (m)
plywood box
Sperrholzkiste
cassetta in legno compensato (f)
plywood components
Sperrholzteile
parti in legno compensato (f)
plywood cores
Sperrholzmittellagen
strati interni del legno compensato
(m)
plywood door
Sperrholztür
porta in legno compensato (f)
plywood factory
Sperrholzwerk
stabilimento del legno compensato
(m)
plywood for technical purposes
Sperrholz, technisch
legno compensato per scopi tecnici
(m)
plywood glue
Sperrholzleim

colla per legno compensato (f)
plywood in fixed dimensions
Sperrholzfixmasse
legno compensato in dimensioni
fisse (m)
plywood industry
Sperrholzindustrie
industria del legno compensato (f)
plywood mill
Sperrholzwerk
stabilimento del legno compensato
(m)
plywood shuttering board
Sperrholzschalungstafel
pannelli di copertura in legno compensato (m)
plywood specialities
Sperrholzspezialitäten
specialità in legno compensato (f)
plywood tongue
Sperrholzfeder
linguetta in legno compensato (f)
pneumatic assembly press
pneumatische Montagepresse
pressa di montaggio pneumatica (f)
pneumatic cylinder
Preßluftzylinder
cilindro pneumatico (m)
pneumatic fastener
Preßlufthefter
legatrice pneumatica (f)
pneumatic nailer
Preßluftnagler
chiodatrice pneumatica (f)
pneumatic press
pneumatische Presse
pressa pneumatica (f)
pocket calculator (electronic)
Taschenrechner
calcolatrice (tascabile) (f)
point
anspitzen
fare la punta

pole
Leitungsmast; Mast
pilone (per linea aerea) (m); palo
(m)
pole-preservation
Mastenschutz
preservazione dei pali (f)
policy
Police
polizza (f)
polish
abschleifen; abziehen (schleifen);
polieren; schleifen (Holz, Platten);
schlichten (schleifen)
levigare; affilare; lucidare; lisciare
(legno); smerigliare
polished
geschliffen
spolverizzato (m)
polishing
Polierung
lucidatura (f)
polishing machine
Poliermaschine
lucidatrice (f)
polishing product
Poliermittel
prodotto per lucidatura (m)
polyamide
Polyamid
poliamide (m)
polyester
Polyester
poliestere (m)
polymerize
polymerisieren
polimerizzare
poor quality
geringwertige Qualität
qualità inferiore (f)
poorer face
schlechtere Brettseite
lato dell'assicella peggiore (m)

poorer side
schlechtere Brettseite
lato dell'assicella peggiore (m)
poplar
Pappel
pioppo (m)
poplar plywood
Pappelsperrholz
compensato di pioppo (m)
poplar pulpwood
Pappelfaserholz
fibra di pioppo (f)
poplar veneer board
Pappelfurnierplatte
pannello compensato di pioppo (m)
pore
Pore
poro (m)
pore structure
Porenstruktur
struttura porosa (f)
porous
porös
poroso (m)
port
Hafen
porto (m)
port charges
Hafengebühren
diritti portuali (m)
port of destination
Löschhafen
porto di scarico (m)
port of exportation
Exporthafen
porto di esportazione (m)
portable boring machine
Handbohrmaschine
perforatrice portatile (f)
portable chain saw
Handkettensäge
sega a catena portatile (f)
portable circular saw

Handkreissäge
sega circolare portatile (f)
portable debarker
Handentrindungsmaschine
scortecciatrice portatile (f)
portable disk sander
Handscheibenschleifmaschine
carteggiatrice a disco portatile (f)
portable floor sander
Fußbodenschleifmaschine
sabbiatrice per pavimenti (f)
portable glue spreader
Handleimauftraggerät
incollatrice portatile (f)
portable moulding machine
Handfräsmaschine
fresatrice portatile (f)
portable nailer
Handnagelmaschine
chiodatrice portatile (f)
portable pad saw
Handstichsäge
saracco (m); segaccino a coda di
topo portatile (m)
portable planing machine
Handhobelmaschine
piallatrice portatile (f)
portal crane
Portalkran
gru con incastellatura a portale (f)
portal-type lift truck
Portalhubwagen
carro-ponte ad elevazione (m)
position of saw blade
Sägeblattstellung
posizione delle lame della sega (f)
post
Pfosten; Ständer
palo (m); montante (m); pontame
(m); telaio (m)
powder glue
Pulverleim
colla in polvere (f)

power
Kraft; Leistung
forza (f); energia (f); prestazione (f)
power requirement
Kraftbedarf
fabbisogno di energia (m)
power supply
Stromversorgung
distribuzione di corrente (f)
power transmission
Kraftübertragung
trasmissione di energia (f)
power-driven floor transport
Kraftbewegte Flurförderung
trasportatori elettrici al suolo (m)
powerful
leistungsstark
efficiente (m)
pram
Prahm
chiatta (f); pontone (m)
pre-cut
Vorschnitt
pre-taglio (m)
pre-drier
Vortrockner
pre-essiccatore (m)
pre-dry
vortrocknen
pre-essiccare
pre-emption
Vorkauf
prelazione (f)
precaution
Vorkehrung
provvedimento (m)
precision roller chain
Präzisionsrollenkette
catena a rulli di precisione (f)
**prefabricated building compo-
nents**
vorgefertigte Bauteile
elementi prefabbricati d'un edificio

(m)
prefabricated ceilings
vorgefertigte Decken
soffitti prefabbricati (m)
prefabricated construction
Fertigbau
costruzione prefabbricata (f)
prefabricated door element
Türfertigelement
elemento di porta prefabbricato (m)
prefabricated formwork
Fertigschalung; vorgefertigte Schalung
cassaforma prefabbricata (f); rivestimento (di tavole) prefabbricato (m)
**prefabricated furniture compo-
nents**
vorgefertigte Möbelteile
componenti di mobili prefabbricati
(m)
prefabricated home
Fertighaus
casa prefabbricata (f)
prefabricated house
Fertighaus; vorgefertigtes Haus
casa prefabbricata (f)
prefabricated panelling
Fertigvertäfelung
rivestimento di pannelli prefabbricato (m)
prefabricated parquetry
Fertigparkett
parquet prefabbricato (m)
prefabricated parts
Fertigteile; vorgefertigte Teile
parti prefabbricate (f)
prefabricated roof framings
vorgefertigte Dachstühle
capriate prefabbricate (f)
prefabricated walls
vorgefertigte Wände
pareti prefabbricate (f)
prefabricated window

Fertigfenster
finestra prefabbricata (f)
**prefabricated window blocks an(
door sets**
Fenster- und Türeinbauelemente
blocchi-finestre e blocchi-porte (m)
prefiring
Vorfeuerung
preriscaldamento (m)
preliminary operations
Vorarbeiten
lavori preliminari (m)
premium
Prämie
premio (m)
prepaid
vorausbezahlt
prepagato (m)
preparation of particles
Späneaufbereitung
preparazione dei trucioli (f)
prepress
Vorpresse
pressa preliminare (f)
preservation of countryside
Landschaftsschutz
preservazione dei luoghi naturali (f)
preservation of nature
Naturschutz
protezione della natura (f)
preservative solution
Holzschutzlösung
soluzione protettiva del legno (f)
preserved wood
Holz, behandeltes
legno trattato (m)
pressing
Verpressung
pressatura (f)
pressing time
Preßzeit
tempi d'applicazione della pression(
(m)

pressure
Druck
pressione (f)
pressure boiler method
Kesseldruckverfahren
trattamento del legno sotto pressione nell'autoclave (m)
pressure boiler plant
Kesseldruckanlage
caldaia a pressione (f)
pressure foot
Preßzylinder
cilindro di pressione (m)
pressure impregnation
Druckimprägnierung, Drucktränkung
impregnazione in autoclave (f)
pretrimming saw
Vorbesäumsäge
sega pre-orlatrice (f)
price
Notierung; Preis
prezzo (m); quotazione (f)
price increase
Preisanstieg
aumento di prezzo (m)
price per piece
Stückpreis
prezzo a pezzo (m)
price reduction
Preisermäßigung; Preisnachlaß
diminuzione di prezzo (f); riduzione dei prezzi (f)
price-list
Preisliste
lista dei prezzi (f)
primed hardboard door
Hartfaserplattentür, grundiert
porta in pannelli di fibre dure ammannite (con mano di fondo) (f)
primer
Grundiermittel
prodotto per mani di fondo (m)
principle of construction

Konstruktionsprinzip
principio costruttivo (m); criterio costruttivo (m)
print
bedrucken
stampare
print directly
direkt bedrucken
stampare direttamente
printed
bedruckt
stampato (m)
printed plywood
bedrucktes Sperrholz
compensato stampato (m)
prior-purchase obligation
Vorkaufsrecht
diritto di prelazione (m)
prismatic cut
Prismenschnitt
taglio prismatico (m)
process
Verfahren
metodo (m)
process
bearbeiten; verarbeiten
lavorare; trasformare
process controlled
prozeßgesteuert
processo controllato (m)
processed wood
verarbeitetes Holz
legno lavorato (m)
processing of wood
Bearbeitung von Holz
lavorazione del legno (f)
processor
Prozessor
procedimento (che esegue un...) (m)
producer
Hersteller; Produzent
produttore (m)

producing country
Erzeugerland
paese di produzione (m)
product
Produkt
prodotto (m)
production
Produktion
produzione (f); fabbricazione (f)
production line
Produktionslinie
catena di produzione (f)
production management
Produktvermarktung
commercializzazione del prodotto (f)
production place
Produktionsstätte
luogo di produzione (m)
productive forest
Wirtschaftswald
bosco produttivo (m)
professional association
Fachverband
associazione professionale (f)
professional training
Berufsausbildung
formazione professionale (f)
profile jacketing
Profilummantelung
rivestimento degli spigoli profilati
(m)
profile knife
Profilmesser
lama profilata (f)
profile sander
Profilschleifer
affilatrice del profilo (f)
profiled grooved and tongued
boards
Stabbretter
assi profilati maschio e femmina (m)
profiled parts
Façondrehteile

parti profilate (f)
profit
Gewinn
profitto (m)
profitability
Rentabilität
produttività (f)
proforma invoice
Proforma-Rechnung
fattura proforma (f)
prohibition of export
Ausfuhrverbot
divieto di esportazione (m)
project
Entwurf; Plan; Projekt
piano (m); progetto (m)
project
planen
progettare
project site
Baustelle
cantiere di costruzione (m)
prolongation
Prolongation
prolungamento (m)
property
Eigenschaft; Eigentum
proprietà (f); qualità (f)
proportioning pump
Dosierpumpe
pompa di dosaggio (f)
protected forest
Bannwald; Schutzwald
bosco protetto (m)
protective duty
Schutzzoll
dazio protettivo (m)
provenance
Herkunft; Provenienz
origine (f); provenienza (f)
provide
versorgen
provvedere

provision
Versorgung; Vorrat
approvvigionamento (m); provviste
(f)
prune
ausästen
tagliare i rami laterali; diramare;
potare
pruning
Ästung
diramatura
public sale
Versteigerung
vendita all'incanto (f)
public tender
Ausschreibung, öffentliche
aggiudicazione pubblica (f)
pulley
Keilriemenscheibe
puleggia (f); carrucola (f)
pulley block
Flaschenzug
paranco (m)
pulp
Zellulose
cellulosa (f)
pulpwood
Faserholz; Papierholz; Schleifholz;
Zelluloseholz
legno di fibre; fibrolegno (m); legno
da carta (m); legno da sfibrare (m);
legno a pasta chimica (m)
pulpwood debarker
Papierholzschälmaschine
scortecciatrice per legno da carta (f)
punch
ausstanzen
trapungere a punti passanti
punching machine
Stanzmaschine
punzonatrice (f)
purchase
Kauf

acquisto (m)
purchase
einkaufen
acquistare
purchase office
Einkaufsabteilung
sezione acquisti (f)
purchasing manager
Einkaufschef
capo acquisti (m)
pure crop
Monokultur; Reinbestand
monocultura (f); piantagione pura (f)
purlin
Pfette
arcareccio (m); trave (f)
put to disposal
Verfügung stellen, zur
mettere a disposizione
PVC-coated chipboard
Spanplatte, PVC-beschichtet
pannello di trucioli rivestito di PVC
(cloruro di polivinile) (m)
pyramid-texture veneer
Pyramidenfurnier
impiallacciatura a venatura piramidale (f)

Q

quai
Schiffsanlegestelle
scalo d'imbarco (m); imbarcadero
(m)
qualification
Befähigung
abilitazione (f)
quality
Eigenschaft; Güte; Qualität
proprietà (f); qualità (f)
quality class
Güteklasse
classificazione della qualità (f)

quality control
Qualitätskontrolle
controllo di qualità (m)
quality estimation
Gütebeurteilung
giudizio sulla qualità (m)
quality grades
Qualitätsklassen
gradi di qualità (m)
quality mark
Güteschutzzeichen; Qualitätszeichen
marchio di qualità (m)
quality regulations
Gütebestimmungen
norme di qualità (f)
quality requirement
Güteanforderungen; Qualitätsanforderungen
esigenza qualitativa (f)
quality terms
Qualitätsbegriffe
nozioni di qualità (f)
quality test
Qualitätsprüfung
controllo (m)
quantity
Menge; Quantität
quantità (f)
quantity to be delivered
Liefermenge
quantitativo da consegnare (m)
quarrel
Streit
disputa (f); controversia (f)
Quarta
Quarta (IV)
quarta qualità (f)
quarter
vierteln
segare in quarti
quarter log cut
Viertelstamm

taglio di tronco in quattro parti (m)
quarter sawing
Quartierschnitt
taglio su quarto (m)
quarter sawn lumber
Riftbretter
tavole segate di quarto (f)
quarter slicing
Quartiermessern
trinciatura su quarto (f)
quartergirth
Viertelumfang
un quarto di circonferenza (m)
quay
Ankerplatz; Kai
banchina (f)
quick-dogging carriage
Schnellspannwagen
carro a serraggio rapido (m)
Quinta
Quinta (V)
quinta qualità (f)
quota
Kontingent; Quote
quota parte (f)
quotation
Notierung; Preisangabe
prezzo (m); quotazione (f)

R

racing yacht
Rennboot
imbarcazione da corsa (f)
rack
Ständer
telaio (m)
rack wagon
Leiterwagen
carro con sponda a rastrello (m)
racket
Tennisschläger
racchetta da tennis (f)

radial cut
Radialschnitt; Spiegelschnitt
taglio radiale (m); sezione radiale (f)
radial degree of shrinkage
Schwundmaß (radial)
misura di ritiro radiale (f)
radial section
Spiegelschnitt
sezione radiale (f)
radial shake
Radialriß
fessura radiale (f)
radial shrinkage
Radialschwindung
restringimento radiale (m)
radial veneer
Radialfurnier
fogli di impiallacciatura radiali (m)
radiata pine
Pinus radiata
pino radiata (m)
radiator
Heizkörper
radiatore (m)
radiator-cover
Heizkörperverkleidung
copriradiatore (m)
radio frequency heat
Hochfrequenzwärme
calore ad alta frequenza (m)
raft
Floß
zattera (f)
raft
flößen
trasportare con zattera
rafter
Dachsparren
travetto inclinato del tetto (m)
raftered ceiling
Balkendecke
soffitto di travi (m)
railing

Geländer
parapetto (m); balaustra (f)
railing barrels
Geländerstäbe
sbarre di balaustra (f)
rails in forming line
Formgleise
binari di sagomatura (m)
railway carriage
Waggon
vagone (ferroviario) (m)
railway carriage construction
Waggonbau
costruzione di vagoni (f)
railway crane
Eisenbahnkran
gru ferroviaria (f)
railway ferry
Eisenbahnfähre
traghetto ferroviario (m)
railway sleeper
Bahnschwelle; Eisenbahnschwelle
traversina di strada ferrata (f)
railway waggon
Eisenbahnwaggon
vagone ferroviario (m)
rain forest
Regenwald
foresta tropicale (f)
ram pile
Rammpfahl
mazzeranga (per conficcare pali nel
terreno) (f)
ramp
Rampe
rampa (f)
rapid growing
raschwüchsig
crescita rapida (f)
rasp
Raspel
raspa (f)
rasp

raspeln
raspare
rate
Kurs; Tarif
rata (f); cambio (m); tariffa (f)
rattan
Rattan
malacca (f); canna d'India (f)
rattan-furniture
Rattan-Möbel
mobili di malacca (canna d'India)
(m)
raw material
Rohstoff; Rohmaterial
materiale grezzo (legno) (m); materie prime (f)
raw material prices
Rohstoffpreise
prezzo delle materie prime (m)
raw material shortage
Rohstoffmangel
scarsezza di materie prime (f)
raw measurement
Rohmaß
misurazione lorda (f)
raw stave
Rohfries
frisia (tela) grezza (f)
raw wood
Rohholz
legno grezzo (m)
re-saw
Spaltsäge
sega fenditrice (f)
re-saw
auftrennen
trinciare
reach
Reichweite
raggio d'azione (m)
readjustable
nachstellbar
ri-aggiustabile

ready for loading
verladebereit
pronto per il carico (m)
ready-made roller-shutter boxes
Rolladen-Fertigkästen
casse di persiane avvolgibili pref-abbricate (f)
reafforestation
Wiederaufforstung
rimboschimento (m)
real width
Breite, effektive
larghezza effettiva (f)
rebate
Preisnachlaß; Rabatt
riduzione dei prezzi (f); ribasso (m); sconto (m)
receipt
Quittung
ricevuta (f); quietanza (f)
receiver
Empfänger
destinatario (m)
recession
Rezession
recessione (f)
reconditioning
Überholung (Maschinen)
ricondizionamento (f); revisione (m)
recourse
Regreß
ricorso (m)
rectangular
rechtwinklig
rettangolo (m)
rectangular cross-cut
rechtwinklig gekappt
tagliato rettangolare (m)
red heart
Rotkern
cuore (del legno) rosso (m)
red oak
Roteiche

quercia rossa (f)
red rot
Rotfäule
marciume rosso (m)
red stain
Rotfärbung
colorazione rossa (f)
red stripe
Rotstreif
rosato (a strisce rosse...) (m)
red timbers
rote Hölzer
legni rossi (m)
reducer band saw
Reduzierbandsäge
sega a nastro di riduzione (f)
reduction
Minderung
riduzione (f)
redwood
Rotholz (= nord. Kiefer)
legno rosato (m); pino del nord (m)
reel
Rolle
rullo (m); cilindro (m)
refund
Rückerstattung
rimborso (m)
registered office
Sitz der Gesellschaft
sede sociale (f)
registered trade mark
Warenzeichen, eingetragen
marchio di fabbrica depositato (m)
reject
Ausschuß
scarti (m)
reject
zur Verfügung stellen
mettere a disposizione
relacquering
Nachlackierung
ri-verniciatura (f)

release
Verzicht
rinuncia (f)
reload
umladen
trasbordare
reloading
Holzumschlag
trasporto di legname da una nave in
un'altra (m)
removal of boards
Plattenabnahme
rimozione dei pannelli (f)
remove bast
entbasten
rimuovere la fibra di tiglio
remove stain
abbeizen
pulitura (f)
renouncement
Verzicht
rinuncia (f)
renovation of old buildings
Altbausanierung
rinnovo di vecchie costruzioni (m)
repair
Reparatur
riparazione (f)
reparation
Instandsetzung
riparazione (f)
replace
ersetzen (Austausch)
rimpiazzare
replacement
Ersatzlieferung
consegna di sostituzione (f)
representative
Vertreter
agente (m); rappresentante (m)
resawing technique
Reduziertechnik
tecnica di riduzione (f)

rescreening
Nachsiebung
ri-vagliatura (f)
research
Forschung
ricerca (f)
reservation of property
Eigentumsvorbehalt
riserva di proprietà (f)
resharpen
nachschärfen
ri-affilare
residual moisture
Restfeuchte
umidità residua (f)
resin
Baumharz; Harz
resina (f)
resin carrier
Harzträger
trasportatore di resina (m)
resin drainer
Entharzungsmittel
prodotto per deresinare (m)
resin extraction
Harzgewinnung
estrazione della resina (f)
resin gall
Harzgalle
canale di resina (m); borsa di resina (f); vescica di resina (f)
resin pocket
Harzgalle
canale di resina (m); borsa di resina (f); vescica di resina (f)
resin solvent
Harzlöser
solvente della resina (m)
resin streak
Harzgang
striscia resinosa (f); vena resinosa (f)
resin-coated shuttering board

beharzte Schalungstafel
pannello di copertura resinoso (m)
resin-laminated
harzbeschichtet
spalmato di resina (m)
resinate
beleimen mit Kunstharz
incollare con resina
resinated laminated board
Kunstharz-Schichtstoffplatte
pannello laminato resinato (m)
resinous knot
verharzter Ast
ramo resinoso (m)
resinous woods
harzhaltige Hölzer
legno resinoso (m)
resins for lacquers and varnishes
Lackharze
resine per vernice (f)
resistance of shock
Schlagfestigkeit
resistenza all'urto (f)
resonant wood
Resonanzholz
legno risonante (m)
resorcin glue
Resorcinleim
colla a base di resorcina (f)
restain
nachbeizen
ritingere
restore
renovieren
rinnovare
result
Ertrag; Ergebnis
risultato (m)
retort
Retorte
storta (f)
return screw conveyor
Rückführschnecke

vite perpetua (senza fine) di ritorno
(f)
returns
Ergebnis
risultato (m)
revaluation
Aufwertung (Währung)
rivalutazione (f)
reversible
reversibel
reversibile
revolving door
Drehtür
porta girevole (f)
revolving shutter
Rolladen
persiana avvolgibile (f)
rifle
Gewehr
fucile (m)
rifle stock
Gewehrschaft
fusto del fucile (m)
rifle-butt
Gewehrkolben
calcio del fucile (m)
riftsawn
Quartierschnitt
taglio su quarto (m)
right of use
Nutzungsrecht
diritto d'uso (m); concessione (f)
ring shake
Ringriß
fenditura dell'anello (del legno) (f)
rip
auftrennen
trinciare
ripe for felling
hiebreif
maturo; pronto all'abbattimento (m)
rise in prices
Preisanstieg

aumento di prezzo (m)
risk
Risiko
rischio (m)
river vessel
Flußschiff
chiatta (f)
road construction
Straßenbau; Wegebau
costruzione di strade (f)
roads
Reede
rada (f)
rocking chair
Schaukelstuhl
sedia a dondolo (f)
roll diameter
Rollendurchmesser
diametro del rullo (m)
roller
Walze
cilindro (m)
roller conveyor
Rollengang
convogliatore a rulli (m)
roller drier
Rollentrockner
essiccatore a rotelle (m)
roller drive
Walzenantrieb
comando di cilindri (m)
roller feed
Walzenvorschub
avanzamento a rulli (m); alimentazione a rulli (f)
roller shutter
Rolladen
persiana avvolgibile (f)
roller-shutter ledge
Rolladenleiste
listello di persiana avvolgibile (m)
roller-shutter tape
Rolladengurt

cinghia di persiana avvolgibile (f)
rolling table
Rollentisch
tavolo a rotelle (m)
roof
Dach
tetto (m)
roof battens
Ziegellatten
assicelle di sostegno delle tegole
del tetto (f)
roof beams
Dachgebälk
armatura del tetto (f)
roof boards
Dachschalung
rivestimento del tetto (m)
roof framing
Dachstuhl
capriata del tetto (f); cavalletto del
tetto (m)
roof gutter
Dachrinne
grondaia (f)
roof isolation
Dachisolierung
isolazione del tetto (f)
roof light
Dachluke
botola del tetto (f)
roof ridge
Dachfirst
linea di displuvio (f)
roof shingle
Dachschindel
assicella di copertura (f); scandola
(f)
roof slab
Dachschwarte
sciavero del tetto (m)
roof stick
Dachlatte
listello di sostegno delle tegole (m)

roof truss
Dachbinder
capriata (f)
roof window
Dachfenster
abbaino (m)
roofing board
Dachpappe
cartone catramato (m)
room door
Zimmertür
porta interna (d'una stanza) (f)
root
Wurzel
radice (f)
root circle diameter
Fußkreisdurchmesser
diametro alla base (m)
root rot
Wurzelfäule
marciume della radice (m)
root texture veneers
Wurzelmaserfurniere
impiallacciatura di legno di radice
venato (f)
root wood
Wurzelholz
legno di radice (m)
rooted out
entwurzelt
sradicato (m); estirpato (m)
rope drum
Seiltrommel
tamburo avvolgitore (per cavi) (m)
rose pole
Rosenpfahl
palo per rosai (m)
rose stick
Rosenpfahl
palo per rosai (m)
rose wood
Rosenholz
legno di rosa (m)

rot
Holzzersetzung
putrefazione del legno (f)
rot
faulen; verfaulen
marcire
rotary cut mill
Schälwerk
impianto di pelatura (m)
rotary cut veneer
Furnier (geschält); Schälfurnier
impiallacciatura svolta (f); impiallacciatura scortecciata (f)
rotary cutter
Rundschälmaschine
scortecciatrice rotante (f)
rotary hogger
Hackrotor
rotore per spaccare il legno (m)
rotary planing machine
Scheibenhobelmaschine
piallatrice a disco (f)
rotary veneer
Rundschälfurnier
impiallacciatura con macchina rotativa (f)
rotary-cut
schälen
sbucciare
rotary-debarker
Rotorentrinder
scortecciatore rotante (m)
rotten
faul
marcio (m)
rotten heart
Faulkern
anima marcita (f)
rotten knot
kranker Ast; verfaulter Ast
nodo marcio (m); ramo marcito (m)
rotten timber
verfaultes Holz

legno marcio (m)
rough boards in fixed dimensions
Rohhobler
tavole grezze in dimensioni fisse (f)
**rough planed tongued and groo-
ved boards**
Rauhspund
linguetta ruvida (maschio d'incastro)
(f)
rough timber
Rauhware; unbearbeitetes Holz
legname grezzo (m)
roughing frame
Vorschnittgatter
seghetto alternativo di testa (m)
round
rund
rotondo (m); tondo (m)
round and square silo
Rund- und Viereck-Silo
silo tondo e quadrato (m)
round file
Rundfeile
lima tonda (f)
round knots
Rundäste
nodi rotondi (m)
round link chain
Rundgliederkette
catena a maglie tonde (f)
round rod
Rundstab
bacchetta (f); verga (f); bastoncino
(m)
rounding machine
Rundstabfräsmaschine
fresatrice per bastoni (f)
roundwood
Rundholz
legno tondo (m); tronco (m)
router
Oberfräse
fresatrice verticale (f)

routing machine
Oberfräse
fresatrice verticale (f)
rowan
Eberesche
sorbo selvatico (m)
rowing boat
Ruderboot
battello a remi (m)
rudder
Ruder
remo (m)
ruler
Metermaß; Lineal
metro (m); riga (f)
rung (of a ladder)
Leitersprosse
piuolo (di una scala) (m); traversa
(f)
running meter
laufender Meter (lfm)
metro lineare (m)
Rüping process
Rüping-Verfahren
processo Rüping (m)
rustic
rustikal
rustico (m)

S

saddle roof
Satteldach
tetto a due falde (m)
sailing-boat
Segelboot
imbarcazione a vela (f)
sailing-ship
Segelschiff
veliero (m)
sale
Vertrieb; Vermarktung
distribuzione (f); vendita (f); com-

mercializzazione (f)
sales
Umsatz
giro d'affari (m)
sales conditions
Verkaufsbedingungen
condizioni di vendita (f)
sales department
Verkaufsabteilung
reparto vendite (m)
sales manager
Verkaufschef
direttore delle vendite (m)
sales price
Verkaufspreis
prezzo di vendita (m)
salt impregnation
Salzimprägnierung
impregnazione al sale (f)
sample
Muster; Probe
campione (m); esempio (m)
sample collection
Mustersammlung
collezione di campioni (f)
sand
abschleifen; schleifen (Holz, Platten)
levigare; lisciare (legno)
sand blasted
sandgestrahlt
trattato con getto di sabbia (m)
sand blasted plywood
Sperrholz, sandgestrahlt
legno compensato sabbiato (m)
sand paper
Sandpapier
carta vetrata (f)
sandbox
Sandkasten
recinto con sabbia (m)
sanded
geschliffen

spolverizzato (m)
sander
Sandstrahlgerät; Schleifmaschine
sabbiatrice (f); molatrice (f)
sanding belt
Schleifband
nastro abrasivo (m)
sanding dust
Schleifstaub
polvere da molatura (f)
sanding paper
Schleifpapier
carta vetrata (f)
sanding tool
Schleifwerkzeug (für Holz)
arnese per levigare (legno) (m)
sandpit
Sandkasten
recinto con sabbia (m)
sandstone slab
Sandsteinplatte
piastra di arenaria (f)
sandwich panel
Verbundplatte
pannello composto (m)
sap
Splint
alburno (m)
sap rot
Splintfäule
marciume dell'alburno (m)
sap stain
Splintflecken; Splintverfärbung
macchie dell'alburno (f); cambiamento di colore dell'alburno (m)
sap worm
Splintwurm
tarlo dell'alburno (m)
sapwood
Splintholz
legno d'alburno (m)
sauna
Sauna

sauna (f)
saw
Säge
sega (f)
saw
einschneiden; sägen
segare; tagliare
saw blade
Sägeblatt
lama di sega (f)
saw blade tension
Sägeblattspannung
tensione della lama di sega (f)
saw doctor
Sägenschärfer
affilasega (f)
saw dust
Holzmehl; Sägemehl/Sägespäne
segatura (f)
saw felling
Sägefällung
abbattimento da segamento (m)
saw for boards with fixed dimensions
Fixmaßsäge für Platten
sega per pannelli con dimensioni fisse (f)
saw for small-sized timber
Schwachholzsäge
sega per legname di piccola dimensione (f)
saw log
Sägerundholz; Sägeblock
tronchi da segare (m); tronco da segare (m)
saw set gauge
Schränkmeßlehre (für Sägen)
calibro per l'allicciatura dei denti (della sega) (m)
saw sharpener
Sägenschärfer
affilasega (f)
saw sharpening machine

Sägenschärfmaschine
macchina affilatrice di lame della
sega (f)
saw-blade diameter
Blattdurchmesser (Säge)
diametro della lama della sega (m)
saw-cut veneer
Sägefurnier
impiallacciatura segata (f)
saw-dust exhaustor
Späneabsaugung
aspiratore della segatura (m)
saw-setting machine
Schränkmaschine
macchina allicciatrice (della sega)
(f)
saw-tooth
Sägezahn
dente di sega (m)
sawfalling
sägefallend
ciò che cade dalla sega
sawing
Sägen
segamento (m)
sawing industry
Sägeindustrie
segheria (f)
sawing machine
Sägemaschine
segatrice (f)
sawmill
Sägewerk
segheria (f)
sawmill building
Sägehalle
edificio di segheria (m)
sawmill waste
Sägewerksabfälle
scarti di segheria (m)
sawmiller
Säger
operaio addetto alla sega (m)

sawn timber
Schnittholz
legname da taglio (m)
sawn timber recovery
Schnittholzausbeute
resa del legname tagliato (f)
scaffold pole
Gerüststange
palo d'impalcatura (m)
scaffolding
Baugerüst
impalcatura (f)
scaffolding board
Gerüstdiele
asse d'impalcatura (m)
scaffolding planks
Gerüstbohlen
tavoloni d'impalcatura (m)
scaling by middle diameters
Mittenvermessung
misurazione al diametro intermedio
(f)
Scandinavian redwood
nordische Kiefer
pino nordico (m)
Scandinavian timber
nordisches Schnittholz
legno nordico (m)
Scandinavian whitewood
nordische Fichte
abete nordico (m)
scant
knapp; Mindermaß; untermaßig
scarso (m); misura inferiore (f);
sottodimensionato (m)
scantling
Kreuzholz; Kantel
legno squadrato (m); taglio a croce
(m); quadrello (m); assicella (per
costruzioni) (f)
scarf glueing
Schäftung
incollaggio con giunto ad ammorsa-

tura (m)
scheme
Skizze
schizzo (m)
school furniture
Schulmöbel
mobili di scuola (m)
scots pine
Föhre (= Kiefer)
pino silvestre (m)
scraper
Egalisiervorrichtung
raschiatore (m)
scraping knife
Ziehklinge
raschietto (m)
scratch resistance
Kratzfestigkeit
resistenza alla raschiatura (f)
scratch resistant
kratzfest
non soggetto a raschiature
scratches
Kratzschäden
graffiature (f)
screen
Sieb
setaccio (m)
screw
Schraube
vite (f)
screw clamp
Schraubzwinge
morsetto a vite (m)
screw driver
Schraubenzieher
cacciavite (m)
screw holding power
Schraubenhaltevermögen
resistenza allo svellimento della vite
(f)
screw wrench
Schraubenschlüssel

chiave a rullino (f)
screw-setting machine
Schraubautomat
avvitatrice automatica (f)
sea case
Seekiste
cassa per trasporto marittimo (f)
seal
versiegeln
sigillare
seal parquet
Parkett versiegeln
fissare il parquet
sealing
Dichtung; Versiegelung
guarnizione (f); sigillatura (f)
sealing of parquet
Parkettversiegelung
fissaggio del parquet (m)
seasoned
getrocknet; trocken
secco (m); essiccato (m)
seasoning shake
Trockenriß
spaccatura di legno secco (m);
fenditura di legno secco (m)
seat of a chair
Stuhlsitz
fondo di sedia (m)
seating furniture
Sitzmöbel
sedie (f); seggiole (f)
**seating furniture without uphol-
stery**
Sitzmöbel (ungepolstert)
sedie non imbottite (f)
seaworthy packaging
seemäßige Verpackung
imballaggio marittimo (m)
secondary forest
Sekundärwald
bosco secondario (m)
secondary production

Nebenproduktion
produzione secondaria (f)
secondary species
Nebenholzart
specie secondaria (legno) (f)
secretary
Schreibsekretär
scrivania (f)
section
Abteilung; Abschnitt; Längsschnitt
dipartimento (m); sezione (f); taglio
longitudinale (m)
seed
Same
semente (f)
segment
Segment
segmento (m)
segment door
Segmenttür
porta a segmento (f)
select
aussuchen
selezionare
selected log
ausgesuchter Stamm
tronco selezionto (m)
selected veneer
ausgesuchtes Furnier
impiallacciatura selezionata (f)
selection
Auswahl
selezione (f)
self adhesive tape
Selbstklebeband
nastro autoadesivo (m)
seller
Verkäufer
venditore (m)
semi dry
halbtrocken
semi secco (m)
semi-manufacture

Halbfertigprodukt
prodotto semilavorato (m)
separate
trennen
separare
separator
Abscheider; Späneabscheider
separatore (m); separatore dei trucioli (m)
serial production
Serienfertigung
fabbricazione in serie (f)
series furniture
Serienmöbel
mobili in serie (m)
server
Servierbrett; Tablett
vassoio (m)
serving table
Servierwagen
carrello di servizio (m)
set
abbinden (Leim); aushärten; schränken
indurire (colla); allicciatura (della
sega) (f)
set of box components
Kistengarnitur
set di componenti per casse (m)
set of grinding wheels
Schleifscheibensatz
set di mole (m)
set the roof
Dachstuhl richten
erigere la capriata
setting of the cutters
Messereinstellung
sistemazione dei coltelli (f)
setting-up time
Rüstzeit
periodo dei preparativi (m)
settle
schlichten (einen Streit)

comporre, conciliare
shade
Schatten
ombra (f)
shadow
Schatten
ombra (f)
shaft
Stiel
manico (m)
shaft guide
Spurlatte
guida (f)
shake
Riß
crepa (f)
shallow root
Flachwurzel
radice superficiale (f)
shaped upholstery
Formpolster
imbottitura sagomata (f)
share
Aktie; Kontingent; Quote
azione (f); quota parte (f)
share capital
Aktienkapital
capitale azionario (m)
share holder
Aktionär
azionista (m)
sharpen
schleifen (Werkzeuge); schärfen
molare; affilare
sharpening machine
Schärfmaschine
macchina affilatrice (f)
sharpening to alternating angles
Schrägschliff (der Zähne)
affilatura dei denti di una sega ad
angoli alterni (f)
shavings
Hobelspäne

trucioli di piallatura (m)
sheet
Blatt (Furnier, Papier)
foglio (impiallacciatura, carta) (m)
sheet of veneer
Furnierblatt
foglio di impiallacciatura (m)
sheet steel
Stahlblech
lamiera d'acciaio (f)
shelf
Regal; Schrankfach
scaffale (m); scomparto (m)
shelf life
Lagerfähigkeit
capacità (durata ammissibile) di
stoccaggio (f)
shelfboard
Regalbrett
ripiano di scaffale (m)
shelfbottom
Regalboden
fondo di scaffale (m)
shell construction
Rohbau
costruzione grezza (f)
shingle roof
Schindeldach
tetto coperto di assicelle (m)
shingle wood
Schindelholz
legno per assicelle di copertura (m)
shingles
Schindeln
assicelle di legno per copertura (f)
shining
glänzend
brillante (m)
ship
verladen
caricare
ship carpenter
Schiffszimmermann

277

carpentiere marittimo (m)
ship timber
Pallholz
legno per costruzioni navali (m)
shipbroker
Schiffsmakler
sensale marittimo (m); broker (m)
shipbuilding
Schiffbau
costruzione navale (f)
shipbuilding plywood
Schiffbausperrholz
compensato per costruzione navale (m)
shipment
Sendung; Verladung; Verschiffung
spedizione (f); caricamento (m);
trasporto per via d'acqua (m)
shipowner
Reeder
armatore (m)
shipped
befrachtet
noleggiato (m)
shipper
Ablader; Befrachter
scaricatore (m); noleggiatore (m)
shipping agency
Schiffsmakler
sensale marittimo (m); broker (m)
shipping box
Versandkiste
cassa da spedizione (f)
shipping charges
Ladekosten
spese di spedizione (f)
shipping company
Reederei
compagnia di navigazione (f)
shipping documents
Versandpapiere; Verschiffungsdokumente
documenti di spedizione (m)

shipping dry
verschiffungstrocken
essiccato all'aria per l'imbarco (legname) (m)
shipping insurance
Transportversicherung
assicurazione trasporto (f)
shipping port
Verschiffungshafen
porto d'imbarco (m)
shipping specification
Versandabmessungen
dimensioni del carico (f)
shoe cabinet
Schuhschrank
armadio per scarpe (m)
shoe tree
Schuhleisten
forme per scarpe (f)
shop equipment
Ladeneinrichtung
attrezzatura di magazzino (f)
shop furniture
Ladenmöbel
mobilio di magazzino (m)
shop window
Schaufenster
vetrina (f)
short laths
Kürzungslatten
assicelle (sui tralci) (f)
short measure
Untermaß
misura per difetto (f)
short stemmed
kurzschäftig
fusto corto (a...) (m)
short-term planning
Planung, kurzfristige
progetto a breve termine (m)
shortage
Verknappung
penuria (f)

shorts
Abschnitte (kurze); Kürzungen;
Kürzungsbretter; Kurzware
spezzoni (m); raccorciamenti (m);
tralcio da frutto tagliato corto (m);
legname corto (m)
shovel
Schaufel
pala (f); badile (m)
shredding machine for wood-
wool
Holzwolle-Schneidemaschine
macchina per produrre paglietta di
legno (f)
shrink
schrumpfen
restringersi; ritirarsi
shrink foil
Schrumpffolie
foglio restringibile (m)
shrinkage
Schwund; Schwindung
diminuzione (f); contrazione (f)
shrinkfoiled
folienverpackt
imballato in fogli plastici (m)
shrub
Busch (Gebüsch)
arbusto (m)
shuttering
Schalung
rivestimento (di tavole) (m)
shuttering
Außenverschalung
rivestimento esterno con assi (m)
shuttering board
Schalbrett; Schalungsbrett
tavola di copertura (f); tavola da
rivestimento (f)
shuttering board panel
Sichtbetonschalungsplatte
pannello di chiusura (m)
shuttering boards for concrete

Betonschalungsplatten
assi di chiusura per calcestruzzo (f)
shuttering panel
Schaltafel; Schalungstafel
pannello di copertura (m); pannello
di rivestimento (m)
shuttering support
Schalungsträger
supporto di chiusura (m)
shuttle
Weberschiffchen
spola (f); navetta (f)
side
Brettseite; Seite
lato dell'assicella (m); lato (m);
costa (f)
side cuts
Seitenware
sciavero (m)
side table
Beistelltisch
tavolo piccolo (m)
sideboard
Anrichte; Buffet; Sideboard
credenza (f)
siding
Holzlagerplatz
parco legname (m)
sidings
Seitenware
sciavero (m)
sift
sichten (prüfen)
esaminare
sifter
Spänesichter; Siebmaschine
vagliatore di trucioli (m); macchina
setacciatrice (f)
sifting
Sichtung; Siebung
esame (m); setacciatura (f); vagliatura (f)
sight-draft

Sichtwechsel
cambiale (f); tratta a vista (f)
siliceous
kieselhaltig
silicioso; siliceo (m)
silicon
Silizium
silicio (m)
silicon depots
Siliziumeinlagerungen (im Kernholz)
depositi di silicio (nel cuore del
legno) (m)
silky mat surface
seidenmatte Oberfläche
superficie ripiena di seta (f)
silo
Bunker; silo
silo (m); tramoggia (f)
silo discharge
Siloaustrag
estrazione dal silo (f)
silviculture
Waldbau
silvicultore (m)
similar
gleichartig
similare
simple roller chain
Einfachrollenkette
catena a rulli singoli (f)
single cut
Einfachschnitt
taglio singolo (m)
single daylight press
Einetagenpresse
pressa idraulica a un piano (f)
single-blade circular saw
Einblattformatkreissäge
sega circolare monolama per la
messa in formato (f)
single-blade stroke circular saw
Einblatthubkreissäge
sega circolare monolama (f)

single-layer particle board
einschichtige Spanplatte
pannello di trucioli a uno strato (m)
**single-opening particle board
plant**
Einetagen-Spanplattenanlage
impianto a un piano per la fabbricazione di pannelli di trucioli (m)
sinker
Sinker
legname che stilla (m)
site trailer
Baustellenwagen
veicolo di cantiere (m)
size
Format; Maß
formato (m); dimensione (f); misura
(f)
sizing agent
Quellschutzmittel
agente idrofugo (m)
sketch
Skizze
schizzo (m)
ski
Ski
sci (m)
ski factory
Skifabrik
fabbrica di sci (f)
skid
rücken
trainare
skidded to roadside
an die Straße gerückt
scaricato su strada (m)
skidding
Holzrücken (Bringen)
movimentazione del legno (m)
skidding tractor
Rückeschlepper
trattore per trascinare (m)
skidding trailer

Rückanhänger
rimorchio di scivolamento (del legname) (m)
skidding unit
Rückezug
motore per trascinamento (legname) (m)
skids
Unterlagshölzer
biette (f); zeppe (f)
skin irritating
hautreizend
irritante della pelle (m)
skirting board
Fußbodenleiste; Fußleiste; Sockelleiste
zoccolo (m); zoccolo di legno (m)
skylight
Dachluke
botola del tetto (f)
slab
Schwarte (Schwartenbrett)
sciavero (m)
slash
Schlagraum
tralci (m)
sledge
Schlitten
slitta (f)
sleeper
Schwelle (Bahn)
traversina (ferrovia) (f)
sleeper sidings
Schwellenseiten
binari di raccordo delle traversine
(m)
slice
messern
tranciare
sliceable
messerfähig
divisibile in parti
sliced

gemessert
tagliato (m)
sliced face veneers
Messerdeckfurniere
impiallacciatura di superficie trinciata (f)
sliced veneer
Furnier (gemessert); Messerfurnier
impiallacciatura tagliata (f); impiallacciatura trinciata (f)
slicer
Furniermessermaschine
tagliatrice (f)
slicer knife
Furniermesser
lama per il taglio dell'impiallacciatura (f)
slicer log
Messerblock
legno da trinciare (m)
slicer running
messerfallend
cadente dal taglio
slicing mill
Messerfurnierwerk
stabilimento di trinciatura (m)
slide bar
Gleitschiene
rotaia di scivolamento (f)
slide for timber
Holzrutsche; Holzrampe
scivolo a canale per legname (m)
slide rail
Gleitschiene
rotaia di scivolamento (f)
slide rule
Rechenschieber
regolo calcolatore (m)
sliding door
Schiebetür
porta scorrevole (f)
sliding table
Schiebetisch

tavolo scorrevole (m)
slightly air-dried
angetrocknet
semi-essiccato (m)
slippery
rutschig
sdrucciolevole (m)
slope of roof
Dachneigung
pendenza del tetto (f)
slope of the grain
Faserneigung
inclinazione della venatura (f)
slotting machine
Schlitzmaschine; Zapfenschlitzmaschine
macchina fessuratrice (f); intaccatrice per tenoni (f)
small diameter logs
Schwachholz
tronchi di piccolo diametro (m)
small knot
kleiner Ast
nodo piccolo (m)
small-size sticks (in the forest)
Reiser-Stangen
pertiche (f)
smell
Geruch
odore (m)
smooth
abziehen (schleifen)
affilare
smooth barked
glattrindig
corteccia liscia (f)
snow break
Schneebruch
rottura di rami causati dalla neve (f)
soaking tank
Kochgrube
vasca di macerazione (f)
socle

Sockel
zoccolo (m)
sofa
Sofa
sofa (m)
sofa table
Couchtisch
tavolo-divano (m)
soft woods
Weichhölzer
legname tenero (m)
softboard
Weichfaserplatte
pannelli di fibre soffici (m)
softwood
Nadelholz
conifera (legnodi) (f)
softwood chemical pulp
Nadelholzzellstoff
pasta di legno resinoso (f)
softwood forest
Nadelwald
bosco di conifere (m)
softwood lumber
Nadelschnittholz
segati di conifera (m)
softwood plywood
Nadelholzsperrholz
compensato in legno resinoso (m)
softwood veneer
Nadelholzfurnier
impiallacciatura in legno resinoso (f)
solder
löten
saldare
solid resin
Festharz
resina solida (f)
solid timber
Vollholz
legno massello (f)
solid timber beam
Vollholzbalken

trave in massello (m)
solid wood
Massivholz
massivo (legno) (m)
solid-wood shuttering
Vollholzschalung
copertura in massello (f)
solid-wood shuttering board
Vollholzschalungstafel
pannello di copertura in massello
(m)
solvency
Zahlungsfähigkeit
solvibilità (f)
solvent
Lösungsmittel
solvente (m)
sort
sichten (prüfen); sortieren
esaminare; scegliere
sorted by lengths
sortiert nach Längen
selezionato secondo lunghezza (m)
sorted by widths
sortiert nach Breiten
selezionato secondo larghezza (m)
sorted for quality
sortiert nach Qualität
selezionato secondo qualità (m)
sorting carriage
Sortierwagen
carro per la scelta (m)
sorting conveyor
Sortierförderer
trasportatore selezionatore (m)
sound
gesund
sano (m)
sound knot
gesunder Ast
nodo sano (m)
sound protection
Schallschutz

insonorizzazione (f)
sound-absorbing window
Schalldämmfenster
finestra insonorizzata (f)
sound-proof board
schalldichte Platte
pannello a isolamento acustico (m)
sound-proof door
schalldichte Tür
porta a isolamento acustico (f)
sow
säen
seminare
space
Abstand
distanza (f)
span
Spannweite
apertura (f)
spare part
Ersatzteil
parte di ricambio (f)
spatula
Spachtel
spatola (f)
special board for car bodies
Spezialplatte f. Karosserien
pannelli speciali per carrozzerie (m)
special boarding
Spezialschalung
copertura speciale (f)
special dimension
Sondermaß
misura speciale (f)
special forest tractor
Forstspezialschlepper
trattore speciale per boschi (m)
special formwork
Spezialschalung
copertura speciale (f)
special glue
Spezialkleber
colla speciale (f)

special measure
Sondermaß; Spezialmaß
misura speciale (f)
special plywood board
Sperrholzspezialplatte
pannelli speciali in legno compensato (m)
special plywood for shipbuilding
Spezialsperrholz f. Schiffbau
legno compensato speciale per costruzione navale (m)
special production
Sonderanfertigung
produzione speciale (f)
special rate
Sondertarif
tariffa speciale (f)
special table
Spezialtisch
tavolo speciale (m)
special thickness
Sonderstärke
spessore speciale (m)
special truck for logs
Speziallastwagen f. Rundholz
autocarro speciale per il trasporto di tronchi (m)
special width
Sonderbreite
larghezza speciale (f)
specialist
Fachmann; Sachverständiger
specializzato (m); esperto (m); specialista (m); perito (m)
specialized forest worker
Waldfacharbeiter
operaio forestale specializzato (m)
species
Holzart
specie del legno (f)
species of substitution
Ersatzholzart
specie di sostituzione (f)

specific gravity
spezifisches Gewicht
peso specifico (m)
specification
Holzliste
elenco di misurazione del legno (m); specificazione (f)
speed
Geschwindigkeit
velocità (f)
speed of rotation
Drehzahl
velocità di rotazione (f)
spike knot
Flügelast
ramo obliquo (m)
spindle
Spindel
fuso (m)
spiral grain
Drehwuchs
filo ritorto (m)
spiral stair case
Wendeltreppe
scala a chiocciola (f)
splice veneers
Furniere zusammensetzen
giunzione dell'impiallacciatura (f)
splined roll
Keilwalze
cilindro a cuneo (m); rullo a cuneo (m)
splint box
Spanschachtel
scatola impiallicciata (f)
split
spalten
fendere in due (un tronco d'albero)
split wood
Spaltholz
legna da spaccare (f)
splitting resistance
Spaltfestigkeit

resistenza alla fenditura (f)
spool
Spule
rocchetto (m); bobina (f)
sport(s) hall
Sporthalle
palazzo dello sport (m); palestra (f)
sports equipment
Sportgeräte
attrezzature sportive (f)
spotted
gefleckt
picchiettato (m); punteggiato (m)
spray booth
Spritzkabine; Spritzstand
cabina per verniciatura a spruzzo (f)
spray gun
Spritzpistole
pistola a spruzzo (f)
spray table
Sprühtisch
tavolo di nebulizzazione (m)
spray varnishing
Spritzlackierung
verniciatura a spruzzo (f); laccatura
a spruzzo (f)
sprayed
gespritzt
vaporizzato (m)
sprayer installation
Spritzanlage
impianto di polverizzazione (m)
spraying installation
Sprühanlage
impianto di polverizzazione (m)
spraying pistol
Spritzpistole
pistola a spruzzo (f)
spread
Verbreitung
diffusione (f)
spreader
Streumaschine

macchina spargitrice (f)
spreader roll
Streuwalze
cilindro spargitore (m)
spreading head
Streukopf
testa spargitrice (f)
spreading machine
Streumaschine
macchina spargitrice (f)
spreading trip
Streugang
passata a spaglio (f)
sprig
Schößling
germoglio (m)
spring wood
Frühholz
legno precoce (m)
sprinkler installation
Besprühungsanlage
impianto d'irrigazione (m)
sprinkling
Besprühen
irrigazione (f)
sprinkling plant
Berieselungsanlage
impianto d'irrigazione (m)
sprout
Sproß (einer Pflanze)
germoglio (m)
spruce
Rottanne
abete rosso (m)
sprung floor
Schwingboden
pavimento elastico (m)
square
quadratisch
quadrato (m); quadro (m)
square
Latte; Kantel; Sparren
assicella (f); biffa (f); bordonale (m);

listello (m); quadrello (m); assicella
(per costruzioni) (f); travetto (tetto)
(m); puntone (tetto) (m)
square edged
besäumt; scharfkantig besäumt;
rechteckig
bordato quadro (m); squadrato (m);
squadrato a spigoli vivi (m); rettangolare
square edged oak timber
Pariser Ware
tavolato di quercia lustrato (m)
square foot
Quadratfuß
piede quadro (m)
square inch
Quadratzoll
pollice quadro (m)
square kilometer
Quadratkilometer
chilometro quadrato (m)
square meter
Quadratmeter
metro quadro (m)
square-cut
gekappt
svettato (m); mozzato (m)
squared log
Balken
trave (f)
squared timber
Kreuzholz; Kantholz
legno squadrato (m); taglio a croce
(m); spigolato squadrato (m); travetti (m)
**squared timber in commercial
standard dimensions**
Vorratskantholz
legno squadrato in dimensioni standard (m)
stability
Stehvermögen
stabilità dimensionale (f)

stability of size
Maßhaltigkeit
esattezza delle misure nominali (f)
stable
Stall
stalla (f)
stack
Stapel
catasta (f); pila (f); mucchio (m)
stack
aufstapeln; stapeln
ammucchiare; accatastare
stack base
Polter
catasta (f)
stack bottom
Stapelsteine
basamenti in muratura per cataste
di legname (m)
stack foundation stones
Stapelsteine
basamenti in muratura per cataste
di legname (m)
stack seasoning
Stapeltrocknung
essiccamento naturale di legname
accatastato (m)
stacked wood
Schichtholz (im Wald)
legno accatastato (m)
stacker
Stapelgerät
accatastatore (m)
staff
Belegschaft; Personal
personale (m); maestranza (f); staff
(m)
staff costs
Personalkosten
costi di personale (m)
stain
Beize
mordente (m)

stain
beizen
applicare un mordente
stain remover
Abbeizmittel
smacchiatore (m)
stainable door blade
lasierfähiges Türblatt
battente di porta verniciabile con
vernice trasparente (m)
stained
gebeizt
brunito ad ebano (m)
stained sap
verfärbtes Splintholz
alburno scolorito (m)
stained timber
verfärbtes Holz; Holz mit Verfärbungen
legno scolorato (m)
stair
Treppe; Treppenstufe
scala (f); gradino (m); scalino (m)
stair construction
Treppenbau
costruzione di scale (f)
stair element
Treppenelement
elemento di scale (m)
stair manufacture
Treppenbau
costruzione di scale (f)
stair railing
Treppengeländer
ringhiera delle scale (f)
staircase
Treppenhaus
tromba delle scale (f)
stake
Pfahl; Zaunlatte
palo (m); picchetto (m); stecca di
una recinzione (f)
staket fence

Jägerzaun
recinzione con pali (f); steccato (m)
stamping machine
Stanzmaschine
punzonatrice (f)
stand
Bestand (Bepflanzung); Ständer
scorte (f) (piantagione (f)); telaio (m)
stand age
Bestandsalter
età della piantagione (f)
stand constitution
Bestandsstruktur
struttura della piantagione (f)
stand density
Bestandsdichte
densità della piantagione (f)
standard
Norm
standard (m); norma (f)
standard chipboard
Standard-Spanplatten
pannelli in truciolato standard (m)
standard equipment
Normalausrüstung
equipaggiamento normale (m)
standard length
Normallänge
lunghezza normale (f)
standard particle board
Standard-Spanplatten
pannelli in truciolato standard (m)
standard plywood
Standard-Sperrholz
pannelli in compensato standard
(m)
standard pressure
Normaldruck
pressione normale (f)
standard profile
Standardprofil
profilo standard (m)
standard thickness

Normalstärke
spessore normale (m)
standard type
Normalausführung
tipo normale (m)
standard width
Normalbreite
larghezza normale (f)
standardize
normen
standardizzare
standards of lumber grading
Schnittholzgüteklassen
classificazione del legname da
taglio (f)
standing charges
Fixkosten
spese fisse (f)
standing timber
stehendes Holz
legname ritto in piedi (m)
standing timber impregnation
Lebendtränkung
impregnazione di alberi vivi in piedi
(f)
star-delta-starter
Stern-Dreieck-Anlasser
avviatore a stella triangolo (m)
state forest
Staatswald
bosco demaniale (di proprietà dello
Stato) (m)
static bend
Stehvermögen
stabilità dimensionale (f)
statistics
Statistik
statistica (f)
stave
Faßdaube; Sprosse
doga (di botte) (f); piuolo (di una
scala) (m); traversa (f)
stavewood

Faßdaubenholz
legname da doghe (m)
staylog-peeled veneer
Exzenterschälfurnier
impiallacciatura svolta (srotolata)
eccentrica (f)
steam
dämpfen
vaporizzare
steam bending
Dampfbiegen
curvatura a vapore (f)
steam boiler
Dampfkessel
caldaia a vapore (f)
steam generator
Dampferzeuger
generatore a vapore (m)
steam turbine
Dampfturbine
turbina a vapore (f)
steamed
gedämpft
trattato con vapore (legno) (m)
steamed beech
Buche, gedämpft
faggio trattato con vapore (m)
steaming pit
Dämpfgrube
cava di vaporizzazione (f)
steaming plant
Dämpferei
impianto di vaporizzazione (m)
steel tape
Stahlband
nastro metallico (m)
stellite-tipped saw blade
stellitebestücktes Sägeblatt
lama di sega stellitata (con punte di
stellite) (f)
stem
Schaft
fusto (m); gambo (m)

stencil
Schablone
modello (m); stampino (m)
step
Treppenstufe; Sprosse
gradino (m); scalino (m); piuolo (di
una scala) (m); traversa (f)
step ladder
Sprossenleiter; Stehleiter; Trittleiter
scala a piuoli (f); scala doppia (f);
sgabello (m)
stevedore
Stauer
stivatore (m)
stiching machine
Heftmaschine
macchina cucitrice (f); imbullettatrice (f)
stick
Stiel; Stab
manico (m); bastone (m); bacchetta
(f)
stick-shaped
stäbchenförmig
bastoncino (a forma di...) (m)
stirring device
Rührwerk
agitatore (m)
stock
Lager; Vorrat
deposito di stoccaggio (m); provviste (f)
stock taking
Inventur
inventario (m)
stockade
Palisade
palizzata (f)
stone pine
Arve; Pinie
pino (m); pino da pinoli (o a ombrello) (m); pino d'Italia (m)
stool

Hocker
sgabello (m)
storage
Lagerung
stoccaggio (m)
storage ability
Lagerfähigkeit
capacità (durata ammissibile) di
stoccaggio (f)
storage costs
Lagerkosten
costi di stoccaggio (m)
storage decay
Lagerungsschäden
deperimento da stoccaggio (m)
storage under shed
Lagerung unter Dach
stoccaggio al coperto (m)
storage yard
Lagerplatz
deposito (m)
storage yard capacity
Lagerungskapazität
capacità di stoccaggio (f)
storage yard rot
Lagerfäule
marciume di legname esposto alle
intemperie (m)
store in water
wasserlagern
immagazzinaggio in acqua (m)
storey
Stockwerk
piano (di edificio) (m)
stowage for overside delivery
Überbordverladung
stivaggio per consegna lungo bordo
nave (m)
straight grain
Geradfaserigkeit
fibrosità dritta (f)
straight grained
geradfaserig; schlicht (Faser)

filo dritto (m); filamento (m)
strechable
dehnbar
dilatabile
stress
Belastung; Spannung
peso (m); sforzo (m); tensione (f)
stress distribution
Spannungsverteilung
distribuzione di tensione (f)
stress tolerance
Belastbarkeit
limitazione di carico (f)
strike
Streik
sciopero (m)
strip core
Stäbchenmittellage
anima dell'assicella (f); centro
dell'assicella (m)
stripe
Streifen (Furnier)
rigatura (f); striatura (f)
striped
gestreift
rigato (m)
striped veneer
Streifenfurnier
impiallacciatura rigata (f)
structural construction
Rohbau
costruzione grezza (f)
structural engineering
Hochbau
costruzione al di sopra del suolo (f)
structural fault
Konstruktionsfehler
difetto strutturale (m)
structural plywood
Bausperrholz
legno compensato da costruzione
(m)
stub

roden
dissodare
studding
Fachwerk
traliccio (m)
study (smoking room) furniture
Herrenzimmermöbel
mobili per la stanza dei fumatori (m)
stuff the container
Container einpacken
caricare il container
stuffing
Beladen eines Containers
carico di un contenitore (m)
stump
roden
dissodare
stump grubbing device
Rodegerät
dissodatrice per estirpare ceppi (da
un terreno) (f)
stump rot
Stockfäule
malattia del ceppo (f)
stump wood
Stubben
ceppo d'albero abbattuto (m)
sub-supplier
Unterlieferant
subfornitore (m)
subject to modification
Änderung vorbehalten
soggetto a modifica (m)
submission
Ausschreibung
aggiudicazione (f)
subsidiary
Tochtergesellschaft
filiale (f)
subsidize
subventionieren
sovvenzionare
substitute timbers

Austauschhölzer
legname di rimpiazzo (m)
subvention
Subvention
sovvenzione (f)
suction conveyor
Sauggebläse
ventilatore d'aspirazione (m)
suction hood
Abzugshaube
calotta d'aspirazione (f)
suitable for peeling
schälfähig
sbucciabile
summerwood
Spätholz
legno tardo (m)
sun blind system
Sonnenschutzanlage
dispositivo di riparo dal sole (m)
sun shake
Sonnenriß
fenditura causata dal sole (f)
super cargo
Supercargo
supercargo (m)
supplier
Lieferant
fornitore (m)
supply
Vorrat; Versorgung
provviste (f); approvvigionamento
(m)
supply
versorgen
provvedere
supporting ledge
Konsolenleiste
mensoletta (f)
surcharge
Surcharge
sovraccarico (m)
surface

Fläche; Oberfläche
superficie (f)
surface
abrichten; egalisieren; zurichten
spianare; eguagliare, appianare;
preparare
surface checks
Oberflächenrisse
fenditure della superficie (f)
surface chip
Decklagenspan
truciolo di superficie (m)
surface coating
Beschichtung; Oberflächenbeschichtung
laminatura (f); rivestimento della
superficie (m)
surface layer
Deckschicht
strato di superficie (m)
surface of cut
Schnittfläche
superficie di taglio (f)
surface planer
Abrichthobelmaschine
piallatrice (f)
surface protection
Oberflächenschutz
protezione della superficie (f)
surface quality
Oberflächengüte
qualità della superficie (f)
surface shake
Oberflächenriß
fenditura della superficie (f)
surface structure
Oberflächenstruktur
struttura della superficie (f)
surface treatment
Oberflächenbehandlung; Oberflächenvergütung
trattamento della superficie (m);
miglioramento della superficie (m)

surface with fibres
Faserdeckschicht
copertura con fibre (f)
surface-layer board
Deckschichtplatte
pannelli per strati di superficie (m)
survey report
Gutachten
rapporto (m); perizia (f)
surveyor
Gutachter
perito (m); esperto (m)
sustained yield
Nachhaltigkeit
produzione sostenuta (f)
sweet chestnut
Edelkastanie
castagno (m)
swell
quellen
gonfiare
swelling
Quellung
gonfiamento (m); rigonfiamento (m)
swelling heat
Quellungswärme
calore di rigonfiamento (m)
swirley figured
blumig (Furnier)
impiallacciatura attorcigliata (f)
swiss stone pine
Zirbel Kiefer
cirmolo (m)
switch cabinet
Schaltschrank
quadro di controllo (m)
switch panel
Schalttafel
pannello di controllo (m)
switchboard
Schaltschrank
quadro di controllo (m)
swivel chair

Drehstuhl
poltrona girevole (f)
sworn - in measurement
Vermessung (durch vereidigten
Messer)
misurazione giurata (f)
sworn valuer
vereidigter Schätzer
estimatore (m); perito giurato (m)
sycamore
Bergahorn
acero di monte (m); sicomoro (m)
synthetic bristles
synthetische Borsten
setole sintetiche (f)
synthetic resin
Kunstharz
resina sintetica (f)
synthetic resin compressed wood
Kunstharzpreßholz
legno pressato impregnato con
resina sintetica (m)
synthetic resin glue
Kunstharzleim
colla di resina sintetica (f)
synthetic resin varnishes
Kunstharzlacke
vernice sintetica (f)
synthetic wood
Kunstholz
legno sintetico (artificiale) (m)

T

table
Tisch
tavolo (m)
table base
Tischsockel
base del tavolo (f)
table drawer
Tischschublade
cassetto del tavolo (m)

table frame
Tischzarge; Tischgestell
piedistallo di sostegno del tavolo
(m); piedistallo del tavolo (m)
table leg
Tischbein
gamba del tavolo (f)
table moulding machine
Unterfräsmaschine
fresatrice a banco (f)
table plate
Tischplatte
piano del tavolo (m)
table tennis racket
Tischtennisschläger
racchetta da ping-pong (f)
tacker
Heftmaschine
macchina cucitrice (f); imbullettatrice (f)
tackle block
Flaschenzug
paranco (m)
take up
einlösen (Dokumente)
accettare
taking over
Übernahme
accettazione (f); presa in consegna
(f)
tall oil
Kiefernöl
olio di pino (m)
tally
Kennzeichen
marchio (m); contrassegno (m)
tally sheet
Holzliste
elenco di misurazione del legno
(m); specificazione (f)
tallyman
Tallymann
controllore del carico (m)

tangential cut
Tangentialschnitt
taglio tangenziale (m)
tangential degree of shrinkage
Schwundmaß (tangential)
misura di ritiro tangenziale (f)
tannic acid
Gerbsäure
acido tannico (m)
tannin
Gerbstoff
tannino (m)
tape grinder
Bandschleifer
smerigliatrice a nastro (f)
tape sanding machine
Bandschleifer
smerigliatrice a nastro (f)
tapering
Abholzigkeit
rastremabilità (f); conicità (f)
taproot
Pfahlwurzel
fittone (m)
tar oil impregnation
Teerölimprägnierung
impregnazione all'olio di catrame (f)
tariff
Tarif
tariffa (f)
tarpaulin
Persenning
tela incerata (f)
tearing strength
Reißfestigkeit
resistenza allo strappo (f)
technical director
Technischer Direktor
direttore tecnico (m)
technical properties
technische Eigenschaften
qualità tecniche (f)
technique

Technik; Technologie
tecnica (f); tecnologia (f)
technology
Technologie
tecnologia (f)
teeth of the saw
Sägezahnung
dentatura della sega (f)
telegraph pole
Telegraphenstange
palo telegrafico (m)
temper
härten
indurire, temprare
temperature control
Temperatursteuerung
controllo della temperatura (m)
temperature resistant
temperaturbeständig
temperatura stabile (f)
temperature-sensing element
Temperaturfühler
sonda di misurazione della temperatura (f)
tendency to shrink
Schrumpfneigung
tendenza a restringersi (f)
tenon
Zapfen
tenone (m); maschio d'incastro (m)
tenon hole
Zapfenloch
scanalatura (f); incastratura femmina (f)
tenoner
Zapfenfräsmaschine
fresatrice a coda (f)
tenoning machine
Zapfenschneidmaschine
mortasatrice (f)
tensile force
Zugkraft
forza di trazione (f)

tensile strength
Zugfestigkeit
resistenza alla tensione (f)
tension
Spannung
tensione (f)
tension wood
Zugholz
legno di tensione (m)
teredo
Pfahlwurm
teredine (m)
terminate a contract
Vertrag kündigen
rescindere un contratto
termite attack
Termitenbefall
attacco di termiti (m)
termite proof
termitenbeständig
resistente alle termiti
termite-resistant plywood
Sperrholz, termitenfest
legno compensato resistente alle
termiti (m)
termites
Termiten
termiti (m)
terms of delivery
Lieferbedingungen
termini di consegna (m)
test
Prüfung
controllo (m)
test
prüfen
controllare
test tube
Reagenzglas
provetta (f); tubo da saggio (f)
testimonial
Zeugnis
testimonianza (f)

testing appliance
Prüfgerät
apparecchio di controllo (m)
testmark
Prüfzeichen
marchio di controllo (m)
thermomechanical pulp (TMP)
TMP (=thermomechanischer Holzstoff, -schliff)
pasta (di elegno) termomeccanica
risultante da levigatura (TMP) (f)
thermoplastic glue
Schmelzkleber
colla fondibile (f)
thermostat
Temperaturregler; Thermostat
termostato (m)
thick-barked
dickrindig
con corteccia spessa
thickness
Dicke; Stärke
spessore (m)
thickness growth
Dickenwachstum
aumento dello spessore (m)
thickness of particle
Spandicke
spessore del truciolo (m)
thickness planing machine
Dickenhobelmaschine
piallatrice (f)
thickness swelling
Dickenquellung
ingrossamento dello spessore (m)
thickness variation
Dickenschwankungen
variazione dello spessore (f)
thinnings
Durchforstungsholz
bosco da diradare (m)
thread
Gewinde

filettatura (f)
three-layer particle board
Dreischichten-Spanplatte
pannello di trucioli a tre strati (m)
three-layer shuttering
Dreischichten-Schalungstafel
pannello di copertura a tre strati (m)
three-phase current
Drehstrom
corrente tri-fase (f)
threshold
Türschwelle
soglia della porta (f)
tie
Schwelle (Bahn); Verbundbalken
traversina (ferrovia) (f); trave composta (f)
tie beam
Bundsparren
corrente (m); travicello (m); puntone
(m)
tight knot
verwachsener Ast
nodo aderente (m)
tiled hardboard
gekachelte Hartfaserplatte
pannello di fibre dure ricoperto di
piastrelle (m)
tilt
Plane
telone (m)
timber
Holz; Nutzholz
legname (m); legname utilizzabile
(m)
timber agent
Holzagent; Holzmakler
sensale del legno (m); mediatore
del legno (m)
timber bridge
Holzbrücke
ponte in legno (m)
timber broker

Holzmakler
sensale (m); mediatore del legno
(m)
timber construction
Holzbauten; Holzkonstruktion
costruzione in legno (f)
timber contract
Holzlieferungsvertrag
contratto per la consegna di legname (m)
timber cut to special dimensions as listed
Listenbauholz
legno prodotto secondo elenco (m)
timber cutting
Holzeinschnitt
taglio del legno (m)
timber dealer
Holzhändler
commerciante di legname (m)
timber destruction by insects
Holzzerstörung (durch Insekten)
distruzione del legno causata da insetti (f)
timber dimensions
Schnittholzabmessungen
dimensioni del legname da taglio (f)
timber economy
Holzwirtschaft
economia del legno (f)
timber exporter
Holzexporteur
esportatore di legname (m)
timber for exterior use
Außenbau (geeignetes Holz für)
legname per uso esterno (m)
timber for pillars
Pfeilerholz
legno per piloni (m)
timber for shipbuilding
Schiffbauholz
legname per costruzione navale (m)
timber harvesting

Holzernte
raccolta del legname (f)
timber import
Holzeinfuhr
importazione di legname (f)
timber importer
Holzimporteur
importatore di legname (m)
timber importing country
Holzeinfuhrland
paese d'importazione del legno (m)
timber in special sizes
Dimensionsware
legname di misure speciali (m)
timber market
Holzmarkt
mercato del legno (m)
timber merchant
Holzhändler
commerciante di legname (m)
timber on the stem
stehendes Holz
legno in piedi (m)
timber plantation
Holzplantage
piantagione di alberi (f)
timber preservation measure
Holzschutzmaßnahme
precauzioni per proteggere il legno (f)
timber preservative
Holzschutzmittel
prodotto per preservare il legno (m)
timber preserving
holzschützend
prottetivo del legno (m)
timber preserving fluid
Holzschutzflüssigkeit
fluido protettivo del legno (m)
timber production
Holzerzeugung
produzione del legno (f)
timber quantity

Holzmenge
quantità di legname (f)
timber requirement
Holzbedarf
fabbisogno di legname (m)
timber standards
Holznormen
norme del legno (f)
timber technology
Holzwissenschaft
scienza del legno (f); tecnologia del legno (f)
timber transport
Holztransport
trasporto di legname (m)
timber treatment
Holzschutzbehandlung
trattamento del legno (m)
timber truck driver
Holzfahrer
camionista per il trasporto di legname (m)
timber wholesale business
Holzgroßhandlung
commercio di legname all'ingrosso (m)
timber with bark
unentrindetes Holz
legno non scortecciato (m)
timber worm
Holzwurm
tarlo (m)
timber yard
Holzhof; Holzhandelslager; Holzlagerplatz; Holzplatz
parco legname (m); magazzino di legname (m)
time bargain
Termingeschäft
affare a termine (m)
time charter
Zeitcharter
noleggio a tempo (m)

time of delivery
Lieferfrist; Lieferzeit
tempo di consegna (m)
tinted
getönt
colorato (m); tinteggiato (m)
tipped (TCT)
hartmetallbestückt
munito di metallo duro (m)
tire
Reifen
pneumatico (m)
to the credit of an account
Gutschrift
accredito (m); accreditamento (m)
toilet-table
Frisierkommode
toletta (f); tavolo da toletta (m)
tolerance
zulässige Abweichung
deviazione ammissibile (f)
tolerance for shrinkage
Schwindmaß
misura di ritiro (f)
tongue
Feder (bei Nut und Feder); Spund
linguetta (con incastro a maschio e femmina) (f); linguetta (f); maschio d'incastro (m)
tongue and groove
spunden
calettare a maschio e femmina
tongue and groove board (T&G)
Nut- und Federbrett
rivestimento in legno (m); perlina (maschio e femmina) (f)
tongue measure
Federmaß
misurazione su linguetta (f)
tongued
gespundet
munito di linguetta (m)
tonnage

Schiffsraum; Tonnage
stiva (f); tonnellaggio (m)
tool
Werkzeug
attrezzo (m)
tool cabinet
Werkzeugschrank
armadietto per attrezzi (m)
tools
Handwerkszeug
arnesi (m); attrezzi (m); utensili (m)
tooth distance
Zahnabstand
distanza dei denti (f)
tooth mill
Zahnscheibenmühle
macinatore a disco dentato (m)
tooth pitch
Zahnteilung
passo di dentatura (m)
tooth plane
Zahnhobel
pialla dentata (f)
tooth point
Zahnspitze
punta del dente (f)
tooth space
Zahnlücke
vuoto fra i denti (m)
tooth width
Zahnbreite
larghezza dei denti (f)
tooth-pick
Zahnstocher
stuzzicadente (m)
toothed border
Zahnleiste
orlo dentato (m)
top
oberes Ende
estremità superiore (f)
top caul
Oberblech

lamiera superiore (f)
top diameter
Zopfdurchmesser
diametro alla cima (dell'albero) (m)
top diameter measuring
Zopfvermessung
misurazione del diametro alla cima
(f)
top end
Zopfende
punta (f); estremità (f)
top layer
Deckschicht
strato di superficie (m)
top quality
Qualität (hochwertige)
qualità superiore (f)
top window
Oberfenster
finestra superiore (f)
torque
Drehmoment
momento di rotazione (m)
torsion
Torsion
torsione (f)
torsion strength
Torsionsfestigkeit
resistenza alla torsione (f)
total length
Gesamtlänge
lunghezza totale (f)
total loss
Totalverlust
perdita totale (f)
total production
Gesamtproduktion
produzione totale (f)
total sales
Gesamtumsatz
giro d'affari totale (m)
total traction
Gesamtzugkraft

forza di trazione totale (f)
total turnover
Gesamtumsatz
giro d'affari totale (m)
tough
zäh
tenace, duro (m)
toughness
Zähigkeit
durezza (f)
tow boat
Bugsierboot; Schlepper (Wasser)
rimorchiatore (m)
toxic
toxisch
tossico (m)
toxid wood
giftiges Holz; Holz mit giftigen Inhaltsstoffen
legno tossico (m); legno con depositi tossici (m)
toys
Spielzeug
giocattoli (m)
tracheae
Tracheen
trachea (f)
tracheid
Tracheide
tracheide (f)
tractive power
Zugkraft
forza di trazione (f)
tractor
Schlepper (Land); Traktor
trattore (m)
trade customs
Handelsgebräuche
usanze commerciali (f)
trade cycle
Konjunktur
tendenza economica (f)
trade margin

Handelsspanne
margine commerciale (m)
trade mark
Handelsmarke; Warenzeichen
marchio commerciale (m); marchio di fabbrica (m)
trade name
Handelsname
nome commerciale (m)
trade stock
Handelslager
magazzino commerciale (m)
trade supervision
Gewerbeaufsicht
ispezione del lavoro (f)
trade terms
Handelsgebräuche
usanze commerciali (f)
trade union
Gewerkschaft
sindacato (m)
trading company
Handelsgesellschaft
società commerciale (f)
traditional parquet
Stabparkett
parquet tradizionale (m)
trailer
Anhänger; Trailer; Wohnwagen
rimorchio (m); caravan (m); camper (m)
training
Ausbildung
formazione (f)
training course
Ausbildungslehrgang
corso di formazione (m)
transfer
Abtretung
cessione (f)
transferable
übertragbar
trasferibile

transformer
Transformator
trasformatore (m)
transport
transportieren
trasportare
transport
Beförderung; Transport
trasporto (m)
transport caul
Beschickblech
lamiera di carico (f)
transport charges
Beförderungskosten
costi di trasporto (m)
transport costs
Transportkosten
costi di trasporto (f)
transport insurance
Transportversicherung
assicurazione trasporto (f)
transportable frame saw
fahrbares Gatter
sega a lame multiple trasportabile
(f)
transportation rolls
Transportrollen
rulli di trasporto (m)
transship
umladen
trasbordare
transshipment
Umschlag
movimento merci (m)
transshipment of timber
Holzumschlag
trasporto di legname da una nave in
un'altra (m)
travelling crane
Laufkran
gru mobile (a ponte scorrevole) (f)
travelling platform
Schiebebühne

piattaforma rotante (f)
traverse curtain rod
Gardinenleiste
listello per tenda (m)
tray
Servierbrett; Tablett
vassoio (m)
treated timber
behandeltes Holz
legno trattato (m)
treatment
Behandlung
trattamento (m)
treatment of used sleepers
Altschwellen-Aufbereitung
trattamento di travetti usati (m)
tree
Baum
albero (m)
tree nursery
Baumschule
vivaio di piante (m)
tree pole
Baumpfahl
palo (m)
tree species
Baumart
specie dell'albero (f)
tree top
Baumwipfel
cima di un albero (f)
tree transplanting machine
Baumumpflanzgerät
trapianto di alberi (macchina per il)
(m)
trellis lath
Spalierlatte
assicella di spalliera (f)
trend
Konjunktur; Richtung; Tendenz
tendenza economica (f)
trial order
Probeauftrag

ordine di prova (m)
trim
ausästen; besäumen
tagliare i rami laterali; diramare;
potare; squadrare; rifilare
trimmed
gekappt
svettato (m); mozzato (m)
trimmed branches
Gratäste
rami sbavati (m)
trimmer
Furnierpaketschere
sbavatore dell'impiallacciatura (m)
trimming
abbinden (Bauholz); Posament
assemblare (legname da costruzione); passamaneria (f); guarnitura (f)
trimming machine
Abbindemaschine
macchina assemblatrice (f)
trimming nail
Posamentiernagel
chiodo per passamaneria (m)
trimming place
Abbindeplatz
cantiere d'assemblaggio (m)
trimming saw
Besäumsäge
sega squadratrice (f)
trimming waste
Besäumabfall
cascame di rifinitura (m)
tropical forest
Tropenwald
foresta tropicale (f)
tropical hardwood veneer
Tropenholzfurnier
impiallacciatura in legno tropicale (f)
tropical timbers
Tropenhölzer; überseeische Hölzer
legname tropicale (m)
trough

Rinne; Trog
grondaia (f); tino (m); tinozza (f);
mastello (m)
trough mixer
Trogmischer
vasca da miscelazione (f)
truck
Lastkraftwagen (LKW)
autocarro (m); camion (m)
truck crane
Autokran
autogru (f)
truck-mounted loading crane
Ladekran an LKW
gru di carico su autocarro (f)
trucking operator
Fuhrunternehmer
trasportatore (m)
trunc
Schaft
fusto (m); gambo (m)
truss material
Baukantholz
legname per armatura (m)
tub
Bottich; Kübel; Trog
tino (m); mastello (m); tinozza (f);
secchio (m)
tubular board
Röhrenplatte
pannello tubulare (m)
tug boat
Bugsierboot; Schlepper (Wasser)
rimorchiatore (m)
tungten carbide tipped (TCT)
hartmetallbestückt
munito di metallo duro (m)
turbine
Turbine
turbina (f)
turbine channel
Turbinenkanal
canale della turbina (m)

turbo-drier
Turbinentrockner
essiccatoio a turbina (m)
turn
drehen; drechseln
tornire
turn
Umdrehung
giro (m); rotazione (f)
turn darker
nachdunkeln
annerire
turned parts
Drehteile
parti girevoli (f)
turner
Drechsler
tornitore (m)
turning-lathe
Drechselbank; Drehbank
tornio da legno (m); bancale del
tornio (m)
turnover (US)
Umsatz
giro d'affari (m)
turnover participation
Umsatzbeteiligung
partecipazione al giro d'affari (f)
turnover tax
Umsatzsteuer
imposta sul giro d'affari (f)
turntable
Drehscheibe
piattaforma girevole (f)
twisted
gekrümmt
contorto (m)
two blade circular saw
Doppelblattkreissäge
sega circolare a due lame (f)
two-handled saw
Bundsäge
sega a doppia impugnatura (f)

type
Bauart; Type
tipo di costruzione (m); tipo (m)
types of cells
Zellarten
tipi di cellule (m)
typist's desk
Schreibmaschinentisch
tavolino per macchina da scrivere
(m)

U

unbreakable
bruchfest
prova (a...) di rottura (f)
uncoated
unbeschichtet
ricoperto (non...) (m)
under construction
im Bau
in costruzione
under roof
überdacht
sottotetto (m); coperto (m)
underground construction
Tiefbau
costruzione sotterranea (f)
undermeasure
Untermaß
misura per difetto (f)
undermeasured
untermaßig
sottodimensionato (m)
underwrite
versichern
assicurare
unedged
unbesäumt
non squadrato
unedged board
Klotzbrett
ceppo (m)

unedged lumber
Stammware
legname smussato (m); merce originaria (f)
unemployment
Arbeitslosigkeit
disoccupazione (f)
ungraded
unsortiert
assortito (non...) (m)
union
Verband
associazione (f)
unit
Aggregat (Maschinenteil, Maschinenkombination)
unità (f) (parte, combinazione di macchina)
unit of measurement
Maßeinheit
unità di misura (f)
unload
entladen; löschen (ausladen)
scaricare
unloading
Entladung
scaricamento (m); scarico (m)
unloading port
Löschhafen
porto di scarico (m)
unpaved forest road
Schleifweg (Wald)
sentiero boschivo non lastricato (m)
unprofitable
unrentabel
redditizio (non...) (m)
unsanded
ungeschliffen
levigato (non...) (m)
unsorted (u/s)
unsortiert
assortito (non...) (m)
unsteamed

ungedämpft
trattato con vapore (non...) (m)
up-and-over-door
Kipptor
porta ad altalena (f)
upholstered bed
Polsterbett
letto imbottito (m)
upholstered furniture
Polstermöbel
mobili imbottiti (m)
upholstered piece of furniture
Polsterelement
elemento imbottito (m)
upholstered seating furniture
Sitzmöbel (gepolstert)
sedie imbottite (f)
upholsterer
Polsterer
tapezziere (m)
upholstery
Polster
imbottitura (f)
upholstery frame
Polstergestell
telaio d'imbottitura (m)
upkeep
Instandhaltung; Unterhalt(ung)
mantenimento (m); manutenzione (f)
uprooted
entwurzelt
sradicato (m); estirpato (m)
urea
Harnstoff
urea (f)
urea-formaldehyde glue
Harnstoffleim
colla ureica (f)
usable
verwendbar
utilizzabile
use

Anwendung; Verwertung; Verwendung
applicazione (f); utilizzazione (f)
utilisation of wood
Holzverwertung
utilizzazione del legno (f)

V

V-belt
Keilriemen
correggia trapezoidale (f)
vacuum
Vakuum
sottovuoto (m)
vacuum drying
Vakuumtrocknung
essiccazione sottovuoto (f)
validity
Gültigkeitsdauer
validità (f)
valuation
Schätzung; Taxat
valutazione (f); tassazione (f)
value
schätzen
stimare
valued price
Schätzpreis
prezzo stimato (m)
valuer
Taxator
stimatore (m)
variety
Abart
sottospecie (f); derivati (m)
varnish
lackieren
verniciare
varnish
Lack
lacca (f); vernice (f)
vat

Bottich; Faß
tino (m); barile (m); botte (f)
vee-belt
Keilriemen
correggia trapezoidale (f)
veined wood
Maserhölzer
legno venato (o marezzato) (m)
veneer
furnieren
impiallacciare
veneer
Furnier
foglio per impiallacciatura (m)
veneer clipper
Furnierschere; Furnierpaketschere
ritagliatrice per impiallacciatura (f);
sbavatore dell'impiallacciatura (m)
veneer defect
Furnierfehler
difetto d'impiallacciatura (m)
veneer drier
Furniertrockner
essiccatore di impiallacciatura (m)
veneer gluing machine
Furnierbeleimmaschine
incollatrice per impiallacciatura (f)
veneer grade
Furniergüte
qualità dell'impiallacciatura (f)
veneer industry
Furnierindustrie
industria dell'impiallacciatura (f)
veneer knife
Furniermesser
lama per il taglio dell'impiallacciatura (f)
veneer log
Furnierblock; Furnierholz; Furnierrundholz
ceppo da impiallacciatura (m); cortecce da impiallacciatura (f)
veneer mill

Furnierwerk
stabilimento di impiallacciatura (m)
veneer patching machine
Furnierstanzautomat
rappezzatrice di impiallacciatura (f)
veneer peeler machine
Furnierschälmaschine
macchina scortecciatrice (f)
veneer saw
Furniersäge
sega da impiallacciatura (f)
veneer splicing unit
Furnierzusammensetzmaschine
macchina per la giunzione dell'impiallacciatura (f)
veneer surfacing machine
Furnierabrichtmaschine
levigatrice per impiallacciatura (f)
veneer waste
Furnierabfall
scarto di impiallacciatura (m)
veneer-gluing machine
Furnierklebemaschine
incollatrice di fogli di impiallacciatura (f)
veneered
furniert
impiallacciato (m)
veneered panel board
Edelholz-Paneelplatte; furnierte
Täferplatte
rivestimento rimpiallicciato (m);
pannello di rivestimento impiallicciato (m)
veneering press
Furnierpresse
pressa da impiallacciatura (f)
veneers in furniture quality
Korpusware (bei Furnieren)
impiallacciatura in ebanisteria (f)
vertical adjustment
Höhenverstellung
aggiustamento verticale (m)

vertical grain cut
Riftschnitt
taglio di venatura verticale (m)
vertical spindle moulder
Tischfräse
fresatrice a banco (f)
vessel for inland navigation
Binnenschiff
battello fluviale (per navigazione
interna) (m)
vibrating screen
Schwungsieb (Vibrationssieb)
vibrovaglio (setacciatore a vibrazione) (m)
vibration conveyor
Vibrationsrinne
convogliatore a vibrazione (m)
vibration screen
Vibrationssieb
vaglio (m); setaccio a vibrazione
(m)
vibro screen
Siebwuchtrinne
vaglio (m); crivello vibrante (m)
vine-stake
Rebpfahl
palo per vigneto (m)
vineyard pole
Rebpfahl; Weinbergpfahl
palo (da vigneto) (m); broncone (m)
virgin forest
Urwald
foresta vergine (f)
volume
Inhalt; Menge; Rauminhalt; Volumen
contenuto (m); quantità (f); volume
(m); cubatura (f)
volume increment
Volumenzuwachs
incremento di volume (m)
volume shrinkage
Volumenschwindung

restringimento di volume (m)
volumetric degree of shrinkage
Schwundmaß (räumliches)
misura di ritiro volumetrico (f)
volumetric shrinkage
Raumschwundmaß
restringimento volumetrico (m)

W

wage
Lohn
salario (m)
wagon (waggon)
Waggon
vagone (m)
wagon deal
Waggondiele
assale del vagone (m); pianale del
vagone (m)
wagon plank
Waggondiele
assale del vagone (m); pianale del
vagone (m)
wainscot
Holzverkleidung
rivestimento a pannelli di legno (f)
wainscoting
Vertäfelung; Verkleidung (Holz)
pannellatura (f); rivestimento (legno)
(m)
walking-stick
Spazierstock
bastone da passeggio (m)
wall constructions
Wandkonstruktionen
costruzioni di muri (f)
wall element
Wandelement
elemento murale (m)
wall panel
Wandpaneel
pannelli per pareti (m)

wall panelling
Wandverkleidung
pannellatura (in legno) di pareti (f)
walnut
Nußbaum; Walnuß
noce (albero) (m); noce (f)
walnut gun stock
Gewehrschaft (aus Nußbaum)
fusto del fucile in noce (m)
walnut rifle stock
Gewehrschaft (aus Nußbaum)
fusto del fucile in noce (m)
wan(e)y
baumkantig
bordo degradante (con...) (m)
wan(e)y edge
Baumkante
bordo degradante(m)
wane
Baumkante
bordo degradante(m)
wardrobe
Garderobenschrank; Kleiderschrank
guardaroba (m)
wardrobe with mirror
Spiegelschrank
armadio con specchio (m)
warehouse
Lagerhaus
magazzino (m)
warp
verbiegen; verwerfen; verziehen
piegare; respingere; buttar via;
piegarsi; storcere
warp
Krümmung
curvatura (f)
warping
Werfen
deformazione (f)
waste
Ausschuß
scarti (m)

waste combustion
Abfallverbrennung
combustione scarti (f)
waste land
Ödland
terreni incolti (m)
waste - removal
Abfallbeseitigung
rimozione scarti di legname (f)
waste transportation
Abfalltransport
trasporto scarti (m)
waste water
Abwasser
acqua di scarico (f)
waste wood
Abfallholz
legname di scarto (m)
water
wässern
mettere a bagno
water absorption
Wasseraufnahme
assorbimento dell'acqua (m)
water contents
Wassergehalt
contenuto d'acqua (m)
water gauge
Pegel; Wasserwaage
livello dell'acqua (m); livella a bolla
d'aria (f); bilancia idrostatica (f)
water level
Wasserwaage
livella a bolla d'aria (f); bilancia
idrostatica (f)
water mark
Pegelstand
livello dell'acqua (m)
water protected particle board
Spanplatte, wassergeschützt
pannello di trucioli idrofughi (m)
water resistance
Wasserbeständigkeit

resistenza all'acqua (f)
water resistant
wasserfest
resistente all'acqua
water resistant particle board
wasserfeste Spanplatte
pannello di trucioli resistente all'acqua (m)
water ski
Wasserski
sci nautico (m)
water storage
Wasserlagerung
immagazzinamento in acqua (f)
water turbine
Wasserturbine
turbina idraulica (f)
water wheel
Wasserrad
ruota idraulica (f)
water-proof
wassergeschützt
impermeabile (m)
water-proof plywood
Sperrholz, wasserfest
legno compensato resistente all'acqua (m)
watering
Wässerung
irrigazione (f)
wavy
geriegelt; geflammt
ondeggiato (m); marezzato (m)
wavy grain
Wimmerwuchs
crescenza ondulata (m); venatura
(legno) ondulata (m)
wax
Wachs
cera (f)
way bill
Frachtbrief
lettera di vettura (f)

wear and tear
Verschleiß
usura (f)

wear and tear costs
Verschleißkosten
costi d'usura (m)

weather-proof particle board
Spanplatte, wetterfest
pannello di trucioli resistente alle intemperie (m)

weather-resistant
wetterfest
resistente alle intemperie

weatherboard
Stülpbrett
asse a sovrapposizione (m)

weatherboarding
Stülpschalung
rivestimento a sovrapposizione (m)

weathering (of the timber)
Vergrauen
grigiatura (del legno) (f)

wedge
Keil
cuneo (m); bietta (f); zeppa (f)

weekend house
Wochenendhaus
casa per weekend (f)

weighing unit
Wiegeanlage
installazione di pesa (f)

well dried
abgetrocknet
essiccato (m)

western hemlock spruce
Hemlock
abete canadese (m)

wet resistance
Naßfestigkeit
resistenza all'umidità (f)

wet silo
Bunker für nasse Späne
silo per trucioli umidi (m)

wet timber
nasses Holz
legno umido (m)

wet-debarking
Naßentrindung
scortecciamento umido (m)

wet-treatment
Naßbehandlung
trattamento umido (m)

wharf
Ankerplatz; Landungsbrücke
pontile (m); banchina (f); molo (m)

wheel
Rad
ruota (f)

whisky barrel
Whiskyfaß
botte da whisky (f)

white ash
Weißesche
frassino bianco (albero) (m)

white heart
weißer Kern
cuore bianco (del legno) (m)

white Lauan
weißes Lauan
lauan bianco (albero) (m)

white Meranti
weißes Meranti
meranti bianco (albero) (m)

white oak
Weißeiche
quercia bianca (f)

white peeling
Weißschälen
scortecciatura a bianco (f)

white poplar
Silberpappel; Weißpappel
gattice (m); pioppo bianco (m)

white rot
Korrosionsfäule; Weißfäule
marciume da corrosione (bianco) (m); marciume bianco (m)

white varnished
weißlackiert
laccato bianco (m)
white woods
weiße Hölzer; Weißholz
legni bianchi (m)
white-painted hardboard
Hartfaserplatte, weiß gestrichen
pannello di fibre dure pitturato in
bianco (m)
whiten
kalken
imbiancare a calce
wicker furniture
Korbmöbel
mobili di vimini (m)
wide face
Breitseite
fiancata (f)
wide ringed
breitringig
cerchiato largo (m)
wide rings
grobringig
legno ad anelli larghi (m)
wide-belt grinding machine
Breitbandschleifmaschine
macchina affilatrice a banda larga
(f)
width
Breite
larghezza (f)
width adjustment
Breiteneinstellung
regolazione della larghezza (f)
wild cherry
Kirschbaum (wilder)
amarasco (m); visciolo (ciliegio
selvatico) (m)
wildlife management
Jagdverwaltung
amministrazione di caccia (f)
willow

Weide
salice (m)
wind pressure
Winddruck
pressione del vento (f)
windblow
Windwurf
raffica di vento (f)
winding stairs
Wendeltreppe
scala a chiocciola (f)
window
Fenster
finestra (f)
window and door lintels
Fenster- und Türstürze
architravi per finestre e porte (m)
window bar
Fenstersprosse
traversa di finestra (f)
window cross
Fensterkreuz
vetrata (f)
window doors
Fenstertüren
porte-finestre (f)
window element
Fensterelement
elemento di finestra (m)
window façade
Fensterfassade
facciata di finestra (f)
window fastener
Fensterriegel
architrave di finestra (m)
window frame
Fensterrahmen
telaio di finestra (m)
window pane
Fensterscheibe
vetro di finestra (m)
window profile
Fensterprofil

modanatura di finestra (f)
window scantlings
Fensterkanteln
assicelle per finestra (f)
window shutter
Fensterladen
imposta di finestra (di pieno legno)
(f)
window sill
Rahmenschenkel (Fenster); Fensterbrett
davanzale (m)
window-fittings
Fensterbeschläge
bandelle per finestre (f)
window-wood
Fensterholz
legname per finestre (m)
windthrow
Windwurf
raffica di vento (f)
wine barrel
Weinfaß
botte da vino (f)
wing beater mill
Schlagkreuzmühle
macinatore a croci percuotitrici (m)
winter felling
Winterfällung
abbattimento di alberi in inverno (m)
winter window
Kastendoppelfenster
finestra doppia (f)
wire
Draht
filo di ferro (m)
wire mattress
Stahldrahtmatratze
materasso metallico (a molle) (m)
wire rope
Drahtseil
cavo metallico (m)
withdraw

stornieren
stornare
without engagement
freibleibend
senza impegno
without sap
entsplintet (= ohne Splint)
svigorito (m)
without stripes
streifenlos
rigature (senza...) (f)
wood
Holz; Wald
legname (m); bosco (m)
wood bending machine
Holzbiegemaschine
macchina piegatrice del legno (m)
wood construction
Holzkonstruktion
costruzione in legno (f)
wood distillation
Holzdestillation
distillazione del legno (f)
wood drying plant
Holztrocknungsanlage
essiccatoio per legname (m)
wood engineer
Holzingenieur
ingegnere del legno (m)
wood engraving
Holzschnitt
incisione su legno (f)
wood for bridge construction
Brückenholz
legname per la costruzione di ponti
(m)
wood for charcoal production
Holz zur Herstellung von Holzkohle
legname per la produzione di legna
carbonella (m)
wood for hydraulic structures
Wasserbauholz
legname per costruzione navale (m)

wood frames for pictures and mirrors
Holzrahmen für Bilder und Spiegel
cornici di legno per quadri e specchi (f)

wood gasification plant
Holzvergasungsanlage
impianto di gasificazione a legna (f)

wood harvesting machine
Holzerntemaschine
macchina per la raccolta del legname (f)

wood impregnating product
Holzimprägniermittel
prodotto impregnante del legno (m)

wood patching product
Spachtelmasse
mastice (m)

wood preservation method
Holzschutzverfahren
metodo di preservazione del legno (m)

wood preservation paint
Holzschutzfarbe
pittura protettiva del legno (f)

wood preservative salt mixtures hard to be washed out
Holzschutzsalzgemische (schwer auslaugbar)
miscuglio di sali chimici per preservare il legno (difficili da eliminare) (m)

wood processing industry
holzverarbeitende Industrie
industria per la trasformazione del legno (f)

wood products for gardening
Hölzer für Gartenbau
legname per costruzioni agricole (m)

wood research institute
Holzforschungsinstitut
istituto di ricerche del legno (m)

wood science
Holzwissenschaft
scienza del legno (f); tecnologia del legno (f)

wood screw
Holzschraube
vite da legno (f)

wood splinters
Splitterholz
schegge di legno (f)

wood surface
Holzoberfläche
superficie del legno (f)

wood waste
Holzabfall
avanzi del legno (m)

wood wool
Holzwolle
trucioli (m); paglietta di legno (f); lana di legno (f)

wood working
Bearbeitung (von Holz)
lavorazione del legno (f)

wood-based materials
Holzwerkstoffe
prodotti a base di legno (m)

wood-carver
Schnitzer; Holzbildhauer
intagliatore (m); scultore su legno (m)

wood-carving
Schnitzerei
scultura su legno (f)

wood-carving knife
Schnitzmesser
coltello da intagliatore (m)

wood-gas generator
Holzgas-Generator
generatore a gas di legno (m)

wood-shuttering
Holzverschalung
rivestimento di legno (m)

wood-silo construction

Holzsilobau
costruzione di silo in legno (f)
woodcontaining paper
holzhaltiges Papier
carta con legno (f)
wooden ball
Holzkugel
palla di legno (f); boccia (f)
wooden boat parts
Bootsteile aus Holz
parti del battello in legno (f)
wooden bridge
Holzbrücke
ponte in legno (m)
wooden brush handle
Pinselgriff aus Holz
manico di pennello in legno (m)
wooden bucket
Holzeimer
secchio in legno (m)
wooden building element
Bauelement aus Holz
elemento da costruzione in legno
(m)
wooden buildings
Holzbauten
costruzioni in legno (f)
wooden button
Holzknopf
bottone di legno (m)
wooden case
Koffer aus Holz
cofano (m); cassa in legno (f)
wooden casing
Holzgehäuse
involucro in legno (m)
wooden floor
Holzfußboden
pavimento in legno (m)
wooden formwork
Holzverschalung
rivestimento di legno (m)
wooden frame

Holzrahmen
cornice di legno (f)
wooden gate
Holztor
portale di legno (m)
wooden gift articles
Geschenkartikel aus Holz
articoli da regalo in legno (m)
wooden pavement
Holzpflaster
lastricatura in legno (f)
wooden products
Holzwaren
articoli in legno (m)
wooden rolls
Holzrollen
rulli di legno (m)
wooden scaffolding
Holzgerüst
intelaiatura in legno (f)
wooden skid
Holzschlitten
slitta di legno (f)
wooden spool
Holzspule
rocchetto di legno (m)
wooden tool handle
Werkzeuggriff aus Holz
manico per attrezzi in legno (m)
wooden tool holder
Werkzeugfassung aus Holz
porta attrezzi in legno (m)
wooden tools
Werkzeuge aus Holz
attrezzi in legno (m)
wooden toys
Holzspielwaren
giocattoli di legno (m)
wooden vehicle parts
Fahrzeugteile aus Holz
parti di veicolo in legno (f)
wooden wind instrument
Holzblasinstrument

strumento a fiato di legno (m)
woodfree paper
holzfreies Papier
carta senza legno (f)
woodpulp
Holzschliff; Holzstoff
pasta (legno) (f)
woodworking
Holzbearbeitung
trasformazione del legno (f)
woodworking industry
Holzbearbeitungsindustrie
industria per la trasformazione del legno (f)
woodworking machines
Holzbearbeitungsmaschinen
macchinari per la lavorazione del legno (m)
woolly
wollig
lanoso (m)
work
bearbeiten
lavorare
work bench
Werkbank
banco da lavoro (m)
work-shop
Werkstatt
officina (f)
work-shop furniture
Werkstattmöbel
arredamento da officina (m)
work-shop wood
Werkstattholz
legname d'officina (m)
worker's shelter
Baubude
baraccamento (m)
working capital
Betriebskapital
capitale di esercizio (m)
working place

Arbeitsplatz
luogo di lavoro (m)
working platforms of a scaffold
Gerüstbeläge
ripiani d'impalcatura (m)
workman
Handwerker
artigiano (m)
world wood market
Weltholzmarkt
mercato mondiale del legno (m)
worm hole
Wurmloch
buco di verme (m)
worm trace
Fraßgang
traccia (buco) di verme (f)
worse face
Seite (schlechtere)
lato peggiore (m)
worse side
Seite (schlechtere)
lato peggiore (m)
wrapping paper
Packpapier
carta da imballaggio (f)
writing desk
Schreibtisch
scrittoio (m)

X

xylem
Xylem
Xilema (m)
Xyloterus signatus Fabr.
Laubholzborkenkäfer
Xyloterus signatus Fabr. (coleottero della corteccia di legno fronzuto) (m)

Y

yard
Lager
deposito di stoccaggio (m)
yard supervisor
Platzmeister
supervisore del parco legname (m)
yard-stick
Zollstock
metro (pieghevole) (m)
yarding
Bringung zum Lagerplatz
raccogliere in recinto
yew
Eibe

tasso (m)
yield
Ausbeute; Ausnutzung; Einschnittergebnis; Schnittholzausbeute
resa (m); rendimento (f); resa del
legname tagliato (f)
young forest
Jungwald
bosco giovane (m)
young forest plantation
Schonung
bosco di riserva (m)
young plant
Jungpflanze
pianta giovane (f)

Dritter Teil

Italienisch – Deutsch – Englisch

A

a mezzo autocarro, ferrovia, nave
per LKW, per Bahn, per Schiff
by truck; by lorry; by train; by boat
Abachi
Abachi
Obeche
abbaino (m)
Dachfenster; Dachgaube
roof window; dormer
abbattere (alberi)
bringen (Holz); fällen
to log; to lumber; to fell
abbattere (alberi) (m)
Fällen (von Bäumen)
felling
abbattimento da segamento (m)
Sägefällung
saw felling
**abbattimento di alberi in inverno
(m)**
Winterfällung
winter felling
abbattuto (m)
gefällt
felled
abbondante
reichlich
ample
abete bianco (o comune) (m)
Tanne
fir
abete canadese (m)
Hemlock
hemlock; western hemlock spruce
abete Douglas (m)
Douglasie
Douglas Fir; Oregon Pine
abete nordico (m)
nordische Fichte
Scandinavian whitewood
abete rosso (m)

Haselfichte; Rottanne (=Fichte)
hazel-spruce; spruce
abilitazione (f)
Befähigung
qualification
abradere il parquet
Parkett abschleifen
to abrade parquet
acacia (f)
Akazie
acacia
accatastamento (m)
Stapelung
piling
accatastare
aufpoltern; stapeln
to pile up; to pile; to stack
accatastatore (m)
Stapelgerät
stacker
accatastatore a forcella (m)
Gabelstapler
fork lift
accatastatore elettrico (m)
Elektrostapler
electric fork-lift
accatastatore frontale (m)
Frontstapler
front-lift truck
**accessori di lavoro degli hobbysti
(m)**
Heimwerkerbedarf
home workshop accessories
accessori per mobili (m)
Möbelbeschläge
furniture fittings
**accessori per persiane avvolgibili
(m)**
Rolladenbeschläge
fittings for roller shutters
accetta (f)
Axt
axe

accettare
einlösen (Dokumente)
to take up
accettazione (f)
Akzept (Annahme); Übernahme
acceptance; taking over
accoppiamento di catene (m)
Kettenkupplung
chain coupling
accordarsi
übereinkommen
to agree
accordo (m)
Übereinkunft
agreement
**accordo collettivo sulle retribu-
zioni (m)**
Tarifvertrag
collective wage agreement
accreditamento (m)
Gutschrift
crediting; to the credit of an account
accredito (m)
Gutschrift
crediting; to the credit of an account
acero (m)
Ahorn
maple
acero di monte (m)
Bergahorn
hard maple; sycamore
acero punteggiato (m)
Vogelaugenahorn
bird's eye maple
acidità (f)
Säure
acid
acido (m)
Säure
acid
acido tannico (m)
Gerbsäure
tannic acid

acqua di scarico (f)
Abwasser
waste water
acqua dolce (f)
Süßwasser
fresh water
acqua salmastra (f)
Brackwasser
brackish water
acquirente (m)
Käufer
buyer
acquistare
einkaufen
to purchase; to buy
acquisto (m)
Kauf
purchase
acquisto a termine (m)
Termineinkauf
forward purchase
**adatto a ricevere una mano di
vernice trasparente (m)**
lasierfähig
glazeable
adesivi (m)
Klebstoff
glue; adhesive
affare a termine (m)
Termingeschäft
time bargain
affare in perdita (f)
Verlustgeschäft
losing business
affilacoltelli (m)
Messerschleifmaschine
knife-sharpener; knife-grinder
affilare
schärfen; abziehen (schleifen)
to sharpen; to grind off; to polish; to
smooth
affilasega (f)
Sägenschärfer

saw sharpener; saw doctor
affilatrice (f)
Schleifgerät
grinder
affilatrice automatica (f)
Schärfautomat
automatic sharpener
affilatrice del profilo (f)
Profilschleifer
profile sander
affilatrice per lame di seghe cir-
colari (f)
Kreissägeblatt-Schärfmaschine
circular-saw grinder
affilatrice per lame di sega a na-
stro (f)
Bandsägenschärfmaschine
band saw blade sharpener
affilatura dei denti di una sega ad
angoli alterni (f)
Schrägschliff (der Zähne)
sharpening to alternating angles
affilatura diritta (dei denti della
sega) (f)
Gratschliff (der Sägezähne)
cross sharpening (of saw teeth)
affittare
pachten
to lease
Afzelia (f)
Afzelia; Doussié
Afzelia; Apa; Doussié
agente (m)
Vertreter
agent; representative
agente commerciale (m)
Handelsvertreter
commercial agent; broker
agente idrofugo (m)
Quellschutzmittel
sizing agent
agenzia (f)
Agentur

agency
aggiudicazione (f)
Ausschreibung
invitation to tenders; submission
aggiudicazione pubblica (f)
Ausschreibung, öffentliche
public tender
aggiustamento verticale (m)
Höhenverstellung
vertical adjustment
agglomerante (m)
Bindemittel
binder
agitatore (m)
Rührwerk
agitator; stirring device
ago (di conifera) (m)
Nadel (Nadelblatt)
needle
alberi (senza...) (m)
baumlos
bleak
alberi abbattuti dal vento (m)
Windbruch
brittle heart
albero (m)
Baum
tree
albero da frutto (m)
Obstbaum
fruit tree
albero del cacao (m)
Kakaobaum
chocolate tree
albero di Natale (m)
Christbaum; Weihnachtsbaum
Christmas tree
albero morente (m)
Baum (absterbender)
dying tree
albero morto, secco (m)
Baum (abgestorbener)
dead tree

albero motore (m)
Antriebswelle
driving shaft
albero porta-lame (m)
Messerwelle
knife shaft
alburno (m)
Splint
sap
alburno (senza...) (m)
splintfrei
free of sap
alburno chiaro (albero) (m)
helles Splintholz
bright sapwood
alburno scolorito (m)
verfärbtes Splintholz
stained sap
alimentazione (f)
Beschickung; Vorschub
infeed; loading; feed
alimentazione a rulli (f)
Walzenvorschub
roller feed
alimentazione automatica (f)
automatische Beschickung
automatic feeding
all'aria aperta
im Freien
in the open air; outside
allicciatura (della sega) (f)
schränken
to set
alta frequenza (f)
Hochfrequenz
high frequency
alta pressione
Hochdruck
high-pressure
altezza (f)
Höhe
height; altitude
altezza di elevazione (f)

Hubhöhe
lifting height
altezza di fissaggio (f)
Einspannhöhe
clamping height
altezza di taglio (f)
Schnitthöhe
cutting height
amarasco (m)
Kirschbaum (wilder)
wild cherry; black cherry
Amianto (m)
Asbest
asbestos
amministratore (m)
Geschäftsführer; Verwalter
executive director; administrator
amministrazione (f)
Verwaltung
administration; management
amministrazione di caccia (f)
Jagdverwaltung
wildlife management
amministrazione forestale (f)
Waldbewirtschaftung
forest management
ammissibile
zulässig
permissible
ammontare della fattura (m)
Rechnungsbetrg
invoice amount
ammortamento (m)
Amortisation
amortisation
ammucchiare
aufstapeln
to pile up; to stack
ammuffire
schimmeln
to get mouldy
anello annuale (età degli alberi) (m)

Jahresring
annual ring
anello annuale (età dell'albero)
(m)
Holzring
annual ring
anello annuale erroneo (m)
falscher Jahrring
false annual ring
angolo (m)
Kante; Winkelkante
edge; angel-edge
angolo a ugnatura (m)
Gehrungswinkel
mitre square
angolo del profilo del dente (m)
Zahnflankenwinkel
angle of tooth flanks
angolo dello zoccolo (m)
Sockelecke
base corner
angolo pranzo (mobilio) (m)
Eßecke
dining recess (furniture)
anima dell'assicella (f)
Stäbchenmittellage
strip core; core of blockboard
anima marcita (f)
Faulkern
rotten heart
annerire
nachdunkeln
to turn darker
anno finanziario (m)
Rechnungsjahr
financial year; fiscal year
annullamento (m)
Annullierung
cancellation
annullare
annullieren; rückgängig machen;
widerrufen
to cancel; to annul

annunciare
bekanntgeben
to announce
annuncio (m)
Inserat
advertisement
anobium punctatum de Geer (m)
Totenuhr (Insekt)
Anobium punctatum de Geer
anomalia (legno) (f)
Fehler
defect
anticorrosivo (m)
Korrosionsschutz
corrosion prevention
apertura (f)
Spannweite
span; opening
apertura d'una punteggiatura (f)
Tüpfelöffnung
pit aperture
apparecchiatura per congiuntura
punta a punta (f)
Keilverzinkungsanlage
finger-jointing equipment
apparecchiatura per indurire la
lacca (f)
Lackhärtungs-Anlage
lacquer curing equipment
apparecchiatura per la vernicia-
tura (f)
Lackguß-Anlage
lacquer curtain plant
apparecchiature per il carico (f)
Ladegeschirr
loading devices
apparecchio di controllo (m)
Steuergerät; Prüfgerät
control unit; testing appliance
apparecchio per marcare (m)
Signiergerät
marker
appianare

egalisieren
to surface; to dress
appiattire (lame di sega)
stauchen (Sägeblätter)
to crush
applicare
auftragen
to applicate
applicare un mordente
beizen
to stain
applicazione (f)
Anwendung
use; application
applicazione della vernice (f)
Lackauftrag
lacquer application
applicazione di colla (f)
Leimauftrag
application of glue
applicazione esterna (f)
Außenanwendung
exterior application
applicazioni per pavimenti (f)
Bodenbelag
floor covering
approntamento per il rivoltamento dei tronchi (m)
Stammwende-Vorrichtung
log turning device
approvvigionamento (m)
Versorgung
supply; provision
ara (100 m²) (f)
Ar
ar (100 square meter, 100 m²)
arbitrato (m)
Arbitrage
arbitration
arbusto (m)
Busch (Gebüsch); Strauch
shrub; bush
arcareccio (m)

Pfette
purlin
architrave di finestra (m)
Fensterriegel
window fastener
architravi per finestre e porte (m)
Fenster- und Türstürze
window and door lintels
area di coltivazione (f)
Wuchsgebiet
growing area
area effettiva (f)
Nutzfläche
effective area
area utilizzabile (f)
Nutzfläche
effective area
aria fresca (f)
Frischluft
fresh air
armadietto a chiave (m)
Spind
locker
armadietto per attrezzi (m)
Werkzeugschrank
tool cabinet
armadio (m)
Schrank
cupboard; cabinet
armadio a muro (m)
Schrankwand
cupboard wall unit
armadio con specchio (m)
Spiegelschrank
wardrobe with mirror
armadio d'angolo (m)
Eckschrank
corner cabinet
armadio da ufficio (m)
Büroschrank
office cabinet
armadio dei fucili (m)
Gewehrschrank

gun cabinet
armadio per gli strumenti (m)
Instrumentenschrank
instrument cabinet
armadio per le posate (m)
Besteckschrank
cutlery cabinet
armadio per scarpe (m)
Schuhschrank
shoe cabinet
armatore (m)
Reeder
shipowner
armatura del tetto (f)
Dachgebälk
roof beams
arnese per levigare (legno) (m)
Schleifwerkzeug (für Holz)
sanding tool
arnesi (m)
Handwerkszeug
tools
arnesi per poltrone girevoli (m)
Drehstuhlbeschläge
fittings for swivel chairs
arniaio (m)
Bienenhaus
bee house
arredamento (m)
Ausstattung
decoration
arredamento da officina (m)
Werkstattmöbel
work-shop furniture
arrivo (merci) (m)
Eingang (Waren)
arrival
arrotondamento (m)
Rundung
curve
articoli da falegnameria (m)
Tischlerware
joinery grade

articoli da regalo in legno (m)
Geschenkartikel aus Holz
wooden gift articles
articoli di sughero (m)
Korkwaren
cork goods
articoli in legno (m)
Holzwaren
wooden products
artigianato (m)
Handwerk
handicraft
artigiano (m)
Handwerker
craftsman; workman
ascensore (m)
Aufzug
lift
ascia (f)
Beil
hatchet
aspergillo (m)
Schimmelpilz
mould fungus
aspirare
saugen
to exhaust
aspiratore della segatura (m)
Späneabsaugung
saw-dust exhaustor
aspirazione (f)
Absaugung
dust extraction; exhaust
assale del vagone (m)
Waggondiele
wagon plank; wagon deal
asse a sovrapposizione (m)
Stülpbrett
weatherboard
asse d'impalcatura (m)
Gerüstdiele
scaffolding board
asse da pavimento (m)

Bodenbrett
flooring board
asse di rivestimento (in legno) (m)
Täferbrett
panel plank
asse per bitume (m)
Bitumenplatte
bitumen board
asse per coprire il pavimento (m)
Diele
flooring board; deal
asse per la pasta (m)
Nudelbrett
pastry-board
asse strutturale orientato (m)
OSB
oriented structural board
assemblaggio (del legname ta-gliato) (m)
Abbund
cross-cutting and trenching
assemblaggio (m)
Montage
mounting; fitting
assemblaggio con chiodi (m)
Nagelverbindung
nail joint
assemblaggio di telai (m)
Rahmenverbindung
frame jointing
assemblare (legname da costru-zione)
abbinden (Bauholz)
trimming
assi di chiusura per calcestruzzo (f)
Betonschalungsplatten
shuttering boards for concrete
assi di sciavero in pino (f)
Kiefernseiten
pine sidings
assi in lunghezze speciali (per il

mercato olandese) (f)
Besteckliste
battens in special lengths (for the Dutch market)
assi per bara (f)
Sargbretter
coffin boards
assi profilati maschio e femmina (m)
Stabbretter
profiled grooved and tongued boards
assicella (f)
Brett; Latte
board; lath; square
assicella (per costruzioni) (f)
Kantel
square; scantling
assicella da misurazione (f)
Meßlatte
measuring stick
assicella di cedro (f)
Zedern-Schindel
cedar shingle
assicella di copertura (f)
Dachschindel
roof shingle
assicella di spalliera (f)
Spalierlatte
trellis lath
assicelle (per pavimenti) (f)
Battens
battens
assicelle (sui tralci) (f)
Kürzungslatten
short laths
assicelle di legno per copertura (f)
Schindeln
shingles
assicelle di sostegno delle tegole del tetto (f)
Ziegellatten

brick sticks; roof battens
assicelle per casse (f)
Kistenpalette
pallet for boxes
assicelle per finestra (f)
Fensterkanteln
window scantlings
assicurare
versichern
to insure; to underwrite
assicurazione (f)
Versicherung
insurance
assicurazione contro l'incendio (f)
Feuerversicherung
fire insurance
assicurazione di responsabilità civile (f)
Haftpflichtversicherung
liability insurance
assicurazione marittima (f)
Seeversicherung
maritime insurance
assicurazione trasporto (f)
Transportversicherung
transport insurance; shipping insurance
associazione (f)
Konzern; Verband
combine; group; association; union
associazione professionale (f)
Fachverband
professional association
assorbimento dell'acqua (m)
Wasseraufnahme
water absorption
assortito (non...) (m)
unsortiert
unsorted (u/s); ungraded
asta (o pennone) della bandiera (f)
Fahnenstange

flag pole
asta per tendaggio (f)
Gardinenstange
curtain rod
asticelle per matite (f)
Brettchen für Bleistifte
pencil slats
attaccapanni (m)
Kleiderständer
clothes rack; hall stand
attacco da fungo
Schwammbefall
fungal attack
attacco di insetti (m)
Insektenbefall
insects attack
attacco di termiti (m)
Termitenbefall
termite attack
atti di Dio (m)
höhere Gewalt
force majeure; acts of God
attico (m)
Dachgeschoß
attic
attività (f)
Betrieb
business
attrezzatura di magazzino (f)
Ladeneinrichtung
shop equipment
attrezzature sportive (f)
Sportgeräte
sports equipment
attrezzi (m)
Handwerkszeug
tools
attrezzi da ginnastica (m)
Turngeräte
gymnastic equipment
attrezzi in legno (m)
Werkzeuge aus Holz
wooden tools

attrezzo (m)
Werkzeug
tool
attrezzo da taglio (m)
Schneidewerkzeug
cutting tool
attrito (m)
Reibung
friction
aumento del diametro (m)
Durchmesserzuwachs
diameter increment
aumento dello spessore (m)
Dickenwachstum
thickness growth
aumento di prezzo (m)
Preisanstieg
rise in prices; price increase
autocarro (m)
LKW; Lastkraftwagen
truck; lorry
autocarro per il trasporto di tronchi (m)
Rundholztransporter
log truck; log carrier
autocarro per il trasporto di tronchi lunghi (m)
Langholzwagen
long log truck
autocarro speciale per il trasporto di tronchi (m)
Speziallastwagen f. Rundholz
special truck for logs
autoclave d'impregnazione (m)
Imprägnierkessel; Tränkzylinder
impregnating tank; impregnation boiler
autogru (f)
Autokran
truck crane
automatico interamente (m)
vollautomatisch
fully automatic

autorizzazione (f)
Betriebserlaubnis; Genehmigung
concession; permission
autovettura (f)
Pkw = Personenkraftwagen
passenger car
avanzamento (m)
Vorschub
feed
avanzamento a rulli (m)
Walzenvorschub
roller feed
avanzamento continuo (m)
kontinuierlicher Vorschub
continuous feed-in
avanzamento longitudinale (m)
Längsvorschub
length feed
avanzi del legno (m)
Holzabfall
wood waste
avaria (f)
Havarie
damage by sea; average
avviatore a stella triangolo (m)
Stern-Dreieck-Anlasser
star-delta-starter
avviso (m)
Anzeige
advertisement
avvitatrice automatica (f)
Schraubautomat
screw-setting machine
avvocato (m)
Rechtsanwalt
lawyer
azienda (f)
Unternehmen
company; enterprise
azione (f)
Aktie
share
azionista (m)

Aktionär
share holder
azobe
Azobe
ekki
azzurratura profonda (f)
Verblauung
blueing

B

bacchetta (f)
Rundstab; Stab
dowel rod; round rod; stick; bar
bacino del porto (m)
Hafenbecken
dock
badile (m)
Schaufel
shovel
balaustra (f)
Geländer
handrail; railing
balcone (m)
Balkon
balcony
balla (f)
Paket (Transporteinheit)
bundle; package
bamboo (m)
Bambus
bamboo
bancale del tornio (m)
Drehbank
turning-lathe
bancarotta (f)
Bankrott; Konkurs
bankruptcy
banchina (f)
Kai; Landungsbrücke; Ankerplatz
quay; wharf
banco (di vendita) (m)
Tresen

bar; counter
banco da falegname (m)
Hobelbank
planing bench
banco da lavoro (m)
Werkbank
work bench
banco di chiesa (m)
Kirchenbank
pew
bancone (m)
Tresen
bar; counter
bandelle per finestre (f)
Fensterbeschläge
window-fittings
bara (f)
Sarg
coffin
baracca (f)
Baracke
hut; barrack
baracca di legno (f)
Blockhütte
loghut
baraccamento (m)
Baubude
worker's shelter; cottage
barile (m)
Faß
vat; barrel
barile da birra (m)
Bierfaß
beer barrel
basamenti in muratura per cataste di legname (m)
Stapelsteine
stack foundation stones; stack bottom
base del tavolo (f)
Tischsockel
table base
bassa marea (f)

Niedrigwasser
low water; low tide
bastoncino (a forma di...) (m)
stäbchenförmig
stick-shaped
bastoncino (m)
Rundstab
dowel rod; round rod
bastone (m)
Stab
stick; bar
bastone da passeggio (m)
Spazierstock
walking-stick
bastoni per fagioli (m)
Bohnenstangen
bean sticks; bean poles
battello (m)
Boot
boat
battello a remi (m)
Ruderboot
rowing boat
battello fluviale (per navigazione interna) (m)
Binnenschiff
vessel for inland navigation
battente della porta (m)
Türblatt
door blade
battente di finestra (m)
Fensterflügel
casement
battente di porta pitturabile (m)
Türblatt, streichfähig
paintable door blade
battente di porta verniciabile con vernice trasparente (m)
Türblatt, lasierfähig
stainable door blade
bettolina (f)
Leichter; Lastkahn
lighter; barge

betulla (f)
Birke
birch
bietta (f)
Keil
wedge; dowel; cotter
biette (f)
Unterlagshölzer
skids
biffa (f)
Latte
lath; square
bilancia idrostatica (f)
Wasserwaage
water-level; water-gauge
bilancio (m)
Bilanz
balance
bilancio annuale (m)
Jahresabschluß
annual balance
binari di raccordo delle traversine (m)
Schwellenseiten
sleeper sidings
binari di sagomatura (m)
Formgleise
rails in forming line
bisello
Fase
chamfer; bevel
blocchi-finestre e blocchi-porte (m)
Fenster- und Türeinbauelemente
prefabricated window blocks and door sets
bobina (f)
Spule
spool; bobbin
boccia (f)
Holzkugel
wooden ball
bocciolo (m)

Knospe
bud
bollire
kochen
to boil; to cook
Bongossi
Bongossi
ekki
bordato quadro (m)
besäumt
square edged
bordatrice parallela (f)
Doppelbesäumer
double edger
bordatura (f)
Spreißel (-holz); Besäumung
edgings
bordo (m)
Kante
edge
bordo a bordo (m)
längsseits
alongside
bordo degradante (con...) (m)
baumkantig
wan(e)y
bordo degradante (m)
Baumkante
wane; wan(e)y edge
bordonale (m)
Latte
lath; square
borsa di resina (f)
Harzgalle
resin pocket; resin gall
bosco (m)
Wald
forest; wood
bosco accessibile (m)
zugänglicher Wald
accessible forest
bosco ceduo (m)
Niederwald

coppice forest
bosco d'alberi d'alto fusto (m)
Hochwald
mature forest; high forest
bosco da diradare (m)
Durchforstungsholz
thinnings
**bosco demaniale (di proprietà
dello Stato) (m)**
Staatswald
state forest; national forest
bosco di conifere (m)
Nadelwald
softwood forest
bosco di riserva (m)
Schonung
young forest plantation
bosco giovane (m)
Jungwald
young forest
bosco in esercizio (m)
Wald, bewirtschaftet
forest in use
bosco produttivo (m)
Wirtschaftswald
productive forest
bosco protetto (m)
Schutzwald; Bannwald
protected forest; forest reserve
bosco secondario (m)
Sekundärwald
secondary forest
bosso (m)
Buchsbaum
box-tree
botola del tetto (f)
Dachluke
skylight; roof light
bottaio (m)
Küfer
cooper
botte (f)
Faß

vat; barrel
botte da vino (f)
Weinfaß
wine barrel
botte da whisky (f)
Whiskyfaß
whisky barrel
bottone di legno (m)
Holzknopf
wooden button
bowling (m)
Bowling
bowling
bracci trasversali (m)
Traversen
cross-arms
braccio (unità di misura) piede cubo = circa 6,1 m³ (m)
Faden (Holzmaß) = 216 Kubikfuß = ca. 6,1 m³
fathom
bracciolo (m)
Armlehne
arm rest
bricco (m)
Kocher
boiler
brillante (m)
glänzend
shining
broker (m)
Schiffsmakler
shipbroker; shipping agency
broncone (m)
Weinbergpfahl
vineyard pole
bruciacchiatura della corteccia (f)
Rindenbrand
bark-scorching
brunito ad ebano (m)
gebeizt
stained
buco di nodi (m)

Astloch
knot hole
buco di verme (m)
Wurmloch
worm hole; borer hole
budget (m)
Voranschlag
budget; estimate
bulldozer (m)
Planierraupe
bulldozer
bullone (m)
Bolzen
bolt
buono di consegna (m)
Lieferschein
delivery note
buttar via
verwerfen
to warp; to bow

C

cabina da spiaggia (f)
Strandkabine
beach cabin
cabina per verniciatura a spruzzo (f)
Spritzkabine; Spritzstand
spray booth
CAC (costruzione assistita da computer) (f)
CAC (computergestütztes Konstruieren)
CAC; computer assisted construction
caccia (f)
Jagd
hunting
cacciavite (m)
Schraubenzieher
screw driver
CAD (progetto assistito da com-

puter) (m)
CAD (computergestütztes Zeichnen)
CAD; computer assisted design
cadente dal taglio
messerfallend
slicer running
cadente fuori della pressa
pressefallend
as falling out of the press
cala (f)
Frachtraum
freight space
calandra (f)
Kalander
calender
calcestruzzo (m)
Beton
concrete
calcio del fucile (m)
Gewehrkolben
rifle-butt
calcolare
berechnen; kalkulieren
to calculate
calcolare il contenuto (volume)
Inhalt ausmessen
to calculate the volume
calcolatrice (tascabile) (f)
Taschenrechner
pocket calculator (electronic)
calcolo (m)
Kalkulation
calculation
calcolo delle spese di trasporto (m)
Frachtkostenberechnung
calculation of freight charges
caldaia (f)
Imprägnierkessel
impregnating tank
caldaia a pressione (f)
Kesseldruckanlage
pressure boiler plant

caldaia a vapore (f)
Dampfkessel
steam boiler
calettare a maschio e femmina
spunden
to tongue and groove
calibro (m)
Bohrungsdurchmesser; Kluppe;
Meßkluppe
drill diameter; caliper; compass
calibro a telaio porta-lame (m)
Gatterlehre
frame saw gauge
calibro per l'allicciatura dei denti (della sega) (m)
Schränkmeßlehre (für Sägen)
saw set gauge
calore ad alta frequenza (m)
Hochfrequenzwärme
radio frequency heat
calore di rigonfiamento (m)
Quellungswärme
swelling heat
calotta d'aspirazione (f)
Absaughaube; Abzugshaube
exhaust hood; suction hood
cambiale (f)
Sichtwechsel
sight-draft
cambiamento di colore (m)
Farbänderung
colour change
cambiamento di colore dell'alburno (m)
Splintverfärbung
sap stain
cambio (botanica) (m)
Kambium
cambium
cambio (m)
Kurs
rate
cambio del giorno (m)

Tageskurs
current rate
cambio di carico (m)
Chargenwechsel
charge reload; batch reload
cambio di coltelli (m)
Messerwechsel
exchange of cutters
camera di climatizzazione (f)
Klimakammer
conditioning kiln
camera di commercio (f)
Handelskammer
chamber of commerce
camera di essiccazione (f)
Trockenkammer
kiln-drying chamber
Camera Industria e Commercio (f)
IHK (Industrie- und Handelskammer)
Chamber of Industry and Commerce
camino (m)
Kamin
chimney
camion (m)
Lastkraftwagen (LKW)
truck; lorry
camion per il trasporto di tronchi (m)
Rundholzlader
log carrier; log truck
camionista per il trasporto di legname (m)
Holzfahrer
timber truck driver
camper (m)
Wohnwagen
trailer; caravan; camper
campione (m)
Probe (Muster)
sample
campione di ordinativo (m)

Bestellmuster
buying sample
campo da tennis coperto (m)
Tennishalle
indoor tennis court
canale adduttore (m)
Oberwasserkanal
head race
canale della turbina (m)
Turbinenkanal
turbine channel
canale di resina (m)
Harzgalle
resin pocket; resin gall
canale resinoso (m)
Harzkanal
pitch streak
canapa (f)
Hanf
hemp
cancellare
widerrufen
to cancel; to annul
cancello (m)
Tor
gate
cancello da giardino (m)
Gartentor
garden gate
candeggiare
bleichen
to bleach
canile (m)
Hundehütte
dog-kennel
canna d'India (f)
Rattan
rattan
canoa (f)
Einbaum; Paddelboot
canoe
canterano (m)
Kommode

chest of drawers; dresser
cantiere d'assemblaggio (m)
Abbindeplatz
trimming place
cantiere di costruzione (m)
Baustelle
project site
cantina (f)
Keller
basement; cellar
capacità (durata ammissibile) di stoccaggio (f)
Lagerfähigkeit
shelf life; storage ability
capacità (f)
Kapazität
capacity
capacità di essiccazione (f)
Trocknungskapazität
drying capacity
capacità di stoccaggio (f)
Lagerungskapazität
storage yard capacity
capacità di taglio (f)
Einschnittkapazität
cutting capacity
capacità giornaliera (f)
Tageskapazität
daily capacity
capanna di caccia (f)
Jagdhütte
hunting lodge
capannone di essiccazione (m)
Trocknungsschutzdach
drying shelter
capitale (m)
Kapital
capital
capitale azionario (m)
Aktienkapital
share capital
capitale d'apporto (m)
Grundkapital

capital stock
capitale di esercizio (m)
Betriebskapital
working capital
capitale impiegato (m)
Kapital, eingesetztes
employed capital
capitano (commissario) di porto (m)
Hafenkapitän
harbour master
capitano (m)
Kapitän
captain; master
capo acquisti (m)
Einkaufschef
purchasing manager
capo contabile (m)
Chefbuchhalter
chief accountant
capo-officina (m)
Vorarbeiter
foreman
caposquadra parco legname da taglio (m)
Schnittholzplatzmeister
lumber yard foreman
capriata (f)
Dachbinder
roof truss
capriata del tetto (f)
Dachstuhl
roof framing
capriate prefabbricate (f)
vorgefertigte Dachstühle
prefabricated roof framings
caravan (m)
Wohnwagen
trailer; caravan; camper
carbone di legna (m)
Holzkohle
charcoal
carbonella (f)

Holzkohle
charcoal
carbonizzazione (f)
Verkohlung
carbonization
carburante (m)
Kraftstoff
fuel
cardatrice delle assicelle (f)
Bretterstreichmaschine
board laminating machine
cardine della porta (f)
Türangel
door hinge
carena (f)
Bootskiel
keel
caricamento (m)
Beschickung; Ladung; Verladung
infeed; loading; cargo; shipment
caricamento collettivo (m)
Sammelladung
collective consignment
caricamento del battello (m)
Bootsladung
boatload
caricare
beladen; verladen
to load; to charge; to ship
caricare il container
Container einpacken
to stuff the container
carico (m)
Beladung; Charge (Füllung); Fracht
load; charge; batch
carico ammissibile (m)
zulässige Belastung
admissible stress
carico di rottura (m)
Bruchlast
breakage strength
carico di un contenitore (m)
Beladen eines Containers

stuffing
carico normale (m)
Regelbelastung
normal load
carpentiere (m)
Zimmermann
carpenter
carpentiere marittimo (m)
Schiffszimmermann
ship carpenter
carpino (m)
Weißbuche; Hainbuche
hornbeam
carrello di servizio (m)
Servierwagen
serving table; dinner wagon
**carrello elevatore e abbassatore
(m)**
Hub- und Senkwagen
lift and lowering truck
carrello elevatore laterale (m)
Seitenstapler
lateral fork-lift
**carrello per sega a lame multiple
(m)**
Gatterwagen
log carriage
**carrello per sega a lame multiple
(m)**
Gatterspannwagen
frame saw carriage
carro a serraggio rapido (m)
Schnellspannwagen
quick-dogging carriage
carro con sponda a rastrello (m)
Leiterwagen
rack wagon
carro gru (m)
Kranwagen
crane truck
carro libero (m)
Freilaufwagen
carriage

carro per la scelta (m)
Sortierwagen
sorting carriage
carro speciale per il trascinamento del legname (m)
Rückwagen
logging wheels
carro su rotaie (deposito di legname) (m)
Gleiswagen (auf Holzplatz)
log carriage
carro-ponte ad elevazione (m)
Portalhubwagen
portal-type lift truck
carrozzaio (m)
Stellmacher
cartwright
carrozzeria (f)
Karosserie
body
carrucola (f)
Keilriemenscheibe
pulley
carta (f)
Papier
paper
carta con legno (f)
holzhaltiges Papier
woodcontaining paper; mechanical paper
carta da imballaggio (f)
Packpapier
wrapping paper
carta decorativa (f)
Dekorpapier
decorative paper
carta di riso (f)
Japan-Papier
Japan paper
carta Giappone (f)
Japan-Papier
Japan paper
carta impregnata con melammina

(f)
Papier, melaminharzgetränkt
paper; melamine impregnated
carta per copertura (f)
Overlaypapier
overlay paper
carta senza legno (f)
holzfreies Papier
paper free of wood; woodfree paper
carta vetrata (f)
Schleifpapier
abrasive paper; sanding paper
carta vetrata (f)
Sandpapier
sand paper
carteggiatrice a disco portatile (f)
Handscheibenschleifmaschine
portable disk sander
cartiera (f)
Papierfabrik
paper mill
cartone (m)
Karton; Pappe
board; cardboard
cartone catramato (m)
Dachpappe
roofing board
casa costruita con tronchi d'albero (f)
Blockhaus
log house
casa di vacanze (f)
Ferienhaus
holiday home; cottage
casa per weekend (f)
Wochenendhaus
weekend house
casa prefabbricata (f)
Fertighaus; vorgefertigtes Haus
prefabricated house; prefabricated home
cascame di rifinitura (m)
Besäumabfall

trimming waste
casellario da bottiglie (m)
Flaschenkasten
bottle case; bottle box
cassa (f)
Kiste; kasten; Verschlag
case; box; crate
cassa da formaggio (f)
Käsekiste
cheese box; cheese case
cassa da morto (f)
Sarg
coffin
cassa da spedizione (f)
Versandkiste
shipping box
cassa in legno (f)
Koffer aus Holz
wooden case
cassa per coperte (f)
Bettkasten
bedding box
cassa per trasporto marittimo (f)
Seekiste
sea case; box for shipping transport
cassaforma (f)
Einschalung
formwork; concrete formwork
cassaforma del calcestruzzo (f)
Betonschalung
concrete boarding
**cassaforma per grandi superfici
(f)**
Großflächenschalung
large-area formwork
cassaforma prefabbricata (f)
Fertigschalung
prefabricated formwork
**casse di persiane avvolgibili pref-
abbricate (f)**
Rolladen-Fertigkästen
ready-made roller-shutter boxes
cassetta da frutta (f)

Obstkiste
fruit box; fruit case
cassetta in legno compensato (f)
Sperrholzkiste
plywood box
cassetto (m)
Schubkasten; Schublade
drawer
cassetto del tavolo (m)
Tischschublade
table drawer
cassettone (m)
Kommode
chest of drawers; dresser
castagno (m)
Edelkastanie; Kastanie (echte)
sweet chestnut; chestnut
catalizzatore (m)
Katalysator
catalyst
catasta (f)
Polter; Stapel
pile; stack base
catasta di assicelle (f)
Bretterstapel
board stack; pile
**catasta di legna (misura di volu-
me = m³ 3,625) (f)**
Cord (=3,625 rm)
cord
categoria d'età (alberi) (f)
Altersklasse (Bäume)
age class
catena (f)
Kette
chain
catena a maglie tonde (f)
Rundgliederkette
round link chain
catena a rulli di precisione (f)
Präzisionsrollenkette
precision roller chain
catena a rulli singoli (f)

Einfachrollenkette
simple roller chain
catena a sega a lame multiple (f)
Gatterlinie
frame saw line
catena di avanzamento (f)
Vorschubkette
feed chain
catena di fabbricazione di par-
quet (f)
Parkettstraße
parquet line
catena di manipolazione per tron-
chi di piccolo diametro (f)
Schwachholzlinie
line to manipulate small diameter
logs
catena di produzione (f)
Produktionslinie
production line
catena di rifinitura (f)
Endfertigungsstrasse
finishing line
catena di sagomatura (f)
Formkette
forming line
catena di sagomatura per pannel-
li di fibra (f)
Formstraße für Faserplatten
forming line for fibreboards
catena di sagomatura per pannel-
li di trucioli (f)
Formstraße für Spanplatten
forming line for chipboards
catena di sega a nastro (f)
Bandsägelinie
band saw line
catena di verniciatura (f)
Lackierstraße
lacquering line
catenaccio (m)
Riegel
latch; bolt

cauzione (f)
Bürgschaft
bail; guarantee
cava di vaporizzazione (f)
Dämpfgrube
steaming pit
cavalletto del tetto (m)
Dachstuhl
roof framing
cavicchio (m)
Dübel
dowel
caviglia (m)
Dübel
dowel
caviglia, perno per travetti in
cemento (f)
Dübel für Betonschwellen
dowel for concrete sleepers
cavo metallico (m)
Drahtseil
wire rope
cavo portante (m)
Tragseil
carrying cable
cedro (m)
Zeder (echte)
cedar
cedro dell'America Centrale (m)
Cedrela
Central American Cedar
cellula (f)
Zelle
cell
cellulosa (f)
Zellulose
pulp
cellulosa beta (f)
Beta-Zellulose
beta cellulose
centrale di controllo (f)
Schaltzentrale
central control station

centro (m)
Mitte
centre
centro dell'assicella (m)
Stäbchenmittellage
strip core; core of blockboard
ceppi accatastati (m)
blockweise gestapelt
block piled
ceppi tagliati da cima a fondo (m)
Blochware/Blockware
logs sawn through and through
ceppo (m)
Block; Klotzbrett; Scheitholz
log; unedged board; billets
ceppo d'albero abbattuto (m)
Stubben
stump wood
ceppo da impiallacciatura (m)
Furnierblock
veneer log
cera (f)
Wachs
wax
cerchiato largo (m)
breitringig
wide ringed
cerniera (f)
Scharnier
hinge
cernita dei tronchi (f)
Rundholzsortierung
log grading
cernitore di trucioli (m)
Spänesortierer
chip sorter
certificato (m)
Zertifikat
certificate
certificato d'origine (m)
Ursprungszeugnis
certificate of origin
certificato di controllo (m)

Prüfzertifikat
certificate of test
certificato di esportazione (m)
Ausfuhrnachweis
export certificate
cespuglio (m)
Busch; Strauch
bush; shrub
cessare l'attività
Betrieb schließen
to close down
cessione (f)
Abtretung; Überlassung; Zession
cession; transfer
cesta da imballaggio (f)
Haraß; Steige
bottle crate
cesto (m)
Korb
basket
cesto in legno da cerchi e di cascina (m)
Spankorb
chip basket
cheque barrato (m)
Verrechnungsscheck
crossed cheque; clearing cheque
chiaro (m)
blank; hell
clear; bright
chiatta (f)
Fähre; Lastkahn; Leichter; Flußschiff; Prahm
ferry; river vessel; barge; lighter; barge; pram
chiave a rullino (f)
Schraubenschlüssel
screw wrench
chiavi in mano (f)
schlüsselfertig
key-ready
chiavistello (m)
Riegel

latch; bolt
chicco d'orzo (nodo da legno) (m)
Schweinsauge/Noppe beim Rundholz
pig - eye
chiglia (f)
Bootskiel
keel
chilometro quadrato (m)
Quadratkilometer
square kilometer
chiodatrice automatica (f)
Nagelautomat
automatic nailing machine
chiodatrice pneumatica (f)
Preßluftnagler
pneumatic nailer
chiodatrice portatile (f)
Handnagelmaschine
portable nailer
chiodo (m)
Nagel
nail
chiodo per passamaneria (m)
Posamentiernagel
trimming nail
chioma di un albero (f)
Baumkrone
crown of a tree
chiudere l'azienda
Betrieb schließen
to close down
chiusa del porto (f)
Hafenschleuse
dock gate
ciclone (m)
Zyklon
cyclone
cif (costo, assicurazione, nolo)
(m)
cif (Kosten, Versicherung, Fracht)
cif (cost, insurance, freight)
ciliegio (m)

Kirschbaum
cherry
ciliegio americano (m)
Amerikanische Kirsche
black cherry
cilindro (m)
Rolle; Walze; Zylinder
cylinder; reel; roller
cilindro a cuneo (m)
Keilwalze
splined roll
cilindro di pressione (m)
Preßzylinder
pressure foot
cilindro pneumatico (m)
Preßluftzylinder
pneumatic cylinder
cilindro scanalato (f)
Riffelwalze
fluted roll
cilindro spargitore (m)
Streuwalze
spreader roll
cima di un albero (f)
Baumwipfel
tree top
cinghia (f)
Gurt; Riemen
belt
cinghia di persiana avvolgibile (f)
Rolladengurt
roller-shutter tape
cinghia di trasmissione (f)
Treibriemen
driving belt
cingolo (di caterpillar, bulldozer)
(m)
Raupenkette
caterpillar track; bulldozer chain
cintura (f)
Gurt
belt
ciò che cade dalla sega

sägefallend
mill-run; sawfalling
circonferenza (f)
Umfang
girth; circumference
cirmolo (m)
Zirbel Kiefer
swiss stone pine
classificazione (f)
Klasseneinteilung
grading
classificazione botanica (f)
botanische Einteilung
botanical classification
classificazione del legname da taglio (f)
Schnittholzgüteklassen
standards of lumber grading
classificazione della qualità (f)
Güteklasse
grade; quality class
classificazione finale (f)
Endsortierung
final grading
clausola (f)
Klausel
clause
clausole valutarie (f)
Währungsklausel
currency clause
clavicembalo (m)
Cembalo
harpsichord
cliente (m)
Kunde
customer
clima (m)
Klima
climate
climatizzare
klimatisieren
to condition
cocchiume (della botte) (m)

Spundloch
bung-hole
codice (m)
Code
code
codice civile (m)
Bürgerliches Gesetzbuch
civil code
coefficiente di correlazione (m)
Korrelationskoeffizient
correlation coefficient
cofano (m)
Koffer aus Holz
wooden case
colatura mediante iniezione (f)
Spritzguß
injection moulding
coleottero (m)
Käfer
beetle
coleottero della corteccia (m)
Borkenkäfer
bark beetle
colla (f)
Klebstoff: Leim
glue; adhesive
colla a base di resorcina (f)
Resorcinleim
resorcin glue
colla a componenti multipli (f)
Mehrkomponentenklebstoff
multiple components glue
colla a freddo (f)
Kaltleim
cold glue
colla alla caseina (f)
Kaseinleim
casein glue
colla calda (f)
Heißleim
hot glue
colla di condensazione (f)
Kondensationskleber

condensation glue
colla di contatto (f)
Kontaktkleber
contact adhesive
colla di resina sintetica (f)
Kunstharzleim
synthetic resin glue
colla fenolica (f)
Phenolleim
phenolic glue
colla fondibile (f)
Schmelzkleber
thermoplastic glue
colla in polvere (f)
Pulverleim
powder glue
colla inorganica (f)
anorganischer Leim
inorganic glue
colla melamminica (f)
Melaminharzleim
melamine glue
colla per legno compensato (f)
Sperrholzleim
plywood glue
colla speciale (f)
Spezialkleber
special glue
colla ureica (f)
Harnstoffleim
urea-formaldehyde glue
collasso (della cellula lignea) (m)
Kollaps (Holzzellen)
cell collapse
collasso della cellula (m)
Zellkollaps
cell collapse
collaudo (ufficiale) (m)
Abnahme (amtliche)
official final inspection
collezione di campioni (f)
Mustersammlung
sample collection

collo (m)
Paket
parcel
colorato (m)
getönt; gefärbt
tinted; coloured
colorazione (f)
Färbung
colouring
colorazione rossa (f)
Rotfärbung
red stain
colore (m)
Farbe
paint; colour
colore chiaro (m)
hellfarbig
light coloured
colore naturale (m)
natürliche Farbe
natural colour
colore stabile (m)
farbecht
colourfast
coltello (m)
Messer
knife
coltello da intagliatore (m)
Schnitzmesser
wood-carving knife
coltello per marcare (m)
Reißmesser
marking knife
coltello per scortecciare (m)
Rindenmesser
barking iron; bark gauge
coltello per tagliare a schegge (m)
Spanmesser
chipping knife
coltivazione (f)
Anzucht
cultivation

comando a ingranaggi (m)
Zahnradantrieb
gear drive
comando automatico (m)
automatische Steuerung
automatic control; autopilot
comando di cilindri (m)
Walzenantrieb
roller drive
comando idraulico (m)
hydraulische Steuerung
hydraulic control
combustione scarti (f)
Abfallverbrennung
waste combustion
come da istruzioni
auftragsgemäß
as instructed
comignolo (m)
Dachgiebel
gable
commercializzazione (f)
Vermarktung
marketing; sale
commercializzazione del prodotto
(f)
Produktvermarktung
production management
commerciante di legname (m)
Holzhändler
timber merchant; timber dealer
commercio (m)
Handel
commerce
commercio all'ingrosso di legname per miniera (m)
Grubenholz-Großhandlung
pitwood wholesale business
commercio d'importazione (m)
Importhandel
import trade
commercio di legname al dettaglio (m)

Platzholzhandel
detail timber trade
commercio di legname all'ingrosso (m)
Holzgroßhandlung
timber wholesale business
commercio di legname da bruciare (m)
Brennholzhandel
firewood trade
commercio di trucioli (m)
Spänehandel
particle trade
commercio estero (m)
Außenhandel
foreign trade
commercio intermediario (m)
Zwischenhandel
intermediary trade
commercio oltremare (m)
Überseehandel
overseas trade
commissione (f)
Provision
commission
commissione d'arbitrato (f)
Schiedsgericht
court of arbitration
comodino da notte (m)
Nachttisch
bed-side table
compagnia di navigazione (f)
Reederei
shipping company
compensato da imballaggio (m)
Verpackungssperrholz
packaging plywood
compensato di pioppo (m)
Pappelsperrholz
poplar plywood
compensato in legno di pino marino (m)
Seekiefersperrholz

maritime pine plywood
compensato in legno resinoso (m)
Nadelholzsperrholz
softwood plywood
compensato per costruzione navale (m)
Schiffbausperrholz
shipbuilding plywood; marine plywood
compensato stampato (m)
bedrucktes Sperrholz
printed plywood
competente (m)
fachkundig
competent
competizione (f)
Wettbewerb
competition
componenti di mobili prefabbricati (m)
vorgefertigte Möbelteile
prefabricated furniture components
comporre
zusammensetzen
to compose
compressione (f)
Verdichtung
compression; concentration
compressore (m)
Kompressor
compressor
con corteccia spessa
dickrindig
thick-barked
concessione (f)
Betriebserlaubnis; Konzession; Nutzungsrecht
right of use; concession
concessione forestale (f)
Waldkonzession
forest concession
conciliare

schlichten (einen Streit); sofort bezahlen
to arbitrate; to settle
concludere un contratto
Vertrag abschließen
to close a contract; to contract
concorrente (m)
Konkurrent
competitor
concorrenza (f)
Konkurrenz; Wettbewerb
competition
condensatore (m)
Kondensator
condenser
condizionare
konditionieren
to condition
condizioni di mercato (f)
Marktbedingungen
market conditions
condizioni di noleggio (f)
Charterbedingungen
charter terms
condizioni di pagamento (f)
Zahlungsbedingungen
payment conditions
condizioni di vendita (f)
Verkaufsbedingungen
sales conditions
condizioni favorevoli (f)
günstige Bedingungen
on easy terms
condotto del latice (m)
Latexkanal
latex duct
conducibilità (f)
Leitfähigkeit
conductibility
conduttività (f)
Leitfähigkeit
conductibility
conferma d'ordine (f)

Auftragsbestätigung
confirmation of order
conferma di vendita (f)
Schlußbrief
bill of sale; fixing letter; contract
confermare
bestätigen
to confirm
congiungere a mortasa
ausstemmen
to mortise
congiungere punta a punta
keilverzinken
to finger-joint
congiuntura automatica punta a punta (f)
Keilverzinkungsautomat
automatic finger-jointing machine
conicità (f)
Abholzigkeit
tapering
conico (m)
konisch
conical
conifera (f)
Nadelbaum
coniferous tree
conifera (legnodi) (f)
Nadelholz
softwood; coniferous wood
cono (m)
Kegel
cone
cono di nebulizzazione (m)
Sprühkegel
atomizing cone
cono di puleggia (m)
Stufenscheibe
cone pulley
consegna (f)
Auslieferung; Lieferung; Übergabe;
Übersendung
delivery; consignment

consegna a termine (f)
Terminlieferung
forward delivery
consegna di sostituzione (f)
Ersatzlieferung
replacement
consegna ex banchina (f)
Lieferung ab Kai
delivery ex quay
consegna ex stabilimento (f)
Lieferung ab Werk
delivery ex factory; ex stock
consegna franco banchina (f)
Außenbordlieferung
over-board-delivery
consegna parziale (f)
Teillieferung
part delivery
consegnare
liefern
to deliver; to furnish
conservazione (f)
Erhaltung
conservation; maintenance
conservazione boschiva (f)
Walderhaltung
forest conservation
consiglio d'amministrazione (m)
Vorstand
board of directors; executive board
consistenza del patrimonio forestale (f)
Waldbestandsdichte
forest crop
consolidato (bilancio) (m)
konsolidiert (Bilanz)
consolidated
consulente aziendale (m,f)
Unternehmensberater
management consultant
consulente d'azienda (m,f)
Betriebsberater
management consultant

344

consumatore (m)
Endverbraucher; Verbraucher
end user; consumer
consumo di carta (m)
Papierverbrauch
paper consumption
consumo di legname (m)
Holzverbrauch
consumption of timber
consumo locale (m)
Inlandsverbrauch
domestic consumption
consumo pro capite (m)
Pro-Kopf-Verbrauch
per capita consumption
contabile (m)
Buchhalter
accountant; book-keeper
contabilità (f)
Rechnungswesen; Buchhaltung
accountancy; accounting department; book-keeping
container (m)
Container
container
contenitore (m)
Behälter; Container
box; container
contenuto (m)
Inhalt
contents; volume
contenuto completo di umidità
(m)
absolute Feuchte (Feuchtigkeit)
absolute moisture contents
contenuto d'acqua (m)
Wassergehalt
water contents
contestazione (f)
Beanstandung
claim; complaint
conto (m)
Konto

account
conto bancario (m)
Bankkonto
bank account
conto corrente (m)
Kontokorrent
current account
contorto (m)
gekrümmt
crooked; twisted
contrafforte (m)
Brettwurzel
buttress
contrassegnato (m)
markiert
marked; hammered
contrassegno (m)
Kennzeichen
mark; tally
contratto (m)
Kontrakt; Vertrag
contract; agreement
contratto a lungo termine (m)
Vertrag, langfristig
long term contract
contratto d'acquisto (m)
Kaufvertrag
buying contract
contratto di consegna (m)
Liefervertrag
contract of delivery
contratto di lavoro (m)
Arbeitsvertrag
contract of employment
contratto per la consegna di legname (m)
Holzlieferungsvertrag
timber contract
contrazione (f)
Schwindung
shrinkage
controfilo (m)
widerspänig

cross-grain
controllare
nachprüfen; prüfen; regeln; steuern
to test; to check; to control
controllato con computer (m)
rechnergesteuert; computergesteuert
computer controlled
controllo (m)
Prüfung; Qualitätsprüfung; Regelung
inspection; test; quality test; control
controllo della temperatura (m)
Temperatursteuerung
temperature control
controllo di qualità (m)
Qualitätskontrolle
quality control
controllo elettronico (m)
elektronische Steuerung
electronic control
controllo finale (m)
Endkontrolle
end check
controllo numerico (m)
numerische Steuerung
numerical control
controllore del carico (m)
Tallymann
tallyman
controrotaia (f)
Führungsschiene
guide rail
controversia (f)
Streit
dispute; quarrel
convogliamento a catena (m)
Kettenförderung
chain conveyance
convogliatore a catena (m)
Kettenförderer
chain conveyor
convogliatore a rulli (m)

Rollengang
roller conveyor
convogliatore a vibrazione (m)
Vibrationsrinne
vibration conveyor
convogliatore trasversale per il deposito di trucioli (m)
Langholzquerförderer
feed-in cross-conveyor
coperto (m)
überdacht
covered; under roof
copertura con fibre (f)
Faserdeckschicht
surface with fibres
copertura del ponte (f)
Brückenbelag
coating of bridge surface
copertura in massello (f)
Vollholzschalung
solid-wood shuttering
copertura speciale (f)
Spezialschalung
special boarding; special formwork
copriradiatore (m)
Heizkörperverkleidung
radiator-cover
corda (f)
Schnur
cord
corindone (pietra preziosa) (m)
Korrund
corundum
cornice (f)
Rahmen
frame
cornice di legno (f)
Holzrahmen
wooden frame
cornice per quadro (f)
Bilderrahmen
picture frame
cornici di legno per quadri e

specchi (f)
Holzrahmen für Bilder und Spiegel
wood frames for pictures and mirrors
corona di nodi (f)
Astkranz
knot cluster
correggia (f)
Riemen
belt
correggia per il getto in forma (f)
Formband
forming belt
correggia trapezoidale (f)
Keilriemen
V-belt; vee-belt
corrente (m)
Bundsparren
tie beam
corrente tri-fase (f)
Drehstrom
three-phase current
corrosione (f)
Korrosion
corrosion
corrosione (senza...) (f)
korrosionsfrei
non-corroding
corso di formazione (m)
Ausbildungslehrgang
training course
cortecce da impiallacciatura (f)
Furnierrundholz
veneer logs
corteccia (dell'albero) (f)
Borke; Rinde
bark
corteccia liscia (f)
glattrindig
smooth barked
corteccia per impiallacciatura (f)
Furnierhölzer
veneer logs

costa (f)
Seite; Frostleiste; Küste
face; side; frost-rib; coast
costi (m)
Kosten
costs; charges
costi d'usura (m)
Verschleißkosten
wear and tear costs
costi di esercizio (m)
Betriebskosten
operating costs
costi di essiccazione (m)
Trocknungskosten
drying costs
costi di manutenzione (m)
Wartungskosten
maintenance costs
costi di personale (m)
Personalkosten
staff costs
costi di riparazione (m)
Reparaturkosten
cost of repair
costi di scarico (m)
Löschkosten
landing charges
costi di stoccaggio (m)
Lagerkosten
storage costs
costi di trasporto (f)
Transportkosten; Beförderungskosten
transport costs; carriage costs;
transport charges
costi per il taglio del legname (m)
Bringungskosten
logging cost
costo di trasporto supplementare
(m)
Mehrfracht
additional freight; extra freight
costruttore di battelli (m)

Bootsbauer
boatbuilder
costruttore di carrozzerie (m)
Karosseriebauer
bodymaker
costruzione (f)
Konstruktion
construction
**costruzione al di sopra del suolo
(f)**
Hochbau
structural engineering; building
construction
costruzione del soffitto (f)
Deckenkonstruktion
ceiling construction
costruzione di abitazioni (f)
Hausbau
housing construction
costruzione di caravan (f)
Wohnwagenbau
caravan construction
**costruzione di case prefabbricate
(f)**
Fertighausbau
construction of prefabricated houses
costruzione di ponti (f)
Brückenbau
bridge construction
costruzione di scale (f)
Treppenbau
stair construction; stair manufacture
costruzione di silo in legno (f)
Holzsilobau
wood-silo construction
costruzione di strade (f)
Straßenbau; Wegebau
road construction
costruzione di strade boschive (f)
Forstwegebau
forest road construction
**costruzione di strade nel bosco
(f)**

Waldwegebau
forest road construction
costruzione di tunnel (f)
Tunnelbau
construction of tunnels
costruzione di vagoni (f)
Waggonbau
railway carriage construction
costruzione grezza (f)
Rohbau
shell construction; structural construction
costruzione in legno (f)
Holzkonstruktion; Holzbauten
wood construction; timber construction
**costruzione in legno lamel-
lato-incollato (f)**
Holzleimbau
glued wood construction; laminated
timber construction
costruzione lamellata (f)
Lamellenbauweise
laminated construction
costruzione navale (f)
Bootsbau; Schiffbau
boatbuilding; shipbuilding
costruzione prefabbricata (f)
Fertigbau
prefabricated construction
costruzione sotterranea (f)
Tiefbau
underground construction
**costruzioni di abitazioni in legno
(f)**
Holzhausbau
construction of wooden buildings
costruzioni di muri (f)
Wandkonstruktionen
wall constructions
credenza (f)
Anrichte; Buffet; Sideboard
sideboard

credenza da cucina (f)
Küchenschrank
kitchen cupboard
credenza incassata (f)
Einbauschrank
built-in cupboard
credenza incorporata (f)
Einbauschrank
built-in cupboard
credenza per vasellame (f)
Geschirrschrank
china cupboard
credito (m)
Guthaben
credit; balance
crepa (f)
Riß
shake; check
crescenza ondulata (m)
Wimmerwuchs
wavy grain
crescere
wachsen
to grow
crescita (f)
Wachstum
growth
crescita annuale (f)
jährlicher Zuwachs
annual growth
crescita rapida (f)
raschwüchsig; schnellwüchsig
rapid growing; fast growing
criterio costruttivo (m)
Konstruktionsprinzip
principle of construction
crivello di perforazione (m)
Bohrschablone
drilling jig
crivello vibrante (m)
Siebwuchtrinne
vibro screen
cubatura (f)

Volumen
volume
cucina (f)
Küche
kitchen
cucina incassata (f)
Einbauküche
built-in kitchen
cucina incorporata (f)
Einbauküche
built-in kitchen
cucinare
kochen
to boil; to cook
cuneo (m)
Keil
wedge; dowel; cotter
cuneo da fenditura (m)
Spaltkeil
cleaving - wedge
cuore (del legno) rosso (m)
Rotkern
red heart
cuore (del legno) secco (m)
Trockenkern
dry heart
cuore (legno) spaccato da gelo
(m)
Frostkern
frost heart
cuore (senza) (m)
herzfrei
free of heart
cuore bianco (del legno) (m)
weißer Kern
white heart
cuore fragile (m)
Herzbrüchigkeit
brittle heart
cura (f)
Pflege
maintenance; care
cura della piantagione (f)

Bestandspflege
care of stands
curvare
biegen
to bend
curvato (m)
gebogen
crooked; bent
curvatrice (f)
Biegemaschine
bending machine
curvatura (f)
Krümmung
bend; warp
curvatura a vapore (f)
Dampfbiegen
steam bending
cuscinetto a sfere (m)
Kugellager
ball bearing
cuscinetto rigido a sfere (m)
Rillenkugellager
grooved ball bearing

D

dado (della vite) (m)
Mutter (Schrauben-)
nut
**danneggiamento alla proprietà
(m)**
Sachschaden
damage to property
**danni causati dalla selvaggina
(m)**
Wildschaden
damage by game
danni da pelatura (m)
Schälschäden
peeling defect; peeling damage
danni provocati da insetti (m)
Insektenschäden; Insektenfraß
insect damages

danno (m)
Schaden
damage; defect
datore di lavoro (m)
Arbeitgeber
employer
davanzale (m)
Fensterbrett; Rahmenschenkel
(Fenster)
window-sill
dazio doganale (m)
Importzoll
import duty
dazio protettivo (m)
Schutzzoll
protective duty
debiti (m)
Schulden
debts
decapante per colla (m)
Leimentferner
glue remover
declino della richiesta (m)
Nachfragerückgang
decline of demand
decorativo (m)
dekorativ
decorative
decoratore d'interni (m)
Raumausstatter
decorator
decorazione (f)
Verzierung
decoration
decorazione interna (f)
Innenausstattung
interior decoration
defalco della corteccia (m)
Rindenabschläge
allowances for bark
defibratore (m)
Defibrator
defibrator

defibratrice (f)
Zerfaserungsmaschine
defibrator
deformare
verformen
to deform
deformazione (f)
Verformung; Werfen
deformation; warping
deformazione a causa di rigonfiamento (f)
Quellverformung
deformation due to swelling
deformazione plastica (f)
plastische Verformung
plastic deformation
delimitazione (f)
Begrenzung
limitation
demolizione (f)
Demontage
dismantling
densità (f)
Dichte; wichte; Rohdichte
density; absolute density
densità della piantagione (f)
Bestandsdichte
stand density
denso (m)
dicht
dense
dentatura della sega (f)
Sägezahnung
teeth of the saw
dente di sega (m)
Sägezahn
saw-tooth
deperimento da stoccaggio (m)
Lagerungsschäden
storage decay
deperimento del bosco (m)
Waldsterben
forest die-back

depositi di latice (m)
Latexgallen
latex galls
depositi di silicio (nel cuore del legno) (m)
Siliziumeinlagerungen (im Kernholz)
silicon depots
deposito (m)
Lagerplatz
storage yard
deposito di legname (m)
Holzinhaltsstoff
deposit
deposito di legname accatastato (m)
Stapelplatz
piling yard
deposito di stoccaggio (m)
Lager
yard; stock
deposito minerali (m)
mineralische Einlagerungen
minerals; mineral deposits; mineral streaks
deprezzamento (di una moneta) (m)
Abwertung (einer Währung)
devaluation
deprezzare
abwerten
to degrade
deresinare
entharzen
to deresinate
derivati (m)
Abart
variety
deserto (m)
Wüste
desert
destinatario (m)
Empfänger
receiver

destinazione (f)
Ankunftsort
destination
deterioramento (m)
Absterben
die-back
deumidificazione (f)
Entfeuchtung
dehumidification
devastazione del bosco (f)
Waldzerstörung; Waldvernichtung
forest demolition
deviazione ammissibile (f)
Abweichung, zulässige
tolerance
deviazione di fibre (f)
Faserabweichung
deviation of fibres
diagramma di essiccazione (f)
Trocknungsdiagramm
drying diagram
diametro (m)
Durchmesser
diameter
diametro a piè (m)
Fußdurchmesser
foot diameter
diametro ad altezza d'appoggio
(m)
Durchmesser in Brusthöhe
breast height diameter
diametro alla base (m)
Fußkreisdurchmesser
root circle diameter
diametro alla cima (dell'albero)
(m)
Zopfdurchmesser
top diameter
diametro del mozzo (m)
Nabendurchmesser
boss diameter
diametro del rullo (m)
Rollendurchmesser

roll diameter
diametro della lama della sega
(m)
Blattdurchmesser (Säge)
saw-blade diameter
diametro della perforazione (m)
Bohrungsdurchmesser
drill diameter
diametro esterno (m)
Außendurchmesser
outside diameter
diametro intermedio (m)
mittlerer Durchmesser
average diameter
diametro minimo (m)
Mindestdurchmesser
minimum diameter
diametro nel mezzo (m)
Mittendurchmesser
middle diameter
diametro preso a croce sotto la
corteccia (m)
Kreuzmaß unter Rinde
cross diameter measuring under
bark
diametro sulla corteccia (m)
Durchmesser mit Rinde (m. R.)
diameter over bark
dichiarare fallimento
Bankrott gehen
to go bankrupt
dichiarazione doganale (f)
Zollerklärung
customs declaration
difetti (m)
Mängel
defects
difetti di essiccazione (m)
Trocknungsfehler
drying defects
difetti di verniciatura (m)
Lackierfehler
defects in lacquering

difetto (legno) (m)
Fehler
defect
difetto d'impiallacciatura (m)
Furnierfehler
veneer defect
difetto d'incollaggio (m)
Beleimfehler
gluing fault
difetto del colore (m)
Farbfehler
colour defect
difetto nascosto (m)
verdeckter Fehler
hidden defect
difetto strutturale (m)
Konstruktionsfehler
structural fault
differito (m)
ausgesetzt (Termin)
deferred
diffusione (f)
Verbreitung
spread; dispersal
dilatabile
dehnbar
strechable
dimensione (f)
Maß
measure; size
dimensioni (f)
Abmessungen
dimensions
dimensioni del carico (f)
Versandabmessungen
dispatch specification; shipping
specification
dimensioni del legname da taglio
(f)
Schnittholzabmessungen
lumber specification; timber dimensions
dimensioni fisse (f)

Fixmaße
fixed dimensions
diminuire (prezzo)
nachgeben (im Preis)
to decrease
diminuzione (f)
Schwund; Schwindung
shrinkage
diminuzione di prezzo (f)
Preisermäßigung
price reduction
dipartimento (m)
Abteilung
division; section; department
diramare
ausästen; entasten
to prune; to trim; to delimb
diramatura (f)
Ästung; Wertästung
pruning; high-class timber limbing
diretto a (m)
bestimmt für, nach
bound for
direttore (m)
Chef
boss
direttore commerciale (m)
geschäftsführender Direktor
managing director
direttore d'azienda (m)
Betriebsdirektor; Betriebsleiter
managing director; manager
direttore d'impianto (m)
Werksdirektor
plant manager; mill manager
direttore delle vendite (m)
Verkaufschef
sales manager
direttore generale (m)
Generaldirektor
general director
direttore tecnico (m)
Technischer Direktor

mill manager; plant manager; technical director
direzione (f)
Betriebsleitung
management
direzione della venatura (f)
Faserverlauf
direction of grain
direzione di caduta (f)
Fällrichtung
dropping direction
direzione longitudinale (f)
Langdirektion
long grain
direzione radiale (f)
Radial Direktion
radial direction
direzione tangentiale (f)
Tangential Direktion
tangential direction
diritti di porto (m)
Dockgebühren
dock dues; harbour dues
diritti portuali (m)
Hafengebühren
harbour dues; port charges
diritto commerciale (m)
Handelsrecht
commercial law
diritto d'uso (m)
Nutzungsrecht
right of use; concession
diritto di prelazione (m)
Vorkaufsrecht
prior-purchase obligation
diritto di sfruttamento del legno (m)
Holznutzungsrecht
logging permission; concession
disboscamento (m)
Abholzung; Durchforstung; Entwaldung
deforestation; forest thinning

disboscamento totale (m)
Kahlschlag
clear cut
disboscare
entwalden
to deforest
disco (m)
Scheibe
disk
disco a coltello (m)
Kreismesser
circular knife
disco porta-lame (m)
Messerscheibe
knife-carrier disk
disco-coltello a copiare (m)
Kopiermesserscheibe
copying knife disk
disegni di costruzione (m)
Bauzeichnung
construction drawing
disegno costruttivo (m)
Konstruktionsmuster
construction pattern
disgregazione incipiente (f)
beginnender Zerfall
incipient decay
disintegratore (m)
Spaner
chipper
disoccupazione (f)
Arbeitslosigkeit
unemployment
disponibile
vorrätig
available; in stock
disponibile a magazzino
ab Lager verfügbar
available ex stock
disponibile per consegna
lieferbar
available for delivery
disponibilità (f)

Verfügbarkeit
availability
dispositivo di accatastamento dei pannelli (m)
Plattenablage
board stacking device
dispositivo di centraggio (m)
Zentriereinrichtung
centering equipment
dispositivo di centraggio per scortecciatrice (m)
Zentriervorrichtung für Schäl-maschine
centering unit for peeler
dispositivo di riparo dal sole (m)
Sonnenschutzanlage
sun blind system
dispositivo di rotazione dei pan-nelli (m)
Plattenwendevorrichtung
board turning unit
dispositivo dosatore (m)
Dosiereinrichtung
dosing device
disposizioni per l'importazione (f)
Einfuhrbestimmungen
import regulations
disputa (f)
Streit
dispute; quarrel
dissodare
roden
to stump; to stub
dissodatrice per estirpare ceppi (da un terreno) (f)
Rodegerät
stump grubbing device
distanza (f)
Abstand
space; distance
distanza dei denti (f)
Zahnabstand
tooth distance

distillazione (f)
Destillation
distillation
distillazione del legno (f)
Holzdestillation
wood distillation
distribuzione (f)
Vertrieb
marketing; sale
distribuzione di corrente (f)
Stromversorgung
power supply
distribuzione di tensione (f)
Spannungsverteilung
stress distribution
distruzione del bosco (f)
Waldvernichtung; Waldzerstörung
forest demolition
distruzione del legno causata da insetti (f)
Holzzerstörung (durch Insekten)
timber destruction by insects
distruzione del legno causata da funghi (f)
Holzzerstörung (durch Pilze)
decay by fungi
ditta (f)
Firma
company
divano (m)
Couch; Liege
divan; couch
diventare bleu
verblauen
to get blue; to become blue
dividendo (m)
Dividende
dividend
divieto di esportazione (m)
Ausfuhrverbot
prohibition of export
divisa (f)
Devisen

foreign exchange
divisibile in parti
messerfähig
sliceable
divisori (m)
Raumteiler
partitions
documenti contro pagamento (m)
Dokumente gegen Zahlung
documents against payment
documenti di spedizione (m)
Verschiffungsdokumente; Versandpapiere
shipping documents
doga (di botte) (f)
Faßdaube
stave
dogana (f)
Zoll
duty; customs
domanda (f)
Anfrage
demand; inquiry
domanda d'impiego (f)
Bewerbung
application
domanda interna (f)
Inlandsbedarf
internal demand
domanda locale (f)
Inlandsnachfrage
domestic demand
doppia finestra (f)
Doppelfenster
double-glazed window
doppio fondo (m)
Doppelboden
double bottom
doppio taglio (m)
Doppelschnitt
double cut
dorso (m)
Rückseite

back
dorso del dente (m)
Zahnrücken
back of tooth
dossier (m)
Lehne
back
drenaggio (m)
Entwässerung
drainage
drenare
entwässern
to drain
duplicato di fattura (m)
Rechnungskopie
duplicate invoice
durame (m)
Kernholz
heartwood
durata (f)
Dauerhaftigkeit; Haltbarkeit
durability
durata di essiccazione (f)
Trocknungsdauer
drying time
durata naturale (f)
natürliche Dauerhaftigkeit
natural durability
durevole
dauerhaft
durable
durezza (f)
Härte; Zähigkeit
hardness; toughness
durezza Brinell (f)
Brinellhärte
Brinell hardness

E

ebanista (m)
Möbeltischler
cabinet-maker
ebanisteria (f)
Tischlerei
joinery
ebano (m)
Ebenholz
ebony
eccedere
überschreiten
to exceed
ecologia (f)
Ökologie
ecology
economia del legno (f)
Holzwirtschaft
timber economy
edificio di segheria (m)
Sägehalle
sawmill building
efficiente (m)
leistungsstark
powerful; efficient
efficienza (f)
Wirkungsgrad
efficiency
eguagliare
egalisieren
to surface; to dress
elasticità (f)
Elastizität
elasticity
elementi prefabbricati d'un edificio (m)
vorgefertigte Bauteile
prefabricated building components
elemento (mobile) da incasso (m)
Einbauelement
fitment
elemento acustico (m)

Akustik-Element
acoustic element
elemento da costruzione (m)
Bauelement
building element
elemento da costruzione in legno
(m)
Bauelement aus Holz
wooden building element
elemento del soffitto (m)
Deckenelement
ceiling element
elemento della trave (m)
Balkenelement
beam element
elemento di finestra (m)
Fensterelement
window element
elemento di fissaggio (m)
Spannelement
clamping device
elemento di mascheramento (m)
Sichtschutzelement
camouflage element
elemento di mobili (m)
Möbelelement
furniture element
elemento di porta (m)
Türelement
door element
elemento di porta prefabbricato
(m)
Türfertigelement
prefabricated door element
elemento di scale (m)
Treppenelement
stair element
elemento imbottito (m)
Polsterelement
upholstered piece of furniture
elemento murale (m)
Wandelement
wall element

elemento per decorazione interna (m)
Innenausbauelement
interior finish element

elemento strutturale (dei mobili) (m)
Korpuselement
body element

elenco di misurazione del legno (m)
Holzliste
tally sheet; specification

elettricista (m)
Elektriker
electrician

elettricista d'impianto (m)
Betriebselektriker
plant electrician

embargo (m)
Handelssperre
embargo

energia (f)
Kraft
force; power

entrata dell'essiccatoio (f)
Trocknereingang
drier entrance

equilibrio di umidità del legno (m)
Holz-Ausgleichsfeuchte
equilibrium moisture contents

equipaggiamento (m)
Beschläge
fittings; hardware

equipaggiamento normale (m)
Normalausrüstung
standard equipment

erigere la capriata
Dachstuhl richten
to set the roof

erosione (f)
Erosion
erosion

esame (m)

Sichtung
sifting

esaminare
sichten (prüfen); untersuchen
to sort; to sift; to examine; to inquire

esattezza delle misure nominali (f)
Maßhaltigkeit
stability of size

esecuzione di un ordine (f)
Auftragsabwicklung
order execution; order handling

esempio (m)
Muster
sample

esente da dogana
zollfrei
duty free

esente da manutenzione (f)
wartungsfrei
maintenance free

esercizio (m)
Betrieb
business

esigenza qualitativa (f)
Güteanforderungen; Qualitätsanforderungen
quality requirement

esistenza ordini (f)
Auftragsbestand
order-book; orders on hand

esperto (m)
Fachmann; Gutachter; Sachverständiger
specialist; expert; surveyor

esperto per la protezione contro gli incendi (m)
Sachverständiger f. Feuerschutz
expert for fire protection

esplosione di polvere (f)
Staubexplosion
dust explosion

esportatore (m)

Exporteur
exporter
esportatore di legname (m)
Holzexporteur
timber exporter
esportazione (f)
Export
export
espulsore di tronchi (m)
Stammausheber
log ejector
essiccamento all'aria aperta (m)
Freilufttrocknung
open air drying
**essiccamento naturale di legna-
me accatastato (m)**
Stapeltrocknung
stack seasoning
essiccare all'aria
lufttrocken
air-dry
essiccare ulteriormente
nachtrocknen
to finish dry
essiccato (m)
abgetrocknet; getrocknet; gedarrt
well dried; dried; desiccated
essiccato a vapore (m)
kammergetrocknet
kiln dried (kd)
essiccato all'aria (m)
luftgetrocknet
air-dried (a.d.)
**essiccato all'aria per l'imbarco
(legname) (m)**
verschiffungstrocken
shipping dry
essiccato artificialmente (m)
künstlich getrocknet
kiln dried
essiccatoio (m)
Trockner
drier

essiccatoio a nastro (m)
Bandtrockner
belt drier
essiccatoio a turbina (m)
Turbinentrockner
turbo-drier
**essiccatoio di grande capacità
(m)**
Großraumtrockenkammer
large capacity compartment-type
kiln
essiccatoio per legname (m)
Holztrocknungsanlage
wood drying plant
**essiccatoio per legname da taglio
(m)**
Schnittholztrockner
lumber drier
essiccatoio per trucioli (m)
Spänetrockner
chip drier
essiccatore a rotelle (m)
Rollentrockner
roller drier
essiccatore a spruzzo (m)
Düsentrockner
jet drier
**essiccatore a tappeto scorrevole
(m)**
Furnierbandtrockner
mesh-belt veneer drier; conveyor
drier for veneers
essiccatore a vapore (m)
Kammertrockner
kiln drier
essiccatore ad aria calda (m)
Heißlufttrockner
high flash drier
essiccatore combinato (m)
Kombi-Trockner
combination drier
**essiccatore di impiallacciatura
(m)**

Furniertrockner
veneer drier
essiccatore per pannelli di fibre (m)
Faserplattentrockner
fibreboard drier
essiccatore per vernice (m)
Lacktrockner
lacquer drier
essiccazione (f)
Trocknung
drying
essiccazione a bassa temperatura (f)
Niedertemperaturtrocknung
low temperature drying
essiccazione a pagamento (f)
Lohntrocknung
custom drying
essiccazione ad aria calda (f)
Heißlufttrocknung
hot air drying
essiccazione artificiale (f)
Technische Holztrocknung
kiln drying
essiccazione continua (f)
kontinuierliche Trocknung
continuous drying
essiccazione del legname da taglio (f)
Schnittholztrocknung
kiln drying of lumber
essiccazione finale (f)
endtrocken
final moisture
essiccazione infra-rossa (f)
Infrarottrocknung
infra-red drying
essiccazione naturale (all'aria) (f)
natürliche Trocknung
air drying
essiccazione sottovuoto (f)
Vakuumtrocknung

vacuum drying
essiccazione supplementare (f)
Nachtrocknung
additional drying
esteriore
außen
exterior; outdoor
estimativo (m)
Voranschlag
budget; estimate
estimatore (m)
Schätzer, vereidigter
sworn valuer
estintore d'incendio (m)
Feuerlöscher
fire-extinguisher
estirpato (m)
entwurzelt
rooted out; uprooted
estrazione dal silo (f)
Siloaustrag
silo discharge
estrazione della resina (f)
Harzgewinnung
resin extraction
estrazione di assi (f)
Holzbringung
logging; extraction of timber
estremità (f)
Zopfende
top end
estremità del ceppo (f)
Stammende
butt end
estremità superiore (f)
Ende, oberes
top
età della piantagione (f)
Bestandsalter
stand age
ettaro (m)
Hektar (ha)
hectare

eucalipto (m)
Eukalyptus
eucalypt wood; jarrah; karri
evaporazione (f)
Verdunstung
evaporation

F

fabbisogno di energia (m)
Kraftbedarf
power requirement
fabbisogno di legname (m)
Holzbedarf
timber requirement
fabbrica (f)
Anlage; Fabrik
plant; mill; factory
fabbrica di botti (f)
Küferei
coopery
fabbrica di mobili (f)
Möbelfabrik
furniture factory
fabbrica di mobili da cucina (f)
Küchenmöbelfabrik
kitchen furniture factory
fabbrica di mobili per ufficio (f)
Büromöbelfabrik
office furniture factory
fabbrica di porte (f)
Türenfabrik
door mill
fabbrica di sci (f)
Skifabrik
ski factory
fabbrica di vagoni (f)
Waggonfabrik
carriage factory
fabbricante di spazzole (m)
Bürstenerzeuger
brush manufacturer
fabbricante di strumenti musicali

(m)
Musikinstrumentenmacher
musical instrument maker
fabbricazione col nastro trasportatore (f)
Fließbandproduktion
assembly-line production
fabbricazione di cartone (f)
Pappenherstellung
cardboard production
fabbricazione in serie (f)
Serienfertigung
serial production
fabbro (m)
Schlosser
locksmith
facciata (f)
Stirnfläche
face
facciata di finestra (f)
Fensterfassade
window façade
facilità alla sbucciatura (f)
Schälfähigkeit
peeling ability
faggio (m)
Buche
beech
faggio trattato con vapore (m)
Buche, gedämpft
steamed beech
falegname (m)
Schreiner; Tischler; Bautischler
carpenter; joiner
falegname di bare (m)
Sargtischler
coffin-maker; coffin-joiner
falegnameria (f)
Tischlerei
joinery
fallimento (m)
Bankrott; Konkurs
bankruptcy

falsa anima del legno (f)
Falschkern
false heartwood
fare la punta
anspitzen
to point
fascina (f)
Faschine
fascine
fascio (f)
Bündel
bundle
fattore di conversione (m)
Umrechnungfaktor
conversion factor
fattore di efficienza (m)
Leistungsfaktor
efficiency factor
fattura (f)
Rechnung
invoice
fattura proforma (f)
Proforma-Rechnung
proforma invoice
feltro (m)
Filz
felt
fendere in due (un tronco d'albero)
spalten
to split; to cleave
fendibilità (f)
Spaltbarkeit
cleavability
fenditura causata dal sole (f)
Sonnenriß
sun shake
fenditura d'abbattimento
Fällriß
felling shake
fenditura d'estremità (f)
Endriß
end shake

fenditura da pelatura (f)
Schälriß
peeling shake
fenditura del cuore (legno) (f)
herzrissig
heart shaken
fenditura dell'anello (del legno) (f)
Ringriß
ring shake
fenditura di legno secco (m)
Trockenriß
seasoning shake
fenditure della superficie (del legno) (f)
Nadelrisse; Oberflächenrisse
hair checks; surface checks
fenolo (m)
Phenol
phenol
ferramenta (f)
Beschläge
hardware
fertilizzazione artificiale (f)
künstliche Düngung
artificial fertilization
fessura del cuore (legno) (f)
herzrissig
heart shaken
fessura longitudinale (f)
Längsriß
longitudinal check
fessura radiale (f)
Querriß; Radialriß
cross shake; radial shake
fiammifero (m)
Streichholz; Zündholz
match
fiancata (f)
Breitseite
wide face
fibra (a lunga...) (f)
langfaserig
long fibre

fibra (f)
Faser
fibre
fibra di pioppo (f)
Pappelfaserholz
poplar pulpwood
fibra fine (f)
feinjährig
fine-grained
fibra grossa (f)
grobjährig
coarse grained
fibra marginale (f)
Randfaser
edge fibre
fibrolegno (m)
Faserholz
pulpwood
fibrolegno di fronda (m)
Laubfaserholz
hardwood pulpwood
fibrosità dritta (f)
Geradfaserigkeit
straight grain
fibroso (m)
faserig
fibrous
fibroso dritto (m)
geradfaserig
straight grained
figura degli scacchi (f)
Schachfigur
chessman
filaccia (f)
Bast
inner bark; fibre
filamento (m)
schlicht (Faser)
straight grained
filettatura (f)
Gewinde
thread
filiale (f)

Tochtergesellschaft
subsidiary
filo di ferro (m)
Draht
wire
filo dritto (m)
schlicht (Faser)
straight grained
filo ritorto (m)
Drehwuchs; Wechseldrehwuchs
irregular twist; alternating spiral
grain; spiral grain
filtro (m)
Filter
filter
filtro dell'aria (m)
Luftfilter
air filter
filtro della polvere (m)
Staubfilter
dust filter
finestra (f)
Fenster
window
finestra a bilico (f)
Ausstellfenster
bottom-hinged vent window
finestra a doppio vetro (f)
Verbundfenster
double glazed window
finestra a due battenti (f)
Flügelfenster
casement window
finestra a vetri isolanti (f)
Isolierfenster
insulating glass window
finestra di cantina (f)
Kellerfenster
cellar window; basement window
finestra doppia (f)
Kastendoppelfenster
double window; winter window
finestra girevole (rotante su per-

no) (f)
Drehfenster
pivoted window
finestra in materia plastica (f)
Kunststoff-Fenster
plastic window frame
finestra insonorizzata (f)
Schalldämmfenster
sound-absorbing window
finestra prefabbricata (f)
Fertigfenster
prefabricated window
finestra superiore (f)
Oberfenster
top window
finitura (f)
Endbearbeitung
finishing
fissaggio del parquet (m)
Parkettversiegelung
sealing of parquet
fissaggio diretto (m)
Direktbefestigung
direct fastening
fissare
befestigen
to fix
fissare il parquet
Parkett versiegeln
to seal parquet
fissare le lame della sega
Sägeblatteinspannen
fixing of saw blade
fissato con chiodi (m)
nagelfest
nail-holding
fittone (m)
Pfahlwurzel
taproot
fluido protettivo del legno (m)
Holzschutzflüssigkeit
timber preserving fluid
fogli di impiallacciatura radiali

(m)
Radialfurnier
cone-cut veneer; radial veneer
foglia aghiforme (f)
Nadel (Nadelblatt)
needle
fogliame (m)
Laub
leaves
foglio (impiallacciatura, carta) (m)
Blatt (Furnier, Papier)
sheet
foglio (m)
Folie
foil; film
foglio di carta (m)
Papierfolie
paper foil
foglio di impiallacciatura (m)
Furnierblatt; Furnier
sheet of veneer; veneer
foglio di plastica (m)
Kunststoffolie
plastic film
foglio restringibile (m)
Schrumpffolie
shrink foil
fondazione (f)
Fundament
foundation
fonderia (f)
Gießerei
foundry
fondo di scaffale (m)
Regalboden
shelfbottom
fondo di sedia (m)
Stuhlsitz
seat of a chair
foresta mista (f)
Mischwald
mixed forest
foresta tropicale (f)

Regenwald; Tropenwald
rain forest; tropical forest
foresta vergine (f)
Urwald
virgin forest
Foresta nera (f)
Schwarzwald
Black Forest
forma giuridica (f)
Rechtsform
legal structure
formaggiere (albero dell'America Centrale) (m)
Fromager
ceibe
formaldeide (m)
Formaldehyd
formaldehyde
formare
einschalen
to form
formato (m)
Format
size
formazione (f)
Ausbildung
training; formation; education
formazione di cellule (f)
Zellbildung
formation of cell
formazione di pannelli (f)
Plattenformung
board forming
formazione professionale (f)
Berufsausbildung
professional training
forme per scarpe (f)
Schuhleisten
shoe tree; last
fornire
liefern
to deliver; to furnish
fornitore (m)

Lieferant
supplier
fornitore principale (m)
Hauptlieferant
main supplier
forno per trucioli (m)
Späneofen
chip oven
foro di insetti (m)
Insektenloch
insect hole
foro di trivella (m)
Fraßgang
borer tunnel; gallery
forza (f)
Kraft
force; power
forza centrifuga (f)
Fliehkraft
centrifugal force
forza di trazione (f)
Zugkraft
tensile force; tractive power
forza di trazione totale (f)
Gesamtzugkraft
total traction
forza maggiore (f)
höhere Gewalt
force majeure; acts of God
fragile
brüchig
brittle
fragilità (del legno) (f)
Sprödigkeit
brashness; brash
framiré
Framiré
idigbo
frammentatrice (f)
Zerhacker
chopper
franco (m)
franko

carriage paid
franco bordo
f.o.b. (frei an Bord)
f.o.b. (free on board)
franco bordo nave
f.a.s.
free alongside ship
franco fabbrica
ab Fabrik
ex factory; ex mill
franco magazzino
ab Lager
ex warehouse; ex store
franco stabilimento
ab Werk
ex works; ex factory
frassino (m)
Esche
ash
frassino bianco (albero) (m)
Weißesche
white ash
frastagliatore (m)
Zerspaner
chipper
frattura (f)
Bruch; Fällriß; Kreuzriß
fracture; felling shake; cross shake
fresa (f)
Fräse
moulder
fresa di giuntura punta a punta (f)
Keilzinkenfräse
finger-jointing cutter
fresa per tagliare e alesare le
traversine (f)
Schwellenbearbeitungsmaschine
adzing and boring machine for sleepers
fresare
fräsen; ausfräsen
to cut out; to mill; to mould
fresatrice a banco (f)

Tischfräse; Unterfräsmaschine
vertical spindle moulder; table moulding machine
fresatrice a coda (f)
Zapfenfräsmaschine
tenoner
fresatrice a coda di rondine (f)
Schwalbenschwanzfräsmaschine
dovetail cutting machine
fresatrice a copiare (o a panto-
grafo) (f)
Kopierfräsmaschine
copying shaper
fresatrice multipla (f)
Mehrfachfräsmaschine
multiple milling machine
fresatrice per bastoni (f)
Rundstabfräsmaschine
rounding machine
fresatrice per scanalare (f)
Nutenfräsen
grooving
fresatrice portatile (f)
Handfräsmaschine
portable moulding machine
fresatrice verticale (f)
Oberfräse
router; routing machine
fresatura (f)
Ausfräsung
cut-out; milled slot
fresatura automatica per incastro
a coda di rondine (f)
Zinkenfräsautomat
dovetailing machine
friabile
brüchig
brittle
frisia (tela) grezza (f)
Rohfries
block board; raw stave
frisone (m)
Fries

frieze; baize
frontale (m)
Stirnfläche
face
frontiera (f)
Grenze
border; frontier
frutteto (m)
Obstplantage
fruit plantation
fucile (m)
Gewehr
gun; rifle
fune di trazione (f)
Zugseil
hauling cable
funghicida (m)
Pilzschutzmittel
fungicide
funghicida di alta efficacia (f)
Vollpilzschutz
fungus protection of high efficiency
fungo (m)
Pilz; Schwamm
fungus
fungo turchino (m)
Bläuepilz
blue-stain fungus
fuochista (m)
Heizer
fireman
fuori centro (m)
herzfrei
free of heart
furgone con piattaforma (m)
Pritschen-Transporter
platform van
fuso (m)
Spindel
spindle
fusto (m)
Schaft; Stamm
stem; trunc; log

fusto corto (a...) (m)
kurzschäftig
short stemmed
fusto d'imballaggio (m)
Verpackungsfaß
packaging barrel
fusto del fucile (m)
Gewehrschaft
gun stock; rifle stock
fusto del fucile in noce (m)
Gewehrschaft (aus Nußbaum)
walnut gun stock; walnut rifle stock

G

gabbia da imballaggio (f)
Lattenverschlag
crate
galle della corteccia (f)
Rindengallen
barkgalls
galleria (f)
Fraßgang
borer tunnel; gallery
gamba del tavolo (f)
Tischbein
table leg
gamba di sedia (f)
Stuhlbein
chair leg
gambo (m)
Schaft
stem; trunc
gancio (m)
Haken
hook
gancio girevole (m)
Wendehaken
cant hook
gancio per catena (m)
Kettenhaken
chain hook
garanzia (f)

Bürgschaft
bail; guarantee
gattice (m)
Silberpappel; Weißpappel
white poplar
gemma (f)
Knospe
bud
generatore (m)
Generator
generator
generatore a gas di legno (m)
Holzgas-Generator
wood-gas generator
generatore a vapore (m)
Dampferzeuger
steam generator
germoglio (m)
Sproß (einer Pflanze); Schößling
sprout; sprig
germoglio iniziale (m)
Keimzelle
germ cell
gesso (m)
Gips
plast
gesso per marcare (m)
Kreide (zum Markieren)
marking chalk
gettar fuori
auswerfen
to eject
gettare il calcestruzzo
betonieren
to concrete
ghianda (f)
Eichel
acorn
giocattoli (m)
Spielzeug
toys
giocattoli di legno (m)
Holzspielwaren

wooden toys
girata (di cambiali e simili) (f)
Indossament
endorsement
giro (m)
Umdrehung
turn
giro d'affari (m)
Umsatz
turnover (US); sales (US)
giro d'affari annuale (m)
Jahresumsatz
annual turnover; annual sales
giro d'affari totale (m)
Gesamtumsatz
total turnover; total sales
giudice arbitrale (m)
Schiedsrichter
arbitrator
giudizio sulla qualità (m)
Gütebeurteilung
quality estimation; judgement on
quality
giungla (f)
Dschungel; Busch
bush; jungle
giunto a cuneo (m)
Keilzinken
finger-joint
giunto incollato (m)
Leimfuge
glued joint
giuntura (f)
Fuge
joint
giuntura ad angolo (f)
Gehrung
bevel; mitre
giunzione (f)
Verbindung
joint; link
giunzione ad attestature (f)
Stoßverbindung

butt joint; flush joint
giunzione dell'impiallacciatura (f)
Furniere zusammensetzen
to splice veneers
gommapiuma (f)
Schaumgummi
foam rubber
gonfiamento (m)
Quellung
swelling
gonfiare
quellen
to swell
gradi di qualità (m)
Qualitätsklassen
quality grades
gradino (m)
Treppenstufe
step; stair
graffa (f)
Krampe
clamp
graffiature (f)
Kratzschäden
scratches
granuloso (m)
körnig
granular
grata (f)
Gitter
grating; lattice
grata orizzontale (f)
Gitterrost
grating
grigiatura (del legno) (f)
Vergrauen
greying; weathering (of the timber)
grondaia (f)
Dachrinne; Rinne
roof gutter; trough
grossolano (m)
grob
coarse

gru (f)
Kran
crane
gru a braccio girevole per macelleria (f)
Boucherie-Turm
Boucherie-tower
gru a ponte (f)
Brückenkran
bridge crane
gru automotrice (f)
Mobilkran
crane truck
gru con incastellatura a portale (f)
Portalkran
gantry crane; portal crane
gru di carico su autocarro (f)
Ladekran an LKW
truck-mounted loading crane
gru ferroviaria (f)
Eisenbahnkran
railway crane
gru girevole (f)
Drehkran
derrick
gru mobile (a ponte scorrevole) (f)
Laufkran
travelling crane
gru mobile (f)
fahrbarer Kran
mobile crane
grucce per vestiti (m)
Kleiderbügel
clothes hanger
gruista (m)
Kranführer
crane driver
gruppo (m)
Gruppe
group; party
gruppo idraulico (m)

Hydraulikaggregat
hydraulic aggregate
guardaboschi (m)
Förster
forester
guardaroba (m)
Garderobenschrank; Kleiderschrank
wardrobe
guardia forestale (m)
Waldhüter; Förster
forest ranger; forester
guardiacaccia (m)
Wildhüter
gamekeeper
guarnitura (f)
Posament
lace work; trimming
guarnizione (f)
Dichtung
sealing; gasket
guida (f)
Spurlatte
pit board; shaft guide; mine guide
guida a ugnatura (f)
Gehrungsanschlag
mitre cutting guide
guida della lama di sega a nastro (f)
Bandsägeblattführung
band saw guide
guida di ritorno della catena (f)
Kettenrückführung
chain return guide
guida di ritorno delle lamiere di ferro (f)
Blechrückführung
caul return

H

hangar per battelli (m)
Bootshaus
boathouse
hobbista (m)
Bastler; Heimwerker
home worker; hobbyist

I

idrolisi (f)
Hydrolyse
hydrolysis
ignifugo (m)
feuerhemmend
fire-retardant
igrometro (m)
Feuchtemeßgerät
moisture measuring instrument
imballaggio (m)
Paket (Transporteinheit); Verpakkung
bundle; package; packing; packaging
imballaggio in materia plastica (m)
Kunststoffverpackung
plastic packaging
imballaggio marittimo (m)
seemäßige Verpackung
seaworthy packaging
imballare
paketieren
to bundle; to package
imballato in fogli plastici (m)
folienverpackt
film-packaged; shrinkfoiled
imballato per lungo (m)
längenpaketiert
length packaged
imbarcadero (m)
Schiffsanlegestelle

quai; anchorage; landing place
imbarcazione a vela (f)
Segelboot
sailing-boat
imbarcazione da corsa (f)
Rennboot
racing yacht
imbiancare a calce
kalken
to chalk; to whiten
imbiancato (m)
gekalkt
chalked
imbocco (m)
Einlauf
end stain
imbottitura (f)
Polster
pad; upholstery
imbottitura sagomata (f)
Formpolster
shaped upholstery
imbullettatrice (f)
Heftmaschine
stiching machine; tacker
imitazione della venatura del legno (f)
Holzmaserimitation
imitation of woodgrain effect
immagazzinaggio in acqua (m)
wasserlagern
to store in water
immagazzinamento in acqua (f)
Wasserlagerung
water storage
immersione
tauchen
to dip; dipping
immersione rapida (f)
Kurztauchen
dipping (method)
immerso (m)
getaucht

dipped
immissione (f)
Immission
immission
impacchettare
paketieren
to bundle; to package
impacchettatrice automatica (f)
Paketierautomat
bundling press; packaging machine
impacchettatrice per legno da bruciare (f)
Brennholzbündelmaschine
fire wood bundling machine
impalcatura (f)
Baugerüst
scaffolding
impermeabile (m)
wassergeschützt
water-proof
impermeabilità (f)
Undurchlässigkeit
impermeability
impiallacciare
furnieren
to veneer
impiallacciato (m)
furniert
veneered
impiallacciatura a venatura piramidale (f)
Pyramidenfurnier
pyramid-texture veneer
impiallacciatura attorcigliata (f)
blumig (Furnier)
flowery; swirley figured
impiallacciatura con macchina rotativa (f)
Rundschälfurnier
peeled veneer; rotary veneer
impiallacciatura dalla parte posteriore (f)
Rückseitenfurnier

back veneer
impiallacciatura decorativa (f)
Dekorfurnier
decorative veneer
impiallacciatura della nodosità (f)
Maserknollenfurnier
burl veneer
impiallacciatura di chiusura (f)
Absperrfurnier
corestock - veneer; crossband;
crossing
**impiallacciatura di legno di radice
venato (f)**
Wurzelmaserfurniere
root texture veneers
**impiallacciatura di superficie
trinciata (f)**
Messerdeckfurniere
sliced face veneers
impiallacciatura esterna (f)
Deckfurnier; Edelfurnier
face veneer
impiallacciatura in ebanisteria (f)
Korpusware (bei Furnieren)
veneers in furniture quality
**impiallacciatura in legno resinoso
(f)**
Nadelholzfurnier
softwood veneer
**impiallacciatura in legno tropicale
(f)**
Tropenholzfurnier
tropical hardwood veneer
impiallacciatura interna (f)
Innenfurnier
interior veneer
impiallacciatura rigata (f)
Streifenfurnier
striped veneer
impiallacciatura scortecciata (f)
Schälfurnier
rotary cut veneer; peeled veneer
impiallacciatura scortecciata del

faggio (f)
Buchenschälfurnier
beech rotary cut veneer
impiallacciatura segata (f)
Sägefurnier
saw-cut veneer
impiallacciatura selezionata (f)
ausgesuchtes Furnier
choice veneer; selected veneer
impiallacciatura svolta (f)
Furnier (geschält)
rotary cut veneer; peeled veneer
**impiallacciatura svolta (srotolata)
eccentrica (f)**
Exzenterschälfurnier
staylog-peeled veneer
impiallacciatura tagliata (f)
Furnier (gemessert)
sliced veneer
impiallacciatura trinciata (f)
Messerfurnier
sliced veneer
impiantito (m)
Fußboden
floor
**impianto a un piano per la fab-
bricazione di pannelli di trucioli
(m)**
Einetagen-Spanplattenanlage
single-opening particle board plant
impianto d'irrigazione (m)
Besprühungsanlage
sprinkler installation
impianto d'irrigazione (m)
Berieselungsanlage
sprinkling plant
**impianto di aspirazione della
polvere (m)**
Staubabsauganlage
dust exhaust plant
impianto di avanzamento (m)
Vorschubapparat
feed installation

impianto di bagnatura ad immersione (per la protezione del legno) (m)
Tauchanlage (Holzschutz)
dipping installation
impianto di combustione delle cortecce (m)
Rindenverbrennungsanlage
bark boiler
impianto di gasificazione a legna (f)
Holzvergasungsanlage
wood gasification plant
impianto di incollatura dei trucioli (m)
Spanbeleimungsanlage
chip gluing installation
impianto di laminatura per pannelli di truciolato (m)
Beschichtungsanlage für Spanplatten
laminating line for chipboards
impianto di pelatura (m)
Schälwerk
peeling mill; rotary cut mill
impianto di polverizzazione (m)
Spritzanlage; Sprühanlage
sprayer installation
impianto di raffreddamento di lamiere di ferro (m)
Blechkühlungsanlage
cooling system for metal cauls
impianto di separazione ad aria (m)
Windsichtanlage
air separation device
impianto di vagliatura (m)
Windsichtanlage
air separation device
impianto di vaporizzazione (m)
Dämpferei
steaming plant
impianto industriale (m)

Anlage (Fabrik)
plant
impianto per il trasporto di tronchi (m)
Rundholztransportanlage
log transport installation
impianto per il trasporto (m)
Förderanlage
conveyor system
impianto per l'affastellamento degli sciaveri e dei pioli (m)
Bündelanlage für Schwarten und Spreißel
plant for bundling of slabs and edgings
impianto per l'impregnazione delle traversine (m)
Schwellentränke
impregnation plant for sleepers
impianto per l'incollaggio (m)
Beleimungsanlage
gluing installation
impianto per la cernita (m)
Sortieranlage
grading installation
impianto per la scelta del legname da taglio (m)
Schnittholzsortieranlage
lumber grading installation
impianto per macelleria (m)
Boucherie-Anlage
Boucherie-installation
impiegato (m)
Arbeitnehmer
employee
importatore (m)
Importeur
importer
importatore di legname (m)
Holzimporteur
timber importer
importazione (f)
Einfuhr

import
importazione di legname (f)
Holzeinfuhr
timber import
importazione di legname tondo (f)
Rundholzeinfuhr
import of round timber
imposta di finestra (di pieno legno) (f)
Fensterladen
window shutter
imposta fondiaria (f)
Grundsteuer
land tax
imposta sul giro d'affari (f)
Umsatzsteuer
turnover tax
imposta sul valore aggiunto (f)
Mehrwertsteuer
added value tax
impregnare
imprägnieren
to impregnate
impregnare il legno di sublimato corrosivo per preservarlo
Kyanisierung
kyanizing
impregnazione (f)
Tränken
impregnation
impregnazione a pagamento (f)
Lohnimprägnierung
paid impregnation
impregnazione al sale (f)
Salzimprägnierung
salt impregnation
impregnazione all'olio di catrame (f)
Teerölimprägnierung
tar oil impregnation
impregnazione di alberi vivi in piedi (f)
Lebendtränkung

standing timber impregnation
impregnazione in autoclave (f)
Druckimprägnierung, Drucktränkung
pressure impregnation
imprenditore (m)
Unternehmer
employer; contractor
impresa (f)
Unternehmen
company; enterprise
impresa per lo sfruttamento boschivo (f)
Holzeinschlagsunternehmen
logging company
in costruzione
im Bau
under construction
inanellare
ringeln
to girdle
inanellato stretto (m)
engringig
narrow ringed
inattaccabile dagli acidi
säurefest
acid proof
inattaccabile dai funghi
pilzbeständig
mould resistant
incartamento (m)
Lehne
back
incasso (m)
Inkasso
collection; encashment
incastratura femmina (f)
Zapfenloch
tenon hole; mortise
incastro a coda di rondine (m)
Schwalbenschwanz
dovetail
incastro per cassetto (m)
Schubkastenpresse

drawer clamp
incavigliare
dübeln
to peg
incavo (m)
Keilnut
key way
incendio boschivo (m)
Waldbrand (Urwald)
bushfire
incendio doloso (m)
Brandstiftung; fahrlässige Brandstiftung
careless arson; incendiarism
inchiodare
nageln
to nail
inchiodato (m)
genagelt
nailed
inchiodatrice per casse (f)
Kistennagelmaschine
box nailing machine
incisione su legno (f)
Holzschnitt
wood engraving
inclinazione (f)
Überhang (Sägen)
overhanging
inclinazione della venatura (f)
Faserneigung
slope of the grain
incollaggio a caldo (m)
Heißverleimung
hot gluing
incollaggio a freddo (m)
Kaltverleimung
cold gluing
**incollaggio con giunto ad ammor-
satura (m)**
Schäftung
scarf glueing
incollaggio degli spigoli (m)

Kantenverklebung; Kantenverleimung
edge bonding; edge gluing
incollaggio sugli spigoli (m)
Kantenumleimung
edge gluing
incollare
verleimen; zusammenleimen
to glue
incollare con resina
beleimen mit Kunstharz
to resinate
**incollatrice di fogli di impiallac-
ciatura (f)**
Furnierklebemaschine
veneer-gluing machine
**incollatrice per impiallacciatura
(f)**
Furnierbeleimmaschine
veneer gluing machine
incollatrice portatile (f)
Handleimauftraggerät
portable glue spreader
incremento (m)
Zuwachs
increment
incremento di volume (m)
Volumenzuwachs
volume increment
incrinato
gerissen
cracked
incrinatura capillare (f)
Haarriß
hair check
indennizzo (m)
Schadenersatz
indemnification
indurente (m)
Härter
hardener
indurire
aushärten; abbinden

to cure; to set; to harden
industria cartaria (f)
Papierindustrie
paper industry
industria d'imballaggi (f)
Verpackungsbetrieb
packaging industry; packing plant
industria del legno compensato (f)
Sperrholzindustrie
plywood industry
industria del mobile (f)
Möbelindustrie
furniture industry
industria dell'impiallacciatura (f)
Furnierindustrie
veneer industry
industria di pannelli di trucioli (f)
Spanplattenindustrie
particle board industry
industria per la trasformazione del legno (f)
Holzbearbeitungsindustrie; holzverarbeitende Industrie
woodworking industry; wood processing industry
inferriata (f)
Gitter
grating; lattice
infiammabile
entflammbar
inflammable
infiammabilità (f)
Entflammbarkeit
flammability
infrastruttura (f)
Infrastruktur
infrastructure
ingegnere (m)
Ingenieur
engineer
ingegneria idraulica (f)
Wasserbau

hydraulic engineering
ingegnere del legno (m)
Holzingenieur
wood engineer
ingranaggio di avanzamento (m)
Vorschubgetriebe
feed gear
ingrassare
schmieren
greasing
ingrossamento dello spessore (m)
Dickenquellung
thickness swelling
ininfiammabile
unbrennbar
incombustible
inondazione (f)
Überflutung
flooding; inundation
inondazione (f)
Überschwemmung
flood; inundation
insaccare
sacken
to discharge into sacks
insensibile
unempfindlich
insensitive
insetti di legname secco (m)
Trockenholzinsekten
dry-wood insects
insetticida (m)
Insektenbekämpfungsmittel
insecticide
insetticida contro le termiti (m)
Termitenschutzmittel
insecticide against termites
insonorizzazione (f)
Schallschutz
sound protection
installazione (di una macchina) (f)
Aufstellen (einer Maschine)

erection; installation
installazione di pesa (f)
Wiegeanlage
weighing unit
installazione per la cernita dei tronchi (f)
Rundholzsortieranlage
log grading installation
intaccatrice per tenoni (f)
Zapfenschlitzmaschine
slotting machine
intaccatura (f)
Kerbe
notch
intagliatore (m)
Schnitzer; Holzbildhauer
wood-carver
intaglio (m)
Kerbe
notch
intarsio (m)
Einlegarbeit; Intarsien
marquetry
intelaiatura (f)
Zarge
frame
intelaiatura della porta (f)
Türumrahmung
door frame
intelaiatura in legno (f)
Holzgerüst
wooden scaffolding
intercambiabile
austauschbar
interchangeable; convertible
interesse (bancario) (m)
Zins
interest
intermediario (m)
Vermittler; Zwischenhändler
agent; broker; middle-man
intonacatrice (f)
Streichmaschine

coating machine
invecchiamento artificiale (m)
künstliche Alterung
accelerated aging
inventario (m)
Inventur
stock taking
investimento (m)
Investition
investment
investimento di capitali (m)
Kapitalanlage
capital investment
investire
investieren
to invest
invio (m)
Übersendung
consignment
invito all'offerta (m)
Submission
invitation for tenders
involucro in legno (m)
Holzgehäuse
wooden casing
ippocastagno (m)
Roßkastanie; Kastanie (unechte)
horse-chestnut
irrigare
beregnen; bewässern (künstlich)
to irrigate
irrigazione (f)
Besprühen; Wässerung
sprinkling; watering
irritante della pelle (m)
hautreizend
skin irritating
iso-incollaggio speciale (m)
Iso-Spezialverleimung
iso-special gluing
isolazione (f)
Dämmung
insulation

isolazione del tetto (f)
Dachisolierung
roof isolation
ispezione (a prima vista) (f)
Abnahme (nach Augenschein)
inspection
ispezione del lavoro (f)
Gewerbeaufsicht
trade supervision
ispezione finale (f)
Endabnahme
final inspection
istituto di ricerche del legno (m)
Holzforschungsinstitut
wood research institute
istruzione (f)
Anweisung
order; instruction

K

kosipo (m)
Kosipo
omu
Kyan (metodo...) (m)
Kyanisierung
kyanizing

L

lacca (f)
Lack
varnish; lacquer
laccato bianco (m)
weißlackiert
white varnished
laccatura a spruzzo (f)
Spritzlackierung
lacquer spraying; spray varnishing
lama (di fresa) rimessa o riportata
(f)
Fräsmesser
cutter

lama a nastro (f)
Bandmesser
band knife
lama circolare a più lame (f)
Vielblattkreissäge
multiple blade circular saw
lama della pialla (f)
Hobelmesser
planer knife
lama di sega (f)
Sägeblatt
saw blade
lama di sega a nastro (f)
Bandsägeblatt
band saw blade
lama di sega circolare (f)
Kreissägenblatt
circular saw blade
lama di sega da traforo (f)
Laubsägeblatt
fretsaw blade
lama di sega stellitata (con punte
di stellite) (f)
stellitebestücktes Sägeblatt
stellite-tipped saw blade
lama per il taglio dell'impiallacciatura (f)
Furniermesser
veneer knife; slicer knife
lama per sega a lame multiple (f)
Gattersägeblatt
frame saw blade
lama profilata (f)
Profilmesser
profile knife
lamella (f)
Lamelle
lamella
lamiera d'acciaio (f)
Stahlblech
sheet steel
lamiera di carico (f)
Beschickblech

transport caul
lamiera di dosaggio (f)
Dosierblech
dosing baffle
lamiera sagomata (f)
Formblech
caul plate
lamiera superiore (f)
Oberblech
top caul
lamina (f)
Folie; Lamelle
foil; film; lamella
lamina da imballaggio (f)
Verpackungsfolie
packaging film
laminare
beschichten; lamellieren
to laminate; to coat; to face
laminati (m)
Laminate
laminates
laminati per mobili (m)
Möbelfolien
furniture films
laminatura (f)
Beschichtung
lamination; surface coating
laminatura con pressa a caldo (f)
Beschichtung mit Heißpresse
lamination with hot press
lampada per la proiezione di tratti d'ombra (f)
Richtlicht
adjusting (guiding) light
lana di legno (f)
Holzwolle
wood wool
lanoso (m)
wollig
woolly
lardello (m)
Flitch

flitch
lardone (m) d'albero
Flitch
flitch
larghezza (f)
Breite
width
larghezza dei denti (f)
Zahnbreite
tooth width
larghezza del taglio (f)
Schnittbreite
cutting width
larghezza effettiva (f)
Breite, effektive
real width
larghezza media (f)
Durchschnittsbreite
average width
larghezza minima (f)
Mindestbreite
minimum width
larghezza nominale (f)
nominelle Breite
nominal width
larghezza normale (f)
Normalbreite
normal width; standard width
larghezza speciale (f)
Sonderbreite
special width
larice (m)
Lärche
larch
lastra di vetro (f)
Glasplatte
glass plate
lastricatura in legno (f)
Holzpflaster
wooden pavement
lati senza nodi (m)
astreine Seiten
clear sidings

lato (m)
Seite
face; side
lato dell'assicella (m)
Brettseite
side; face
lato dell'assicella migliore (m)
bessere Brettseite
better side; better face
lato dell'assicella peggiore (m)
schlechtere Brettseite
poorer side; poorer face
lato peggiore (m)
schlechtere Seite schlechtere
worse side; worse face
lato superiore (di un asse) (m)
Oberseite (eines Brettes)
face
lauan bianco (albero) (m)
weißes Lauan
white Lauan
lavagna (f)
Schultafel
chalkboard; blackboard
lavorare
bearbeiten; verarbeiten
to work; to process; to machine
lavoratori portuali (m)
Schauerleute
dock workers; dockers
lavorazione (del legno) (f)
Verarbeitung (des Holzes); Bearbeitung (von Holz)
wood working; processing of wood
lavorazione meccanica del legno
(f)
mechanische Holzverarbeitung
mechanical woodworking
lavorazione su quattro lati (f)
vierseitige Bearbeitung
four-side working
lavori di falegnameria e carpenteria (m)

joiner's and carpenter's work
Bautischler- und Zimmermannsarbeit
lavori preliminari (m)
Vorarbeiten
preliminary operations
lavoro di carpenteria (m)
Zimmererarbeiten
carpenter's work
lavoro di falegnameria (m)
Schreinerarbeit
joinery work
lavoro manuale (m)
Handwerk
handicraft
legante (m)
Bindemittel
binder
legatrice pneumatica (f)
Preßluffhefter
pneumatic fastener
legge forestale (f)
Forstgesetz
forest law
legna da spaccare (f)
Spaltholz
split wood
legname (m)
Holz
timber; wood
legname (tondello) per piattaforme (m)
Palettenholz
pallet timber
legname che stilla (m)
Sinker
sinker
legname commerciale (m)
Handelshölzer
commercial timbers
legname corto (m)
Kurzware
shorts

legname d'officina (m)
Werkstattholz
work-shop wood
legname d'oltremare (tropicale)
(m)
überseeische Hölzer
tropical timbers
legname da costruzione (m)
Bauware; Bauholz
building timber; carcassing; construction timber
legname da costruzione squadrato (m)
behauenes Bauholz
hewn structural timber
legname da doghe (m)
Faßdaubenholz
stavewood
legname da ebanisteria (m)
Schreinerware
joinery timber
legname da taglio (m)
Schnittholz
sawn timber; lumber (Am.)
legname da tronchi latifoglia (m)
Laubschnittholz
hardwood lumber
legname del nord Europa (m)
nordeuropäisches Schnittholz
North European lumber; Northern timber
legname dell'Europa dell'est (m)
osteuropäisches Schnittholz
East European timber
legname di misure speciali (m)
Dimensionsware
dimension lumber; timber in special sizes
legname di rimpiazzo (m)
Austauschhölzer
substitute timbers
legname di scarto (m)
Abfallholz

waste wood
legname fronzuto (m)
Laubholz
hardwood
legname fronzuto da miniera (m)
Laubgrubenholz
hardwood pitwood
legname grezzo (m)
Rauhware
rough timber
legname importato (m)
Einfuhrholz
imported timber
legname in blocco (f)
Blockware
log sawn through and through
legname lungo (m)
Langholz
long log
legname per armatura (m)
Baukantholz
truss material
legname per bottaio (m)
Böttcherware
cooperage wood
legname per casse (m)
Kistenholz
box wood
legname per costruzione navale
(m)
Wasserbauholz; Schiffbauholz;
Salzwasserbauholz
wood for hydraulic structures; timber for shipbuilding; marine timber
legname per costruzioni agricole
(m)
Hölzer für Gartenbau
wood products for gardening
legname per finestre (m)
Fensterholz
window-wood
legname per la costruzione di
ponti (m)

Brückenholz
wood for bridge construction
legname per la produzione di legna carbonella (m)
Holz zur Herstellung von Holzkohle
wood for charcoal production
legname per miniera (m)
Grubenholz
pitwood; pit prop; mine timber
legname per traversine (m)
Schwellenholz
logs for sleepers
legname per uso esterno (m)
Außenbau (geeignetes Holz für)
timber for exterior use
legname ritto in piedi (m)
stehendes Holz
standing timber
legname scortecciato (m)
Schälholz
logs for peeling
legname segato originale (m)
Originalschnittware
original sawn timber
legname smussato (m)
Stammware
unedged lumber
legname sotto misura (m)
Schmalware
narrows
legname tenero (m)
Weichhölzer
soft woods
legname tondo domestico (cresciuto in loco) (m)
Rundholz, einheimisches
domestic (homegrown) round logs
legname trasportato sulla corrente di un fiume (m)
Floßholz
floated wood
legname tropicale (m)
Tropenhölzer

tropical timbers
legname utilizzabile (m)
Nutzholz
timber
legni bianchi (m)
weiße Hölzer
white woods
legni rossi (m)
rote Hölzer
red timbers
legni tintori (m)
Farbhölzer
dyewoods
legno a grana (m)
grobjährig
coarse grained
legno a grana grossa (m)
grobfaserig
coarse grained
legno a pasta chimica (m)
Zelluloseholz
pulpwood
legno a più cuori (m)
Mehrkernigkeit
multiple heart wood
legno a pori larghi (m)
grobporig
large-pored
legno a strati incollato (compensato) (m)
Schichtholz
gluelam
legno accatastato (m)
Schichtholz (im Wald)
stacked wood
legno ad anelli larghi (m)
grobringig
wide rings
legno appannato (m)
Blindholz
facing board
legno colpito (da malattia) (m)
befallenes Holz

affected timber
legno compensato (m)
Sperrholz
plywood
legno compensato a più strati (m)
Vielschichtsperrholz
multi-ply
legno compensato combinato (m)
Kombi-Sperrholz
combination plywood
legno compensato curvato (m)
gebogenes Sperrholz
curved plywood
legno compensato da costruzione (m)
Bausperrholz
structural plywood
legno compensato decorativo (m)
dekoratives Sperrholz
decorative plywood
legno compensato di betulla (m)
Birkensperrholz
birch plywood
legno compensato di faggio (m)
Buchensperrholz
beech plywood
legno compensato di pino (m)
Kiefernsperrholz
pine plywood
legno compensato imbiancato a calce (m)
gekalktes Sperrholz
chalked plywood
legno compensato in dimensioni fisse (m)
Sperrholzfixmasse
plywood in fixed dimensions
legno compensato incollato (m)
verleimtes Sperrholz
glued plywood
legno compensato laminato (m)
beschichtetes Sperrholz
laminated plywood

legno compensato marezzato (m)
geflammtes Sperrholz
flamed plywood
legno compensato modellato (m)
formgepreßtes Sperrholz
moulded plywood
legno compensato per costruzione navale (m)
Bootsbausperrholz
marine plywood
legno compensato per costruzioni aeronautiche (m)
Flugzeugsperrholz
aircraft plywood
legno compensato per l'esterno (m)
Außensperrholz
exterior grade plywood; all weather grade/waterproof plywood
legno compensato per scopi tecnici (m)
technisches Sperrholz
plywood for technical purposes
legno compensato resistente al fuoco (m)
schwer entflammbares Sperrholz
fire retardant plywood
legno compensato resistente all'acqua (m)
wasserfestes Sperrholz
water-proof plywood
legno compensato resistente alle termiti (m)
termitenfestes Sperrholz
termite-resistant plywood
legno compensato sabbiato (m)
sandgestrahltes Sperrholz
sand blasted plywood
legno compensato sagomato (m)
Formsperrholz
formpressed plywood
legno compensato spazzolato (m)
gebürstetes Sperrholz

brushed plywood
legno compensato speciale per costruzione navale (m)
Spezialsperrholz f. Schiffbau
special plywood for shipbuilding
legno con contrafforti (m)
spannrückiger Stamm
buttressed log; fluted log
legno con depositi tossici (m)
Holz mit giftigen Inhaltsstoffen
toxid wood
legno d'abete bianco (m)
Weißholz (nord. Fichte)
whitewood
legno d'alburno (m)
Splintholz
sapwood
legno d'olivo (m)
Olivenholz
olive wood
legno da carta (m)
Papierholz
pulpwood
legno da sfibrare (m)
Schleifholz
pulpwood
legno da trinciare (m)
Messerblock
slicer log
legno decorativo (m)
Ausstattungsholz
decorative wood
legno del tronco (m)
Stammholz
log
legno densificato (m)
Preßvollholz
densified wood
legno di fibre
Faserholz
pulpwood
legno di punta (m)
Hirnholz

end grain timber; cross-cut wood
legno di radice (m)
Wurzelholz
root wood
legno di rosa (m)
Rosenholz
rose wood
legno di tensione (m)
Zugholz
tension wood
legno duro (m)
Hartholz
hardwood
legno giovane (m)
Jugendholz
juvenile wood
legno grezzo (m)
unbearbeitetes Holz; Rohholz
rough timber; raw wood; green timber
legno in piedi (m)
stehendes Holz
timber on the stem
legno industriale (m)
Industrieholz
industrial timber
legno lamellato-incollato (m)
Leimbinder
glued timber-construction
legno lavorato (m)
verarbeitetes Holz
processed wood
legno marcio (m)
verfaultes Holz
rotten timber
legno massello (m)
Vollholz
solid timber
legno nodoso (m)
astiges Holz
knotty timber
legno non scortecciato (m)
unentrindetes Holz

timber with bark
legno nordico (m)
nordisches Schnittholz
northern lumber; Scandinavian
timber
**legno per assicelle di copertura
(m)**
Schindelholz
shingle wood
legno per chiuse (m)
Schleusenholz
lock wood
legno per costruzioni navali
Pallholz
keel block; ship timber
legno per fuoco (m)
Brennholz
fire wood; fuel wood
legno per piloni (m)
Pfeilerholz
timber for pillars
legno piallato (m)
Hobelware
planed timber
legno precoce (m)
Frühholz
spring wood
legno pregiato (m)
Edelholz
high-grade timber
**legno pressato impregnato con
resina sintetica (m)**
Kunstharzpreßholz
synthetic resin compressed wood
**legno prodotto secondo elenco
(m)**
Listenbauholz
timber cut to special dimensions as
listed
legno resinoso (m)
harzhaltige Hölzer
resinous woods
legno ricostituito di faggio (m)

Buchenspanplatte
beech chipboard
legno risonante (m)
Resonanzholz
resonant wood
legno rivestito di metallo (m)
Panzerholz
armourply; plymetal; metal-faced
plywood
legno rosato (m)
Rotholz (= nord. Kiefer)
redwood
legno scolorato (m)
Holz mit Verfärbungen; verfärbtes
Holz
stained timber; discoloured wood
legno scortecciato (m)
entrindetes Holz
debarked timber
legno sintetico (artificiale) (m)
Kunstholz
synthetic wood
legno spaccato (m)
Hackgut
chips
legno squadrato (m)
Kreuzholz
squared timber; scantling
**legno squadrato in dimensioni
standard (m)**
Vorratskantholz
squared timber in commercial standard dimensions
legno tardo (m)
Spätholz
summerwood
legno tondo (m)
Rundholz
roundwood; log
legno tossico (m)
giftiges Holz
toxid wood
legno trattato (m)

behandeltes Holz
preserved wood; treated timber
legno truciolato ricoperto di resina melamminica (m)
melaminharzbeschichtete Spanplatte
melamine-faced chipboard
legno umido (m)
nasses Holz
wet timber
legno venato (o marezzato) (m)
Maserhölzer
veined wood; figured timber
lettera di credito (f)
Akkreditiv
letter of credit
lettera di credito (ir)revocabile (f)
Akkreditiv, (un)widerrufliches
(ir)revocable letter of credit
lettera di credito confermata (f)
Akkreditiv, bestätigtes
confirmed letter of credit
lettera di vettura (f)
Frachtbrief
way bill; consignment note
lettino per bambini (m)
Kinderbett
child's bed
letto (m)
Bett
bed
letto caldo (giardinaggio) (m)
Frühbeet
hotbed
letto imbottito (m)
Polsterbett
upholstered bed
leva (f)
Hebel
lever
levigare
abschleifen; schlichten (schleifen)
to sand; to gruid; to polish; to cut

levigato (non...) (m)
ungeschliffen
unsanded
levigatrice per impiallacciatura (f)
Furnierabrichtmaschine
veneer surfacing machine
liana (f)
Liane
liane
libero da nodi su entrambi i lati (m)
astfrei, beidseitig
free of knots both sides
libero da nodi (m)
astfrei; astrein
free of knots
libreria (f)
Bücherschrank
bookcase
libro cassa (m)
Kassenbuch
cash book
licenza (f)
Betriebserlaubnis
concession
licenza di costruzione (f)
Baugenehmigung
construction license; building permit
licenza di esportazione (f)
Ausfuhrgenehmigung
export license (licence)
lignificazione (f)
Verkernung
lignification
lignina (f)
Lignin
lignin
lima tonda (f)
Rundfeile
round file
limitazione di carico (f)
Belastbarkeit
stress tolerance

limite di crescita dell'albero (m)
Baumgrenze
limit of tree growth
linea automatica a palette (f)
Ringpalettenstraße
open-end pallet line
linea delle punte del dente (f)
Zahnspitzenlinie
line of the points
linea di displuvio (f)
Dachfirst
roof ridge
linea di fabbricazione di piattaforme (f)
Paletten-Anfertigungsstraße
manufacturing line for pallets
linea di giuntura punta a punta (f)
Keilzinkenanlage
finger-jointing line
linea di giunzione (f)
Fuge
joint
linea elettrica (f)
elektrische Leitung
electric line
linguetta (con incastro a maschio e femmina) (f)
Feder (bei Nut und Feder)
tongue
linguetta (f)
Spund
bung; peg; tongue
linguetta in legno compensato (f)
Sperrholzfeder
plywood tongue
linguetta ruvida (maschio d'incastro) (f)
Rauhspund
rough planed tongued and grooved boards
lino (m)
Flachs
flax

liquido decapante (m)
Beizmittel
caustic
lisciare (legno)
schleifen (Holz, Platten); schlichten
to polish; to sand; to cut; to gruid
liscio (m)
blank
clear; bright
liscivia (f)
Lauge
lye
lista dei prezzi (f)
Preisliste
price-list
listello (m)
Latte
lath; square
listello di persiana avvolgibile (m)
Rolladenleiste
roller-shutter ledge
listello di sostegno delle tegole (m)
Dachlatte
roof stick
listello dorato (m)
Goldleiste
gilded cornice
listello incollato (m)
Anleimer
glue-on ledge; crossband
listello per tenda (m)
Gardinenleiste
traverse curtain rod
livella a bolla d'aria (f)
Wasserwaage
water-level; water-gauge
livello (a...)
bündig
flush
livello dell'acqua (m)
Pegelstand
water mark; level

livello dell'acqua (m)
Pegel
water gauge
locale (m)
einheimisch
native; home-grown
longarina (f)
Weichenschwellen
crossing sleeper
longarine dell'escavatore (f)
Baggerschwellen
excavator sleepers
lordo (peso) (m)
brutto
gross
lotto (m)
Partie
lot; load
lucidare
polieren
to polish
lucidatrice degli orli (f)
Kantenschleifmaschine
edge polishing machine
lucidatrici (f)
Schwabbelbock; Poliermaschine
buffing stand; polishing machine
lucidatura (f)
Polierung
polishing
lucido (m)
blank
clear; bright
lunghezza (f)
Länge
length
lunghezza intermedia (f)
Zwischenlänge
intermediate length
lunghezza media (f)
Durchschnittslänge
average length
lunghezza minima (f)

Mindestlänge
minimum length
lunghezza normale (f)
Normallänge
standard length
lunghezza totale (f)
Gesamtlänge
total length; length over-all
lunghezze supplementari (f)
Längenzuschlag
long lengths additional
lunghezze (tutte le) (f)
alle Längen
all lengths (a.l.)
lunghi cadenti (m)
fallende Längen
falling lengths
luogo (m) di destinazione
Bestimmungsort
place of destination
luogo destinato al taglio (m)
Kappstation
cross-cutting station
luogo di lavoro (m)
Arbeitsplatz
working place
luogo di produzione (m)
Produktionsstätte
production place
luogo di sagomatura (m)
Formstation
forming station

M

macchia (f)
Busch (Urwald); Dschungel
bush
macchia di muffa (f)
Schimmelflecken
mould stains
macchie dell'alburno (f)
Splintflecken

sap stain
macchina a operazioni multiple (f)
Mehrzweckmaschine
multiple purpose machine
macchina abbattitrice (f)
Fällgerät
felling machine
macchina affilatrice (f)
Schärfmaschine
sharpening machine
macchina affilatrice a banda larga (f)
Breitbandschleifmaschine
wide-belt grinding machine
macchina affilatrice di lame della sega (f)
Sägenschärfmaschine
saw sharpening machine
macchina allicciatrice (della sega) (f)
Schränkmaschine
saw-setting machine
macchina assemblatrice (f)
Abbindemaschine
joining machine; trimming machine
macchina assemblatrice di tronchi (f)
Leistenzusammensetzmaschine
core stock assembly machine
macchina automatica per l'allicciatura della sega (f)
Schränkautomat
automatic saw-setting machine
macchina cucitrice (f)
Heftmaschine
stiching machine; tacker
macchina fenditrice (f)
Spaltmaschine
cleaving machine
macchina fessuratrice (f)
Schlitzmaschine
slotting machine
macchina fresatrice per scanala-

ture (f)
Nutenfräsmaschine
groove cutting machine
macchina incollatrice (f)
Klebemaschine; Leimauftragmaschine
gluing machine
macchina intagliatrice (f)
Schnitzmaschine
carving machine
macchina per congiungere a mortasa (incastro) (f)
Stemm-Maschine
mortiser
macchina per fare dei perni (f)
Astloch-Dübelmaschine
knot dowel machine
macchina per fare gli incastri a coda di rondine (f)
Schwalbenschwanzfügemaschine
dovetailing machine
macchina per la giunzione dell'impiallacciatura (f)
Furnierzusammensetzmaschine
veneer splicing unit
macchina per la raccolta del legname (f)
Holzerntemaschine
wood harvesting machine
macchina per produrre paglietta di legno (f)
Holzwolle-Schneidemaschine
shredding machine for wood-wool
macchina perforatrice multipla (f)
Mehrfachbohrmaschine
multiple drilling machine
macchina perforatrice per nodi (f)
Astlochbohrmaschine
knothole drilling machine
macchina piegatrice del legno (m)
Holzbiegemaschine
wood bending machine
macchina rotante per tronchi (f)

Stammdrehvorrichtung
log rotating device
macchina scortecciatrice (f)
Tellerputzmaschine; Furnierschälmaschine
barker; veneer peeler machine
macchina setacciatrice (f)
Siebmaschine
sifter
macchina spargitrice (f)
Streumaschine
spreading machine; spreader
macchina spianatrice (f)
Abrichte
dressing (surfacing) machine
**macchina spruzzatrice della ver-
nice (f)**
Lackgießmaschine
lacquer curtain coater
macchina-fresatrice a copiare (f)
Kopieroberfräsmaschine
copying milling cutter
**macchinari per la lavorazione del
legno (m)**
Holzbearbeitungsmaschinen
woodworking machines
macchiolina (f)
Tüpfel
pit
**macinatore a croci percuotitrici
(m)**
Schlagkreuzmühle
wing beater mill
macinatore a disco dentato (m)
Zahnscheibenmühle
tooth mill
**macinatore mediante sfregamen-
to (m)**
Reibungsmühle
attrition mill
macinino per il pepe (m)
Pfeffermühle
pepper mill

maestranza (f)
Belegschaft
staff; personnel
magazzino (m)
Lagerhaus
warehouse
magazzino commerciale (m)
Handelslager
trade stock; dealer stock
magazzino di legname (m)
Holzhandelslager
timber yard
**magazzino per l'essiccazione del
legno (m)**
Trockenschuppen
drying shed
maglia di catena (f)
Kettenglied
link
maglia di una sega a catena (f)
Kettenglied (Säge)
link of a chain saw
malacca (f)
Rattan
rattan
malattia del ceppo (f)
Stockfäule
stump rot; butt rot
mancanza di ordini (f)
Auftragsmangel
lack of orders
manico (m)
Griff; Stiel
handle; stick; shaft
manico dell'accetta (m)
Axtstiel
axe handle
manico di coltello (m)
Messergriff
knife handle
manico di pennello in legno (m)
Pinselgriff aus Holz
wooden brush handle

manico di scopa (m)
Besenstiel
broomstick
manico per attrezzi in legno (m)
Werkzeuggriff aus Holz
wooden tool handle
maniglia della porta (f)
Türgriff
door-handle
mano di fondo all'olio di lino (f)
Leinölgrundanstrich
linseed oil undercoat
mansarda (f)
Dachgeschoß
attic
mantenimento (m)
Unterhalt(ung)
upkeep; maintenance
manto di vernice (m)
Lacküberzug
lacquer coating; coat film
manutenzione (f)
Instandhaltung; Pflege; Unter-
halt(ung); Wartung
upkeep; maintenance; care
manutenzione di strade boschive
(f)
Forstwegeunterhaltung
forest road maintenance
marcato (m)
markiert
marked; hammered
marchiare
aufreißen
to mark out
marchiare (di tronchi d'albero)
anreißen (von Holzstämmen)
to mark
marchio (m)
Kennzeichen
mark; tally
marchio a fuoco (m)
Brandnarbe

fire scar; catface
marchio commerciale (m)
Handelsmarke
trade mark; brand
marchio di controllo (m)
Prüfzeichen
testmark
marchio di fabbrica (m)
Warenzeichen
trade mark
marchio di fabbrica depositato
(m)
eingetragenes Warenzeichen
registered trade mark
marchio di fabbrica di qualità (m)
Gütezeichen
grade-trademark
marchio di qualità (m)
Qualitätszeichen; Güteschutzzeichen
quality mark
marcio (m)
faul
decayed; rotten
marcire
verfaulen; faulen
to rot; to decay
marciume bianco (m)
Weißfäule
white rot
marciume da corrosione (bianco)
(m)
Korrosionsfäule
white rot
marciume del centro (del legno)
(m)
Kernfäule
heartrot
marciume dell'alburno (m)
Splintfäule
sap rot
marciume della radice (m)
Wurzelfäule

root rot
marciume di legname esposto
alle intemperie (m)
Lagerfäule
storage yard rot
marciume marrone (m)
Braunfäule
brown rot
marciume rosso (m)
Rotfäule
red rot
marciume secco (m)
Trockenfäule
dry rot
marezzare
flammen
to flame
marezzato (m)
geflammt; gemasert
patterned; flamy; mottled; wavy;
figured
marezzatura (f)
Maserung
figured texture
margine (m)
Spielraum
margin
margine commerciale (m)
Handelsspanne
trade margin
marmorato (m)
marmoriert
marbled
martello marchiatore (m)
Anschlaghammer
marking hammer
maschio d'incastro (m)
Spund; Zapfen
bung; peg; tongue; dowel; tenon;
cone
massivo (legno) (m)
Massivholz
solid wood

mastello (m)
Kübel; Trog
trough; tub
mastice (m)
Spachtelmasse
fillers; wood patching product
materasso (m)
Matratze
mattress
materasso metallico (a molle) (m)
Stahldrahtmatratze
wire mattress
materiale (impiallacciature) per
camere da letto (m)
Schlafzimmerware (Furniere)
bedroom quality
materiale (m)
Material
material
materiale da imballaggio (m)
Verpackungsmaterial
packing material
materiale grezzo (legno) (m)
Rohstoff
raw material
materiale grezzo (m)
Rohmaterial
raw material
materiale isolante (m)
Isolierstoff
insulator; insulating material
materiale per telai d'imbottitura
(tapezzeria) (m)
Gestellware
material for upholstery frames
materiali di copertura (m)
Bespannstoffe
covering materials
materiali di copertura per pareti e
soffitti (m)
Bespannmaterial für Wände und
Decken
covering materials for walls and

ceilings
materiali isolanti (m)
Dämmstoffe
insulating materials
materiali per modellaggio (m)
Modellware
pattern material
materie di contenuto della cellula (f)
Zellinhaltsstoffe
cellular constituents
materie plastiche (f)
Kunststoff
plastic
materie prime (f)
Rohstoff
raw material
matita (f)
Bleistift
pencil
maturo (m)
hiebreif; schlagreif
mature; ripe for felling
mazzapicchio (m)
Holzhammer
mallet
mazzeranga (per conficcare pali nel terreno) (f)
Rammpfahl
ram pile
meccanismo d'avanzamento a sfregamento (m)
Reibungsvorschubgetriebe
continuous feed gear
media (f)
Durchschnitt
average
mediatore (m)
Makler
agent; broker
mediatore del legno (m)
Holzagent; Holzmakler
timber agent; timber broker

melammina (f)
Melamin
melamine
melo (m)
Apfelbaum
apple-tree
membrana cellulare (f)
Zellmembran; Zellwand
cell membrane; cell wall
membrana d'una punteggiatura (f)
Tüpfelmembran
pit membrane
mensoletta (f)
Konsolenleiste
supporting ledge
meranti bianco (albero) (m)
weißes Meranti
white Meranti
mercato (m)
Markt
market
mercato del lavoro (m)
Arbeitsmarkt
labour market
mercato del legno (m)
Holzmarkt
timber market
mercato della carta (m)
Papiermarkt
paper market
mercato di materiali da costruzione (m)
Baumarkt
building market
mercato interno (m)
Binnenmarkt
local market; domestic market; home market
mercato locale (m)
Inlandsmarkt
home market
mercato mondiale del legno (m)

Weltholzmarkt
world wood market
merce originaria (f)
Stammware
unedged lumber
**merce venduta tramite interme-
diario (f)**
vermittelte Ware
goods sold through agent or broker
merci (f)
Waren
goods; merchandise
mescolatore di trucioli (m)
Spänemischer
chip mixer
metodo (m)
Verfahren
method; process
metodo d'abbattimento (m)
Hiebart
method of felling
metodo di applicazione (m)
Auftragsverfahren
method of application
metodo di classificazione (m)
Güteklasseneinteilung
grading system
metodo di controllo (m)
Prüfverfahren
method of test
metodo di essiccazione (m)
Trockenverfahren
drying method
**metodo di preservazione del le-
gno (m)**
Holzschutzverfahren
wood preservation method
**metodo di trattamento per immer-
sione (m)**
Tauchtränkung
dipping method
metodo per osmosi (m)
Osmoseverfahren

osmose treatment; osmose method
metro (m)
Meter; Metermaß
meter; ruler; meterstick
metro (pieghevole) (m)
Zollstock
yard-stick; foot rule; inch-rule
metro a nastro (m)
Bandmass; Meßband
measuring tape
metro cubo (m)
Festmeter; Kubikmeter; Raummeter
cubic meter
metro lineare (m)
laufender Meter (lfm)
running meter
metro quadro (m)
Quadratmeter
square meter
mettere a bagno
wässern
to water
mettere a disposizione
Verfügung stellen, zur
to put to disposal, to reject
mettere in conto
verrechnen
to balance; to clear
mettere insieme
zusammensetzen
to compose
**mezzo cerchio annuale del legno
(m)**
Halbringschäle
cup shake; half ring
miglioramento (m)
Veredelung
improvement
**miglioramento della superficie
(m)**
Oberflächenvergütung
surface treatment
migliorare

verbessern; vergüten
to improve
migliore offerta (f)
niedrigstes Angebot
best offer; lowest offer
minor valore (m)
Minderwert
less-value
miscelatore (m)
Mischer
mixer; blender
miscelatore a tamburo (m)
Trommelmischer
drum mixer
miscelatore di colla (m)
Leimmischer; Leimflotte
glue blender; glue mix
miscuglio di sali chimici per preservare il legno (difficili da eliminare) (m)
Holzschutzsalzgemische (schwer auslaugbar)
wood preservative salt mixtures
hard to be washed out
misura (f)
Maß; Sondermaß
measure; size; dimension
misura ammissibile (f)
Maßvergütung
allowance in measurement
misura del calibro (f)
Kluppenmaß
caliper measure
misura di ritiro (f)
Schwundmaß; Schwindmaß
degree of shrinkage; tolerance for shrinkage
misura di ritiro radiale (f)
radiales Schwundmaß
radial degree of shrinkage
misura di ritiro tangenziale (f)
tangentiales Schwundmaß
tangential degree of shrinkage

misura di ritiro volumetrico (f)
räumliches Schwundmaß
volumetric degree of shrinkage
misura di superficie (f)
Flächenmaß
face measure; surface measure
misura Hoppus (f)
Hoppus-Maß
Hoppus-measure
misura inferiore (f)
Mindermaß
scant
misura originale (f)
Originalmaß
original measure
misura per difetto (f)
Untermaß
undermeasure; short measure
misura speciale (f)
Spezialmaß
special measure
misurare
messen
to measure
misurato con nastro (m)
bandvermessen
measured by tape
misuratore elettrico dell'umidità del legno (m)
Holzfeuchtemesser (elektrisch)
electric moisture meter
misurazione (f)
Vermessung
measuring
misurazione al diametro intermedio (f)
Mittenvermessung
scaling by middle diameters
misurazione con nastro metrico (f)
Bruttobandmaßvermessung
gross tape measurement
misurazione del bosco (f)

Forstvermessung
forest measurement
misurazione del diametro alla
cima (f)
Zopfvermessung
top diameter measuring
misurazione del legno (f)
Holzmessung; Holzvermessung
measurement of timber
misurazione dell'umidità (f)
Feuchtemessung; Holzfeuchtemessung
moisture measurement
misurazione di ceppi giacenti (f)
blockliegende Vermessung
boule measuring
misurazione giurata (f)
Vermessung (durch vereidigten
Messer)
sworn - in measurement
misurazione lorda (f)
Rohmaß
gross scale; raw measurement
misurazione su linguetta (f)
Federmaß
tongue measure
misurazione ufficiale (f)
amtliche Vermessung
official measurement
mobili (m)
Möbel
furniture
mobili da cucina (m)
Küchenmöbel
kitchen furniture
mobili da salotto (m)
Wohnzimmermöbel
livingroom furniture
mobili da soggiorno (m)
Wohnmöbel
livingroom furniture
mobili da ufficio (m)
Büromöbel

office furniture
mobili di malacca (canna d'India)
(m)
Rattan-Möbel
rattan-furniture
mobili di scuola (m)
Schulmöbel
school furniture
mobili di vimini (m)
Korbmöbel
wicker furniture
mobili imbottiti (m)
Polstermöbel
upholstered furniture
mobili in serie (m)
Serienmöbel
series furniture
mobili in stile (m)
Stilmöbel
period furniture
mobili incassati (m)
eingebaute Möbel
built-in furniture
mobili incorporati (m)
eingebaute Möbel
built-in furniture
mobili per collettività (m)
Objektmöbel
contract furniture
mobili per la stanza dei fumatori
(m)
Herrenzimmermöbel
study (smoking room) furniture
mobili per sala da pranzo (m)
Speisezimmermöbel
furniture for dining room
mobili per sala da pranzo (m)
Eßzimmermöbel
dining room furniture
mobili per stanza da letto (m)
Schlafzimmermöbel
bedroom furniture
mobilio di magazzino (m)

Ladenmöbel
shop furniture
mobilio per persone giovani (m)
Jugendzimmermöbel
furniture for young people
modanatrice (f)
Kehlmaschine; Leistenfräsmaschine; Kehlleiste; Gesims
moulder; cornice
modanatura di finestra (f)
Fensterprofil
window profile
modellaggio per la fonderia (m)
Modellbau
pattern making
modellatura (f)
Kehlleiste; Kehlung
moulding
modello (m)
Modell; Schablone
model; pattern; stencil
modulo (m)
Model
module
modulo di elasticità (m)
Elastizitätsmodul
elastic module
mogano (m)
Mahagoni
mahogany
mogano naturale (americano) (m)
echtes Mahagoni
American mahogany
mola abrasiva (f)
Schleifscheibe
abrasive wheel
molare
schleifen (Werkzeuge)
to grind; to sharpen
molatrice (f)
Schleifmaschine
sander; grinder
molla (a scatto) (f)

Schnäpper
catch
molletta per la biancheria (f)
Wäscheklammer
clothes-peg
molo (m)
Landungsbrücke
wharf
momento d'inerzia (m)
Trägheitsmoment
moment of inertia
momento di rotazione (m)
Drehmoment
torque
monocultura (f)
Monokultur
pure crop
montaggio (m)
Montage
mounting; fitting
montante (m)
Pfosten
post; picket
mordente (m)
Beizmittel; Beize
caustic; stain
more di carico e scarico (f)
Lade- und Löschfristen
loading and unloading terms
morsa (f)
Schraubstock
bench - vice
morsettatrice per telaio (f)
Rahmenpresse
frame cramping machine
morsetto (m)
Klammer; Spannelement; Zwinge
clamping device; clamp; ferrule
morsetto a vite (m)
Schraubzwinge
screw clamp
mortasatrice (f)
Zapfenschneidmaschine; Aus-

stemm-Maschine
tenoning machine; mortiser
motolancia (f)
Barkasse
launch
motore d'ingranaggio (m)
Getriebemotor
geared motor
motore di comando (m)
Antriebsmotor
driving motor
motore di sega circolare (m)
Kreissägemotor
circular-saw motor
motore elettrico (m)
Elektromotor
electric motor
motore per trascinamento (legname) (m)
Rückezug
skidding unit
movimentazione del legno (m)
Holzrücken (Bringen)
skidding
movimento merci (m)
Umschlag
transshipment
mozzare
kappen
to cross-cut
mozzato (m)
gekappt
square-cut; trimmed
mozzo (di ruota) (m)
Nabe
nave; boss
mucchio (m)
Stapel
pile; stack
muffa (fungo) (f)
Schimmel (Pilze)
mould
mulino a martelli (m)

Hammermühle
hammer mill
munito di linguetta (m)
gespundet
tongued
munito di metallo duro (m)
hartmetallbestückt
tipped; tungten carbide tipped (TCT)

N

nastro abrasivo (m)
Schleifband
abrasive belt; sanding belt
nastro ad orli sovrapposti (f)
Umleimer
overlapping edge band
nastro adesivo (m)
Klebeband
adhesive tape
nastro autoadesivo (m)
Selbstklebeband
(self) adhesive tape
nastro di carico (m)
Beschickband
loading belt
nastro metallico (m)
Stahlband
steel tape
nastro trasportatore (m)
Transportband; Förderband
conveying belt; conveyor belt
nativo (m)
einheimisch
native; home-grown
navetta (f)
Weberschiffchen
shuttle
nazionalizzazione (f)
Verstaatlichung
nationalization
negoziante (m)
Händler

merchant
negoziare
verhandeln
to negotiate
negoziazione (f)
Verhandlung
negotiation
**nervatura (danno degli alberi per
il gelo) (f)**
Frostleiste
frost-rib
netto (m)
netto
net
nocciolo (m)
Schälrestrolle
peeler core
nocciuolo (m)
Haselfichte
hazel-spruce
noce (albero) (m)
Nußbaum
walnut
noce (f)
Nuß; Walnuß
nut; walnut
noce americano (m)
Amerikanischer Nußbaum
black walnut; American walnut
noce francese (m)
Französisch Nußbaum
French Walnut
nodi a grappolo (m)
Astansammlung
group knots; cluster knots
nodi degli spigoli (m)
Kantenäste
edge-knots
nodi rotondi (m)
Rundäste
round knots
nodo (m)
Ast (verholzt)

knot
nodo aderente (m)
verwachsener Ast
intergrown knot; tight knot
nodo cresciuto in fuori (m)
herausgewachsener Ast
outgrown knot
nodo cresciuto internamente (m)
eingewachsener Ast
ingrown knot
nodo di betulla (m)
Birkenmaser
birch burl
nodo di dimensioni medie (m)
mittelgroßer Ast
medium-sized knot
nodo grosso (m)
großer Ast
big knot
nodo interno (m)
eingewachsen Ast
ingrown knot
nodo marcio (m)
kranker Ast
rotten knot
nodo marcio (m)
fauler Ast
rotten knot
nodo morto (m)
toter Ast
dead knot
nodo noce (m)
Nagelast
nail knot
nodo piatto (m)
flacher Ast
flat knot
nodo piccolo (m)
kleiner Ast
small knot
nodo resinoso (m)
verharzter Ast
resinous knot

nodo sano (m)
gesunder Ast
sound knot
nodosità (del legno) (f)
Maserknollen
burls
nodoso (m)
ästig
knotty
noleggiare
chartern
to charter
noleggiato (m)
befrachtet
shipped; chartered
noleggiatore (m)
Befrachter
shipper
noleggio a tempo (m)
Zeitcharter
time charter
nolo (m)
Fracht
freight
nome commerciale (m)
Handelsname
trade name; commercial name
nome pilota (m)
Leitname
pilot name
nominale
nominell
nominal
non durevole
nicht dauerhaft
non durable
non infiammabile
nicht brennbar
non inflammable
non soggetto a raschiature
kratzfest
scratch resistant
non squadrato

unbesäumt
unedged
norma (f)
Norm
standard
norme del legno (f)
Holznormen
timber standards
norme di classificazione (f)
Sortiervorschriften
grading rules
norme di qualità (f)
Gütebestimmungen
quality regulations
Norme Industriali Tedesche (f)
DIN-Normen
German Industrial Standards
nozioni di qualità (f)
Qualitätsbegriffe
quality terms
nucleo (del legno) secco (m)
Trockenkern
dry heart
nucleo (m)
Schälrestrolle
peeler core
numero d'ordine (m)
Bestellnummer
order number
numero di denti (m)
Zähnezahl
number of teeth
nuova costruzione (f)
Neubau
new building

O

obbligatorio per legge (m)
rechtsverbindlich
legally binding
occhio porcino (m)
Schweinsauge/Noppe beim Rund-

holz
pig - eye
odore (m)
Geruch
smell
offerta (f)
Angebot; Gebot; Offerte
offer; bid
offesa (atto vandalico) al bosco (f)
Waldfrevel
forest crime; forest offence
officina (f)
Werkstatt
work-shop
officina di piallatura (f)
Hobelwerk
planing mill
okoumé
Okoumé
gaboon; okoumé
oliatura (f)
Ölen
oiling
olio da ingrassaggio (m)
Schmieröl
lubricating oil
olio di lino (m)
Leinöl
linseed oil
olio di pino (m)
Kiefernöl
tall oil
olmo (m)
Rüster; Ulme
elm
oltre misura (f)
Maßzugabe
overmeasure; oversize
oltrepassare
überschreiten
to exceed
ombra (f)

Schatten
shade; shadow
ondeggiato (m)
geriegelt
wavy
oneri doganali (m)
Zollgebühr
customs duties
ontano (m)
Erle
alder
ontano bianco (albero) (m)
Weißerle
grey elder
ontano nero (m)
Schwarzerle
black alder
operaio addetto alla sega (m)
Säger
sawmiller
operaio forestale (m)
Waldarbeiter; Forstarbeiter
forest worker
operaio forestale specializzato (m)
Waldfacharbeiter
specialized forest worker
operatore di sega a lame multiple (m)
Gatterführer
frame saw operator
opzionale
wahlweise
optional
opzione (f)
Option
option
ordine (m)
Auftrag; Bestellung
order
ordine di prova (m)
Probeauftrag
trial order

ordini in arrivo (m)
Auftragseingang
incoming orders
organo (m)
Orgel
organ
origine (f)
Herkunft
origin; provenance
orlatura (f)
Spreißel (-holz)
edgings
orlo (m)
Winkelkante
angle - edge
orlo dentato (m)
Zahnleiste
toothed border
orologio della morte (insetto) (m)
Totenuhr (Insekt)
Anobium punctatum de Geer
ossigeno (m)
Sauerstoff
oxygen
ottimizzare
optimieren
to optimize
outsider (m)
Außenseiter
outsider

P

pacco (m)
Paket
parcel
paese d'importazione del legno (m)
Holzeinfuhrland
timber importing country
paese d'origine (m)
Ursprungsland
country of origin

paese di produzione (m)
Erzeugerland
producing country
paese di provenienza (m)
Herkunftsland
country of origin
pagabile
zahlbar
payable
pagabile a ricevimento
zahlbar bei Erhalt
payable on receipt
pagabile a richiesta
zahlbar auf Verlangen
payable on request
pagabile a scadenza
zahlbar bei Fälligkeit
payable when due
pagaia (f)
Paddel
paddle
pagamento (m)
Zahlung
payment
pagamento all'ordine (m)
Zahlung bei Auftragserteilung
payment with order
pagamento alla consegna (m)
Kasse bei Lieferung
cash on delivery
pagamento alla data contrattuale (m)
Kasse bei Vertragsabschluß
cash on contract date
pagamento contro documenti (m)
Kasse gegen Dokumente
cash against documents
pagare la dogana anticipatamente
ausklarieren
to clear for sailing
paglietta di legno (f)
Holzwolle
wood wool

pala (f)
Schaufel
shovel
palazzo dello sport (m)
Sporthalle
gymnasium; sport(s) hall
palestra (f)
Sporthalle
gymnasium; sport(s) hall
paletta (f)
Pallette
pallet
paletta a perdere (f)
verlorene Palette
one-way pallet
paletta da bottiglie (f)
Flaschenpalette
bottle pallet
paletta piatta (f)
Flachpalette
flat palette
paletto (m)
Pflock
plug; peck; picket
paletto per fascine (m)
Faschinenpfahl
faggot stake
palissandro brasiliano (m)
Bahia Rosenholz
Brazilian Rosewood; Brazilian tulip
wood
palissandro brasiliano(m)
Jacaranda
Brazilian rosewood
palizzata (f)
Lattenzaun; Palisade
paling; picket fence; palisade; stok-
kade
palla da bigliardo (f)
Billardkugel
billiard ball
palla di legno (f)
Holzkugel

wooden ball
palma (f)
Palme
palm tree
palma da caucciù (f)
Gummibaum
gum-tree
palo (m)
Baumpfahl; Mast; Pfosten; Pfahl
tree pole; pole; post; pile; stake;
picket
palo d'impalcatura (m)
Gerüststange
scaffold pole
palo da pascolo (m)
Weidepfahl
pasture pole
palo da vigneto (m)
Weinbergpfahl
vineyard pole
palo della corda per il bucato (m)
Wäschepfahl
linen-pole
palo di recinzione (m)
Zaunpfahl
fence-post
palo di sostegno (m)
Faschinenpfahl
faggot stake
palo ferrato e cerchiato (m)
Rammhaubenfutter
pile helmet lining
palo grande (m)
Derbstange
large pole
palo per rosai (m)
Rosenpfahl
rose stick; rose pole
palo per vigneto (m)
Rebpfahl
vine-stake; vineyard pole
palo portacavi (m)
Seilmast

cable pole
palo telegrafico (m)
Telegraphenstange
telegraph pole
panca (f)
Bank (Sitz-)
bench; bank
panca d'angolo (f)
Eckbank
corner bench
panca da giardino (f)
Gartenbank
garden bench
pancone del centro (del legno) (m)
Kernbohle
heart plank; core board
panconelli per stuccatore (m)
Gipserlatten
plasterer's laths
panieri (m)
Korbflechterei
basketry
pannellare
vertäfeln
to board
pannellatura (f)
Vertäfelung
panelling; wainscoting
pannellatura (in legno) di pareti (f)
Wandverkleidung
wall panelling
pannelli (m)
Paneele
panels
pannelli del soffitto (m)
Deckenpaneele
ceiling panels
pannelli di copertura in legno compensato (m)
Sperrholzschalungstafel
plywood shuttering board

pannelli di fibre di legno mineralizzato combinato (m)
MF-Kombiplatte
MF-combination board
pannelli di fibre di legno (lana di legno) legate con cemento (m)
zementgebundene Holzwollplatte
cement bound wood-wool-board
pannelli di fibre medio-dure (m)
MDF-Platte (mittelharte Faserplatte)
medium-density fibreboard
pannelli di fibre soffici (m)
Weichfaserplatte
softboard
pannelli di ricoprimento (m)
Abdeckbrett; Abdeckplatten
cover board; facing panels
pannelli grezzi (m)
Rohspanplatte
particle board
pannelli imitazione legno (m)
Holzmaserplatte
hardboard with woodgrain effect
pannelli in compensato standard (m)
Standard-Sperrholz
standard plywood
pannelli in truciolato al cemento (m)
zementgebundene Spanplatte
cement bound particle board
pannelli in truciolato standard (m)
Standard-Spanplatten
standard particle board; standard chipboard
pannelli lamellati (m)
Stäbchenplatte (Tischlerplatte)
laminated blockboard
pannelli per pareti (m)
Wandpaneel
wall panel
pannelli per strati di superficie (m)

Deckschichtplatte
surface-layer board
pannelli speciali in legno compensato (m)
Sperrholzspezialplatte
special plywood board
pannelli speciali per carrozzerie (m)
Spezialplatte f. Karosserien
special board for car bodies
pannello (m)
Platte; Tafel
board; panel; plate
pannello a isolamento acustico (m)
schalldichte Platte
sound-proof board
pannello acustico (m)
Akustikplatte; Schallschutzplatte
acoustic board
pannello compensato di pioppo (m)
Pappelfurnierplatte
poplar veneer board
pannello compensato multiplo (m)
Multiplexplatte
multiplex plywood; multiply panel
pannello composto (m)
Verbundplatte
sandwich panel; combination board
pannello con impiallacciatura di faggio (m)
Buchenfurnierplatte
beech veneer board
pannello da costruzione (m)
Bauplatte
construction board
pannello da falegname (m)
Tischlerplatte
blockboard
pannello decorativo (m)
Dekorplatte; oberflächenvergütete

Platte; Zierplatte
decorative board
pannello decorativo in laminato plastico (m)
DKS-Platte (Dekorative Schichtstoffplatte)
laminated plastic panel
pannello della porta (m)
Türfüllung
door-panel
pannello di chiusura (m)
Sichtbetonschalungsplatte
shuttering board panel
pannello di chiusura di grande superficie (m)
Großflächenschalungsplatte
large-area shuttering board
pannello di controllo (m)
Schalttafel
switch panel
pannello di copertura (m)
Schaltafel; Schalungstafel
shuttering panel; formwork panel
pannello di copertura a tre strati (m)
Dreischichten-Schalungstafel
three-layer shuttering
pannello di copertura in massello (m)
Vollholzschalungstafel
solid-wood shuttering board
pannello di copertura plastificato (m)
befilmte Schalungstafel
film coated shuttering board
pannello di copertura resinoso (m)
beharzte Schalungstafel
resin-coated shuttering board
pannello di fibra laminato (m)
beschichtete Faserplatte
laminated fibreboard
pannello di fibre (m)

Faserplatte
fibreboard
pannello di fibre composte (m)
Verbundfaserplatte
fibre combination board
pannello di fibre dure (m)
Hartfaserplatte
hardboard
**pannello di fibre dure con orna-
mento speciale (m)**
Hartfaserplatte mit Spezialdesign
hardboard with special design
**pannello di fibre dure con super-
ficie in nero d'avorio (m)**
Hartfaserplatte mit Elfenbeinober-
fläche
ivory faced hardboard
pannello di fibre dure laccato (m)
lackierte Hartfaserplatte
enamelled hardboard
**pannello di fibre dure perforato
(m)**
Lochplatte
perforated hardboard
**pannello di fibre dure pitturato in
bianco (m)**
weiss gestrichene Hartfaserplatte
white-painted hardboard
**pannello di fibre dure ricoperto di
piastrelle (m)**
gekachelte Hartfaserplatte
tiled hardboard
pannello di fibre isolante (m)
Holzfaser-Isolierplatte
insulating fibre board
**pannello di fondo per contenitori
(m)**
Container-Bodenplatte
base plate for container
pannello di gesso (m)
Gipskartonplatte
plaster board
pannello di legno compensato

(m)
Furnierplatte
plywood
pannello di lino (m)
Flachsplatte
flaxboard
pannello di particelle di lino (m)
Flachsspanplatte
flax-shive particle board
**pannello di rivestimento (in le-
gno) (m)**
Täferplatte
panel board
pannello di rivestimento (m)
Schalungstafel; Schalungsplatte;
Verkleidungsplatte
shuttering panel; formwork panel;
concrete formboard; panel board
**pannello di rivestimento impial-
lacciato (m)**
furnierte Täferplatte
veneered panelboard
**pannello di rivestimento lamellato
(m)**
beschichtete Täferplatte
laminated panel board
pannello di trucioli (m)
Spanplatte
particle board; chipboard
**pannello di trucioli a uno strato
(m)**
einschichtige Spanplatte
single-layer particle board
pannello di trucioli a tre strati (m)
Dreischichten-Spanplatte
three-layer particle board
**pannello di trucioli a più strati
(m)**
mehrschichtige Spanplatte
multi-layer particle board
**pannello di trucioli da stampare
(m)**
Spanplatte, zum Bedrucken

particle board for imprinting
pannello di trucioli idrofughi (m)
wassergeschützte Spanplatte
water protected particle board
pannello di trucioli impiallacciato (m)
furnierte Spanplatte
particle board veneered
pannello di trucioli incollato con resina fenolica (m)
phenolharzverleimte Spanplatte
phenolic resin-bonded particle board
pannello di trucioli incollato con resina melamminica (m)
melaminharzverleimte Spanplatte
melamine resin-bonded chipboard
pannello di trucioli laminato (m)
laminierte Spanplatte
laminated chipboard
pannello di trucioli resistente all'umidità (m)
feuchtebeständige Spanplatte
moisture-resistant particle board
pannello di trucioli resistente all'acqua (m)
wasserfeste Spanplatte
water resistant particle board
pannello di trucioli resistente al fuoco (m)
feuerhemmende Spanplatte
fire-retardant chipboard
pannello di trucioli resistente alle intemperie (m)
wetterfeste Spanplatte
weather-proof particle board
pannello di trucioli rivestito (m)
beschichtete Spanplatte
laminated particle board
pannello di trucioli rivestito di PVC (cloruro di polivinile) (m)
PVC-beschichtete Spanplatte
PVC-coated chipboard

pannello di trucioli senza formaldeide (m)
formaldehydfreie Spanplatte
particle board free of formaldehyde
pannello impiallacciato di betulla (m)
Birkenfurnierplatte
birch plywood
pannello in materia plastica (m)
Kunststoffplatte
plastic board
pannello isolante (m)
Dämmplatte; Isolierplatte
insulating board
pannello isolante decorativo (m)
Dekordämmplatte
decorative insulating board
pannello isolante piatto (m)
Flachdämmplatte
flat insulating board
pannello laccato (m)
Lackplatte
lacquered hardboard
pannello laminato (m)
Schichtholzplatte
gluelam board
pannello laminato resinato (m)
Kunstharz-Schichtstoffplatte
resinated laminated board
pannello leggero da costruzione (m)
Leichtbauplatte
light-weight building board
pannello profilato (m)
Profilbrett; Profiltäfer
panel-board; moulded board
pannello semiduro (m)
halbharte Platte
medium hardboard
pannello tubulare (m)
Röhrenplatte
tubular board; board with tubular holes

parallele (attrezzo da ginnastica)
(f)
Barren (Sport)
parallel-bar
paranco (m)
Flaschenzug
pulley block; tackle block
parapetto (m)
Geländer
handrail; railing
parassiti (m)
Parasiten
parasites
parco legname (m)
Holzhof; Holzplatz; Holzlagerplatz
timber yard; siding
parco legname da selezionare (m)
Sortierplatz
grading yard
parco legname da taglio (m)
Schnittholzplatz
lumber yard
parco tronchi (m)
Rundholzpolter
log stock
parenchima (m)
Parenchym
parenchyma
parete esterna (f)
Außenwand
external wall
parete posteriore (f)
Rückwand
back wall
pareti prefabbricate (f)
vorgefertigte Wände
prefabricated walls
paro (a...)
bündig
flush
parquet (m)
Parkett
parquet(ry)

parquet mosaico (m)
Mosaikparkett
mosaic parquet
parquet prefabbricato (m)
Fertigparkett
prefabricated parquetry
parquet tradizionale (m)
Stabparkett
traditional parquet
parte anteriore (f)
Vorderseite
face; front
parte centrale fuori centro (del
legno) (f)
Kernverlagerung
offcentered heart
parte di ricambio (f)
Ersatzteil
spare part
parte posteriore (f)
Rückseite
back
parte profilata (f)
Formdrehteil
moulded part
parte sagomata (f)
Formpreßteil
moulded part
partecipazione al giro d'affari (f)
Umsatzbeteiligung
turnover participation
partenza (f)
Abfahrt
departure
parti contraenti (f)
Vertragsparteien
contracting parties
parti del battello in legno (f)
Bootsteile aus Holz
wooden boat parts
parti di compensato compresse
(f)
Preßholzformteile

high-density plywood
parti di mobili (f)
Möbelteile
furniture parts
parti di veicolo in legno (f)
Fahrzeugteile aus Holz
wooden vehicle parts
parti girevoli (f)
Drehteile
turned parts
parti in legno compensato (f)
Sperrholzteile
plywood components
parti modellate in truciolato (f)
Spanholzformteile
moulded articles of wood chips
parti prefabbricate (f)
Fertigteile; vorgefertigte Teile
prefabricated parts
parti profilate (f)
Façondrehteile
profiled parts
particelle da pelatura (f)
Schälspäne
peeler shavings
partita (f)
Partie
lot; load
passamaneria (f)
Posament
lace work; trimming
passata a spaglio (f)
Streugang
spreading trip
passerella (f)
Bootssteg; Laufsteg
landing stage; gangway
passo di dentatura (m)
Zahnteilung
tooth pitch
pasta (di elegno) termomeccanica risultante da levigatura (TMP) (f)
TMP (=thermomechanischer Holz-

stoff, -schliff)
thermomechanical pulp (TMP)
pasta (legno) (f)
Holzstoff; Holzschliff
mechanical pulp (woodpulp)
pasta di legno chimico-termo-meccanico (f)
CTMP (=chemithermomechanischer
Holzstoff)
chemi-thermomechanical pulp
pasta di legno per carta (f)
Papiermasse
paper pulp
pasta di legno resinoso (f)
Nadelholzzellstoff
softwood chemical pulp
pavimento (m)
Fußboden
floor
pavimento del container (m)
Containerboden
container flooring
pavimento del ponte (m)
Brückenbelag
coating of bridge surface
pavimento elastico (m)
Schwingboden
sprung floor
pavimento in legno (m)
Holzfußboden
wooden floor
pedana (f)
Trittbrett
foot board
pellicola di vernice (f)
Lackfilm
lacquer film
pendenza (f)
Überhang (Sägen)
overhanging
pendenza del tetto (f)
Dachneigung
slope of roof

pennello (m)
Pinsel
paint brush
penuria (f)
Verknappung
shortage
percentuale (f)
Prozentsatz
percentage
percentuale di umidità (f)
Feuchtigkeitsgehalt
moisture contents
perdita al taglio (f)
Schnittverlust
cutting loss
perdita da affondamento (f)
Sinkverluste
loss from sinking
perdita di pelatura (f)
Schälverlust
loss of peeling
perdita di qualità (f)
Qualitätsverlust
loss of quality
perdita di tensione (f)
Spannungsverlust
loss of tension
perdita totale (f)
Totalverlust
total loss
perforatrice a caviglia (f)
Dübelbohrmaschine
dowel-boring machine
perforatrice portatile (f)
Handbohrmaschine
drill-gun; portable boring machine
perforazione dell'impiallacciatura
(f)
Durchschleifen des Furniers
perforation of veneer
pergola (f)
Pergola
pergola

pergola (f)
Gartenlaube
arbor
periodo dei preparativi (m)
Rüstzeit
setting-up time
periodo di crescita (m)
Wachstumsperiode
period of growth
perito (m)
Sachverständiger
expert; specialist
perito (m)
Gutachter
expert; surveyor
perito giurato (m)
Schätzer, vereidigter
sworn valuer
perizia (f)
Gutachten
survey report
perlina (asse di rivestimento ad
incastro maschio e femmina) (f)
Spundbohlen
pile planks; grooved and tongued
board
perlina (maschio e femmina) (f)
Nut- und Federbrett
tongue and groove board (T&G)
perni (m)
Stifte
pins
pero (m)
Birnbaum
pear-tree
persiana avvolgibile (f)
Rolladen
roller shutter; revolving shutter
persiane (f)
Jalousien
jalousies
personale (m)
Belegschaft; Personal

staff; personnel
persone impiegate (f)
Beschäftigte
employees
pertica da luppolo (f)
Hopfenstange
hop pole
pertiche (f)
Reiser-Stangen
small-size sticks (in the forest)
peso (m)
Belastung
stress
peso a secco (m)
Darrgewicht
dry weight
peso lordo (m)
Bruttogewicht
gross weight
peso morto (m)
Totgewicht
deadweight
peso specifico (m)
Raumgewicht; spezifisches Gewicht
density; specific weight
pialla (f)
Hobel
planer
pialla dentata (f)
Zahnhobel
tooth plane
piallare
aushobeln; abhobeln; hobeln
to plane; to plane off
piallare a spessore
auf Dicke schleifen
to plane to thickness
piallato (m)
gehobelt
planed
piallatrice (f)
Abrichthobelmaschine; Dickenhobelmaschine; Hobelmaschine

surface planer; thickness planing
machine; planing machine
piallatrice a disco (f)
Scheibenhobelmaschine
disk shaver; rotary planing machine
piallatrice a disco piatto (f)
Flachscheibenzerspaner
horizontal flat disk shaver
piallatrice a quattro facce (f)
Vierseitenhobelmaschine
four-sided planer
**piallatrice e perforatrice per tra-
versive (f)**
Schwellenhobel- und -bohrmaschine
planing and drilling machine for
sleepers
**piallatrice per pavimentazione in
legno (f)**
Parketthobelmaschine
parquetry planer
piallatrice portatile (f)
Handhobelmaschine
portable planing machine
pianale del vagone (m)
Waggondiele
wagon plank; wagon deal
piano (di edificio) (m)
Stockwerk
floor; storey
piano (m)
Klavier; Plan
piano; plan; project
piano del tavolo (m)
Tischplatte
table plate
piano della pressa (m)
Etage (Presse)
opening; daylight (press)
piano della rete (m)
Netzplan
network diagram
piano di lavoro (azienda) (m)
Betriebsplanung

operation planning
piano di sfruttamento (m)
Hiebplan
felling plan
pianta (f)
Pflanze
plant
pianta giovane (f)
Jungpflanze
young plant
piantagione (f)
Plantage; Pflanzung
plantation; cultivation
piantagione di alberi (f)
Holzplantage
timber plantation
piantagione di faggio (f)
Buchenbestand
beech stand
piantagione pura (f)
Reinbestand
pure crop
piantare
anpflanzen; pflanzen
to plant
piantatrice (f)
Pflanzmaschine
planting machine
piastra di arenaria (f)
Sandsteinplatte
sandstone slab
piattaforma elevatrice (f)
Hubtisch
lifting platform
piattaforma girevole (f)
Drehscheibe
turntable
piattaforma portatile (f)
Palette
pallet
piattaforma rotante (f)
Schiebebühne
travelling platform

picchetto (m)
Pfahl; Pflock
pile; stake; plug; peck; picket
picchiettato (m)
gefleckt
spotted
picea (m)
Haselfichte
hazel-spruce
piede (1' = 30,48 cm) (m)
Fuß (Maßeinheit)
foot (1' = 30,48 cm)
piede cubo (m)
Kubikfuß
cubic foot
piede di bordo (m)
Bordfuß (Raummaß = 2,360 cbm)
boardfoot
piede quadro (m)
Quadratfuß
square foot
piedistallo del tavolo (m)
Tischgestell
table frame
**piedistallo di sostegno del tavolo
(m)**
Tischzarge
table frame
piegare
biegen; falzen; verbiegen
to bend; to fold; to warp
piegarsi
verziehen
to warp
piegato (m)
gebogen
crooked; bent
piegatrice (f)
Biegemaschine
bending machine
pietrificare
versteinern
to petrify

pignone per catena (m)
Kettenritzel
chain pinion
pignoramento (m)
Pfändung
distress
pignorare
pfänden
to distrain
pila (f)
Stapel
pile; stack
pila di tavole disposte a croce (f)
Kreuzstapel
cross pile; cross stack
pilastro (m)
Grubenpfeiler
pit post
pilone (per linea aerea) (m)
Leitungsmast
pole
pino (m)
Arve (Zirbelkiefer); Kiefer
stone pine; pine
pino d'Italia (m)
Pinie
stone pine
pino da pinoli (o a ombrello) (m)
Pinie
stone pine
pino del nord (m)
Rotholz (= nord. Kiefer)
redwood
pino dell'Oregon (m)
Douglasie
Douglas Fir; Oregon Pine
pino Igarka (m)
sibirische Kiefer
Igarka Redwood
pino Igarka (rosso) (m)
Igarka-Kiefer
Igarka Redwood
pino marino (m)

Seekiefer
maritime pine
pino nordico (m)
nordische Kiefer
Scandinavian redwood; northern
redwood
pino Parana (brasiliano) (m)
Brasilkiefer; Parana-Kiefer
Parana pine
pino radiata (m)
Pinus radiata
radiata pine
pino rosso americano (m)
Pitch Pine
pitchpine
pino siberiano (m)
sibirische Kiefer
Igarka Redwood
pino silvestre (m)
Föhre (= Kiefer)
scots pine
pinza (f)
Kneifzange
pincers
pioggia acida (f)
saurer Regen
acid rain
pioppo (m)
Pappel
poplar
pioppo bianco (m)
Silberpappel; Weißpappel
white poplar
pioppo tremulo (m)
Aspe / Espe
aspen-tree
pipa (f)
Pfeife
pipe
piramidi (materia prima per impiallacciature) (f)
Pyramiden (Rohstoff für Furniere)
fork-tops; curls

piroga (f)
Einbaum
canoe
pista tagliata attraverso il bosco (f)
Schneise
forest aisle
pistola a spruzzo (f)
Spritzpistole
spray gun; spraying pistol
pistola a spruzzo per colla (f)
Leimspritzpistole
glue spraying gun
pittura (f)
Anstrich
painting
pittura di dispersione (f)
Dispersionsfarbe
dispersion paint
pittura protettiva del legno (f)
Holzschutzfarbe
wood preservation paint
pitturabile
streichfähig
paintable
piuolo (di una scala) (m)
Leitersprosse; Sprosse
step (of a ladder); cross bar; rung; stave
piuolo (m)
Faschinenpfahl
faggot stake
plastificato (ricoperto con lamine) (m)
folienbeschichtet; filmbeschichtet
laminated with films (foils); film-coated
platano (m)
Platane
plane-tree
pneumatico (m)
Reifen
tire

poliamide (m)
Polyamid
polyamide
poliestere (m)
Polyester
polyester
polietilene a bassa pressione (m)
Niederdruckpolyäthylen (HDPE)
HDPE (high density polyethylene)
polietilene ad alta pressione (m)
Hochdruckpolyäthylen
LDPE (low-density polyethylene)
polimerizzare
polymerisieren
to polymerize
polizza (f)
Police
policy
polizza d'assicurazione (f)
Versicherungspolice
insurance policy
polizza di carico (f)
Konnossement
bill of lading; B/L
pollaio (m)
Hühnerstall
hen house
pollice (m)
Zoll (Maß = 2,54 cm)
inch
pollice cubo (m)
Kubikzoll
cubic inch
pollice quadro (m)
Quadratzoll
square inch
poltrona (f)
Sessel
armchair; easy chair
poltrona da direttore (f)
Chefsessel
manager chair; executive chair
poltrona girevole (f)

Drehstuhl
swivel chair
poltroncina da spiaggia in vimini (f)
Strandkorb
beach chair
polvere da molatura (f)
Schleifstaub
grinding dust; sanding dust
pomellato (m)
pommeliert
figured
pompa da colla (f)
Leimpumpe
glue pump
pompa del carburante (F)
Kraftstoffpumpe
fuel pump
pompa di circolazione della colla (f)
Leimumwälzpumpe
glue circulation pump
pompa di desaggio (f)
Dosierpumpe
proportioning pump
pompa idraulica (f)
hydraulische Pumpe
hydraulic pump
pontame (m)
Pfosten
post; picket
ponte in legno (m)
Holzbrücke
wooden bridge; timber bridge
pontile (m)
Landungsbrücke
wharf
pontone (m)
Prahm
lighter; pram
pori aperti (m)
offene Poren
open pores

poro (m)
Pore
pore
poroso (m)
porös
porous
poroso fine (m)
feinporig
fine porous
porta (f)
Tür
door
porta a due battenti (f)
Flügeltür
double door; casement door
porta a isolamento acustico (f)
Tür, schalldicht
sound-proof door
porta a segmento (f)
Segmenttür
segment door
porta a vento (f)
Pendeltür
double swing door
porta acustica (f)
Schallschutztür
acoustic door
porta ad altalena (f)
Kipptor
up-and-over-door
porta ad arco romano (f)
Tür mit Rundbogen
door with round arch
porta ad interno cavo (f)
Hohlraummittellagentür
hollow core door
porta antincendio (f)
Feuerschutztür
fire-resistant door
porta antiproiettili (f)
Tür, schußfest
bullet-resistant door
porta attrezzi in legno (m)

Werkzeugfassung aus Holz
wooden tool holder
porta battente (che si chiude da se) (f)
Schwingtor
flexible door
porta d'entrata (f)
Eingangstür; Haustür
entrance door; front-door
porta di cantina (f)
Kellertür
cellar door
porta esterna (f)
Außentür
outside door; external door
porta girevole (f)
Drehtür
revolving door
porta in legno compensato (f)
Sperrholztür
plywood door
porta in pannelli di fibre dure ammannite (con mano di fondo) (f)
grundierte Hartfaserplattentür
primed hardboard door
porta intarsiata (f)
geschnitzte Tür
carved door
porta interna (d'una stanza) (f)
Zimmertür
inside door; room door
porta interna (f)
Innentür
inside door
porta laccata (f)
lackierte Tür
lacquered door
porta pieghevole (f)
Falttür
folding door
porta resistente al fuoco (f)
Tür, feuerfest

fire-resistant door
porta scorrevole (f)
Schiebetür
sliding door
portale (m)
Tor
gate
portale di legno (m)
Holztor
wooden gate
porte-finestre (f)
Fenstertüren
French doors; window doors
porto (m)
Hafen
port; harbour
porto (m) di destinazione
Bestimmungshafen
destination port
porto d'imbarco (m)
Verschiffungshafen; Verladehafen
shipping port; loading port
porto di esportazione (m)
Exporthafen
port of exportation
porto di scarico (m)
Löschhafen
unloading port; port of destination
porto pagato (m)
frachtfrei
carriage paid; freight prepaid
posizione delle lame della sega (f)
Sägeblattstellung
position of saw blade
potare
ausästen
to prune; to trim
potatura (f)
Entastung
lopping
pre-essiccare
vortrocknen

to pre-dry
pre-essiccatore (m)
Vortrockner
pre-drier
pre-pressa per trucioli (f)
Spanvorpresse
chip prepress
pre-taglio (m)
Vorschnitt
pre-cut; headrig
precauzioni per proteggere il legno (f)
Holzschutzmaßnahme
timber preservation measure
precisione di taglio (f)
Schnittgenauigkeit
cutting precision
predellino (m)
Trittbrett
foot board
prelazione (f)
Vorkauf
pre-emption
premio (m)
Prämie
premium
prendere nota di un ordine
einen Auftrag vormerken
to book an order
prepagato (m)
vorausbezahlt
prepaid
preparare
zurichten
to dress; to surface
preparazione dei trucioli (f)
Späneaufbereitung
preparation of particles
preparazione di colla (f)
Leimansatz
glue solution
preriscaldamento (m)
Vorfeuerung

prefiring
presa (f)
Griff
grasp; grip
presa in consegna (f)
Übernahme
acceptance; taking over
preservazione (chimica) del legno (f)
Holzschutz (chemischer)
chemical wood preservation
preservazione dei luoghi naturali (f)
Landschaftsschutz
preservation of countryside
preservazione dei pali (f)
Mastenschutz
pole-preservation
presidente del consiglio d'amministrazione (m)
Vorsitzender des Verwaltungsrates
chairman of the board of directors
pressa a freddo (f)
Kaltpresse
cold press
pressa a più strati (f)
Mehretagenpresse
multiple daylight press
pressa a porte multiple (f)
mehrstufige Türenpresse
multi-stage door press
pressa continua per pannelli di trucioli (f)
kontinuierliche Spanplattenpresse
continuous-flow press for particle boards
pressa continua per pannelli di trucioli (f)
Endlosspanplattenanlage
continuous particle board installation
pressa d'incollaggio (f)
Leimpresse

glue press
pressa da impiallacciatura (f)
Furnierpresse
veneering press
pressa di giuntura punta a punta (f)
Keilzinkenpresse
finger-jointing press
pressa di montaggio pneumatica (f)
pneumatische Montagepresse
pneumatic assembly press
pressa foggiatrice per avanzi (f)
Formteilpresse für Späne
mould press for chips
pressa foggiatrice per trucioli (f)
Formteilpresse für Fasern
mould press for fibres
pressa idraulica (f)
hydraulische Presse
hydraulic press
pressa idraulica a un piano (f)
Einetagenpresse
single daylight press
pressa incollatrice ad alta frequenza (f)
Hochfrequenz-Verleimpresse
high frequency gluing press
pressa intermittente (f)
Taktpresse
cycle press
pressa per balle (f)
Ballenpresse
bale press
pressa per espellere pannelli di truciolato (f)
Strangpresse für Spanplatten
extrusion press for chipboards
pressa per fondi di sedie (f)
Stuhlsitzpresse
chair-bottom press
pressa per incollare (f)
Verleimpresse

glue press
pressa per laminati-incollati (f)
Lamellenpresse für die Dickenverleimung
continuous feed laminating press
pressa per mattonelle di carbone (f)
Brikettierpresse
briquetting press
pressa per pannelli di fibre (f)
Faserplattenpresse
fibreboard press
pressa per pannelli di trucioli (f)
Spanplattenpresse
particle board press
pressa per rimpiallacciare continua (f)
Durchlauffurnierpresse
continuous veneer press
pressa pneumatica (f)
pneumatische Presse
pneumatic press
pressa preliminare (f)
Vorpresse
prepress
pressa principale a più strati (f)
Etagenpresse
hot press; multiple opening press
pressa strutturale (per mobili) (f)
Korpuspresse
corpus press
pressatura (f)
Verpressung
pressing
pressione (f)
Druck
pressure
pressione del ghiaccio (f)
Eisdruck
ice pressure
pressione del vento (f)
Winddruck
wind pressure

pressione normale (f)
Normaldruck
standard pressure
prestazione (f)
Leistung
output; power
prestito (m)
Anleihe
loan
previsione (f)
Voranschlag
budget; estimate
prezzo (m)
Notierung; Preis
price; quotation
prezzo a pezzo (m)
Stückpreis
price per piece
prezzo base (m)
Grundpreis
basic price
prezzo d'acquisto (m)
Einkaufspreis
buying price
prezzo del giorno (m)
Tagespreis
current price
prezzo delle materie prime (m)
Rohstoffpreise
raw material prices
prezzo di mercato (m)
Marktpreis
market price
prezzo di vendita (m)
Verkaufspreis
sales price
prezzo stimato (m)
Schätzpreis
valued price; estimated price
prima dell'imposta
vor Steuern
before tax
principio costruttivo (m)

Konstruktionsprinzip
principle of construction
procedimento (che esegue un...)
(m)
Prozessor
processor
procedimento d'impregnazione
completa (m)
Vollimprägnierung
full-cell pressure treatment
processo controllato (m)
prozeßgesteuert
process controlled
processo d'indurimento (m)
Abbindeprozess
hardening process
processo giudiziario (m)
Rechtsstreit
litigation; court case; lawsuit
processo Rüping (m)
Rüping-Verfahren
Rüping process
procuratore (m)
Bevollmächtigter
attorney
prodotti a base di legno (m)
Holzwerkstoffe
wood-based materials
prodotti boschivi (m)
Erzeugnisse des Waldes
forest products
prodotti chimici per la protezione
del legno (m)
chemische Holzschutzmittel
chemical wood preservatives
prodotti da falegnameria (m)
Bauschreinerei-Erzeugnisse
joinery products
prodotti in fibre minerali (m)
Mineralfasererzeugnisse
mineral fibre products
prodotto (m)
Produkt

product
prodotto abrasivo (m)
Schleifmittel
abrasive
prodotto d'impregnazione (m)
Imprägniermittel
impregnating product
prodotto da candeggio (m)
Bleichmittel
bleaching product
prodotto di fissaggio (m)
Befestigungsmittel
fastening and securing products
prodotto grezzo (m)
Rohertrag
gross output
prodotto impregnante del legno (m)
Holzimprägniermittel
wood impregnating product
prodotto netto (m)
Reinertrag
net return; net income
prodotto per deresinare (m)
Entharzungsmittel
resin drainer
prodotto per lucidatura (m)
Poliermittel
polishing product
prodotto per mani di fondo (m)
Grundiermittel
primer
prodotto per preservare il legno (m)
Holzschutzmittel
timber preservative
prodotto principale (m)
Hauptprodukt
main product
prodotto secondario (m)
Nebenprodukt
by-product
prodotto semilavorato (m)

Halbfertigprodukt
semi-manufacture
produrre lunghezze stabilite
bestimmte Längen erzeugen
to cut fixed lengths
produttività (f)
Rentabilität
profitability
produttore (m)
Produzent
producer
produttore (m)
Hersteller
producer; manufacturer
produzione (f)
Produktion
production
produzione boschiva annuale (f)
Jahreseinschlag
annual felling
produzione del legname da taglio (f)
Schnittholzerzeugung
lumber production
produzione del legno (f)
Holzerzeugung
timber production
produzione effettiva (f)
Nutzeffekt
actual output
produzione giornaliera (f)
Tagesleistung; Tagesausstoß
daily production; daily output
produzione individuale (f)
Einzelanfertigung
individual production
produzione principale (f)
Hauptproduktion
main production
produzione secondaria (f)
Nebenproduktion
secondary production
produzione sostenuta (f)

Nachhaltigkeit
sustained yield
produzione speciale (f)
Sonderanfertigung
special production
produzione totale (f)
Gesamtproduktion
total production
profilare
profilieren
to mould
profilati (m)
Profilleisten
mouldings
profilatrice (f)
Profilzerspaner
chipper-canter
profilatrice doppia (f)
Doppelendprofiler
double-end shaping machine
profilo di porta (m)
Türprofil
door-profile
profilo standard (m)
Standardprofil
standard profile
profitto (m)
Gewinn
profit
profitto lordo (m)
Rohgewinn
gross profit
profitto netto (m)
Nettogewinn
net profit
profondità (f)
Tiefe
depth
profondità di penetrazione (f)
Eindringtiefe
depth of penetration
progettare
planen

to plan; to project
progetto (m)
Design; Entwurf; Plan; Projekt
design; plan; project
progetto a breve termine (m)
kurzfristige Planung
short-term planning
progetto a lungo termine (m)
langfristige Planung
long-term planning
progetto a medio termine (m)
mittelfristige Planung
medium-term planning
progetto di costruzione (m)
Bauplan
construction drawing
programma di produzione (f)
Produktionsprogramm
manufacturing program
prolungamento (m)
Prolongation
prolongation
prolungare una tratta
Wechsel verlängern
to extend a bill
pronto all'abbattimento (m)
hiebreif
mature; ripe for felling
pronto per il carico (m)
verladebereit
ready for loading
proprietà (f)
Eigenschaft; Eigentum
property; quality
proprietà boschiva (f)
Waldbesitz
forest estate
proprietà della vernice (f)
Lackeigenschaften
lacquer properties
proprietà fisica (f)
physikalische Eigenschaft
physical property

proprietà meccanica (f)
mechanische Eigenschaft
mechanical property
proprietario (m)
Besitzer
owner
protezione anti-turchino (f)
Bläueschutz
blue-stain protection
protezione boschiva (f)
Forstschutz
forest protection
protezione contro l'erosione (f)
Erosionsschutz
erosion protection
protezione degli spigoli (f)
Kantenschutz
edge protection
protezione dell'ambiente naturale (f)
Umweltschutz
environmental protection
protezione della natura (f)
Naturschutz
preservation of nature
protezione della superficie (f)
Oberflächenschutz
surface protection
prottetivo del legno (m)
holzschützend
timber preserving
prova (a...) di rottura (f)
bruchfest
unbreakable; crash-proof
provenienza (f)
Herkunft; Provenienz
origin; provenance
provetta (f)
Reagenzglas
test tube
provvedere
versorgen
to supply; to provide

provvedimento (m)
Vorkehrung
precaution
provviste (f)
Vorrat
provision; supply; stock
puleggia (f)
Keilriemenscheibe; Riemenscheibe
pulley; belt pulley
pulito (m)
sauber
clean
pulitrice automatica (f)
Schwabbelautomat
automatic buffing machine
pulitura
abbeizen
to remove stain
pulitura (f)
Reinigung
cleaning
pulitura dell'area (f)
Flächenräumung
area cleaning
punta (f)
Zopfende
top end
punta del ceppo (f)
Stammende
butt end
punta del dente (f)
Zahnspitze
tooth point
punteggiato (m)
gefleckt
spotted
puntello per miniera (m)
Grubenpfeiler; Grubenstempel
pit post; pit pro
punto (m)
Tüpfel
pit
punto d'infiammabilità (m)

Flammpunkt
flash point
punto di rugiada (m)
Taupunkt
dew point
punto di saturazione delle fibre (m)
Fasersättigungspunkt
fibre saturation point
puntone (m)
Bundsparren
tie beam
puntone (tetto) (m)
Sparren
square
punzonatrice (f)
Prägemaschine; Stanzmaschine
embossing machine; stamping machine; punching machine
punzone numeratore (m)
Nummernhammer
numbering hammer
punzone per marcatura (m)
Markierungshammer
marking hammer
putrefazione (f)
Braunfäule
brown rot
putrefazione da fungo (f)
Pilzbefall
fungus attack; fungal decay
putrefazione del legno (f)
Holzzersetzung
decay; rot

Q

quadrato (m)
quadratisch
square
quadrato di finestra lamellato (m)
lamellierte Fensterkantel
laminated window square

quadrello (m)
Kantel
square; scantling
quadro (m)
quadratisch
square
quadro di controllo (m)
Schaltschrank
switch cabinet; switchboard
qualità (f)
Eigenschaft; Güte; Qualität
property; quality
qualità commerciale media (f)
Gute Kaufmannsware (Qualitäts-begriff für überseeisches Rundholz)
Fair Average Quality (FAQ)
qualità dell'impiallacciatura (f)
Furniergüte
veneer grade
qualità della modanatura (f)
Leistenqualität
moulding quality
qualità della superficie (f)
Oberflächengüte
surface quality
qualità I & II (f)
FAS
Firsts and Seconds
qualità inferiore (f)
Qualität (geringwertige)
poor quality; low grade
qualità laminabile (f)
beschichtungsfähige Qualität
overlay grade
qualità superiore (f)
Qualität (hochwertige)
top quality; first class quality
qualità tecniche (f)
technische Eigenschaften
technical properties
quantità (f)
Menge; Quantität
quantity; volume

quantità del taglio (f)
Einschlagsmenge
felling quantity; logging volume
quantità di legname (f)
Holzmenge
timber quantity
quantità di polvere (f)
Staubgehalt
dust contents
quantitativo da consegnare (m)
Liefermenge
quantity to be delivered
quarta qualità (f)
Quarta (IV)
Quarta, Fourth quality
quercia (f)
Eiche
oak
quercia bianca (f)
Weißeiche
white oak
quercia fumigata (f)
Räuchereiche
fumed oak
quercia nera (f)
Mooreiche
bog-oak; moor-oak
quercia rossa (f)
Roteiche
red oak
quercia sughera (f)
Korkeiche
cork oak
quietanza (f)
Quittung
receipt
quinta qualità (f)
Quinta (V)
Quinta; Fifth quality
quota parte (f)
Quote; Kontingent
quota; share
quotazione (f)

Notierung; Preisangabe
price; quotation

R

racchetta da ping-pong (f)
Tischtennisschläger
table tennis racket
racchetta da tennis (f)
Tennisschläger
racket
raccogliere in recinto
Bringung zum Lagerplatz
yarding
raccolta del legname (f)
Holzernte
timber harvesting
raccolta di sementi (f)
Samenernte
collection of seed
raccorciamenti (m)
Kürzungen
shorts; ends
rada (f)
Reede
roads
radiatore (m)
Heizkörper
radiator
radice (f)
Wurzel
root
radice superficiale (f)
Flachwurzel
shallow root
radura (f)
Lichtung
clearing
raffica di vento (f)
Windwurf
windblow; windthrow
raffinatore a disco (m)
Scheibenrefiner

disk refiner

raggio d'azione (m)
Reichweite
reach

raggio del piede del dente (m)
Zahnfußradius
dedendum radius

raggio della sommità del dente (m)
Zahnkopfradius
addendum radius

rami sbavati (m)
Gratäste
trimmed branches

rami secchi (m)
Trockenäste
dead branches; dry knots

ramo (m)
Ast (Zweig)
branch

ramo marcito (m)
verfaulter Ast
rotten knot

ramo morto (m)
Schwarzast
dead knot

ramo obliquo (m)
Flügelast
spike knot; horn knot

ramo resinoso (m)
verharzter Ast
resinous knot

ramo vivo (m)
lebender Ast
live branch

rampa (f)
Rampe
ramp

rampa di scale (f)
Treppenabsatz
landing

rampone (m)
Krampe

clamp

rappezzatrice automatica per impiallacciatura (f)
Furnierausflickautomat
automatic veneer patching machine

rappezzatrice di impiallacciatura (f)
Furnierstanzautomat
veneer patching machine

rapporto (m)
Gutachten
survey report

rappresentante (m)
Vertreter
agent; representative

raschiatore (m)
Egalisiervorrichtung
scraper

raschietto (m)
Schabermesser; Ziehklinge
scraping knife; scraper

rascia (f)
Fries
frieze; baize

raspa (f)
Raspel
rasp

raspare
raspeln
to rasp

rastremabilità (f)
Abholzigkeit
tapering

rastremato (m)
abholzig
conical

rata (f)
Kurs
rate

rata del giorno (f)
Tageskurs
current rate

rata di cambio (f)

Devisenkurs
exchange rate
rata di conversione (m)
Umrechnungskurs
conversion rate
recessione (f)
Rezession
recession
recessione economica (f)
Wirtschaftsflaute
economic recession
recinto con sabbia (m)
Sandkasten
sandbox; sandpit
recinto per deposito dei tronchi (m)
Stammholzablageplatz
log yard
recinzione (f)
Zaun
fence
recinzione con pali (f)
Jägerzaun
staket fence
recinzione da giardino (f)
Gartenzaun
garden fence
reclamo (m)
Reklamation
claim; objection
redditizio (non...) (m)
unrentabel
unprofitable
regione di consumo (f)
Verbrauchsgebiet
area of consumption
registrare un ordine
einen Auftrag vormerken
to book an order
regolazione della larghezza (f)
Breiteneinstellung
width adjustment
regolo calcolatore (m)

Rechenschieber
slide rule
remo (m)
Ruder
oar; rudder
rendiconto annuale (m)
Jahresbericht
annual report
rendimento (f)
Ausnutzung
yield
rendimento del taglio (m)
Schnittleistung
cutting capacity
reparto spedizioni (m)
Versandabteilung
dispatch service; delivery department
reparto vendite (m)
Verkaufsabteilung
sales department
resa (f)
Ausbeute; Einschnittergebnis; Ausnutzung
yield
resa del legname tagliato (f)
Schnittholzausbeute
sawn timber recovery; yield
rescindere un contratto
Vertrag kündigen
to terminate a contract; to give
notice
residui di colla (m)
Leimrückstände
glue residues
resina (f)
Harz; Baumharz
resin
resina balsamica (f)
Balsam (Harz)
balsamic resin
resina espansa di latice (f)
Latex-Schaumstoff

latex foam material
resina (senza...) (f)
harzfrei
free of resin
resina sintetica (f)
Kunstharz
synthetic resin
resina solida (f)
Festharz
solid resin
resine naturali (f)
Naturharze
natural resins
resine per vernice (f)
Lackharze
resins for lacquers and varnishes
resistente al fuoco
schwer entflammbar
fire-resistant
resistente al fuoco
feuerfest
fire-proof
resistente all'acqua
wasserfest
water resistant
resistente all'umidita
naßfest; feuchtigkeitsbeständig
damp-proof; humidity resistant;
moisture-resistant
resistente all'usura
verschleißfest
free from wear and tear
resistente alla luce
lichtecht
light stable
resistente alle intemperie
wetterfest
weather-resistant
resistente alle termiti
termitenbeständig
termite proof
resistenza al taglio (f)
Schnittwiderstand

cutting resistance
resistenza all'acido (f)
Säurefestigkeit
acid resistance
resistenza all'acqua (f)
Wasserbeständigkeit
water resistance
resistenza all'attrito (f)
Reibungswiderstand
frictional resistance
resistenza all'umidità (f)
Naßfestigkeit
wet resistance
resistenza all'urto (f)
Schlagfestigkeit
resistance of shock
resistenza alla compressione (f)
Druckfestigkeit
compression resistance
resistenza alla deformazione (per il calore del fuoco) (f)
Knickfestigkeit
buckling strength
resistenza alla fenditura (f)
Spaltfestigkeit
splitting resistance
resistenza alla flessione (f)
Biegefestigkeit
bending strength
resistenza alla flessione all'urto (f)
Schlagbiegefestigkeit
impact-bending resistance
resistenza alla giunzione (f)
Verbindungsfestigkeit
joint strength
resistenza alla luce (f)
Lichtbeständigkeit
light stability
resistenza alla muffa (f)
Schimmelbeständigkeit
mould resistance
resistenza alla raschiatura (f)

Kratzfestigkeit
scratch resistance
resistenza alla rottura (f)
Bruchfestigkeit
breaking strength
resistenza alla tensione (f)
Zugfestigkeit
tensile strength
resistenza alla torsione (f)
Torsionsfestigkeit
torsion strength
resistenza alla trazione trasversale (f)
Querzugfestigkeit
cross tension strength
resistenza allo strappo (f)
Reißfestigkeit
tearing strength
resistenza allo svellimento della vite (f)
Schraubenhaltevermögen
screw holding power
resistenza contro il gelo (f)
Frostbeständigkeit
frost resistance
resistenza meccanica (f)
Festigkeit
mechanical strength
respingere
verwerfen
to warp; to bow
responsabilità (f)
Haftung
liability
restringersi
schrumpfen
to shrink
restringimento di volume (m)
Volumenschwindung
volume shrinkage
restringimento radiale (m)
Radialschwindung
radial shrinkage

restringimento volumetrice (m)
Raumschwundmaß
volumetric shrinkage
retino (per la misurazione nelle costruzioni) (m)
Raster
normate measure in buildings
rettangolare
rechteckig
square edged
rettangolo (m)
rechtwinklig
rectangular
rettificatrice per cilindri (f)
Zylinderschleifmaschine
drum sander
reversibile
reversibel
reversible
revisione (m)
Überholung (Maschinen)
reconditioning; overhaul
ri-affilare
nachschärfen
to resharpen
ri-aggiustabile
nachstellbar
readjustable
ri-vagliatura (f)
Nachsiebung
rescreening
ri-verniciatura (f)
Nachlackierung
relacquering
ribasso (m)
Rabatt
rebate; discount
ricerca (f)
Forschung
research
ricevuta (f)
Quittung
receipt

richiedere ulteriormente
nachfordern
to claim additionally
richiesta (a) (f)
auf Abruf
on call
richiesta (f)
Abruf; Nachfrage
call; demand
richiesta di materie prime (f)
Rohstoffbedarf
demand of raw material
richiesta di offerta (f)
Anfrage; Submission
demand; inquiry; invitation for tenders
ricondizionamento (f)
Überholung (Maschinen)
reconditioning; overhaul
ricoperto (non...) (m)
unbeschichtet
uncoated
ricoperto di bolla (legno) (m)
geapfelt
blistered
ricorso (m)
Regreß
recourse
riduzione (f)
Abzug; Minderung
deduction; discount; reduction
riduzione dei prezzi (f)
Preisnachlaß
price reduction; rebate
riduzione della corteccia (f)
Abzug des Rindenanteils
bark allowance
rifilare
besäumen
to trim; to edge
rifinitura (f)
Endbearbeitung
finishing

rifinitura finale (f)
Endbesäumung
final trimming
riga (f)
Lineal
ruler
rigato
feinstreifig; gestreift
fine-striped; striped
rigatura (f)
Streifen (Furnier)
stripe
rigature (senza...) (f)
streifenlos
without stripes
rigenerazione naturale (f)
natürliche Verjüngung
natural regeneration
rigonfiamento (m)
Quellung
swelling
rimborsare
vergüten (entschädigen)
to compensate
rimborso (contro...) (m)
gegen Nachnahme
cash on delivery
rimborso (m)
Nachnahme; Rückerstattung
charges forward; refund
rimboscare
aufforsten
to afforest
rimboschimento (m)
Aufforstung; Wiederaufforstung
afforestation; reafforestation
rimorchiatore (m)
Bugsierboot; Schlepper (Wasser)
tug boat; tow boat
rimorchio (m)
Anhänger; Trailer
trailer
rimorchio di scivolamento (del

legname) (m)
Rückanhänger
skidding trailer
rimozione dei pannelli (f)
Plattenabnahme
removal of boards
rimozione scarti di legname (f)
Abfallbeseitigung
waste - removal
rimpiazzare
ersetzen (Austausch)
to replace
rimuovere la fibra di tiglio
entbasten
to remove bast
ringhiera delle scale (f)
Treppengeländer
stair railing
rinnovare
renovieren
to restore
rinnovo di vecchie costruzioni (m)
Altbausanierung
renovation of old buildings
rinnovo di vecchio pavimento (m)
Altbodenerneuerung
floor renovation
rinuncia (f)
Verzicht
release; renouncement
riparazione (f)
Instandsetzung; Reparatur
reparation; repair
ripiani d'impalcatura (m)
Gerüstbeläge
working platforms of a scaffold
ripiano di scaffale (m)
Regalbrett
shelfboard
ripostiglio per scopa (m)
Besenschrank
broom closet

riscaldamento automatico (m)
automatische Feuerung
automatic furnace
rischio (m)
Risiko
risk
riscossione (f)
Inkasso
collection; encashment
riserva di proprietà (f)
Eigentumsvorbehalt
reservation of property
riserva naturale (f)
Naturschutzgebiet
natural reserve
risultato (m)
Ergebnis; Ertrag
result; returns
risultato (m) dell'azienda
Betriebsergebnis
operating result
ritagli (legno) (m)
Hackschnitzel
chips
ritagli di cellulosa (m)
Zelluloseschnitzel
cellulose chips
ritagliare
ausschneiden (Furnierfehler)
to cut out
ritagliatrice per impiallacciatura (f)
Furnierschere
veneer clipper
ritingere
nachbeizen
to restain
ritirarsi
schrumpfen
to shrink
rivalutazione (f)
Aufwertung (Währung)
revaluation

rivestimento (di tavole) (m)
Schalung
formwork; shuttering; boarding
rivestimento (di tavole) prefabbricato (m)
vorgefertigte Schalung
prefabricated formwork
rivestimento (legno) (m)
Verkleidung (Holz); Täfer
panelling; wainscoting; panel
rivestimento (m)
Bespannstoffe
covering materials
rivestimento a pannelli di legno (f)
Holzverkleidung
wainscot
rivestimento a pannelli di legno pieghevole (m)
Faltwand
folding wainscot
rivestimento a sovrapposizione (m)
Stülpschalung
weatherboarding
rivestimento decorativo (m)
dekorative Verkleidung
decorative panelling
rivestimento degli orli (m)
Kantenverkleidung
edge lining
rivestimento degli spigoli profilati (m)
Profilummantelung
profile jacketing
rivestimento dei bordi (m)
Kantenbeschichtung
edge coating
rivestimento del soffitto (m)
Deckenverkleidung
ceiling panelling
rivestimento del tetto (m)
Dachschalung

roof boards
rivestimento della superficie (m)
Oberflächenbeschichtung
surface coating
rivestimento di legno (m)
Holzverschalung
wood-shuttering; wooden formwork
rivestimento di pannelli prefabbricato (m)
Fertigvertäfelung
prefabricated panelling
rivestimento di tavole (m)
Blockhausschalung
log house boarding
rivestimento esterno con assi (m)
Außenverschalung
shuttering
rivestimento in legno (m)
Nut- und Federbrett
tongue and groove board (T&G)
rivestire di legno
vertäfeln
to board
rivoltatore di tronchi (m)
Stammwender
log turner; cant hook
robinia (f)
Robinie
false acacia
rocchetto (m)
Spule
spool; bobbin
rocchetto di legno (m)
Holzspule
wooden spool
rosato (a strisce rosse...) (m)
Rotstreif
red stripe
rotaia di scivolamento (f)
Gleitschiene
slide rail; slide bar
rotazione (f)
Umdrehung

turn
rotondità (f)
Rundung
curve
rotondo (m)
rund
round
rotore per spaccare il legno (m)
Hackrotor
rotary hogger
rottura (f)
Bruch
fracture
rottura di rami causati dalla neve (f)
Schneebruch
snow break
rottura nel giunto d'incollaggio (f)
Leimbruch
glue joint break
rulli di legno (m)
Holzrollen
wooden rolls
rulli di trasporto (m)
Transportrollen
transportation rolls
rullo (m)
Rolle
cylinder; reel
rullo a cuneo (m)
Keilwalze
splined roll
rullo di trascinamento (m)
Auszugswalze
outfeed roll
rullo rimanente (m)
Restrolle
core; centre
ruota (f)
Rad
wheel
ruota dentata (f)
Zahnrad

gear; cog wheel
ruota idraulica (f)
Wasserrad
water wheel
rustico (m)
rustikal
rustic
ruvido (m)
grob
coarse

S

sabbiatrice (f)
Sandstrahlgerät
sander
sabbiatrice per pavimenti (f)
Fußbodenschleifmaschine
portable floor sander
sacca della corteccia (f)
Rindeneinschluß
bark pocket
saetta (del trapano e simili) (f)
Bohrwerkzeug
boring tool
sala da pranzo (f)
Eßzimmer
dining room
salario (m)
Lohn
wage
saldare
löten
to braze; to solder
saldatura autogena (f)
autogenes Schweißen
autogenous welding
saldo (m)
Saldo
balance
salice (m)
Weide
willow; osier

salice da vimini (bianco) (m)
Korbweide
osier
salotto (m)
Wohnzimmer
living room
salotto da soggiorno (m)
Wohnstudio
modern livingroom
sano (m)
gesund
sound; bright
saracco (m)
Stoßsäge (Fuchsschwanz); Handstichsäge
pad saw; portable pad saw
sauna (f)
Sauna
sauna
sbarre di balaustra (f)
Geländerstäbe
railing barrels
sbavatore dell'impiallacciatura
(m)
Furnierpaketschere
veneer clipper; trimmer
sbucciabile
schälfähig
suitable for peeling
sbucciare
schälen
to peel; to rotary-cut
sbucciatore (m)
Schälmesser
peeling knife
sbucciatrice (f)
Schälmaschine
peeler
scaffale (m)
Regal
shelf
scaffale per bottiglie (m)
Flaschenregal

bottle rack
scaffale per libri (m)
Bücherregal
bookshelf
scala (a piuoli) (f)
Leiter; Treppe
ladder; stair
scala a chiocciola (f)
Wendeltreppe
winding stairs; spiral stair case
scala a piuoli (f)
Sprossenleiter
step ladder
scala doppia (f)
Stehleiter
step ladder
scaldavivande (m)
Kocher
boiler
scalino (m)
Treppenstufe
step; stair
scalo d'imbarco (m)
Schiffsanlegestelle
quai; anchorage; landing place
scalpello (m)
Stemmeisen
chisel
scanalare
auskehlen, abkanten; nuten; falzen
to groove; to chamfer; to channel;
to fold
scanalato (m)
geriffelt; genutet
fluted; grooved
scanalatura (f)
Zapfenloch; Keilnut; Nut; Rille
tenon hole; mortise; key way; groove; flute; chamfer
scandola (f)
Dachschindel
roof shingle
scaricamento (m)

Entladung
unloading
scaricare
entladen; löschen (ausladen)
to unload; to land
scaricare il container
Container auspacken
to destuff the container
scaricato su strada (m)
an die Straße gerückt
skidded to roadside
scaricatore (m)
Ablader
shipper
scarico (m)
Entladung
unloading
scarsezza di materie prime (f)
Rohstoffmangel
raw material shortage
scarso (m)
knapp
scant
scarti (m)
Ausschuß
reject, waste
scarti di segheria (m)
Sägeabfälle; Sägewerksabfälle;
Sägerestholz
mill waste; sawmill waste
scarto di impiallacciatura (m)
Furnierabfall
veneer waste
scatola (f)
Schachtel
box
scatola di fiammiferi (f)
Streichholzschachtel
matchbox
scatola impiallacciata (f)
Spanschachtel
chip box; splint box
scavo (m)

Aushub
digging; excavation
scegliere
sortieren
to grade; to sort; to classify
scelta (a...) (f)
nach Wahl
at choice
scelta (f)
Sortierung; Wahl
grading; option; choice
scelta del legname da taglio (f)
Schnittholzsortierung
lumber grading
scelta per lunghezza (f)
Längensortierung
length sorting
schedario (m)
Karteikasten
filing case
schegge (legno) (f)
Hackschnitzel
chips
schegge di legno (f)
Splitterholz
wood splinters
scheggia (f)
Span
particle
scheggia di corteccia (f)
Rindenhacker
bark chipper
**schienale (spalliera) della sedia
(f)**
Stuhllehne
chair back
schizzo (m)
Skizze
sketch; scheme
sci (m)
Ski
ski
sci nautico (m)

Wasserski
water ski
sciavero (m)
Seitenware; Schwarte (Schwartenbrett)
sidings; side cuts; off-cut; slab
sciavero da miniera (m)
Grubenschwarte
pit slab
sciavero del tetto (m)
Dachschwarte
roof slab
scienza del legno (f)
Holzwissenschaft
wood science; timber technology
sciopero (m)
Streik
strike
scivolatore per mobili (m)
Gleiter für Möbel
furniture glide
scivolo (m)
Rutsche
chute
scivolo a canale per legname (m)
Holzrampe; Holzrutsche
chute; slide for timber
**scivolo di scorrimento per trucioli
(m)**
Späneablaufschacht
chute for chips
scolorito (m)
verfärbt
discoloured
scolpire nel legno
schnitzen
to carve; to cut
scomparto (m)
Schrankfach
shelf; compartment
sconto (m)
Diskont; Rabatt
discount; rebate

scopa (f)
Besen
broom
scorte (f) (piantagione) (f)
Bestand (Bepflanzung)
stand; crop
scortecciamento (m)
Entrindung
debarking
scortecciamento umido (m)
Naßentrindung
wet-debarking
scortecciare
entrinden; rundschälen; schälen
to debark; to peel
**scortecciare eccentrico (mezza
rotazione)**
Exzentrischschälen
to peel on staylog; half rotary peeling
scortecciatore rotante (m)
Rotorentrinder
rotary-debarker
scortecciatrice (f)
Entrinder
debarker
scortecciatrice a tamburo (f)
Trommelentrinder
drum debarker
scortecciatrice a testa battente (f)
Schlagkopfentrinder
knocker-head debarker
scortecciatrice a testa fresante (f)
Fräskopfentrinder
cutter-head debarker
scortecciatrice idraulica (f)
Wasserdruckentrinder
hydraulic debarker
**scortecciatrice per legno da carta
(f)**
Papierholzschälmaschine
pulpwood debarker
scortecciatrice portatile (f)

Handentrindungsmaschine
portable debarker
scortecciatrice rotante (f)
Rundschälmaschine
rotary cutter; peeler
scortecciatura a bianco (f)
Weißschälen
white peeling
screpolatura d'angolo (f)
Kantenriß
edge shake
screpolatura da gelo (f)
Frostriß
frost shake
screziato (m)
moiriert
mottled
scrittoio (m)
Schreibtisch
writing desk
scrivania (f)
Pult; Schreibsekretär
desk; secretary
scultore su legno (m)
Holzbildhauer
wood carver
scultura su legno (f)
Schnitzerei
wood-carving
sdoganamento (m)
Zollabfertigung
customs clearance
sdrucciolevole (m)
rutschig
slippery
secchio (m)
Kübel
tub
secchio in legno (m)
Holzeimer
wooden bucket
secco (essiccato) (m)
trocken

dry; seasoned
secco (m)
getrocknet
seasoned; dried
secco assolutamente (m)
atro (absolut trocken)
absolutely dry
secco perfettamente (m)
absolut trocken
absolutely dry
secondo contratto
laut Vertrag
according to contract
sede sociale (f)
Sitz der Gesellschaft
registered office
sedia (f)
Stuhl
chair
sedia a dondolo (f)
Schaukelstuhl
rocking chair
sedia girevole da ufficio (f)
Bürodrehstuhl
office swivel chair
sedie (f)
Sitzmöbel
seating furniture
sedie imbottite (f)
Sitzmöbel (gepolstert)
upholstered seating furniture
sedie non imbottite (f)
Sitzmöbel (ungepolstert)
seating furniture without upholstery
seduta (f)
Sitzung
conference; meeting; hearing
sega (f)
Säge
saw
sega a catena portatile (f)
Handkettensäge
portable chain saw

sega a catena tagliente (f)
Kettensäge
chain saw
sega a crivello oscillante (f)
Decoupiersäge
jig saw
sega a doppia impugnatura (f)
Bundsäge
two-handled saw
sega a doppio taglio (f)
Doppelabkürzsäge
double cut-off saw
sega a lama oscillante (f)
Pendelsäge
pendulum saw
sega a lame multiple (f)
Gatter
frame saw
sega a lame multiple trasportabile (f)
fahrbares Gatter
transportable frame saw
sega a lame multiple a spostamento laterale (f)
Gatter mit Seitenverstellung
frame saw with lateral adjustment
sega a motore (f)
Motorsäge
motor saw
sega a nastro (f)
Bandsäge
band saw
sega a nastro a lame multiple (f)
Mehrfachbandsäge
multiple band-saw
sega a nastro di riduzione (f)
Reduzierbandsäge
reducer band saw
sega a nastro orizzontale (f)
Horizontalbandsäge
horizontal band saw
sega a nastro per ceppi (f)
Blockbandsäge

log bandsaw
sega a nastro per segare per
lungo (f)
Trennbandsäge
band re-saw
sega a nastro per ceppi orizzon-
tale/verticale (f)
Blockbandsäge horizontal/vertikal
horizontal/vertical log bandsaw
sega a nastro stretto (per minuteria) (f)
Tischlerbandsäge
narrow band saw
sega a taglio trasversale (f)
Trennsäge
cross-cut saw
sega ad arco (f)
Bügelsäge
bow-saw
sega allungabile (f)
Ablängsäge
cross-cut saw
sega alternativa orizzontale (f)
Horizontalgatter
horizontal frame saw
sega automatica doppia (f)
Doppeltrennsäge (automatische)
double automatic saw
sega circolare (f)
Ari-Säge; Kreissäge
ari-saw circular saw
sega circolare a banco (f)
Tischkreissäge
circular saw bench
sega circolare a due lame (f)
Doppelblattkreissäge
two blade circular saw
sega circolare a lame multiple (f)
Mehrfachabkürzkreissäge
multiple cut-off circular saw
sega circolare monolama (f)
Einblatthubkreissäge
single-blade stroke circular saw

sega circolare monolama per la
messa in formato (f)
Einblattformatkreissäge
single-blade circular saw
sega circolare multipla (f)
Mehrblattkreissäge
multiple blade circular saw
sega circolare per il dimensiona-
mento del pannello (f)
Formatkreissäge
panel sizing circular saw
sega circolare per legname da
costruzione (f)
Bauholzkreissäge
construction timber circular saw
sega circolare portatile (f)
Handkreissäge
portable circular saw
sega circolare sdoppiatrice (f)
Trennkreissäge
circular re-saw
sega da boscaiolo (f)
Kappsäge
crosscut saw
sega da impiallacciatura (f)
Furniersäge
veneer saw
sega da traforo (f)
Laubsäge
fretsaw
sega fenditrice (f)
Spaltsäge
cleaving saw; re-saw
sega intelaiata con irrigidimento
a torcitura di fune (f)
Stoßsäge (Fuchsschwanz)
pad saw
sega oscillante (f)
Schwenksäge
pivoting saw
sega per legname di piccola dimensione (f)
Schwachholzsäge

saw for small-sized timber
sega per pannelli con dimensioni
fisse (f)
Fixmaßsäge für Platten
saw for boards with fixed dimensions
sega portatile (f)
Handsäge
hand saw
sega portatile per agguagliare i
tenoni (f)
Zapfenplansäge
dowel and tenon plane saw
sega pre-orlatrice (f)
Vorbesäumsäge
pretrimming saw
sega sbavabordi (f)
Längsbesäumsäge
edge trimming saw
sega sdoppiatrice a nastro (f)
Spaltbandsäge
band re-saw
sega squadratrice (f)
Besäumsäge; Vierseitenbesäumsäge
trimming saw
sega verticale alternativa (f)
Sägegatter
frame saw
sega verticale alternativa di ripresa (f)
Nachschnittgatter
double cutting frame saw
segaccino a coda di topo portatile (m)
Handstichsäge
portable pad saw
segamento (m)
Sägen
sawing
segamento a pagamento (m)
Lohnschnitt
paid cutting

segamento in assicelle (m)
Bretterschnitt
board cutting
segare
sägen; einschneiden
to saw; to cut; to convert
segare in quarti
vierteln
to quarter
segare per lungo
auf Länge sägen
to cut to lenghts
segati di conifera (m)
Nadelschnittholz
softwood lumber
segati di latifoglia (m)
Laubschnittholz
hardwood lumber
segatrice (f)
Sägemaschine
sawing machine
segatura (f)
Holzmehl; Sägemehl/Sägespäne
saw dust
seggiole (f)
Sitzmöbel
seating furniture
segheria (f)
Sägeindustrie
sawing industry
segheria (f)
Sägewerk
sawmill
segheria a pagamento (f)
Lohnsägewerk
custom sawmill
segheria con seghe a nastro (f)
Bandsägewerk
band (saw) mill
seghetto alternativo di testa (m)
Vorschnittgatter
roughing frame
segmento (m)

Segment
segment
segone (m)
Kappsäge
crosscut saw
selezionare
aussuchen
to choose; to select
selezionato secondo larghezza
(m)
sortiert nach Breiten
sorted by widths
selezionato secondo lunghezza
(m)
sortiert nach Längen
sorted by lengths
selezionato secondo qualità (m)
sortiert nach Qualität
sorted for quality
selezionatore delle assicelle (m)
Brettersortieranlage
board sorting installation
selezionatore di trucioli (m)
Spansortierer
particle sorter; chip sorter
selezione (f)
Auswahl
choice; selection
selezione dei trucioli (f)
Spänesichtung
particle classification
selezione elettronica (f)
elektronische Sortierung
electronic sorting
semente (f)
Same
seed
sementi per silvicultura (f)
Forstsamen
forestry seed
semi secco (m)
halbtrocken
semi dry

semi-essiccato (m)
angetrocknet
slightly air-dried
semiautomatico (m)
halbautomatisch
half automatic
seminare
säen
to sow
semiquadro (m)
Halb-Sparren
half-square
sensale (m)
Makler
agent; broker
sensale del legno (m)
Holzagent
timber agent; broker
sensale marittimo (m)
Schiffsmakler
shipbroker; shipping agency
senso trasversale alle fibre (m)
quer zur Faser
across the grain
sentiero boschivo non lastricato (m)
Schleifweg (Wald)
unpaved forest road
sentiero per lo sgombero del legno tagliato (f)
Holzabfuhrweg
logging road
senza difetti
fehlerfrei; mängelfrei
clear; free of defects
senza giunture
fugenlos
jointless
senza impegno
freibleibend
without engagement
separare
trennen

to separate; to cut off
separatore (m)
Abscheider
separator
separatore dei trucioli (m)
Späneabscheider
cyclone; separator
separatore della polvere (m)
Staubabscheider
dust separator
separatore di tronchi (m)
Stammausstoßer
log pusher
serbatoio carburante (m)
Kraftstofftank
fuel tank
serra (f)
Gewächshaus
greenhouse
serratura a scatto (porta) (f)
Schnäpper
catch
serratura della porta (f)
Türschloß
door lock
servizio delle finanze (m)
Finanzwesen
finance department
servizio dopo vendita (m)
Kundendienst
after sale service
set di componenti per casse (m)
Kistengarnitur
set of box components
set di mole (m)
Schleifscheibensatz
set of grinding wheels
setacciatura (f)
Siebung
sifting
setaccio (m)
Sieb
screen

setaccio a vibrazione (m)
Vibrationssieb
vibration screen
setaccio selezionatore (m)
Sortiersieb
chip screen
setole (f)
Borsten
bristles
setole sintetiche (f)
Borsten, synthetisch
synthetic bristles
sezione (f)
Abschnitt
section
sezione acquisti (f)
Einkaufsabteilung
buying department; purchase office
sezione radiale (f)
Spiegelschnitt
radial cut; radial section
sezione radiale della quercia (f)
Eichenspiegelschnitt
oak radial section
sezione trasversale (f)
Querschnitt
cross section
sfibratura del legno (f)
Holzzerfaserung
defibrating
sforzo (m)
Belastung
stress
sfrangiare (impiallacciatura irregolare)
ausschneiden (Furnierfehler)
to cut out
sfruttamento abusivo (m)
Raubbau
indiscriminate felling
sfruttamento del legno (m)
Holznutzung
exploitation

sfruttamento eccessivo (m)
Übernutzung
excessive felling
sgabello (m)
Hocker; Trittleiter
stool; step-ladder
sgabello da piano (m)
Klavierstuhl
piano bench
sgabello per bar (m)
Barhocker
bar stool
sghembo (m)
windschief
lopsided
sgusciatrice (f)
Restrollenschälmaschine
centre peeler
siccità (f)
Dürre
drought
sicomoro (m)
Bergahorn
hard maple; sycamore
sicurezza di funzionamento (f)
Betriebssicherheit
operating safety
sigillare
versiegeln
to seal
sigillatura (f)
Versiegelung
sealing
siliceo (m)
kieselhaltig
siliceous
silicio (m)
Silizium
silicon
silicioso (m)
kieselhaltig
siliceous
silo (m)

Bunker
silo; bunker
silo (m)
Silo
silo
silo da trucioli (m)
Spänebunker
chip silo
silo per concime (m)
Kompost-Silo
compost silo
silo per trucioli umidi (m)
Bunker für nasse Späne
wet silo
silo tondo e quadrato (m)
Rund- und Viereck-Silo
round and square silo
silvicultore (m)
Waldbau
silviculture
similare
gleichartig
similar
sindacato (m)
Gewerkschaft
trade union
sinuosità (di un tronco) (f)
Krummschäftigkeit
crookedness
sistema di controllo dell'essicca-toio (f)
Trocknersteuerung
drier control system
sistema di laccatura a velo (f)
Lackgießverfahren
lacquer pouring process
sistemazione dei coltelli (f)
Messereinstellung
knife adjustment; setting of the cutters
sistemi e apparecchiature di puli-tura (m)
Reinigungsanlage- und -geräte

cleaning systems and equipment
situazione del mercato (f)
Marktlage
market situation
situazione economica (f)
Wirtschaftslage
economic situation
slitta (f)
Schlitten
sledge
slitta di legno (f)
Holzschlitten
wooden skid
smacchiatore (m)
Abbeizmittel
stain remover
smantellamento (m)
Abbau; Demontage
dismantling
smerigliare
schlichten (schleifen)
to gruid; to polish; tu cut
smerigliatrice a dischi (f)
Tellerschleifmaschine
disc sander
smerigliatrice a nastro (f)
Bandschleifer
tape grinder; tape sanding machine
smerigliatrice automatica (f)
Schleifautomat
automatic sander
smerigliatura della vernice (f)
Lackschleifen
lacquer sanding
sminuzzatore (di trucioli) (m)
Hacker; Spänezerkleinerer
chipper; hog; chip mill
sminuzzatrici (f)
Hackmaschinen
chapping machine
snocciolatrice (f)
Restrollenschälmaschine
centre peeler

società commerciale (f)
Handelsgesellschaft
trading company
società per azioni (f)
Aktiengesellschaft
joint-stock company
sofa (m)
Sofa
sofa; couch
soffiatrice (f)
Gebläse
blower
soffitta (f)
Dachboden
loft
soffitti prefabbricati (m)
vorgefertigte Decken
prefabricated ceilings
soffitto (m)
Decke
ceiling
soffitto a cassettoni (m)
Kassettendecke
panel ceiling
soffitto acustico (m)
Akustik-Decke
acoustic ceiling
soffitto di travi (m)
Balkendecke
beam ceiling; raftered ceiling
soggetto a modifica (m)
Änderung vorbehalten
subject to modification
soglia della porta (f)
Türschwelle
door sill; threshold
solaio (m)
Dachboden
loft
solco (m)
Rille
groove; flute; chamfer
solubile (non...) (m)

unlöslich
insoluble
soluzione alcalina (f)
Lauge
lye
soluzione caustica (f)
basische Flüssigkeit
caustic solution
soluzione protettiva del legno (f)
Holzschutzlösung
preservative solution
solvente (m)
Lösungsmittel
solvent
solvente della resina (m)
Harzlöser
resin solvent
solvibilità (f)
Zahlungsfähigkeit
solvency
somma forfettaria (f)
Pauschale
lump sum
sonda di misurazione della temperatura (f)
Temperaturfühler
temperature-sensing element
sorbo selvatico (m)
Eberesche
rowan; mountain ash
sostanza colorante (f)
Farbstoff
colouring product; colouring substance
sostegno (m)
Grubenpfeiler
pit post
sostituzione del nastro (f)
Bandwechsel
belt change
sottobosco (m)
Unterholz
brushwood

sottodimensionato (m)
untermaßig
scant; undermeasured
sottospecie (f)
Abart
variety
sottotetto (m)
überdacht
covered; under roof
sottovuoto (m)
Vakuum
vacuum
sovracapacità (f)
Überkapazität
overcapacity
sovraccaricare
überladen
to overload
sovraccarico (m)
Surcharge; Überlastung
surcharge; overloading
sovraconsegna (f)
Überlieferung
overshipment; overdelivery
sovradimensione (f)
Übermaß
over-cut; over-size; over-measure
sovraessiccato (m)
übertrocknet
overdried
sovramisura (f)
Übermaß
over-cut; over-size; over-measure
sovrapressione (f)
Überdruck
excess pressure; overpressure
sovvenzionare
subventionieren
to subsidize
sovvenzione (f)
Subvention
subvention
spaccatura (senza...) (f)

bruchfrei
free of splits
spaccatura centrale (f)
Kernriß
heart shake
spaccatura d'angolo (f)
Kantenriß
edge shake
spaccatura da gelo (f)
Frostriß
frost crack
spaccatura di legno secco (m)
Trockenriß
seasoning shake, check
spaccatura trasversale (f)
Querriß
cross shake
spago (m)
Schnur
cord
spalmare di grasso
schmieren
greasing
spalmato di resina (m)
harzbeschichtet
resin-laminated
spatola (f)
Spachtel
spatula; filler
spatola per birreria (f)
Brauereipalette
brewery pallet
spazio per legname tondo (m)
Rundholzplatz
log yard
spazzola (f)
Bürste
brush
spazzola per capelli (f)
Haarbürste
hair brush
spazzolare
bürsten

to brush
spazzolato (m)
gebürstet
brushed
specchio (m)
Spiegel
mirror
specialista (m)
Sachverständiger
expert; specialist
specialità in legno compensato (f)
Sperrholzspezialitäten
plywood specialities
specializzato (m)
fachkundig; Fachmann
competent; specialist; expert
specie del legno (f)
Holzart
species
specie dell'albero (f)
Baumart
tree species
specie di sostituzione (f)
Ersatzholzart
species of substitution
specie secondaria (legno) (f)
Nebenholzart
secondary species
specificazione (f)
Holzliste
tally sheet; specification
spedizione (f)
Sendung; Versand
consignment; parcel; shipment;
load; dispatch; delivery
spedizione parziale (f)
Teilverschiffung
part shipment
spedizioniere (m)
Spediteur
forwarding agent
sperone (m)
Brettwurzel

buttress
spese (f)
Spesen
charges; expenses
spese bancarie (f)
Bankgebühren
bank charges
spese d'amministrazione (f)
Verwaltungskosten
administration charges; management costs
spese d'incasso (f)
Inkassospesen
collection-charges
spese d'interesse (f)
Zinsaufwendungen
interest charges
spese di esercizio (f)
Betriebsausgaben
operating expenses
spese di sosta (f)
Liegekosten
demurrage
spese di spedizione (f)
Ladekosten
shipping charges
spese di trasporto (f)
Frachtkosten; Transportgebühren
freight charges; carriage charges
spese fisse (f)
Fixkosten
standing charges
spessore (m)
Dicke; Stärke
thickness
spessore del truciolo (m)
Spandicke
thickness of particle
spessore di scortecciamento (m)
Abschäldicke
peeling thickness
spessore medio (m)
Durchschnittsstärke

average thickness
spessore normale (m)
Normalstärke
standard thickness
spessore speciale (m)
Sonderstärke
special thickness
spezzatura (f)
Fällriß
felling shake
spezzatura a croce (f)
Kreuzriß
cross shake
spezzoni (m)
Abschnitte (kurze)
shorts
spianare
abrichten
to plane; to surface
spigolato squadrato (m)
Kantholz
squared timber
spigolo (m)
Kante
edge
spinare
entgraten
to deburr
spola (f)
Weberschiffchen
shuttle
spolverizzato (m)
geschliffen
polished; sanded
sporgenza (f)
Überhang (Sägen)
overhanging
sporgenza della testa del dente (f)
Zahnkopfhöhe
addendum
sporgenza incollata (f)
Anleimer

glue-on ledge; crossband
sportello dell'armadio (m)
Schranktür
cupboard door
spostamento laterale (m)
seitliche Verstellung
lateral adjustment
squadrare
besäumen; behauen
to trim; to edge; to hew
squadrato (m)
besäumt
square edged
squadrato a spigoli vivi (m)
scharfkantig besäumt
square edged
squadratore (m)
Besäumer
edger
squadratura (f)
Besäumung
edging
sradicato (m)
entwurzelt
rooted out; uprooted
stabilimento (industriale) (m)
Fabrik
mill; factory
stabilimento del legno compensato (m)
Sperrholzwerk
plywood mill; plywood factory
stabilimento di impiallacciatura (m)
Furnierwerk
veneer mill
stabilimento di modanatura (m)
Leistenfabrik
moulding mill; moulding factory
stabilimento di trinciatura (m)
Messerfurnierwerk
slicing mill
stabilimento di trinciatura a paga-

mento (m)
Lohnmesserwerk
custom veneer factory
stabilimento per la costruzione di casse (m)
Kistenfabrik
box mill
stabilimento per pannelli di trucioli (m)
Spanplattenwerk
particle board mill; chipboard factory
stabilità della dimensione (f)
Dimensionsstabilität
dimension stability
stabilità dimensionale (f)
Formbeständigkeit; Stehvermögen
dimension stability; stability; static bend
staff (m)
Personal
staff; personnel
stagione del taglio (f)
Einschlagszeit
logging season
stagione di coltivazione (f)
Vegetationsperiode
growing season
stagione secca (f)
trockene Jahreszeit
dry season
stagno di cortecce d'albero (m)
Klotzteich
log pond
stalla (f)
Stall
stable
stampare
bedrucken
to print
stampare direttamente
direkt bedrucken
to print directly
stampato (m)

bedruckt
printed
stampella per vestiti (f)
Kleiderbügel
clothes hanger
stampino (m)
Schablone
stencil
stand di esposizione (m)
Ausstellungsstand
exhibition stand
standard (m)
Norm
standard
standardizzare
normen
to standardize
stanza da letto (f)
Schlafzimmer
bedroom
statistica (f)
Statistik
statistics
stecca di una recinzione (f)
Zaunlatte
picket; stake; pale
steccati (m)
Staketen
pale fences
steccato (m)
Jägerzaun
staket fence
stecche da bigliardo (f)
Billardstöcke
billiard cues
steccionate (f)
Staketen
pale fences
stecconata (f)
Zaunstange; Lattenzaun
fencing pole; paling; picket fence
sterpi (m)
Reisig

brushwood
stimare
schätzen
to estimate; to value
stimatore (m)
Taxator
valuer; appraiser
stipo (m)
Spind
locker
stiva (f)
Schiffsraum
hold; tonnage; freight space
stivaggio per consegna lungo bordo nave (m)
Überbordverladung
stowage for overside delivery
stivatore (m)
Stauer
stevedore
stoccaggio (m)
Lagerung
storage
stoccaggio al coperto (m)
Lagerung unter Dach
storage under shed
stoccaggio al suolo (m)
Landlagerung
land storage
stoccaggio all'aria aperta (m)
Freilagerung; Lagerung im Freien
open storage; open air storage
stoccaggio intermedio (m)
Zwischenlagerung
intermediate storage
storcere
verziehen
to warp
stornare
stornieren
to cancel; to withdraw
storta (f)
Retorte

retort
storto (m)
windschief
lopsided
strati interni del legno compensato (m)
Sperrholzmittellagen
inner layers; plywood cores
strato (m)
Schicht (bei Platten)
layer
strato decorativo (m)
Dekorschicht
decorative coat
strato di assicelle (m)
Bretterlage
board layer
strato di colla (m)
Leimfilm
glue film
strato di legno (m)
Holzlage
layer of wood
strato di superficie (m)
Deckschicht
top layer; surface layer; face layer
strato esterno (m)
Decklage
outer layer
strato in plastica (m)
Kunststoffüberzug
plastic overlay
strato interno (m)
Innenschicht
inner layer
strato interno (nucleo) dello sci (m)
Skiinnenlage
inner ply of ski
strato sottile di carta decorativa (m)
Dekorfilm
decorative film

striato fine (m)
feinstreifig
fine-striped
striatura (f)
Streifen (Furnier)
stripe
stringere con morsetti
klammern
to fasten; to clamp
strisce di parquet (f)
Parkettfriese
flooring strips; flooring blocks
striscia resinosa (f)
Harzgang
resin streak
strisciamento (m)
Kriechen
creeping
strumento a fiato di legno (m)
Holzblasinstrument
wooden wind instrument
strumento musicale (m)
Musikinstrument
musical instrument
struttura anatomica (f)
anatomischer Aufbau
anatomical structure
struttura della cellula (f)
Zellgerüst
cell structure
struttura della piantagione (f)
Bestandsstruktur
stand constitution
struttura della superficie (f)
Oberflächenstruktur
surface structure
struttura porosa (f)
Porenstruktur
pore structure
struttura rotondeggiante (f)
Korpusrundung
corpus rounding
stuzzicadente (m)

Zahnstocher
tooth-pick
subfornitore (m)
Unterlieferant
sub-supplier
succhiello (m)
Bohrer
drill; borer
sughero (m)
Kork; Korken
cork
sughero granulato (m)
Korkschrot
granulated cork
sughero naturale (m)
Naturkork
natural cork
supercargo (m)
Supercargo
super cargo
superficie (di un mobile) (f)
Oberfläche (Möbel)
finish
superficie (f)
Fläche; Oberfläche
area; surface
superficie del legno (f)
Holzoberfläche
wood surface
superficie di elevata lucentezza (f)
Hochglanzoberfläche
high-gloss surface
superficie di taglio (f)
Schnittfläche
surface of cut
superficie in tela (f)
Leinendesign
linen surface
superficie marmoreggiata (f)
Marmordesign
marble surface
superficie ripiena di seta (f)

seidenmatte Oberfläche
silky mat surface
supervisore del parco legname (m)
Platzmeister
yard supervisor
supervisore di cantiere (di legname) (m)
Rundholzplatzmeister
log yard supervisor
supporto (m)
Träger
bearer
supporto di chiusura (m)
Schalungsträger
shuttering support
supporto per impiallacciatura (m)
Furnierträger
core stock
svettato (m)
gekappt
square-cut; trimmed
svigorito (m)
entsplintet (= ohne Splint)
desapped; without sap
tabella di conversione (f)
Umrechnungstabelle
conversion table

T

tacchi (m)
Schuhabsätze
heels
tacco (di scarpe) (m)
Absatz (von Schuhen)
heel
tagliare
einschneiden; kappen; zerspanen; einschlagen
to saw; to cut; to convert; to cross-cut; to chip; to chop; to fell
tagliare a pezzi

kappen
to cross-cut
tagliare i rami laterali
ausästen
to prune; to trim
tagliato (m)
gemessert
sliced
tagliato rettangolare (m)
rechtwinklig gekappt
rectangular cross-cut
tagliatore (m)
Besäumer
edger
tagliatrice (f)
Furniermessermaschine
slicer
tagliere a disco (m)
Scheibenhacker
disk chipper
taglio (d'un bosco) (m)
Einschlag
felling; logging
taglio a croce (m)
Kreuzholz
squared timber; scantling
taglio a misura (m)
Zuschnitt
cut to size
taglio a sbieco (m)
Fase
chamfer; bevel
taglio del legname (m)
Holzbringung; Holzeinschlag
logging; extraction of timber; felling
taglio del legno (m)
Holzeinschnitt
timber cutting; conversion
taglio di ceppo (m)
Anschnittbrett
log-cut
taglio di tronco in quattro parti (m)

Viertelstamm
quarter log cut
taglio di venatura verticale (m)
Riftschnitt
vertical grain cut
taglio finale (m)
Endnutzung
final cut
taglio fresco (m)
frisch gefällt
freshly felled; fresh cut
taglio longitudinale (m)
Längsschnitt
longitudinal cut; section
taglio longitudinale del legname (m)
Ablängen des Holzes
cross-cutting
taglio prismatico (m)
Prismenschnitt
prismatic cut
taglio radiale (m)
Radialschnitt
radial cut
taglio singolo (m)
Einfachschnitt
single cut
taglio su quarto (m)
Quartierschnitt
quarter sawing; riftsawn
taglio tangenziale (m)
Tangentialschnitt; Fladerschnitt
tangential cut; flat cut; plain cut
taglio trasversale (m)
Hirnschnitt; Trennschnitt
cross-cut
taglio trasversale di tronchi (m)
Rundholzablängung
cross-cutting of logs
tamburo (m)
Trommel
drum
tamburo avvolgitore (per cavi)

(m)
Seiltrommel
rope drum; cable drum
tamburo scortecciatore (m)
Entrindungstrommel
debarking drum
tampone (m)
Puffer
buffer
tannino (m)
Gerbstoff
tannin
tannino di quercia (m)
Eichengerbstoff
oak tannin
tapezziere (m)
Polsterer
upholsterer
tappo di sughero (m)
Korken
cork
tariffa (f)
Tarif
tariff; rate
tariffa corrente (f)
gültiger Tarif
current rate
tariffa speciale (f)
Sondertarif
special rate
tarlo (m)
Holzwurm
timber worm
tarlo dell'alburno (m)
Splintwurm
sap worm
tassare
besteuern
to impose a tax
tassazione (f)
Taxat
valuation
tassazione di bosco (f)

Forst-Taxation
forest taxation
tassello (f)
Dübel
dowel
tasso (m)
Eibe
yew
tasso di compressione (m)
Verdichtungsgrad
compression ratio
tasso di sconto (m)
Diskontsatz
discount rate
tavola (f)
Diele
flooring board; deal
tavola bisellata (f)
Fasebrett
chamfered board
tavola da disegno (f)
Zeichenbrett
drawing board
tavola da rivestimento (f)
Schalungsbrett
shuttering board
tavola di balcone (f)
Balkonbrett
balcony plank
tavola di copertura (f)
Schalbrett; Schalungsbrett
formwork board; shuttering board
tavola di cuore (del legno) (f)
Herzbrett (Kernbrett)
heartwood plank; core board
tavola di piattaforme (f)
Palettenbrett
pallet board
tavola di scaricamento (f)
Abrolltisch
discharge table
**tavola laminata ad alta pressione
(f)**

HPL-Platte
high pressure laminated board
tavolame (m)
Breitware
boards
tavolato di quercia lustrato (m)
Pariser Ware
square edged oak timber
tavole da parquet (f)
Parkettbretter
parquet boards
**tavole grezze in dimensioni fisse
(f)**
Rohhobler
rough boards in fixed dimensions
tavole per piattaforme (f)
Palettenware
pallet timber grades
tavole segate di quarto (f)
Riftbretter
quarter sawn lumber
**tavoletta per affettare il prosciut-
to (f)**
Schinkenbrett
ham-board
**tavolino per macchina da scrivere
(m)**
Schreibmaschinentisch
typist's desk
tavolo (m)
Tisch
table
tavolo a rotelle (m)
Rollentisch
rolling table
tavolo allungabile (m)
Ausziehtisch
extending table
tavolo da cucina (m)
Küchentisch
kitchen table
tavolo da disegno (m)
Zeichentisch

drawing table
tavolo da toletta (m)
Frisierkommode
toilet-table
tavolo delle conferenze (m)
Konferenztisch
conference table
tavolo di comando (m)
Bedienungspult
operator's desk
tavolo di nebulizzazione (m)
Sprühtisch
spray table
tavolo per mensa aziendale (m)
Kantinentisch
canteen table
tavolo piccolo (m)
Beistelltisch
side table
tavolo scorrevole (m)
Schiebetisch
sliding table
tavolo speciale (m)
Spezialtisch
special table
tavolo-divano (m)
Couchtisch
sofa table
tavolone (m)
Bohle
plank; batten
tavoloni d'impalcatura (m)
Gerüstbohlen
scaffolding planks
tavolozza (f)
Boxpaletten
box pallets
tavolozza a una via (f)
Einwegpalette
one-way pallet
tecnica (f)
Technik
technique

tecnica di controllo (f)
Regeltechnik
control engineering
tecnica di riduzione (f)
Reduziertechnik
resawing technique
tecnologia (f)
Technologie
technique; technology
tecnologia del legno (f)
Holzwissenschaft
wood science; timber technology
tela incerata (f)
Persenning
tarpaulin
telaio (m)
Rahmen; Ständer
frame; rack; stand; post
telaio a più seghe (o lame) (m)
Vollgatter
frame saw
telaio di finestra in materia plastica (f)
Vollkunststoff-Fenster
all-plastic window frame
telaio d'imbottitura (m)
Polstergestell
upholstery frame
telaio del letto (m)
Bettgestell
bed frame
telaio della porta (m)
Türrahmen
door frame
telaio di base (m)
Untergestell
base frame
telaio di finestra (m)
Fensterrahmen
window frame
telaio di finestra in alluminio (m)
Aluminium-Fenster
aluminium window frame

telaio di scala (m)
Leiterrahmen
ladder frame
telaio di sega a otto cilindri (f)
Acht-Walzen-Gatter
eight-cylinder frame saw
telaio molleggiato elastico (m)
Sprungrahmen
elastic spring-frame
telone (m)
Plane
tilt; cover
temperato in olio (m)
ölgehärtet
oil-tempered
temperatura di indurimento (f)
Härtungstemperatur
curing temperature
temperatura stabile (f)
temperaturbeständig
temperature resistant
tempi d'applicazione della pressione (m)
Preßzeit
pressing time
tempo d'esposizione prima dell'assemblaggio (m)
offene Wartezeit (Leime)
open waiting time; open assembly time
tempo d'indurimento (m)
Abbindezeit
hardening time
tempo di consegna (m)
Lieferzeit
time of delivery
tempo di consegna (m)
Lieferfrist
time of delivery
temprare
härten
to harden; to temper
tenace (duro) (m)

zäh
tough
tenaglia (f)
Kneifzange
pincers
tenaglia con ganasce da presa (f)
Beißzange
nippers; pincers
tendenza a restringersi (f)
Schrumpfneigung
tendency to shrink
tendenza economica (f)
Konjunktur
trend; trade cycle
tenditore di cavi (m)
Seilspanner
cable tightener
tenditore di lame di sega a lame multiple (m)
Gatterspanner
frame saw tensioner
tenone (m)
Zapfen
dowel; tenon; peg; cone
tensione (f)
Spannung
tension; stress
tensione della lama di sega (f)
Sägeblattspannung
saw blade tension
teredine (m)
Pfahlwurm
marine borer; teredo
termine (a lungo...) (m)
langfristig
long-term
termini di consegna (m)
Lieferbedingungen
terms of delivery
termiti (m)
Termiten
termites
termometro a secco (m)

Trocknerthermometer
dry bulb
termostato (m)
Thermostat; Temperaturregler
thermostat
terreni incolti (m)
Ödland
waste land
testa della pialla (f)
Hobelkopf
planing head
testa portafresa (f)
Fräskopf
head stock
testa spargitrice (f)
Streukopf
spreading head
testimonianza (f)
Zeugnis
testimonial
tetto (m)
Dach
roof
tetto a due falde (m)
Satteldach
saddle roof
tetto a padiglione (m)
Walmdach
hip roof; hipped roof
tetto coperto di assicelle (m)
Schindeldach
shingle roof
tiglio (m)
Linde
lime-tree
tiglio americano (m)
Amerikanische Linde
basswood
tino (m)
Bottich; Trog
tub; vat; trough
tinozza (f)
Kübel; Trog

trough; tub
tinta chimica (f)
chemische Holzverfärbung
chemical stain
tinteggiato (m)
getönt
tinted
tintura marrone (f)
Braunverfärbung
brown stain
tipi di cellule (m)
Zellarten
types of cells
tipo (m)
Type
type
tipo di bosco (m)
Waldtyp
forest type
tipo di costruzione (m)
Bauart
type; model
tipo normale (m)
Normalausführung
standard type
toletta (f)
Frisierkommode
toilet-table
tolleranza dimensionale (f)
Maßabweichung
deviation of size
tolleranze d'umidità (f)
Feuchtetoleranzen
moisture tolerances
tondello di faggio (m)
Buchenrundholz
beech logs
tondo (m)
rund
round
tonnellaggio (m)
Tonnage
tonnage

tornio a copiare (m)
Schablonendrehmaschine
copying lathe with template control
of tool
tornio automatico (m)
Drehautomat
automatic turning machine
tornio da legno (m)
Drechselbank
turning-lathe
tornio da riproduzione (m)
Kopierdrehbank
copying turning lathe
tornire
drehen; drechseln
to turn
tornitore (m)
Drechsler
turner
torre di refrigerazione (f)
Kühlturm
cooling tower
torrente di montagna (m)
Wildwasser
mountain torrent
torsione (f)
Torsion
torsion
torsolo rimanente (m)
Restrolle
core; centre
tossico (m)
toxisch
toxic
tossico (non...) (m)
ungiftig
non poisonous
traccia (buco) di verme (f)
Fraßgang
borer tunnel; gallery; worm trace
trachea (f)
Tracheen
tracheae

tracheide (f)
Tracheide
tracheid
trafila (f)
Extruder
extruder
traghetto (m)
Fähre
ferry
traghetto ferroviario (m)
Eisenbahnfähre
railway ferry
trainare
rücken
to haul; to skid
tralci (m)
Enden (Kürzungen)
ends
tralci (m)
Schlagraum
slash; brash
tralcio da frutto tagliato corto (m)
Kürzungsbretter
shorts; ends
traliccio (m)
Fachwerk
frame-work; studding
tramezzi (m)
Raumteiler
partitions
tramoggia (f)
Bunker
silo; bunker
tramoggia di dosaggio (f)
Dosierkasten
dosing funnel
tranciare
messern
to slice
trapanare
bohren
to drill; to bore
trapano (m)

Bohrmaschine; Drillbohrer
drilling machine; drill
trapano automatico (m)
Bohrautomat
automatic drilling machine
trapassare della colla
Leimdurchschlag
bleed through
**trapianto di alberi (macchina per
il) (m)**
Baumumpflanzgerät
tree transplanting machine
trapungere a punti passanti
ausstanzen
to punch
trasbordare
umladen
to reload; to transship
trasferibile
übertragbar
transferable
trasformare
verarbeiten
to machine; to process; to manufacture
trasformatore (m)
Transformator
transformer
trasformazione del legno (f)
Holzbearbeitung
woodworking
trasformazione in trucioli (f)
Zerspanung
disintegration
trasmissione a cinghia (f)
Riemenantrieb
belt drive
trasmissione di energia (f)
Kraftübertragung
power transmission
trasportare
fördern; transportieren
to convey; to transport

trasportare con zattera
flößen
to float; to raft
trasportatore (m)
Fuhrunternehmer
carrier; trucking operator
**trasportatore a vite perpetua
(senza fine) (m)**
Schneckenaustragvorrichtung
discharge with endless screw
trasportatore circolare (m)
Kreisförderanlage
continuous conveyor
trasportatore di resina (m)
Harzträger
resin carrier
trasportatore principale a rulli (m)
Hauptrollengang
main roller conveyor
trasportatore selezionatore (m)
Sortierförderer
sorting conveyor
trasportatore trasversale (m)
Querförderer
cross conveyor
trasportatori elettrici al suolo (m)
Kraftbewegte Flurförderung
power-driven floor transport
trasporto (m)
Beförderung; Transport
carriage; transport
trasporto di legname (m)
Holztransport
timber transport
**trasporto di legname a mezzo
corrente del fiume o zattera (m)**
Trift
floating
**trasporto di legname da una nave
in un'altra (m)**
Holzumschlag
reloading; transshipment of timber
trasporto per via d'acqua (m)

Verschiffung
shipment
trasporto scarti (m)
Abfalltransport
waste transportation
tratta (f)
Wechsel; Tratte
draft
tratta a vista (f)
Sichtwechsel
sight-draft
tratta accettata (f)
Akzept
accepted bill
trattamento (m)
Behandlung
treatment
trattamento anti-turchino (m)
Bläuebekämpfung
anti blue-stain treatment
trattamento chimico (m)
chemische Behandlung
chemical treatment
trattamento del legno (m)
Holzschutzbehandlung
timber treatment
trattamento del legno sotto pressione nell'autoclave (m)
Kesseldruckverfahron
pressure boiler method
trattamento della superficie (m)
Oberflächenbehandlung
surface treatment
trattamento di travetti usati (m)
Altschwellen-Aufbereitung
treatment of used sleepers
trattamento supplementare (m)
Nachbehandlung
after treatment
trattamento umido (m)
Naßbehandlung
wet-treatment
trattare con eccesso di vapore

(legno)
überdämpfen
to oversteam
trattato con getto di sabbia (m)
sandgestrahlt
sand blasted
trattato con vapore (legno) (m)
gedämpft
steamed
trattato con vapore (non...) (m)
ungedämpft
unsteamed
trattore (m)
Schlepper (Land); Traktor
tractor; hauler
trattore a cingoli (m)
Raupenschlepper
caterpillar; bulldozer
trattore per trascinare (m)
Rückeschlepper
skidding tractor
trattore speciale per boschi (m)
Forstspezialschlepper
special forest tractor
trave (f)
Balken; Holzträger; Pfette
beam; squared log; purlin
trave composta (f)
Verbundbalken
tie
trave del soffitto (f)
Deckenbalken
ceiling beam
trave di sospensione (f)
Hängebalken
hanging beam
trave diagonale (f)
Schrägbalken
diagonal beam; diagonal bend
trave in massello (f)
Vollholzbalken
solid timber beam
trave laminata (f)

lamellierter Balken; Schichtholzbalken
laminated beam
trave tagliata a metà (f)
Halbholz
half log; half timber
traversa (f)
Sprosse
step (of a ladder); cross bar; rung;
stave
traversa di finestra (f)
Fenstersprosse
window bar
traversa doppia (f)
Doppelschwelle
double sleeper
traverse (f)
Traversen
cross-arms
traversina (ferrovia) (f)
Schwelle (Bahn)
sleeper; tie
traversina per scambio (f)
Weichenschwellen
crossing sleeper
travetti (m)
Kantholz
squared timber
travetti per miniera (m)
Grubenschwellen
pit sleepers
travetto (tetto) (m)
Sparren
square
travetto inclinato del tetto (m)
Dachsparren
rafter
travicello (m)
Bundsparren
tie beam
tremolo (m)
Espe/Aspe
aspen-tree

trinciare
zerspanen; auftrennen
to chip; to chop; to rip; to re-saw
trinciatore a tamburo (m)
Trommelhacker
drum chipper
trinciatrice a lame multiple (f)
Mehrfachkappsäge
multiple cut-off saw
trinciatrice dei pannelli (f)
Plattenaufteilsäge
panel sizing saw
trinciatura mezzo-quarto (f)
Faux-Quartier messern
half-quarter slicing
**trinciatura parziale di corteccia
d'alberi (f)**
Teilfurnierholz
log partly veneer quality
trinciatura su quarto (f)
Quartiermessern
quarter slicing
trituratore (m)
Hacker
chipper; hog
trituratore di trucioli (m)
Spänemühle
grinder
trivella (f)
Bohrer; Bohrwurm
drill; borer
tromba delle scale (f)
Treppenhaus
staircase
tronchi
Blochware/Blockware
logs sawn through and through
tronchi da segare (m)
Sägerundholz
saw log
tronchi di piccolo diametro (m)
Schwachholz
small diameter logs

tronco (m)
Rundholz; Stamm
roundwood; log
tronco da segare (m)
Sägeblock
saw log; log for sawing
tronco di albero fogliuto (m)
Laubstammholz
hardwood log
tronco selezionto (m)
ausgesuchter Stamm
selected log
tronconi larghi (m)
fallende Breiten
falling widths
truciolato (m)
Spanholz
chipwood
trucioli (m)
Holzwolle; SChnitzel (Holz); Späne
wood wool; chips; chippings; particles
trucioli di piallatura (m)
Hobelspäne
shavings; chippings
trucioli per strati di superficie (m)
Deckschichtspäne
face material; chips for top layer
truciolo (m)
Span
particle
truciolo di fresatura (m)
Frässpan
moulding shaving
truciolo di superficie (m)
Decklagenspan
surface chip
truciolo piatto (m)
Flachspan
flat chip
tubo d'aspirazione (m)
Absaugrohr
exhaust pipe

tubo da saggio (f)
Reagenzglas
test tube
turbina (f)
Turbine
turbine
turbina a vapore (f)
Dampfturbine
steam turbine
turbina idraulica (f)
Wasserturbine
water turbine
turchino (m)
Bläue
blue-stain

U

ufficio (m)
Büro
office
ufficio del registro (m)
Registergericht
court of registry
ugnatura (tagliare a ugnatura) (f)
Gehrung (auf ... schneiden)
mitre sawing
umidificare
bofouchton
to moisten
umidità (f)
Feuchte
moisture; humidity
umidità dell'aria (f)
Luftfeuchte
air humidity
umidità equilibrata (f)
Ausgleichsfeuchte
equilibrium moisture contents; conditioning humidity
umidità finale (f)
Endfeuchte
final moisture

umidità normale (f)
Normalfeuchtegehalt
normal moisture content
umidità residua (f)
Restfeuchte
residual moisture
un quarto di circonferenza (m)
Viertelumfang
quartergirth
unità (f) (parte, combinazione di macchina)
Aggregat (Maschinenteil, Maschinenkombination)
unit
unità di controllo (f)
Regelgerät
control unit
unità di misura (f)
Maßeinheit
unit of measurement
unità di regolazione (f)
Regelgerät
control unit
urea (f)
Harnstoff
urea
usanze commerciali (f)
Handelsgebräuche
trade customs; trade terms
uscita (azioni, giornale) (f)
Ausgabe (Aktien, Zeitung)
issue; emission; edition
uscita dall'essiccatoio (f)
Trocknerausgang
drier outlet
uso esterno (m)
Außenverwendung
exterior use; outdoor use
uso interno (m)
Innenverwendung
indoor use
usura (f)
Verschleiß

wear and tear
utensili (m)
Handwerkszeug
tools
utensili per la piallatura (m)
Hobelwerkzeug
planing tools
utente (m)
Endverbraucher
end user; consumer
utilizzabile
nutzbar; verwertbar; verwendbar
merchantable; exploitable; usable; applicable
utilizzazione (f)
Verwertung; Verwendung
application; employment; use
utilizzazione del legno (f)
Holzverwertung
utilisation of wood
utilizzazione forestale (f)
Waldnutzung
forest utilisation
utilizzazione interna (f)
Innenanwendung
interior use

V

vagliatore di trucioli (m)
Spänesichter
sifter
vagliatrice cilindrica (f)
Rundsiebmaschine
cylinder paper machine
vagliatura (f)
Siebung
sifting
vaglio (m)
Siebwuchtrinne; Vibrationssieb
vibro screen; vibration screen
vagone (ferroviario) (m)
Waggon; (Eisenbahn-)

(railway) carriage; (railway) waggon
vagone-piattaforma (m)
Flachwagen
flat wagon
validità (f)
Gültigkeitsdauer
validity
valido (non...) (m)
ungültig
invalid
valore approssimativo (m)
annähernder Wert
approximate value
valore calorico (m)
Heizwert
heating value; caloric value
valore effettivo (m)
Istwert
actual value
valuta (f)
Währung
currency; exchange
valuta straniera (f)
Devisen
foreign exchange
valutazione (f)
Schätzung
valuation
valutazione del legno (f)
Holzbeurteilung
judgement of timber
vantaggio (m)
Vorteil
advantage
vaporizzare
dämpfen
to steam
vaporizzato (m)
gespritzt
sprayed
variazione dello spessore (f)
Dickenschwankungen
thickness variation

vasca da miscelazione (f)
Trogmischer
trough mixer
vasca di macerazione (f)
Kochgrube
soaking tank
vasi, recipienti macchiati, punteggiati (m)
Tüpfelgefäße
pit vessels
vassoio (m)
Servierbrett; Tablett
tray; server
vecchia costruzione (f)
Altbau
old building
veicolo commerciale (m)
Nutzfahrzeug
commercial vehicle
veicolo di cantiere (m)
Baustellenwagen
site trailer
veicolo utilitario (m)
Nutzfahrzeug
commercial vehicle
veliero (m)
Segelschiff
sailing-ship
velocità (f)
Geschwindigkeit
speed
velocità della catena (f)
Kettengeschwindigkeit
chain speed
velocità di avanzamento (f)
Vorschubgeschwindigkeit
feed rate; feeding-speed
velocità di essiccazione (f)
Trocknungsgeschwindigkeit
drying velocity
velocità di rotazione (f)
Drehzahl
speed of rotation

velocità di taglio (f)
Schnittgeschwindigkeit
cutting speed
vena resinosa (f)
Harzgang
resin streak
venatura (f)
Maserung
figured texture
venatura (legno) ondulata (m)
Wimmerwuchs
wavy grain
vendita (f)
Vertrieb
marketing; sale
vendita all'incanto (f)
Versteigerung
auction; public sale
vendita diretta (all'acquirente) (f)
Streckengeschäft
direct-to-purchaser sale
venditore (m)
Verkäufer
seller
ventilatore d'aspirazione (m)
Sauggebläse
suction conveyor
verga (f)
Rundstab
dowel rod; round rod
vernice (f)
Lack
varnish; lacquer
vernice alla nitrocellulosa (f)
Nitrolack
nitrocellulose lacquer
vernice sintetica (f)
Kunstharzlacke
synthetic resin varnishes
verniciare
lackieren
to enamel; to lacquer; to varnish
verniciare con vernice

trasparente
lasieren
to glaze
verniciatura a spruzzo (f)
Spritzlackierung
lacquer spraying; spray varnishing
verniciatura diretta (f)
Direktlackierung
direct varnishing
verricello per il trasporto di ceppi
(m)
Blockaufzug
log haul-up; block pulley
vescica di resina (f)
Harzgalle
resin pocket; resin gall
vetraio (m)
Glaser
glazier
vetrata (f)
Fensterkreuz
window cross
vetreria (f)
Glaserei
glazier's shop
vetrina (f)
Schaufenster
shop window
vetro di finestra (m)
Fensterscheibe
window pane
vetro isolante (m)
Isolierglas
insulating glass
vibrovaglio (setacciatore a vibrazione) (m)
Schwungsieb (Vibrationssieb)
vibrating screen
violazione delle leggi forestali (f)
Forstfrevel
infringement of forest laws
visciolo (ciliegio selvatico) (m)
Kirschbaum (wilder)

wild cherry; black cherry
vite (f)
Schraube
screw
vite da legno (f)
Holzschraube
wood screw
vite di congiunzione (f)
Verbindungsschraube
connecting screw
**vite perpetua (senza fine) di
ritorno (f)**
Rückführschnecke
return screw conveyor
vivaio di piante (m)
Baumschule
tree nursery
volta a botte (f)
Tonnengewölbe
barrel vault
volume (f)
Volumen; Rauminhalt
cubic contents; volume
vuoto fra i denti (m)
Zahnlücke
tooth space
vuoto per pieno (m)
Leerfracht
dead freight

X

Xilema (m)
Xylem
xylem
**Xyloterus signatus Fabr. (coleot-
tero della corteccia di legno fronzuto) (m)**

Laubholzborkenkäfer
Xyloterus signatus Fabr.

Z

zampa della radice (f)
Wurzelanlauf
buttress
zangola (f)
Butterfaß
butter churn
zattera (f)
Floß
raft
zeppa (f)
Keil
wedge; dowel; cotter
zeppe (f)
Unterlagshölzer
skids
zoccoli (m)
Holzschuhe
clogs
zoccolo (m)
Fußbodenleiste; Sockel
skirting board; base; pedestal; socle
zoccolo di legno (m)
Sockelleiste
skirting board
zona cambiale (f)
Kambialzone
cambial zone
zona di crescita (f)
Zuwachszone
growth layer
zona secca (f)
Trockenzone
dry zone

MIX
Papier aus verantwortungsvollen Quellen
Paper from responsible sources
FSC® C105338

Printed by Libri Plureos GmbH
in Hamburg, Germany